北京大学化学实验类教材

有机化学实验

（第 3 版）

北京大学化学与分子工程学院有机化学研究所　编
张奇涵　关烨第　关　玲　修订

图书在版编目(CIP)数据

有机化学实验 / 北京大学化学与分子工程学院有机化学研究所编；张奇涵等修订. — 3版. — 北京：北京大学出版社，2015.6

（北京大学化学实验类教材）

ISBN 978-7-301-25918-4

Ⅰ. ①有… Ⅱ. ①北… ②张… Ⅲ. ①有机化学－化学实验－高等学校－教材 Ⅳ. ①O62-33

中国版本图书馆CIP数据核字(2015)第116446号

书　　名	有机化学实验（第3版）
著作责任者	北京大学化学与分子工程学院有机化学研究所　编 张奇涵　关烨第　关玲　修订
责任编辑	郑月娥
标准书号	ISBN 978-7-301-25918-4
出版发行	北京大学出版社
地　　址	北京市海淀区成府路205号　100871
网　　址	http://www.pup.cn　新浪微博：@北京大学出版社
电子信箱	zye@pup.pku.edu.cn
电　　话	邮购部62752015　发行部62750672　编辑部62767347
印 刷 者	北京宏伟双华印刷有限公司
经 销 者	新华书店
	787毫米×980毫米　16开本　18.75印张　420千字
	2002年11月第2版　2015年6月第3版　2024年1月第6次印刷
定　　价	59.00元

内 容 简 介

本书是按有机化学实验教科书的要求、专为有机化学实验课编写的教材，它是独立的而不附属于课堂讲授的内容。

全书共分成5章：有机化学实验的基本知识和操作（第1章）；有机化合物的物理性质及其测定方法（第2章）；有机化合物的分离和提纯（第3章），并在其中列入相应的练习实验；光谱法鉴定有机化合物结构（第4章）；有机合成与制备（第5章）。第5章中共列入96个实验，各类型反应均有反应机理、相关背景材料及相关文献资料的介绍，将其中有代表性的实验组合成15个小量-半微量多步骤序列合成实验，在基础训练基础上可进一步提高学生的实验能力，培养学生有机合成设计与研究的能力。为满足研究应用的需要，全书在最后的附录中提供了30种特殊试剂与常用溶剂的纯化和使用方法，以及有机化学实验仪器和装置等相关知识的介绍。

本书可作为综合性大学、师范院校、工科院校的实验教材，也是化学化工专业工作人员及研究人员的必备参考书。

致教师与读者——代序

几年前，我们把基础有机化学实验课改为一门独立的——而不是附属在课堂讲授的——课程。教师们都一致认为，仅仅通过课堂讲授来培养学生的学习能力和思维方法，是很不全面的。多年来，我们看到不少学生对于实验课缺乏正确的认识，个别的还有轻视实验课的表现。目前的措施就是要纠正这种偏差，使学生了解并体会实验课的重要，能认真学习。

有机化学这门科学和其他科学一样，实验的结果是第一手的材料，课堂讲授是简明扼要地介绍从实验中总结或抽提出来的系统规律。因为在学习这门科学时，要自始至终贯穿这样一种学习方法：就是要在进行实验的同时，体会课堂讲授中的系统理论是如何逐步地由实验结果总结出来的。这样学习，首先是可以使学生多加思考，体验实验课的重要性；其次是对理论和实践的关系有一个明确的概念，这为他今后在科学工作的道路上，沿着正确的方向前进，是非常必要的。有机化学是研究有机分子的结构及其合成的科学，是对微观分子世界得出的一个正确认识，而这种认识是通过宏观的实验手段，经直接的观察和推理而得到的。也就是说，整个有机化学的发展是由宏观的观察来推论出一幅微观分子图案的过程，这是人类认识自然界的一项重大成就。现在作为一门课程学习，主要是训练学生的观察和推理的方法，如何由实验提供的素材，总结出系统的理论，为将来探索新的分子世界打下一个基础。假若对这二者的关系没有一个正确的认识，课堂讲授就变成一大堆材料的堆积，实验就成为类似烹调技巧的学习，失去实验课的主要作用，学生将所得甚少。

实验课的另一重要性是教师对学生全面了解的一个重要环节，因此实验室的导师对学生的评价，往往比课堂讲授教师更为全面，更为可靠。但多年以来，由于把实验课作为一门辅助课程看待，把这门课的评语看成是次要的。许多导师因此也就没有认真地对学生作总结和写评语，结果使这门重要课程的成绩流为形式。这种不正常的情况，只有在理解实验的作用后，才能得到改正。

本书是根据北大化学系多年来使用的资料，逐年进行了补充和删减编写而成的。它的一个特点是书中所有实验是根据现有具体条件，实验的代表性和新发展的要求而加以选择的。有个别实验，虽然编者意识到已经过时或有一定的危险性，但它们还被保留下来，这是因为它们还具有重要的代表性并且原料价格便宜，在国内很容易购买。例如对苯及硝基苯等的使用，由于它们具有毒性，就存在着争论，我们认为不能因为毒性的关系，而避免使用这一类最有代表性的化合物。应当在实验课程中，训练学习掌握使用毒物的规则和防御的方法，这样可以把中毒的机会减少到最低限度，同时也培养起敢于使用和不怕毒物的习惯，这对以后的工作，是有帮助的。

本书是全化学系各专业所使用的教材，因此对基本操作的实验，安排得较为全面，导师可根据实际的要求，适当选择基础操作和制备实验的数目。多年的经验告诉我们，实验失败但经重复而得到改进，这种收获是最深刻的。当然由于时间的限制，不可能作多次的重复，但是总的精神是：宁肯重复把实验的质量提高一点，而不是凑数目，多做几个达不到标准的实验。

邢其毅

1988.9

第3版前言

本书是北京大学化学与分子工程学院有机化学研究所编写的《有机化学实验》第2版的修订版。

自本书第2版2002年出版以来，有机化学学科又进入了一个快速发展的阶段。绿色化学概念得到广泛关注，学科交叉渗透日益明显。有机化学在理论概念、研究方法、实验手段等方面取得新的突破，分析方法和技术不断进步。在惰性化学键的活化、高效高选择性合成方法学、不对称催化反应、具有独特生理活性分子的发现和合成、化学生物学以及有机功能分子的设计与合成等领域和方向的研究日趋活跃。

因应这种学科发展趋势，作为化学基础教学的有机化学实验教材也需要根据教学内容和教学重点的调整，对实验操作技术、实验项目和实验方法等方面的内容进行相应的增删：选择的实验项目应符合绿色化学概念，增添一些适合基础实验开设要求的新的研究领域和方法，如不对称催化反应、微波有机合成等方面的实验项目；减少或删除较为陈旧、在有机学科的研究工作中已不再使用的方法，如有机物的定性实验、混合熔点法判定有机物等内容。按照这样的指导思想，本次修订后在框架上基本保留了第2版教材的章节布局，在具体内容方面进行了如下修订：

(1) 第1章“有机化学实验的基本知识和操作”：删去了原1.6节“简单玻璃工操作”、原1.7节“瓶塞的选用和打孔”，其中少量内容保留在1.3节“玻璃仪器的性能和使用”，此部分还增加了玻璃仪器的材质性能、用途和使用条件的介绍；部分改写了1.2节“实验记录和实验报告”、1.7节“有机化学文献简介”(精简了纸版文献介绍部分，增加了网络文献查阅部分)；1.5节“加热器具和常用设备”作了局部的修改和少量增删。

(2) 第2章“有机化合物的物理性质及其测定方法”：2.1节“熔点及其测定”删减了混合熔点的介绍；考虑到实验中使用的具体仪器型号会不断变化、控制本书的篇幅，各节中相关实验仪器的介绍中均删去了操作步骤说明(包括熔点仪、阿贝折射仪、旋光仪等)；2.4节“旋光度及其测定”增加了旋光测定及旋光数据使用的注意事项。

(3) 第3章“有机化合物的分离和提纯”：3.1节“重结晶”按照操作步骤适当调整了叙述的顺序，调整了菊花滤纸的折叠方法介绍，增加了供参考的“固液分离常用方法简介”；3.8节“萃取”精简了少量多次萃取应用例子中的计算内容；3.10节“柱色谱”细化了柱层析的操作步骤及注意事项，调整了柱层析实验的例子；删去了原3.11节“纸色谱”；3.12节“气相色谱”，对原理介绍部分进行了适当精简。

(4) 第4章“光谱法鉴定有机化合物结构”：变动不大，略有精简。

(5) 第5章"有机合成与制备":以减少污染、控制篇幅为出发点,尽可能删减了使用强污染性、毒性较大或剧毒试剂的实验项目,以及方法上重复或不够典型的实验项目;增加了微波辅助有机合成化学、不对称合成反应两节内容,并在"天然产物提取与制备"一节中增加了一些结构比较简单的天然产物全合成的实验项目。原来的119个实验项目中保留了83个,新增了13个实验项目(2个不对称合成实验、3个微波合成实验、6个天然产物合成实验、2个其他合成实验。其中大部分是在北京大学化学与分子工程学院的有机化学实验、中级有机化学实验教学中使用多年的实验项目);5.1节"多步合成举例"减为15个实例。

(6) 第6章"有机化合物的定性鉴定":考虑到随着仪器方法的普及,教学中一般已不再安排此类内容,故全章删去。

(7) 附录:基本全部保留原文,在附录G"危险化学试剂的使用知识"中增加了"化学试剂的存储、使用与废弃处理"一段内容。

感谢十余年来参加教学实践的教师、研究生助教和化学学院各届本科生同学,感谢郑月娥副编审对本书出版的关心和帮助!限于编者的水平和经验,本书可能仍存在各种不足之处,欢迎读者批评指正,以使本书进一步完善。

编　者

2014.11

第 2 版前言

本书是北京大学化学系有机教研室编写的《有机化学实验》和关烨第等人编著的“小量-半微量有机化学实验”的合并修订。

北京大学化学院本科基础有机化学实验课从 1990 年开始设立“小量-半微量序列有机合成”至今已十余年。经教学实践证明，设立以“小量-半微量”实验为主的有机合成训练能增强对学生的科研性实验的培养，较大地更新丰富教学内容，提高教学质量；此外，采用“小量-半微量的实验量”能减少污染，节约试剂量，提高实验效率，增加实验安全性。

随着微量反应技术在国内外基础实验教学中受到关注与重视，我们认为有机化学基础实验微量化必须把握三点：(i) 需保障有机反应的各种分离、提纯操作的规范化训练；(ii) 需保障学生借助微量化仪器所进行的有机反应，能正确地观察到反应过程中的物理化学变化，例如反应热效应、气-液相变化、颜色变化等等；(iii) 需保障目标分子的合成，对于初学者经有机反应后，通过提纯得到纯净化合物，最终得到具有纯净物质鉴定的合格数据，要使学生具有“纯度”的概念，才能真正认识有机化合物和有机反应，因此，所设计的反应原料量不能过分追求微量，所使用的仪器也不能过分地微小而丧失和忽略了对基本概念的掌握和对基本操作的训练，否则将不利于学生的培养。

经过十余年的教学研究实践，绝大多数学生通过“小量-半微量序列合成实验”的训练，在观察推理、综合表达、实验基本操作、分析和解决问题、查阅有关资料等方面均有了长足的提高。

本书第 1～4 章内容是根据多年的教学经验以及在基础实验中的难点、学生出现的问题，在第 1 版的基础上针对性地进行了补充与修正，以力求对有机化合物的各种分离方法及其物理化学性质的理论背景给予深入浅出的讨论，使初学者易于理解和掌握各种操作和技能的要点及实质。

第 5 章以官能团为序共收入 119 个实验，并将其中一些有代表性的实验组合成 21 个小量-半微量多步骤序列有机合成，以提供学生实验作多种选择。

第 6 章保留但简化了原书中有机化合物的定性鉴定，目的是在近代分析与分离仪器迅速发展的情况下，尽管有机化合物的分析方法已经起了根本性的变化。但是，作为基本知识和实验技能，化学分析方法仍具有重要意义，它可在极方便的条件下，对疑难分析作出迅速判断，为仪器分析补充信息和证据。

实验内容选编原则，首先是注意到重要的、有代表性的典型有机反应和类型，兼顾到迅速发展的新试剂、新反应、新方法，例如羰基还原，有金属还原方法、金属氢化物的还原方法,还有具有区域选择性和反应专一性的酶催化下的羰基还原方法;醇的氧化列入Jone's试剂法,也介绍了可提高反应收率、减少污染的氯铬酸吡啶鎓盐(PCC)法,一个改进了的新方法;醛、酮的制备则有醇的氧化法、羟醛缩合法、安息香辅酶合成法、傅氏反应和Friels重排法以及格氏试剂与腈的加成方法等。

增加了杂环化合物和天然产物的合成是因为它们在自然界分布十分广泛,是有机化合物中数目最庞大的一类,它们在生物的生长、发育、新陈代谢和遗传过程中都起着重要的作用。合成实验中均列举了近年来方法改进的文献,供学生查阅资料,以利于培养创新意识,对化合物具有的特殊生理活性、药用价值等也给予简单的介绍。

本书是北京大学化学与分子工程学院有机研究所多年教学、科研的经验积累,叶秀林教授、李良助教授、林尧教授等提供了科研实验的资料,林崇熙副教授提供了教学过程中编写的文献介绍,在这里一并致以深切的谢意。

多年来,有机化学基础实验课的教学和教材的编写都得到中科院院士邢其毅教授悉心的关怀与支持,为学生和教师指出实验课的重要性并指出:"作为一门课程的学习,主要是训练学生的观察和推理的方法,如何由实验提供的素材,总结出系统的理论,为将来探索新的分子世界打下一个基础。"邢其毅教授对实验课的谆谆教诲使我们受益匪浅,也是本书编写的指导思想与宗旨。

感谢十余年来参加教学实践、部分教材编写以及部分实验探索的以下同事:田桂玲、袁晋芳、宋艳玲、眭云龙、徐东成、陈蓓、林崇熙、王能东、韩淑英、吕明泉。李明谦、叶宪曾教授对本书校样进行了审阅,提出了不少宝贵意见和修改建议,责任编辑赵学范编审对本书的稿样作了细致全面的加工,使本书得以顺利出版,对此致以衷心的感谢。限于编者的水平,本次修订仍会有不足之处,恳请读者批评指正。

编　者

2002.08

第1版前言

有机化学实验的目的是使学生通过实验操作、现象观察、化合物制备、分离提纯到鉴定的过程,再经思考、总结、归纳形成对有机反应、化合物性质、结构直至在分子、原子水平上变化规律的认识(包括学生课堂知识),使这些认识在实验中反复检验,并得以升华。为此,本书在编写上力求以实验教科书为准则而不是单纯作为实验教材。

本书第1~3章是根据我们多年教学经验选择了理论上和实际上必要的有机化学基本知识和基本操作,并对之作了适宜的讨论。对操作步骤均给予详尽说明,指出学生容易出现的错误和问题。我们重视实验操作训练,但不认为它是教学的主要目的,而是我们完成有机化学研究必须应用的技巧和方法,换句话说,是使学生正确认识有机化学的手段。

合成实验编选原则是首先注意到重要的、有代表性的典型有机反应和类型,并兼顾到迅速发展的有机化学新理论、新反应、新试剂和新技术。这里,我们着重考虑那些经教学不断改进的合成方法以及近年来发展的新方法,例如除羰基化合物的缩合反应、烯胺反应、安息香缩合反应、Wittig反应、Diels-Alder反应、催化氢化反应等典型反应外,还安排光化学反应、有机活性中间体反应、相转移催化反应、安息香辅酶合成等。在有机化学研究中,相对于有机制备,分离鉴定往往是较为困难的,因而选择了一些包含常用分离技巧和样品纯化、鉴定的实验以及使学生有机会反复熟悉重要有机操作的实验,属于这方面内容有:多步骤药物合成序列、某些特写装置的制备反应、生物碱及植物色素的提取、外消旋化合物的拆分等,实验所涉及的化合物尽可能具有理论上、生理上、药用上或其他经济价值。

需要强调的是,近代仪器的发展给测定有机化合物结构提供了迅速、方便、准确获得结果的可能。通过仪器测定也使人们对反应机制理解得更加深刻,这已成为必须掌握的手段。我们在书中对红外和核磁的资料作了一定量的汇编。但是仪器分析不能代替化学方法,要有效解决问题必须把仪器的使用和化学方法相结合,所以我们也较系统地介绍了有机化合物和元素的化学定性鉴定方法。

养成学生良好的实验室工作习惯,培养实事求是的作风是我们贯穿全书的宗旨,如何使学生较独立和主动地进行实验,在教材内容和编写上如何启发学生的内在积极性,引导学生深入思考,提高学生观察和推理的能力都是我们一贯努力探索与追求的。

目前教学中所进行的设计实验,同类型反应中,不同反应条件的比较实验……,均有利于开发学生智慧。深信经不断改进,将会使实验教学更富有生气。

本书是有机教研室多年教学、科研的经验和材料的积累，经1978—1981年对高校理科有机实验大纲作了补充与修改，1982年曾整理成铅印教材。本次编写是在有机教研室支持下完成的。邢其毅教授指导编写并审阅了初稿，提出了宝贵意见，使编者获益不浅。

参加本次编写的同志有：关烨第、王文江、葛树丰、眭云龙；参加部分工作的有阎坤凯、田桂玲、李翠娟、鲍春和、裴虎义、韩淑英、吕明泉。

在编写过程中，徐瑞秋、叶秀林教授给予了热情指导，特此致以深切的谢意。由于编者水平有限，书中不当之处恳请读者批评指正。

编　者
1988.9

目　　录

第1章　有机化学实验的基本知识和操作

1.1　实验事故的预防和处理

有机化学实验所用药品种类繁多，多数易燃、易爆、有毒及具腐蚀性，使用不当就有可能发生着火、中毒、烧伤、爆炸等事故。实验中所用仪器大部分是玻璃制品，经常使用电器设备等，增加了潜在危险性。但是，如有适当的预防措施，实验者又具有实验基本常识及注重安全操作，掌握正确操作规程，遵守有机实验规则，事故的发生是完全可以避免的。

1. 实验者进入实验室，首先要了解、熟悉实验室电闸、水开关及安全用具（如灭火器、洗眼器、紧急喷淋等）放置地点及使用方法。不得随意移动安全用具的位置。

2. 实验开始前，应仔细检查仪器有无破损，装置是否正确、稳妥。

3. 实验室常用的易燃溶剂如乙醇、乙醚、二硫化碳、石油醚、甲苯、丙酮、乙酸乙酯以及其他易燃液体，切勿在敞口容器中加热，要根据溶剂性质采用正确加热方法。

易燃有机溶剂，特别是低沸点易燃溶剂，在室温时即具有较大的蒸气压，且有机溶剂蒸气较空气的密度大，会沿着桌面或地面飘移或沉积在低处，当空气中混杂易燃有机溶剂的蒸气达到某一极限时，遇有明火（甚至是因电器开关产生的火花，或由于静电摩擦、敲击引起火花）即发生爆炸。实验室冰箱内不得存储过量易燃有机溶剂，防止冰箱电火花引爆而发生大面积着火、爆炸。蒸馏易燃溶剂时，装置要防止易燃蒸气泄漏，接收器支管应与橡皮管相连，使余气顺水槽排出。需要时，在通风橱内操作。

4. 常压操作，仪器装置中需有通向大气的装置，切不可加热封闭系统，否则会使其体系压力增加而导致爆炸。

5. 一旦发生着火事故，不要惊慌失措，首先应立即拉下电闸，切断电源，迅速移去着火现场周围的易燃物。通常不用水扑灭，防止化合物遇水发生反应引起更大事故。仪器内溶剂着火时，最好用大块石棉布将火盖熄，严防用沙土救火，以免打破玻璃仪器，造成火势更大范围蔓延。小火可用湿布或石棉布盖熄，如着火面积大，应根据具体情况采用以下灭火器材：

(1) 二氧化碳灭火器

有机实验室常用的一种灭火器，钢筒内装有压缩的液态二氧化碳，使用时打开开关，二氧化碳气体即会喷出，用以扑灭有机物及电器设备的着火。使用时正确操作的方法是，一手提灭火器，另一手应握在喷二氧化碳喇叭筒的把手上。不可将手握在喇叭筒上，因随着二氧化碳的喷出，压力骤然降低，温度也骤降，手握在喇叭筒上会冻伤。

(2) 四氯化碳灭火器

用以扑灭电器内或电器附近着火。由于四氯化碳灭火在高温时会产生剧毒的光气,因而不宜在狭小和通风不良的实验室中应用;有金属钠存在时,由于四氯化碳与金属钠反应会引起爆炸,而不宜用。使用该灭火器时只需连续抽动唧筒,四氯化碳即会由喷嘴喷出。

无论使用何种灭火器,皆应从着火的四周开始向中心扑灭。

如果衣服着火,切勿惊慌乱跑,引起火焰扩大,应迅速脱下衣服将火扑灭,或用厚外衣、石棉布裹紧,使火熄灭。严重者应立即躺在地上(以免火焰烧向头部)打滚将火闷熄,或就近打开自来水龙头用水扑灭。

6. 触及腐蚀性化学药品(强酸,强碱,溴,……)均可使皮肤烧伤,应根据以下不同情况分别给予处理,严重者应立即送医院治疗。

(1) 浓酸烧伤

立即用大量水冲洗,然后用3%～5%碳酸氢钠溶液洗,并涂烫伤油膏。

(2) 浓碱烧伤

立即用大量水冲洗,再以1%～2%硼酸溶液洗涤,再用水洗,涂以油膏。

(3) 溴烧伤

溴引起的灼伤特别严重,应立即用大量水冲洗,再用酒精擦洗至无溴液,然后再涂以鱼肝油软膏。

7. 实验进行过程中,必须始终戴好防护眼镜,切勿将腐蚀性药品或灼热溶剂及药物溅入眼睛。在量取化学药品时应将量筒置于实验台上,慢慢加入液体,不要接近眼睛。一旦溅入,应立刻用大量水冲洗并及时送医院治疗。

8. 割伤是实验室中经常发生的事故。当割伤时,首先应检查伤口处有无玻璃屑,如有,要将其取出,再用水洗净伤口,涂以碘酒或消毒药水,并用纱布包扎,不要使伤口接触化学药品引起中毒。

9. 使用有毒药品(如苯、硝基苯、联苯胺、亚硝基化合物等)和腐蚀性药品时,要佩戴橡胶手套。使用挥发性有毒药品时,一定要在通风橱内操作。任何药物不能用口尝!!!

10. 使用电器时,应防止人体与电器导电部分直接接触,不能用湿的手或手握湿物接触电插头。为防止触电,装置和设备的金属外壳等都应连接地线,实验结束,应先关仪器电源开关,再拔下插头。如万一发生触电,应立即切断电源或用非导电物使触电者脱离电源,然后对触电者实施人工呼吸并立即送医院抢救。

11. 化学品伤害救治

化学品溅入口中,应立即用大量水冲洗口腔。如误吞化学品,应根据毒物性质给以解毒剂,并立即送医院。

(1) 腐蚀性毒物

对于强酸,先饮大量水,然后服用氢氧化铝膏;对于强碱,也应先饮大量水,然后服用醋、酸果汁。不论酸或碱,皆应灌注牛奶,不要吃呕吐剂。

（2）刺激神经性毒物

先大量饮用牛奶使之立即冲淡和缓解，再用一大匙硫酸镁（约 30 g）溶于一杯水中催吐；有时也可用手指伸入喉部促使呕吐。随后立即送医院。

吸入有毒气体者，立即将其移至室外，解开衣领及纽扣，并根据吸入有毒气体类别给予处理，例如：吸入少量氯气或溴者，可用碳酸氢钠溶液漱口。

为处理事故需要，实验室应备有急救箱，必备以下一些物品：

（1）绷带、纱布、脱脂棉花、橡皮膏、医用镊子、剪刀等。

（2）凡士林、创可贴、玉树油或鞣酸油膏、烫伤油膏及消毒剂等。

（3）醋酸溶液（2%）、硼酸溶液（1%）、碳酸氢钠溶液（1%及饱和）、医用酒精、甘油、云南白药等。

12. 实验室安全测验

安全实验对每个人都是至关重要的，进入实验室的操作者必须具备安全装置的知识和预防实验事故发生的知识。为此，请你在开始实验前阅读本书第 1 章内容，并回答下列问题：

（1）请利用所提供的符号，在以下方框内画出你所在实验室简图（指明实验室出口、灭火器位置、防火石棉布位置、电源总闸、水管总闸）。

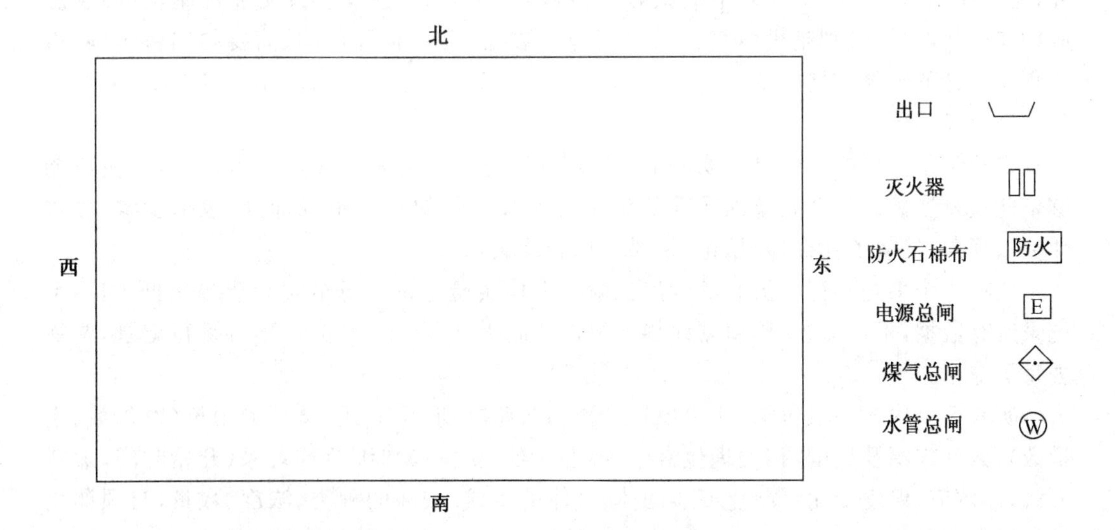

（2）在实验室做有机实验过程中，最需要保护身体的哪些部分？如何保护？

（3）如果不慎将溴溅在你的手上，你首先应做什么？其次做什么？再次做什么？

（4）如果有机溶剂在搅拌过程中溅入你的眼睛，你首先应做什么？其次做什么？再次呢？

（5）如果实验过程中，锥形瓶中 5 mL 残留溶剂不慎着火，你采取什么办法灭火？

（6）如果你正在用电热套蒸馏 50 mL 乙醇，但不慎将盛乙醇烧瓶碰破而引发实验台面着火,你应该怎么灭火?

1.2 预习、实验记录和实验报告

1. 预习

实验预习主要包括三个方面:

(1) 实验目的——这个实验你将收获什么

选择一个实验项目,一定有其针对性的训练目的。教学重点是与实验项目内容、方法特点及操作难点密切相关的,明确实验目的对于有效完成实验训练是有很大帮助的。

(2) 实验原理和方法——实验的理论依据、反应如何实现

反应运行的机理是实验方案的依据,了解反应机理会使我们明白如何使反应按预期方向进行,或者反应异常时到哪里去找原因、如何调整实验条件。

(3) 条件如何控制——如何顺利做好这个实验

使每一个实验步骤具有良好的操作性,需要选择时如何取舍,注意到各个细节对实验可能的影响并准备预案,以逐步积累经验,能够把握实验中的重点、难点并具有一定的预见性。

预习不是抄书,应该学会抽提要点、理清头绪、合理安排进程。除了需要理解的以外,需要在实验记录本上记录下的预习主要包括:反应式(主反应及可能的副反应)及反应物和产物的量(特别是投料量比)、相关理化数据、实验装置草图、简要的实验步骤、需要预先设计的记录表格等等。

2. 实验记录

实验记录的目的不仅是为实验者,也是为其他的相关人员提供参考,其他人应该能够依此重复实验。一个完整而准确的记录是实验工作的重要组成部分,包括步骤(做过什么)、现象(发生了什么)及结论(结果意味着什么)。

要在一个事先标记了页码的专用记录本上作实验记录。每个实验新起一页,用墨水记录所有数据,不可涂改,用单划线划去笔误并附上注释,不可空页、不可跳行记录,要划去每页空白。

实验记录内容一般包括:实验项目名称和实验日期;反应式,试剂的用量(摩尔数、当量数);试剂来源及纯度,相关理化常数;参考文献;相关操作细节和现象(开始时间,加料方式,热效应,温度变化,颜色变化,固体、气体的生成,酸碱的种类、浓度、数量,与预期相反的反应现象的记录);TLC 情况;反应后处理(萃取、洗涤所用溶剂及体积、干燥剂;重结晶或蒸馏等纯化方法及具体条件),产品沸程、熔程;柱层析所用吸附剂量、洗脱剂、各组分 TLC 情况及得量;实验结果(产量、产率)、讨论以及可能改进的建议等。

【例 1-1】 以制备正溴丁烷实验的预习及记录内容作为示例说明。

(1) 实验目的、要求

- 学习一级卤代烷的制备方法,合成正溴丁烷;
- 学习安装带有酸气吸收的实验反应装置;

- 了解有机反应的后处理方法。

(2) 反应原理

反应式

$n\text{-}C_4H_9OH$	+	NaBr	+	H_2SO_4	$\longrightarrow$	$n\text{-}C_4H_9Br$	+	$NaHSO_4$	+	H_2O
4.00 g		6.80 g		15.3 g		7.40 g				
54.0 mmol		66.1 mmol		156 mmol		54.0 mmol				

副反应

$$2\,NaBr + 3\,H_2SO_4 \xrightarrow{H_2SO_4} Br_2 + SO_2 + 2\,NaHSO_4 + 2\,H_2O$$

$$n\text{-}C_4H_9OH \xrightarrow{H_2SO_4} (n\text{-}C_4H_9)_2O + CH_2{=}CHCH_2CH_3$$

(3) 实验流程

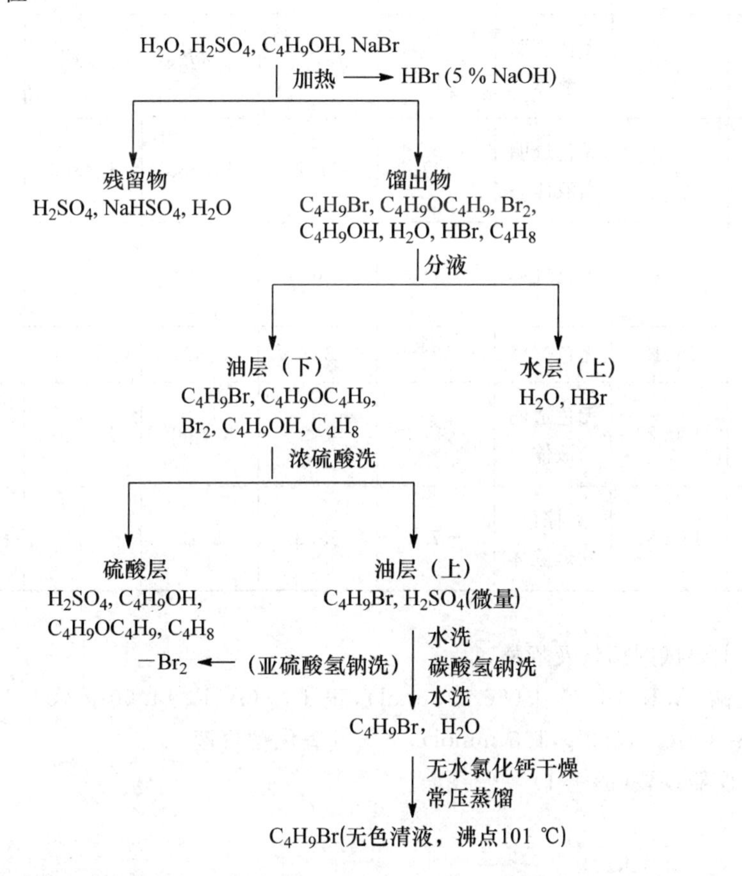

（4）试剂与产物的物理性质

表1.1　主要试剂及产物的物理常数

名　称	相　对 分子质量	性　状	熔点 /℃	沸点 /℃	相对密度 d_4^{20}	折射率 （20℃）	溶解度		
							水	醇	醚
正丁醇	74.12	无色透明液体	−89.5	117.2	0.8098	1.3993	稍溶	∞	∞
溴化钠	102.89	白色结晶粉末	755	1390	3.203		易	稍溶	不
浓硫酸	98.08	无色粘稠液体		340（分解）	1.84		∞	溶	
正溴丁烷	137.02	无色透明液体	−112.4	101.6	1.2758	1.4401	不	易	易
2-溴丁烷	137.02	无色透明液体	−111.9	91.2	1.2585	1.4366	不	易	易
1-丁烯	56.12	无色气体	−185	−6.3	0.595		不	溶	易
2-丁烯	56.12	无色气体	−138.9	3.7	0.621		不	溶	易
正丁醚	130.23	无色透明液体	−95.3	142	0.7689	1.3992	不	易	易
溴	159.81	红棕色发烟液体	−7.3	58.8	3.12		稍溶	溶	溶

（5）主要试剂用量及规格

溴化钠（A. R.）6.80 g（66.1 mmol），正丁醇（A. R.）4.00 g（54.7 mmol），浓硫酸（A. R.）8.3 mL（15.3 g，155 mmol），5%氢氧化钠溶液。

（6）仪器装置（图1.1）

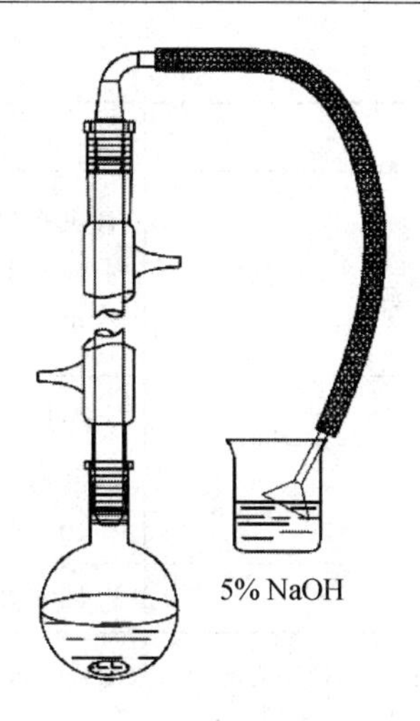

图 1.1　制备正溴丁烷装置

(7) 实验步骤及现象

步　骤	现　象
1. 在 50 mL 的圆底烧瓶中加入8.3 (8.3)* mL 水和8.3 (8.3) mL 浓硫酸,混合均匀后,冷至室温。加入4.01(4.00) g 正丁醇及6.82 (6.80) g 溴化钠,摇匀	酸水混合放热明显 加入溴化钠后,体系呈黄色浑浊
2. 加入磁子,装上回流冷凝管、溴化氢吸收装置,5%氢氧化钠溶液作吸收剂。将烧瓶温和加热回流 0.5 h	加热回流 11:40—12:20 体系为橙色透明液体
3. 稍冷却,改为蒸馏装置,加热蒸馏至馏出液清亮为止	蒸出液开始为无色浑浊液体,85～90 ℃,稍下降后升至近 100 ℃,后期变为清液。停止蒸馏,馏出液约 5～10 mL 反应瓶冷却后上层橙色,下层白色浑浊,后有大量固体析出
4. 将粗产品移入分液漏斗中,分去水层	水层很少
5. 把有机相转入另一干燥的分液漏斗中,用 4 (4)mL 浓硫酸洗一次,分出硫酸层	硫酸洗涤后上层有机相变为橙红色,硫酸层为红色
6. 有机层用 5%的亚硫酸氢钠溶液洗一次,再依次用等体积的水、饱和碳酸氢钠溶液及水各洗一次	亚硫酸氢钠洗涤后有机相为近无色浑浊液体 碳酸氢钠洗涤时有气泡放出

续表

步　骤	现　象
7. 分出有机相 放入干燥的锥形瓶中,无水氯化钙干燥	有机相略有黄色,近清液 干燥时间 14:10—14:45 有机相为透明清液,氯化钙呈疏松状
8. 过滤,蒸馏,收集 99～103 ℃馏分	未见前馏分,bp 99～101 ℃,无色透明液体
9. 称量产品	(29.59 − 26.02) g = 3.57 g, 产率 3.57/7.40=48.2%
10. 测定折射率	1.4390,23 ℃;温度校正后为 1.4402(20 ℃)

* 横线上数字为实际加入试剂数量,括号内数字为应加入数量,下同。

3. 实验报告

有机化学实验报告的书写内容,大致分为以下几项:

(1) 导语:实验目的、原理、方法简述。

(2) 实验部分:实验装置图(常规装置可省略)、实验仪器(熔点仪、旋光仪、核磁共振仪、红外吸收光谱仪等的型号)和试剂(来源、纯度等)说明、实验步骤与现象、数据等。

(3) 结果与讨论:对实验结果、实验中遇到的问题及改进意见等相关方面进行讨论。

(4) 致谢:向对实验及报告有帮助者致谢。

(5) 参考文献:作者,刊名(缩写),年、卷,起始页。

1.3 玻璃仪器的性能和使用①

(一) 仪器玻璃的化学组成和性质

实验室经常用到玻璃材质的仪器,是因为玻璃仪器具有一系列优良性质,如透明度好,便于观察反应情况和控制反应条件,化学稳定性好,耐腐蚀,耐热性能优良,对温度的急剧变化耐受性高,以及绝缘性好、易清洁、可反复使用等。

玻璃仪器的种类很多,其性能、用途和使用条件各不相同。改变玻璃的化学组成,可以制造出适应不同条件的玻璃仪器。表 1.2 列出了用于制造各种玻璃仪器的玻璃化学组成、性质及用途。

① 【参考文献】

[1] 何少华,何其敏,鲁启敏,等. 玻璃仪器的性能及应用. 北京:北京出版社,1983.

[2] 郑燕龙,潘子昂. 实验室玻璃仪器手册. 北京:化学工业出版社,2007.

[3] 汪秋安,范华芳,廖头根. 有机化学实验室技术手册. 北京:化学工业出版社,2012.

表 1.2　玻璃仪器的化学组成、性质及用途

玻璃种类	通称	化学组成						线膨胀系数($\times 10^{-7}$)/℃	耐热急变温差 ΔT/℃	软化点 T_S/℃	主要用途
		SiO_2	Al_2O_3	B_2O_3	Na_2O K_2O	CaO	ZnO				
特硬玻璃	特硬料	80.7	2.1	12.8	3.8	0.6	—	32	>270	820	制作耐热烧器
硬质玻璃	九五料	79.1	2.1	12.6	5.8	0.6	—	41～42	>220	770	制作烧器产品
普通玻璃	管料	74	4.5	4.5	12	3.3	1.7	71	>140	750	制作滴管、吸管及培养皿等
量器玻璃	白料	73	5	4.5	13.2	3.8	0.5	73	>120	740	制作量器等

玻璃的热稳定性是指玻璃受剧烈温度变化而不被破坏的性能。玻璃的耐热急变温差 ΔT 越大，热稳定性越好。$\Delta T>250$ ℃为特硬玻璃，ΔT 介于 150～250 ℃之间为硬质玻璃，$\Delta T<150$ ℃为软质玻璃。（软质玻璃限于制作对耐热性和化学稳定性没有要求的一些特殊制品。）ΔT 受线膨胀系数影响，线膨胀系数大的，ΔT 小，不耐骤冷骤热，容易炸裂；线膨胀系数小的，ΔT 大，比较耐骤冷骤热，不容易炸裂。制品的厚度与 ΔT 成反比，制品越厚，ΔT 越小，热稳定性越差。

玻璃的化学稳定性是指玻璃表面抵抗周围介质的各种化学因素（水、酸和碱）作用的能力。玻璃的化学稳定性主要取决于玻璃的化学组成、热处理、表面处理及温度和压力等。硅酸盐玻璃的耐水性和耐酸性主要是由硅氧和碱金属氧化物的含量来决定的。碱金属氧化物的含量越高，玻璃的化学稳定性越低；二氧化硅及铝硅酸盐的含量越高，硅氧四面体相互连接的程度则越大，玻璃的化学稳定性越高。

适合制作仪器的玻璃虽然有较好的化学稳定性，不受一般酸、碱、盐的侵蚀，但是都受氢氟酸的强烈腐蚀，故不能用玻璃仪器进行含有氢氟酸的实验。碱液，特别是浓的或热的碱液，对玻璃也会产生明显的侵蚀，因此玻璃容器不能长时间存放碱液，更不能用磨口玻璃容器存放碱液。

从表 1.2 中可以看出，特硬玻璃和硬质玻璃含有较高的酸性氧化物成分（SiO_2、B_2O_3），属于高硼硅酸盐玻璃一类，具有较好的热稳定性、化学稳定性，耐热急变温差大，受热不易发生破裂，用于生产允许加热的玻璃仪器。普通玻璃和量器玻璃为软质玻璃，其热稳定性及耐腐蚀性稍差。

(二)有机实验常用的玻璃仪器

按照玻璃仪器的用途和结构特征,化学实验室常用的玻璃仪器一般分为表1.3所示的几类。

表1.3 化学实验室常用玻璃仪器分类一览表

序号	类型	名称
1	烧器类	烧杯:低形烧杯,高形烧杯,锥形烧杯 烧瓶:圆底烧瓶,二口烧瓶,三口烧瓶,平底烧瓶,锥形烧瓶,梨形烧瓶 曲颈甑
2	皿管类	蒸发皿,结晶皿,表面皿,培养皿,离心管,玻璃珠,搅拌棒,称量瓶 分馏柱:刺形分馏柱,填充式分馏柱 冷凝管:直形冷凝管,空气冷凝管,球形冷凝管,蛇形冷凝管 接管:Y形连接管,接收管,真空接收管,燕尾管,具弯管塞,温度计套管,大小口接头 蒸馏头:普通蒸馏头,克氏蒸馏头 试验管:平口试验管,卷口试验管,具支管试验管,刻度试管 干燥管:U形干燥管,直形干燥管,斜形干燥管
3	瓶斗类	试剂瓶,集气瓶,滴瓶,吸滤瓶,干燥器,气体发生器,研钵,染色缸 漏斗:球形分液漏斗,筒形分液漏斗,恒压筒形分液漏斗,标准漏斗,筒形漏斗
4	量器类	量杯,量筒,量瓶,滴定管 吸管:刻度吸管,移液管
5	成套仪器类	减压计,粘度计,蒸馏器 蒸发器:旋转蒸发器
6	真空仪器类	真空活塞,真空规,真空扩散泵
7	砂芯滤器类	砂芯漏斗,洗气管 滤器:坩埚式滤器,漏斗式滤器
8	温度计 浮计	温度计:水银温度计,红水温度计,精密温度计,导电温度计 浮计:密度计,波美比重计,酒精计

有机实验一般根据玻璃仪器口塞及磨口分为标准磨口仪器和普通仪器。有机实验中推荐使用标准磨口玻璃仪器,标准磨口仪器的磨塞与软木塞(或橡胶塞)相比,省时方便,严密安全,并可承受较高温度。标准磨口玻璃仪器由于磨口的标准化、通用化,可以互相连接,按需选择仪器单元组装成各种形式的组合仪器。

标准磨口玻璃仪器的所有磨口与磨塞均采用国际通用的锥度(1∶10),口径大小通常用数字编号表示,该数字是指磨口最大端直径(mm),常用口径有10、14、19、24、29等。有时也用两组数字来表示,另一组数字表示磨口的长度,例如14/30,表示磨口直径最大处为14 mm,磨口长度为30 mm。相同编号的内外磨口、磨塞可以直接紧密连接,磨口编号不同的玻璃仪器可以借助于不同编号的磨口接头(或称大小口接头)连接。

碱性反应和高真空反应条件下,必须在仪器的磨砂接口处和活塞部分涂上一薄层润滑油或高真空油脂,否则磨口处、活塞处易被碱腐蚀,致使插入部件相互“咬住”而无法拆开。分液漏斗在放置不使用期间,也应在其活塞处垫张小纸条或涂油保存。

(三) 玻璃仪器的洗涤和干燥

1. 玻璃仪器的洗涤

玻璃仪器是否干净,直接影响到实验结果的可靠性与准确性,是实验成功的重要条件。仪器使用后应趁热将磨口连接处打开,立即清洗。

玻璃仪器的清洗要求是:洗净的玻璃仪器倒置时,水沿器壁自然流下,均匀湿润,不挂水珠。

(1) 清洗玻璃仪器的一般方法

把玻璃仪器和毛刷淋湿,毛刷蘸取洗衣粉或洗涤剂,刷洗仪器内外壁,再用清水冲洗干净,必要时用去离子水(或蒸馏水)润冲。

(2) 用酸、碱或有机溶剂洗涤

在用一般的方法难以洗净时,可根据瓶内残留物的性质,用适当的溶液溶解后再洗涤。

碱性残留物用稀硫酸或稀盐酸浸泡溶解,酸性残留物用稀氢氧化钠浸泡溶解,不溶于酸、碱的物质可用合适的有机溶剂(如回收的丙酮、乙醚、乙醇和甲苯等)溶解。

注意:不能用大量的化学试剂或有机溶剂清洗仪器,以免浪费以及残留性质不明的物质,导致发生危险。

(3) 超声波清洗

超声波发生器发出的高频振荡信号,通过换能器转换成高频机械振荡而传播到清洗溶剂介质中,产生空化效应,对物体表面上的污物进行撞击、剥离,以达到清洗目的。它具有清洗洁净度高、清洗速度快等特点,还能有效清洗焦油状物。

采用超声波清洗,一般有两种清洗剂:化学清洗剂和水基清洗剂。清洗介质有化学作用,而超声波清洗是物理作用,两种作用相结合,以对物体进行充分、彻底的清洗。

(4) 用洗液洗涤

根据不同的要求，采用强酸性氧化剂洗液、碱性洗液、碱性高锰酸钾洗液等进行洗涤。

2. 玻璃仪器的干燥

仪器干燥程度可视实验要求而定，对于那些需要在无水条件下进行的实验，必须将玻璃仪器严格干燥后再使用。仪器干燥的方法如下。

(1) 自然风干

仪器洗净后倒置，使水流尽，自然风干。

(2) 烘箱烘干

仪器洗净后口朝下放入烘箱中，温度控制在105±5 ℃。不稳的仪器应平放。带旋塞的玻璃仪器，应将塞子拿开，防止粘连。厚壁玻璃仪器，应注意使烘箱温度慢慢升高，不能直接置于温度高的烘箱内，以免炸裂。玻璃量器、冷凝管等不可在烘箱中烘干。

(3) 气流烘干

将玻璃仪器套在气流烘干器的多孔金属管上烘干，也可以用吹风机吹干。气流烘干器不宜长时间加热，以免烧坏电机和电热丝。

(4) 溶剂荡洗吹干

需要急用的仪器的干燥，应先将水沥干，加入少量95%乙醇或丙酮，使器壁上的水与有机溶剂互溶，回收溶剂后，用吹风机吹干即可使用。此法要求通风好，以防止实验者吸入；不能有明火，以防止有机溶剂蒸气燃烧爆炸。

1.4 低温制冷的应用

随着科学技术的发展，制冷技术也在不断提高。利用深度冷却，可使很多在室温下不能进行的反应，如负离子反应或一些有机金属化合物的反应都能顺利进行。在普通有机化学实验中，也普遍使用低温操作，如重氮化反应、亚硝化反应。有些反应虽不要求低温，但需用制冷转移多余热量，使反应正常进行，因此制冷技术对有机化学的进展起着重要作用。

根据反应的要求，可使用不同的制冷剂(表1.4)。水冷却可将反应物冷至室温；冰或冰水混合物最低可使反应物冷至0 ℃；碎冰与无机盐按适当的比例混合所得的制冷剂，其冷却温度随无机盐混合比例的不同而不同，温度可达0～－40 ℃左右；干冰(固体二氧化碳)或液氨与某些有机溶剂混合，可得到－70 ℃以下的低温。更深度的冷却可使用液氮(可冷至－195.8 ℃)。若反应产物需要在低温下较长时间保存，可把盛产物的瓶子贴好标签，塞紧瓶塞，放入低温冰箱或制冷机中保存。在使用低温制冷剂时，应注意不要用手直接接触，以免发生冻伤。在测量－38 ℃以下的低温时，不能使用水银温度计(水银的凝固点为－38.87 ℃)，应使用低温温度计。

表 1.4 常用冷却剂的组成及冷却温度

冷却剂组成	冷却温度/℃
碎冰(或冰-水)	0
氯化钠(1 份)+碎冰(3 份)	−20
6 个结晶水的氯化钙(10 份)+碎冰(8 份)	−50(−20～−40)
液氨	−33
干冰+四氯化碳	−25～−30
干冰+乙腈	−55
干冰+乙醇	−72
干冰+丙酮	−78
干冰+乙醚	−100
液氨+乙醚	−116
液氮	−195.8

1.5 加热器具和常用设备

1. 电加热套

由耐热纤维包裹着电热丝编织成加热器,加热和蒸馏易燃有机物时,具有不易引起着火、热效率高的优点。加热温度可用调压变压器控制,最高加热温度可达 400 ℃左右,是有机实验中一种简便、较为安全的加热装置。电热套的容积一般应与烧瓶的容积相匹配,当用它进行蒸馏或减压蒸馏时,随着蒸馏的进行,瓶内物质逐渐减少,这时会使瓶壁过热,造成蒸馏物被烤焦的现象,而影响蒸馏结果,使用时需注意温度的控制。

2. 水浴

水浴是一种常用的热浴。有时(像蒸发浓缩溶液时),并不将器皿(烧杯、蒸发皿等)浸入水中,而是将其放在水浴盖上,通过接触水蒸气来加热,也就是水蒸气浴。两者都可以把液体加热到 95 ℃左右。

3. 油浴

油浴也是一种常用的加热方法,所用油多为亚麻油、蓖麻油、甘油、硅油等。一般加热温度为 100～250 ℃。加热烧瓶时,必须将烧瓶浸入油中。普通油浴的缺点是:温度升高时会有油烟冒出,达到燃点可以自燃,明火也可引起着火,长时间使用后易于老化、变粘、变黑。为了克服上述缺点,可使用硅油。硅油又称有机硅油,是由有机硅单体经水解缩聚而得的一类线性结构的油状物，一般是无色、无味、无毒、不易挥发的液体，性质稳定，但价格较贵。

另外，加热浴中除水浴、油浴外，尚有沙浴、金属浴（合金浴）和空气浴等。现将其列于表1.5中。

表1.5　实验室用加热浴一览表

类别	内容物	容器	使用温度范围	注意事项
水浴	水	铜锅及其他	≈95 ℃	若使用各种无机盐，使水饱和，则沸点可以提高
水蒸气浴	水		≈95 ℃	
油浴	液体石蜡（又称石蜡油）	铜锅及其他	≈220 ℃ 140～150 ℃	加热到250 ℃以上时，冒烟及燃烧，油中切勿溅水，氧化后慢慢凝固
	甘油，邻苯二甲酸二正丁酯		≈250 ℃	
	硅油	铁盘	高温	
沙浴	沙	铁锅	220～680 ℃	浴中切勿溅水，将盐保存于保干器中
盐浴	如硝酸钾和硝酸钠的等量混合物	铁锅	因使用金属不同，温度各异	加热至350 ℃以上时渐渐氧化
金属浴	各种低熔点金属，合金等	铜锅，烧杯等	温度因物而异	
其他	液体石蜡，硬脂酸			

4. 气流烘干器

玻璃仪器一般倒扣在气流烘干器的金属吹风管上，冷、热气流深入玻璃仪器的内部，以气流带走仪器内壁的水分，能够快速干燥玻璃仪器，并具有节能、不积存水渍、使用方便、维修简单以及可以同时干燥多件玻璃仪器等优点。

5. 旋转蒸发仪

旋转蒸发仪是由电机带动可旋转的蒸发器（圆底烧瓶）、冷凝器和接收器组成，可在常压或减压下操作，可一次进料，也可分批加入蒸发液。由于蒸发器的不断旋转，可免加沸石而不会暴沸。蒸发器旋转时，会使液体的蒸发面大大增加，加快蒸发速率。因此，它是浓缩溶液、回收溶剂的方便装置。

6. 电动搅拌器

电动搅拌器一般适用于油、水等溶液或固-液反应中。不适用于过粘的胶状溶液。使用时必须接上地线。平时应注意经常保持清洁干燥，防潮防腐蚀。轴承应经常加油保持润滑。

7. 磁力搅拌器

实验中常用磁力搅拌器，由可旋转的磁铁和控制转速的电位器组成，使用时将聚四氟乙烯搅拌子放入反应容器内。可根据容器大小选择合适尺寸的搅拌子，以达到最佳搅拌状态。

磁子的转速调整应由慢到快使磁子快速平稳转动，转速并非越快越好。当体系阻力较大时(如有固体等)，过高的转速会使磁子原地打转。使用中严禁有机溶剂及强酸、碱等腐蚀性药品浸蚀搅拌器。使用完毕，擦拭干净，在干燥处存放。

8. 烘箱

烘箱用以干燥玻璃仪器或烘干无腐蚀性、加热不分解的物品。切勿将挥发性易燃物或刚用酒精、丙酮淋洗过的玻璃仪器放入烘箱内，以免发生爆炸。

一般干燥玻璃仪器时应先沥干，无水滴下时才放入烘箱，升温加热，将温度控制在100～120 ℃左右。烘箱里放玻璃仪器时应自上而下依次放入，以免残留的水滴流下使下层已烘热的玻璃仪器炸裂。一般情况下，应先降低温度，再取出仪器。取出仪器时，应佩戴耐热手套，防止烫伤。

9. 微波反应器

微波辅助的有机反应通常可以在经过改装的家用微波炉中进行，一般在微波炉的炉腔中配置有内嵌式磁搅拌，由光纤探针等进行温度测量，在顶端或侧面开孔安装冷凝器等，开孔处需连接金属管保护以防止微波泄漏。这种微波炉一般不能实现连续的功率调控和精确地控制反应温度，缺少防爆措施。目前已有商品化的实验室专用微波反应装置，微波功率连续可调，能比较精确地控制反应温度，操作安全简便，但价格较高。

10. 钢瓶

又称高压气瓶，是一种在加压下贮存或运送气体的容器，通常有铸钢的、低合金钢的等。氢气、氧气、氮气、空气等在钢瓶中呈压缩气状态，二氧化碳、氨、氯、石油气等在钢瓶中呈液化状态。乙炔钢瓶内装有多孔性物质(如木屑、活性炭等)和丙酮，乙炔气体在压力下溶于其中。为了防止各种钢瓶混用，全国统一规定瓶身、横条以及标字的颜色，以资区别。

现将常用的几种钢瓶的标色列于表1.6中。

表1.6 常用几种钢瓶的颜色

气体类别	瓶身颜色	横条颜色	标字颜色
氮	黑	棕	黄
空气	黑		白
二氧化碳	黑		黄

续表

气体类别	瓶身颜色	横条颜色	标字颜色
氧	天蓝		黑
氢	深绿	红	红
氯	草绿	白	白
氨	黄		黑
其他一切可燃气体	红		
其他一切不可燃气体	黑		

使用钢瓶注意事项：

(1) 钢瓶应放置在阴凉、干燥、远离热源的地方，避免日光直晒。氢气钢瓶应放在与实验室隔开的气瓶房内。

(2) 搬运钢瓶时要旋上瓶帽，套上橡皮圈，轻拿轻放，防止摔碰或剧烈振动。

(3) 使用钢瓶时，如直立放置，应有支架或用铁丝绑住，以免摔倒；如水平放置，应垫稳，防止滚动。应防止有机物玷污钢瓶。

(4) 钢瓶使用时要用减压表，一般可燃性气体(氢、乙炔等)钢瓶气门螺纹是反向的，不燃或助燃性气体(氮、氧等)钢瓶气门螺纹是正向的，各种减压表不得混用。开启气门时应站在减压表的另一侧，以防减压表脱出而被击伤。

(5) 钢瓶中的气体不可用完，应留有0.5%表压以上的气体，以防止重新灌气时发生危险。

(6) 用可燃性气体时一定要有防止回火的装置(有的减压表带有此种装置)。在导管中塞细铜丝网，管路中加液封可以起保护作用。

(7) 钢瓶应定期试压检验(一般钢瓶三年检验一次)。逾期未经检验或锈蚀严重时，不得使用；漏气的钢瓶不得使用。

11. 减压表

减压表由指示钢瓶压力的总压力表、控制压力的减压阀和减压后的分压力表三部分组成。使用时应注意：把减压表与钢瓶连接好(勿猛拧！)后，将减压表的调压阀旋到最松位置(即关闭状态)。然后打开钢瓶总气阀门，总压力表即显示瓶内气体总压。检查各接头(用肥皂水)不漏气后，方可缓慢旋紧调压阀门，使气体缓缓送入系统。使用完毕时，应首先关紧钢瓶总阀门，排空系统的气体，待总压力表与分压力表均指到“0”时，再旋松调压阀门。如钢瓶与减压表连接部分漏气，应加垫圈使之密封，切不能用麻丝等物堵漏。特别应注意的是，氧气钢瓶及减压表绝对不能涂油。

1.6 有机化学文献简介[①]

查阅化学文献是化学工作者从事科学研究的重要方面，是每个化学工作者应具备的基本功之一。进入每个课题研究之前，了解有关资料和信息，有助于丰富思路，作出正确判断，少走弯路。

化学文献种类繁多，浩如烟海。应该了解不同文献的收录范围和特点，以便尽快查找到所需要的资料。随着互联网的发展，化学文献的网络资源越来越重要，这里简单介绍基本的、常用有机化学工具书、参考书、期刊和数据库。

(一) 印刷版工具书

1. 词汇类

英汉、汉英化学化工词汇(化学工业出版社)，英汉化学化工词汇(科学出版社)，化合物命名词典(上海竹书出版社)。

2. 安全知识

常用化学危险物品安全手册(中国医药科技出版社)，化学危险品最新实用手册(中国物资出版社)。

3. 理化数据

(1) The Merck Index(默克索引)

德国 Merck 公司出版的非商业性的化学药品手册，以叙述方式介绍化合物的物理常数(熔点，沸点，闪点，密度，折射率，分子式，分子量，比旋光度，溶解度)、别名、结构式、用途、毒性、制备方法以及参考文献。

(2) Dictionary of Organic Compounds(有机化合物辞典)

包含 10 多万种化合物的资料，按照英文字母排序，有许多分册，刊载化合物的分子式、分子量、别名、理化常数(熔点，沸点，密度等)、危险指标、用途、参考文献。另外出版有索引手册，包括分子式索引、CA 登记号对照索引、名字索引。

(3) Handbook of Chemistry and Physics (CRC 化学物理手册)

简称 CRC，是美国化学橡胶公司(Chemical Rubber Company)出版的理化手册，1913 年首版，几乎每年更新一版。有机化学部分，用表格简略地介绍了 12000 种化合物的理化资料(例如分子量，熔点，沸点，密度，折射率，溶解度)、别名、Merck Index 编号、CA 登记号，以及在 Beilstein 的参考书目(Beil. Ref)等。本章后面的索引有同义词索引、CA 登记号索引等。CRC 是个多用途的手册，其他章节包括科技名词的定义、命名规则、数学公式，还有许多表格刊载，例如蒸气压、游离能、键长键角等有用的资料。早期的 CRC 有机

---

① 【参考文献】

[1] 邵学广，蔡文生. 化学信息学. 第三版. 北京：科学出版社，2013.

[2] 陈明旦，谭凯. 化学信息学. 第二版. 北京：化学工业出版社，2011.

部分有熔点(−197～913 ℃)和沸点索引(−164～891 ℃),可以从熔点、沸点数据查出可能的化合物结构。

(4) Lange's Handbook of Chemistry(兰氏化学手册)

内容和CRC类似。

(5) Beilstein Handbuch der Organischen Chemie(贝尔斯坦有机化学手册)

简称Beilstein,是报道有机化合物数据和资料十分权威的巨著。内容介绍化合物的结构、理化性质、衍生物的性质、鉴定分析方法、提取纯化或制备方法,以及原始参考文献。Beilstein所报道化合物的制备有许多比原始文献还详尽,并且更正了原作者的错误。以德文编写是其不便之处。

4. 商用试剂目录

可以免费索取,每年更新,用来查阅化合物的基本数据(分子量,结构式,沸点,熔点,命名等)十分方便实用。

- Aldrich:全名Aldrich Catalog Handbook of Fine Chemicals,美国Aldrich公司出版。
- Acros:欧洲出版的试剂目录。
- Sigma:全名为Sigma Biochemical and Organic Compounds for Research and Diagnostic Clinical Reagents,主要提供生化试剂产品。
- Fluka:Fluka化学公司编制的试剂目录,该公司总部在瑞典。
- Merck Catalogue:德国Merck公司的商品目录,包括8000种化学和生化试剂,及实验设备。

5. 有机化学丛书,实验辅助参考书

(1) Organic Reactions(有机反应)

一套介绍著名有机反应的综述丛书,1942年首版,每1～2年出版一期,目前已有40余期。每期都会列出以前几期的目录和综合索引。稿件为特邀稿,综述介绍一些著名的反应。内容描述极为详尽,包括前言、历史介绍、反应机理、各种反应类型、应用范围和限制、反应条件和操作程序、总结。每章有许多表格刊载各种研究过的反应实例,附有大量的参考文献。国外有机化学课程经常以此丛书作为课外作业,让学生查阅和描写某反应的内容、机理和应用范围。

(2) Organic Synthesis(有机合成)

一套详细介绍有机合成反应操作步骤的丛书。内容可信度极高,每个反应都经过至少两个实验室重复通过。最引人入胜的是后面的Notes,详细说明了操作时应该注意的事项及解释为何如此设计、不当操作可能导致的副产物等,是学习"know how"的有机反应丛书。

(3) Reagent for Organic Synthesis(有机合成试剂)

Fieser & Fieser主编,1967年首版的系列丛书,每1～2年出版一期。每期介绍1～2

年间一些较特殊的化学试剂所涉及的化学反应。可以从索引查阅试剂名字,转而查找其反应应用,每个反应都有详细的参考书目。

(4) Vogel's "Textbook of Practical Organic Chemistry"

简称 Vogel,1948 年首版,是一本十分实用的反应设计参考书。可以归纳书中介绍的许多类似反应来设计未知的反应条件。对于反应条件和操作程序描述得十分清楚,报道许多反应实例及其参考文献。书的前面几章介绍实验操作技术。书末刊载化合物的理化常数。附录有各种官能团的光谱介绍,例如红外吸收位置、核磁氢谱和碳谱的化学位移等。

(5) Purification of Laboratory Chemicals(实验室化合物的纯化)

各种常用化合物的纯化方法,例如重结晶的溶剂选择、常压和减压蒸馏的沸点,以及纯化以前的处理手续等。从粗略纯化到高度纯化都有详细记载,并附参考文献。前几章介绍提纯相关技术(重结晶,干燥,色谱,蒸馏,萃取等),还有许多实用的表格,例如介绍干燥剂的性质和使用范围、不同温度的浴槽的制备、常用溶剂的沸点及互溶性等资料。

(二) 网上化学手册

1. 化学元素周期表

英国谢菲尔德大学化学系的 Winter 博士制作的化学元素周期表,名为 WebElements。在周期表上单击任何一种元素的元素名称,均可得到该元素的有关数据。其网址为:http://www.webelements.com。

2. 化合物基本性质数据库

ChemBioFinder 是 CambridgeSoft 公司推出的网络服务。通过该主页可以按化合物的分子式、英文名称、CA 登录号和化学结构查询该化合物的基本性质,包括分子结构、分子量、熔点、沸点、密度、溶解度等,以及该试剂的生产厂家、包装说明和购买方法。目前收录的化合物近 200 万种。其网址为:http://www.chemfinder.com/chembiofinder/default.aspx。

3. 物理化学常数

查阅化合物物理化学常数的一些网站主页:

http://www.nist.gov/pml/index.cfm(美国国家标准和技术研究所物理实验室);

http://physics.nist.gov/cuu/constants/index.html(物理化学参数搜索或查找);

http://physics.nist.gov/cuu/constants/links.html(其他数据站点的链接)。

(三) 网络检索资源

1. Chemical Abstracts(美国化学文摘)

简称 CA,由 CAS(Chemical Abstracts Service,化学文摘社,美国化学会的一个分支机构)主办,1907 年创刊,是目前报道化学文摘最悠久、最齐全的刊物,现每周出版一期。报道范围涵盖世界 160 多个国家,60 多种文字,17000 多种化学及化学相关期刊的文摘,系统全面地收录世界上化学化工方面98%的文献。索引种类齐全，使用非常方便。CA的电子出版物始于1969年，逐渐形成了现在的CA光盘版，即CA on CD。随着计算机和互联网的普及和发展，CAS开发了基于客户端软件的SciFinder Scholar(2012年底，SciFinder Scholar的客户端服务已停止)和基于网络访问的SciFinder Web版。SciFinder Web版是一种智能化的综合信息系统，整合了Medline医学数据库、欧洲和美国等30多家专利机构的全文专利资料，以及CA自1907年以来收录的所有资料，已成为最重要的化学文献检索工具。其使用界面十分友好方便，适合于不同层次的使用人员。

2. CrossFire Beilstein/Gmelin

MDL公司开发的基于印刷版工具书《Beiltein有机化学手册》和《Gmelin无机和有机金属化学手册》的数据库系统，提供网络检索服务。该系统具有优异的分子结构图形检索功能和检索结果的超链接设计，不仅检索快速、齐全，还能对检索结果进行整理、分析、归纳。用户可以通过超链接直接查看检索到的化合物的制备信息以及特定数据的原始文献，通过LitLink快速浏览相关刊物的全文。CrossFire Beilstein数据库提供的信息包括：900多万种包含了结构和参考文献的化合物信息、数以千万条相关的化学性质和生物活性信息；1000多万种化学反应信息、制备所需的详细资料以及特定的反应途径；200多万种可供引用的参考资料。

(四) 期刊全文数据库

1. ACS Publications

ACS期刊数据库是美国化学会出版部建立的基于网络的文献数据库，包括ACS出版的近40种学术期刊，如*The Journal of the American Chemical Society*、*The Journal of Organic Chemistry*、*Organic Letters*、*Organic Process Research & Development*等。其主页为：http://pubs.acs.org。

2. ScienceDirect

Elsevier Science公司出版，提供1995年以来1900多种期刊的检索和全文下载服务，如*Tetrahedron*、*Tetrahedron Letters*、*Tetrahedron: Asymmetry*等。其主页为：http://www.sciencedirect.com。

3. RSC Publishing

英国皇家化学学会(Royal Society of Chemistry)出版的期刊及资料库，如*J. Chem. Soc. Perkin Transactions* Ⅰ、*J. Chem. Soc. Perkin Transactions* Ⅱ、*J. Chem. Soc. Chemical Communication*等。其网站主页为：http://pubs.rsc.org/。

4. SpringerLink

德国施普林格(Springer-Verlag)出版集团提供的学术期刊及电子图书在线服务系统，如*Amino Acids*、*Chemistry of Heterocyclic Compounds*、*Analytical and Bioanalytical Chemistry*。其主页为：http://link.springer.com。

5. Wiley Online Library

约翰威利国际出版公司(John Wiley & Sons Inc.)提供的数据库在线服务,如 *Angewandte Chemie International Edition in English*、*Journal of Heterocyclic Chemistry*、*Helvetica Chimica Acta*、*European Journal of Organic Chemistry* 等期刊。其主页为:http://onlinelibrary.wiley.com。

6. Science of Synthesis

德国 Thieme 出版社提供的有机和有机金属合成方法的反应信息库,包括 *SYNFACTS*、*SYNLETT*、*SYNTHESIS* 三种期刊。其主页为:http://www.thieme-chemistry.com/。

7. CNKI

中国国家知识基础设施(China National Knowledge Infrastructure,CNKI)提供的国内期刊论文等文献的在线服务,如《有机化学》(*Organic Chemistry*)、《合成化学》(*Chinese Journal of Synthetic Chemistry*)等。其主页为:http://www.cnki.net。

第 2 章　有机化合物的物理性质及其测定方法

熔点(mp)、沸点(bp)、折射率(n_D^t)以及比旋光度$[\alpha]_D^t$ 是有机化合物的重要物理性质,是鉴定有机化合物的必要常数,也是化合物纯度的标志。

2.1　熔点及其测定

(一) 熔点

熔点是固体有机化合物固液两态在大气压力下达成平衡时的温度。纯净的固体有机化合物一般都有固定的熔点,固液两态之间的变化是非常敏锐的,自初熔至全熔(称为熔程)温度不超过 0.5～1 ℃。

1. 纯物质的熔点

纯物质有固定的和敏锐的熔点,测定有机化合物的熔点是鉴定其纯度的经典方法。

纯净有机化合物随着加热进行其温度会逐渐升高,当达到熔点时,开始有少量液体出现,而后固液相平衡;继续加热,温度即不再变化,此时加热所提供的热量是使固相不断转变为液相,两相间仍为平衡;最后的固体熔化后,继续加热则温度线性上升(图 2.1)。因此,这一方法的关键是控制好加热速度,使整个熔化过程尽可能接近于两相平衡条件,以精确测定化合物的熔点。

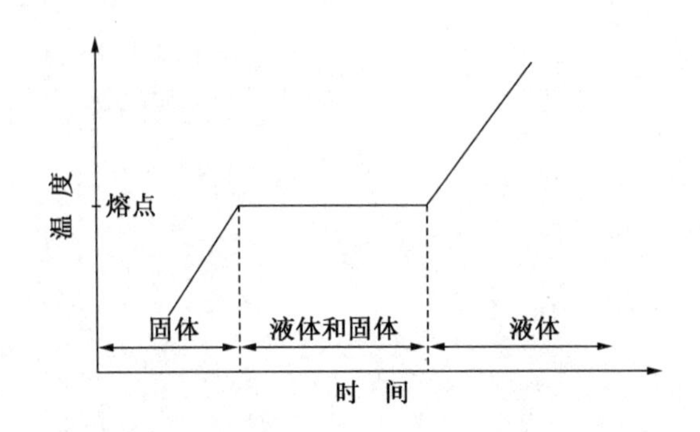

图 2.1　纯物质加热时温度随时间的变化

纯物质熔点的高低只与本身的结构性质有关,而与测定时所用结晶的数量无关。

某些有机化合物只有分解点,因其在加热尚未达到其熔点前,即局部分解,分解物的作用与可熔性杂质相似，因此这一类的化合物没有恒定的熔点。分解的迟早、快慢与加热的速率有关，所以加热的情况决定此类化合物分解点的高低，往往是加热快时，测得的分解点较高，加热慢时，则分解点低。

2. 杂质对熔点的影响

可熔性杂质对于固体有机化合物熔点的影响是使其熔点降低，扩大其熔点的间隔。

混合熔点法 将某一未知样品与一已知样品混合后测定其熔点(至少测定三种比例)，以判断该未知样品是否为该已知样品的方法称为混合熔点法，是有机化合物鉴定中的传统方法。但随着色谱、核磁共振等方法的发展和广泛应用，这一经典方法的应用范围已日趋缩小。

(二) 温度计的校正

在实验中，温度计上的温度读数与实际数值之间常有一定的偏差，这可能源于温度计的毛细孔径不均匀或刻度不准确等制作质量问题。另外，温度计有全浸式和半浸式两种，全浸式温度计的刻度是在温度计液线全部均匀受热的情况下刻出来的，而测熔点时仅有部分液线受热，因而露出的液线温度较全部受热者低。为了校正温度计，可选用纯有机化合物的熔点作为标准或选用一标准温度计校正。

选择数种已知熔点的纯化合物为标准，测定它们的熔点，以观察到的熔点作纵坐标，测得熔点与已知熔点的差值作横坐标，画成曲线，即可从曲线上读出任一温度的校正值。

0 ℃的测定 可将盛有 20～25 mL 蒸馏水的小烧杯置于冰盐浴中，至部分蒸馏水结冰，用玻棒搅拌使冰-水混合均匀并移出冰盐浴，将被测温度计插入冰-水中，注意使温度计水银球全部浸没。在搅拌下，使温度恒定，读出数值，该数值即为此温度计在 0 ℃的校正值。

(三) 毛细管熔点测定法

在有机化学实验中，毛细管熔点测定法是一个常用的方法，但它并不是最精确的方法，因为用此法所测得的数值常常略高于真实熔点。尽管如此，它的精确度已可满足一般要求。其最大优点是样品用量少，操作简便。

毛细管熔点法最常用的仪器是提勒(Thiele)管，又称 b 形管，见图 2.2。管口装有开口塞子，温度计插入其中，温度计水银球位于 b 形管上下两叉管中间，样品置于水银球中部，浴液的高度可达 b 形管上叉管处。加热位置应于侧管处(图 2.2)，受热浴液沿管作上升运动，促使整个 b 形管内浴液循环对流，使温度均匀而不需要搅拌。常用浴液有浓硫酸、液体石蜡、有机硅油等。

测熔点用的毛细管，外径约为 1～1.5 mm，长约 7～8 cm。装入研细的样品粉末，敦实，样品高度 2～3 mm，一支装好样品的毛细管只能用一次，因样品熔化后，降低温度即凝固，该凝固温度不能算做熔点。重复测定时，浴温需降至低于样品熔点 20 ℃左右再测。

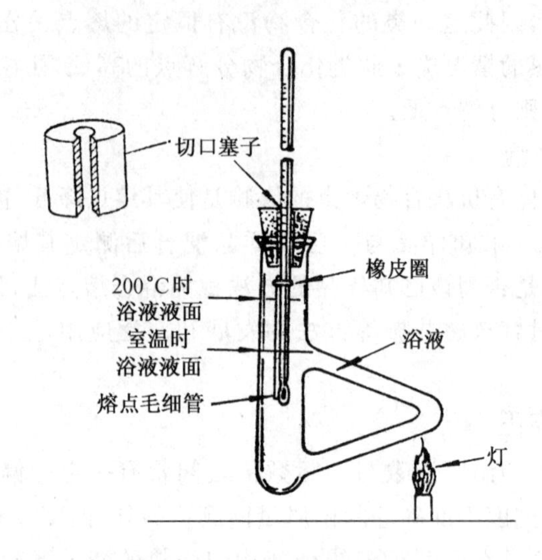

图 2.2 Thiele 管熔点测定装置

影响测定结果的因素，如加热速率、毛细管制作管壁厚薄、直径大小、样品颗粒粗细及样品装填是否紧密等，最重要是温度计的准确程度和加热速率。当温度低于熔点10～15 ℃时，应保持每分钟升温1～2 ℃。记录始熔和全熔温度，如171.5～172.5 ℃。

有的化合物测不到熔点而只能测得分解点，即到一定温度时样品完全分解而不熔化，这时应记录为，如130.5 ℃(分解)。

(四) 用熔点测定仪测定熔点

使用熔点仪测定有机物的熔点的方法，已经成为更多实验室的选择。与传统的提勒管方法相比，使用熔点仪测定熔点时，温度控制更加方便，通过显微镜能够更加清晰地观察晶体的形态和熔化的过程。目前已有多种手动测量及微机操控的自动测量的熔点仪商品。

(五) 实验

(1) 测定下列各化合物的熔点：乙酰苯胺、苯甲酸、萘和尿素。

(2) 测定下列化合物的混合熔点：尿素和肉桂酸。

(3) 由教师指定未知物1～2个，测其熔点鉴定之。

2.2 沸点及其测定

(一) 沸点

由于分子运动，液体的分子有从表面逸出的倾向。这种倾向随着温度的升高而增大。如果把液体置于密闭的真空体系中，液体分子继续不断地逸出并在液面上部形成蒸气，从而使得分子由液体逸出的速率与分子由蒸气中回到液体中的速率相等，使其蒸气保持一定的压力。当液面上的蒸气达到饱和,称为饱和蒸气。它对液面所施的压力称为饱和蒸气压。实验证明,液体的蒸气压只与温度有关,即液体在一定温度下具有一定的蒸气压。这是指液体与它的蒸气平衡时的压力,与体系中存在的液体和蒸气的绝对量无关。

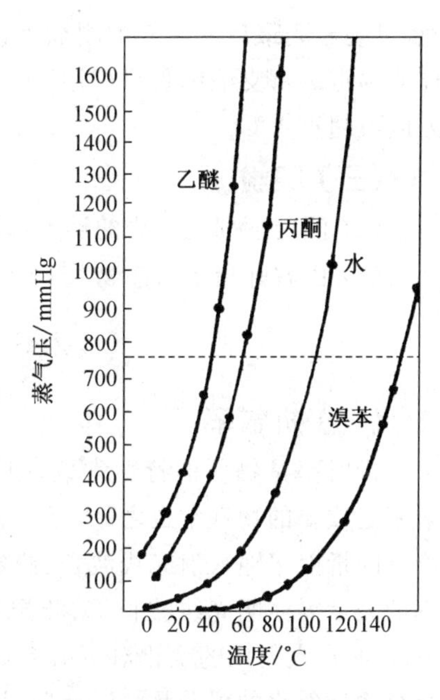

图 2.3 温度与蒸气压的关系

从图 2.3 中看出,当液体的蒸气压增大到与外界施于液面的总压力(通常是大气压力)相等时,就有大量气泡从液体内部逸出,即液体沸腾。这时的温度称为液体的沸点。显然液体的沸点与所受外界压力的大小有关。通常所说的沸点是指,在 1 个大气压(1 atm=760 mmHg,1 mmHg=133 Pa),即 0.1 MPa 压力下液体的沸腾温度。例如水的沸点为 100 ℃,即是指在 0.1 MPa 压力下,水在 100 ℃时沸腾;在 85.3 kPa 时,水在 95 ℃时沸腾,这时水的沸点可以表示为 95 ℃/85.3 kPa。

当液体中溶入其他物质时,无论这溶质是固体、液体或气体,亦无论其挥发性的大小,溶剂的蒸气压总是降低,而所形成的溶液的沸点则与溶质的性质有关。在一定压力下,凡纯净化合物,必有一固定沸点,因此一般可以利用测定化合物的沸点来鉴别某一化合物是否纯净。但必须指出,凡具有固定沸点的液体不一定均为纯净的化合物。

(二) 微量液体的沸点测定

通常对大量液体沸点的测定是通过蒸馏进行,在蒸馏过程中液体保持在某一定温度沸腾,温度变化区间最多不得超过 3 ℃,若区间再大,即认为所蒸馏的液体不是纯净化合物。纯净化合物的沸点间隔在 1 ℃以下。

若液体较少,可用微量法测定。装置如图 2.4 所示,加热浴可用小烧杯或提勒管。将待测沸点的液体滴入长约 5 cm、外径 5~8 mm 的小试管中,液柱高约 1 cm。将一端封闭的约 6 cm 长的毛细管,封口在上倒插入待测液中,把该试管用橡皮圈固定于温度计上插入加热浴中,若使用烧杯作加热浴,为了加热均匀,需要不断搅拌。当温度慢慢升高时,将会有小气泡从毛细管中经液面逸出,继续加热至接近该液体沸点时将有一连串气泡快速逸出,此时停止加热,浴温持续升高后,即慢慢下降。但必须注意观察,当气泡恰好停止外逸,液体刚要进入毛细管的瞬间(如注

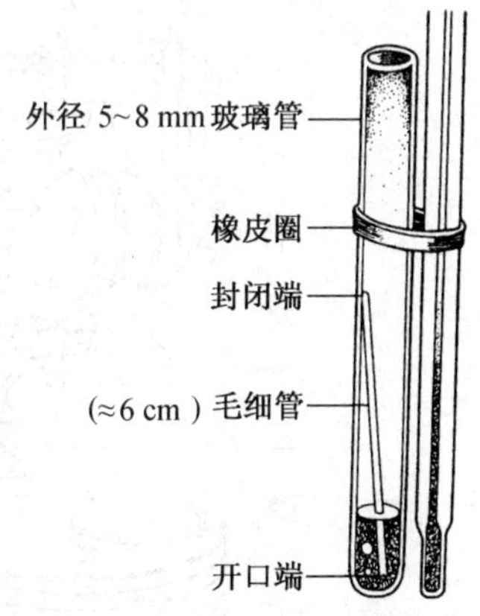

图 2.4 微量法测沸点装置

意，可观察到最后一个气泡刚欲缩回至毛细管的瞬间)，记下温度计上的温度，即为该液体的沸点。每支毛细管只可用于一次测定，一个样品测定需重复2～3次，测得平行数据差应不超过1℃。

(三) 实验

(1) 测定下列化合物的沸点：丙酮，乙醇，水，环己醇。

(2) 由教师指定未知物1～2个，测沸点，并鉴定之。

2.3 折射率及其测定

(一) 折射率

折射率是物质的特性常数，固体、液体、气体都有折射率。对于液体有机化合物，折射率是重要的物理常数之一，是有机化合物纯度的标志，也用于鉴定未知有机物。某一物质的折射率随入射光线波长、测定温度、被测物质结构、压力等因素而变化，所以折射率的表示需注明光线波长D、测定温度t，常表示为n_D^t，D表示钠灯的D线波长(589.3 nm)，通常大气压的变化对折射率影响不大，一般的测定不考虑压力影响。用于测定液态化合物折射率的仪器是Abbe(阿贝)折射仪，对于透明液体折射率数据的测定能够直接读到小数点后第四位，其精确度高，可重复性大。

阿贝折射仪是根据光的全反射原理设计的仪器，利用全反射临界角的测定方法测定未知物质的折射率。其外形如图2.5所示，右图是相应部位的内部构造示意图。

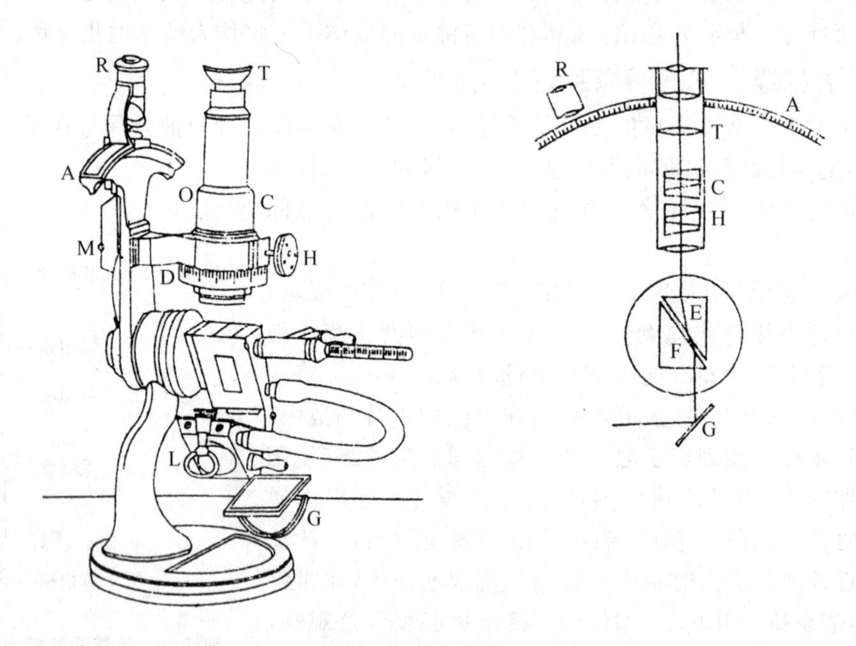

图2.5 阿贝折射仪

其主要部分为两块直角棱镜 E 和 F，当将两棱镜对角线平面叠合时，放入这两镜面间的待测液体即散布成一薄层。当光由反射镜 G 入射而透过棱镜 F 时，由于 F 的表面是粗糙的毛玻璃面，光在此毛玻璃面产生漫射，以不同入射角进入液体层，然后到达棱镜 E 的表面。由于棱镜 E 的折射率很高(通常约为 1.85)，一部分可折射而透过 E，而另一部分则发生全反射。透过 E 的光线经过消色散棱镜 H 和 C，会聚透镜 T 和目镜，最后达到观察者的眼里。为了使在目镜中显现出清晰的全反射边界，利用色散调节器 H 调节色散，D 为色散度的读数标尺。折射率就是依靠全反射的边界(明暗间的交界)位置来测定。通过与边界位置相联系的刻度标尺 A，用读数放大镜 R 读出折射率。边界的零点位置尚可通过镜筒上的凹槽 O 用小旋棒调节校准。为使样品恒温，可在 L 处通入恒温水，并由插在夹套中的温度计读出温度。

从一种介质进入另一种介质时，在界面上发生折射。对任何两介质，在一定波长和一定外界条件下，入射角和折射角之正弦比为一常数，也就等于光在这两介质中的速率之比：

$$n = v_1/v_2 \tag{1}$$

若取真空为标准(即 $v_1=c$，$n_0=1.00000$)，空气的绝对折射率是 1.00029。如果取空气为标准，这样得到的各物质之折射率称为常用折射率。物质的绝对折射率表示为

$$\text{绝对折射率} = \text{常用折射率} \times 1.00029$$

光线自介质 A 进入介质 B，图 2.6 示出入射角 α 与折射角 β 间的关系：

$$\sin\alpha/\sin\beta = n_B/n_A = v_A/v_B \tag{2}$$

式中 n_A、n_B、v_A、v_B 分别为 A、B 两介质的折射率和光在其中的速率。如果 $n_A > n_B$(A 称为光密介质，B 称为光疏介质)，则折射角 β 必大于入射角 α。当 $\alpha=\alpha_0$ 时，$\beta_0=90°$ 达到最大，此时光沿界面方向前进，如图 2.6(b)所示。若 $\alpha>\alpha_0$，则光线不能进入介质 B，而从界面反射，如图 2.6(c)所示。此种现象叫做“全反射”，α_0 叫做临界角。

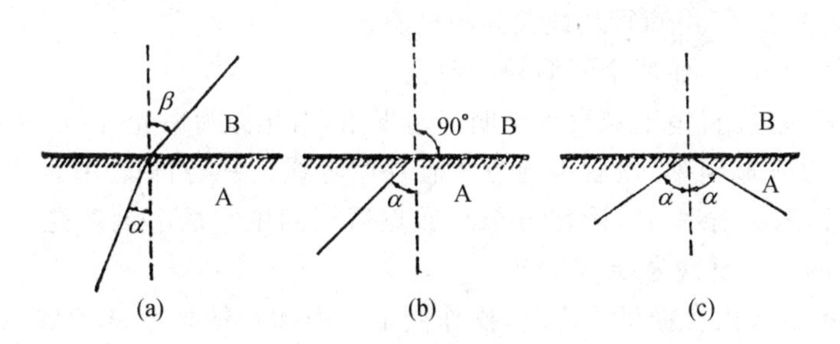

图 2.6　光的折射

阿贝折射仪就是根据折射和全反射原理设计成的。在 AB 面上光线的入射角可为 0°～90°，因棱镜折射率 N 比液体折射率 n 大，故折射角 β 比入射角 α 小，即所有入射线全部能进入镜 E 中。

在测量时，要把明暗界线调到目镜中十字线的交叉点，因这时镜筒的轴与掠射光线平行。读数指针是和棱镜连在一起转动的，标尺就根据不同的折射率 γ 而刻出。阿贝折射仪中已将 γ 换算成 n，故在标尺上读得的已是折射率。阿贝折射仪可用白光作光源。这常会在目镜中看到一条彩色的光带，而没有清晰的明暗界线，这是因为对波长不同的光折射率不一样，因而 γ 不同。折射率是对确定波长而言，让已有色散之光进入消色散棱镜(amiciprism)，调节两棱镜的相对位置，使原有色散恰为消色散棱镜色散所抵消，出来的各色光平行，明暗界线清楚，解决了彩色光带的问题。

至于选定哪一个特定波长的光，是由消色散棱镜本身的特点所决定的。因钠光D线通过消色散棱镜时方向不变，所以当色散消除时，各色光均和钠光D线平行。当半明半暗时，镜筒轴与D线方向平行，故测得的折射率为该物质对钠光D线之折射率。

(二) 阿贝折射仪的使用方法

将阿贝折射仪放在靠窗的桌上(注意：避免日光直接照射)，在棱镜外套上装好温度计，用超级恒温槽通入恒温水，恒温在(20.0 ± 0.2) ℃。当温度恒定时打开棱镜，滴一两滴丙酮在镜面上，合上两棱镜，使镜面全部被丙酮润湿再打开，用丝巾或用镜头纸吸干。然后用重蒸馏水或已知折射率的标准折光玻璃块来校准标尺刻度。如使用后者，应：(i) 先拉开下面棱镜F，用一滴1-溴代萘(monobromo-naphthalene)把玻璃块固定在上面的棱镜E上；(ii) 并掀开前面的金属盖，使玻璃块直接对着反射镜G，旋转棱镜使标尺读数等于玻璃块上注明的折射率；(iii) 然后用一小旋棒旋动接目镜前凹槽中的凸出部分(在镜筒外壁上)，使明暗界线和十字线交点相合，校准工作就完成了。如果使用重蒸馏水为标准样品，只要把水滴在F棱镜的毛玻璃面上并合上两棱镜，旋转棱镜使刻度尺读数与水的折射率一致，其他步骤相同。

【操作步骤】

(1) 测定时，将待测液体滴在洗净并擦干了的磨砂棱镜面上，使液体均匀无气泡充满视场，如样品易挥发，可用滴管从棱镜间小槽滴入。

(2) 调节两反光镜，使两个镜筒视场明亮。

(3) 转动棱镜，在目镜中观察到半明半暗现象，因光源为白光，故在界线处呈现彩色，此时可调节H使明暗清晰，然后再调节T使明暗界线正好与目镜中"十"字线交点重合。从标尺上直接读取折射率 n_D，读数可至小数点后第四位。最小刻度是0.001，可估计到0.0001。数据的可重复性为 ± 0.0001。

(4) 测量糖溶液内含糖量浓度时，操作同上。但测量结果应从读数镜视场左边所指示值读出糖溶液含糖量的质量分数。

(5) 若需测量不同温度时的折射率，可将超级恒温槽温度调节到所需测量温度，待恒温后即可进行测量。一般温度升高1 ℃，液体有机化合物的折射率减小 $3.5 \times 10^{-4} \sim 5.5 \times 10^{-4}$。实际工作中，把某一温度下测定的折射率换算成另一温度下的折射率时，为了便于计算，采用 4×10^{-4} 为温度变化常数，其误差通常在可接受的范围内。但是，当温度相差太悬殊时，这一规律往往是不准确的。

(6) 使用完毕，打开棱镜组 E、F，用丙酮洗净镜面，并用镜头纸擦净，干燥。

使用阿贝折射仪，最重要的是保护一对棱镜，不能用滴管或其他硬物碰及镜面，严禁腐蚀性液体、强酸、强碱、氟化物等的使用。当液体折射率不在 1.3000～1.7000 范围内时，则不能用阿贝折射仪测定。

纯水在不同温度时的折射率为：n_D^{10} 1.3337；n_D^{20} 1.3330；n_D^{30} 1.3320；n_D^{40} 1.3307。

我们经常发现，我们合成的产品折射率与文献资料记载不完全相同。一般情况下，允许的误差范围为 ± 0.0010(刻度盘上一小格)。

折射率是一个具有加和性的参数，当折射率与纯化合物的文献值一致时，有可能是某两种或多种混合物组合形成的数值，是表明纯度的必要而非充分条件。所以，不宜仅凭折射率数值得出肯定的结论。

折射率的测定不仅用于有机化合物纯度的鉴定，还可应用于以下几方面：

(1) 根据液体反应物与生成物折射率的改变情况，监测反应进行程度。

(2) 分馏时，与沸点配合，收集不同馏分。

(3) 检验原料、溶剂、中间体和产品纯度。

(4) 未知物经结构确定后，作为物理常数之一。

需要注意的是，对于某二元混合液体体系而言，如两种液体混合时体积不发生变化，则该混合物的折射率与组分的单位体积的百分数(体积浓度)成线性关系；但如混合时体积发生变化，则不再存在线性关系，只有根据精确测量制作的浓度-折射率的工作曲线才能由折射率查出对应的溶液组成。

(三) 数字阿贝折射仪

数字阿贝折射仪测定透明或半透明物质的折射率原理是基于测定临界角，由目视望远镜和色散校准组成的观察部件来瞄准明暗两部分的分界线，也就是瞄准临界的位置，并由角度-数字转换部件将角度转换成数字，输入微机系统进行数据处理，而后数字显示出被测样品的折射率或锤度(指蔗糖溶液的质量分数 brix)。其使用方法与传统的阿贝折射仪类似。

2.4 旋光度及其测定

有机物能使偏振光的振动平面旋转一定角度，这角度称为旋光度。具有这种性质的物质叫光活性物质，其分子具有实物与镜像不能重叠的特点，即具有“手征性”(chirality)。生物体内大部分有机分子都是光活性的。

普通光光波振动面可以是无数垂直于光前进方向的平面。当光通过一特制的尼科耳(Nicol)棱镜时，其光振动的平面就只有一个和镜轴平行的平面，这种仅在某一平面上振动的光叫偏振光。光活性物质能使偏振光的振动平面旋转一定角度。使偏振光振动平面向右旋转(顺时针方向)叫右旋，向左旋转(逆时针方向)叫左旋。测定物质旋光度的仪器是旋光仪。在旋光仪中，起偏镜是一个固定不动的尼科耳棱镜，它使光源发出的光变成偏振光。检偏镜是能转动的尼科耳棱镜，用来测定物质偏振光振动面的旋转角度和方向，其数值可由刻度盘上读出(图2.7所示)。

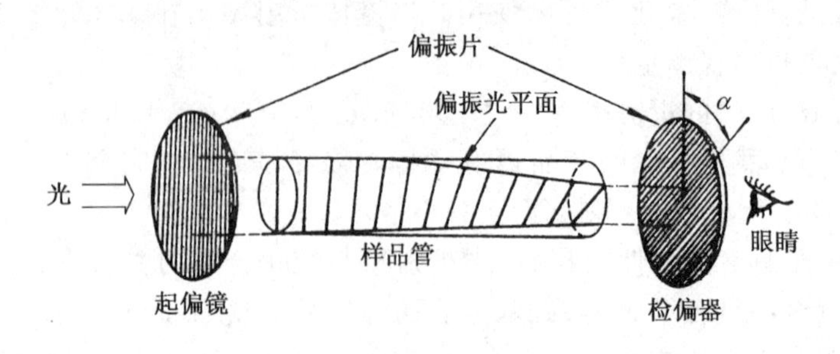

图2.7 旋光仪的组成

物质旋光度的大小随测定时所用溶液的浓度、旋光管的长度、温度、光波的波长以及溶剂的性质等而改变。在一定条件下，各种旋光活性物质的旋光度为一常数，通常用比旋光度$[\alpha]$表示。可通过下式计算溶液的比旋光度：

$$[\alpha]_{\lambda}^{t}=\alpha/(cl)$$

式中α为由旋光仪测得的旋光度；l为旋光管的长度，以dm表示；λ为所用光源的波长，通常是钠光源，以D表示；t为测定时温度；c为溶液浓度，以1 mL溶液所含溶质的克数表示。

例如：由肌肉中取得的乳酸的比旋光度表示为$[\alpha]_{D}^{20}=+3.8°$，意思是20℃以钠光为光源，乳酸比旋光度是右旋3.8°。

如被测的旋光活性物质本身是液体，可直接放入旋光管中测定，而不必配溶液。纯液体的比旋光度可由下式求出：

$$[\alpha]_{\lambda}^{t}=\alpha/(l\rho)$$

式中ρ为纯液体的密度(g/cm^3)。

测得物质的比旋光度后，用下式求得样品光学纯度，即手性产物的比旋光度与该纯净物的比旋光度之比：

$$\text{光学纯度}=([\alpha]_{\lambda\text{观测值}}^{t}/[\alpha]_{\lambda\text{理论值}}^{t})\times100\%$$

由于溶质与溶剂间存在相互作用等原因，比旋光度的数值通常随溶剂变化而变化，有时甚至旋光方向也会发生变化。此外，不同浓度下测定的比旋光度也会不同。因此，测出的比旋光度必须标明溶剂、浓度等测量参数。自测样品的比旋光度时，应使用相同溶剂并尽量以与文献值中标明数据相近的浓度进行测量，所得数据与文献值才具有可比性。

第3章　有机化合物的分离和提纯

经过任一反应所合成的有机化合物，一般总是与许多其他物质（其中包括进行反应的原料、副产物、溶剂等）共存于反应体系中。因此在有机制备中，常需从复杂的混合物中分离出所要的物质。随着有机合成的发展，分离提纯的技术将愈显示它的重要性。

3.1　重　结　晶

重结晶是提纯固体有机化合物的常用方法之一。

固体有机化合物在任一溶剂中的溶解度，均随温度的升高而增加。所以，将一个有机化合物在某溶剂中、在较高温度时制成饱和溶液，然后使其冷到室温或降至室温以下，即会有一部分成结晶析出。利用溶剂中被提纯物质和杂质溶解度的不同，让杂质全部或大部分留在溶液中（或被过滤除去），从而达到提纯的目的。

（一）溶剂的选择

选择合适的溶剂对于重结晶是很重要的一步。

被提纯的化合物，在不同溶剂中的溶解度与化合物本身的性质以及溶剂的性质有关，通常是极性化合物易溶于极性溶剂，非极性化合物则易溶于非极性溶剂。借助文献可以了解某些已知化合物在某种溶剂中的溶解度，但最主要是通过实验方法进行选择。

所选溶剂必须具备的条件：

（1）不与被提纯化合物起化学反应。

（2）温度高时，化合物在溶剂中溶解度大，室温或低温下溶解度很小；而杂质的溶解度应该非常大或非常小。

（3）溶剂沸点适中，较易挥发，易与被提纯物分离除去。

（4）价格便宜、毒性小，回收容易，操作安全。

常用的溶剂包括水、甲醇、乙醇、丙酮、乙醚、石油醚、乙酸乙酯、二氯甲烷、三氯甲烷、二氧六环、环己烷等。早期文献中常见使用四氯化碳、苯等溶剂进行重结晶，但因其毒性较大，现已很少使用。

选择溶剂的具体方法是：取约 0.10 g（或更少）的待重结晶的样品，放入一支小试管中，滴入约 1 mL（或更少）某种溶剂，振荡下，观察是否溶解。若很快全溶，表明此溶剂不宜作重结晶的溶剂；若不溶，加热后观察是否全溶，如仍不溶，可小心加热并分批加入溶剂至 3～4 mL，若沸腾下仍不溶解，说明此溶剂也不适用。如能使样品溶在 1～4 mL 沸腾溶剂中，室温下或冷却能自行析出较多结晶，此溶剂适用。以上仅仅是一般方法，实际实验中要同时选择几个溶剂，用同样方法比较收率，选择其中最优者。

某些化合物，在许多溶剂中的溶解度太大或太小，很难选择到一种合适的单一溶剂。这时，可考虑用混合溶剂(表3.1)。方法是：选用一对能互相溶解的溶剂，样品易溶于其中之一(即良溶剂)，而难溶或几乎不溶于另一个(即不良溶剂)。

表3.1 常用的混合溶剂

水-乙醇	水-乙酸	甲醇-乙醚
吡啶-水	甲醇-水	乙醇-石油醚[a]
甲醇-二氯乙烷	氯仿-醇	氯仿-乙醚
乙醚-丙酮	石油醚-丙酮	乙醇-乙醚-乙酸乙酯
石油醚-乙醚	水-丙酮	

[a]当使用乙醇-石油醚混合溶剂时，是指无水乙醇，因为石油醚与含水乙醇不能任意混溶，在冷却时会引起溶剂分层。

(二) 热溶液的制备

用水作为溶剂时，可在烧杯或锥形瓶中进行；而用有机溶剂时，则必须用锥形瓶或圆底烧瓶作为容器，安装回流冷凝管，防止溶剂挥发。

将固体样品通过纸漏斗或固体加样器放入烧瓶中，加入适量溶剂，加热使溶剂沸腾，再逐渐加入溶剂，使溶剂量刚好将样品全部溶解或几乎全部溶解，然后再使其过量约20％～30％，以免热过滤时因温度的降低和溶剂的挥发，结晶在滤纸上析出而造成损失。如果这样加入的溶剂过量太多，使结晶析出量太少或根本不能析出，可蒸出适量溶剂后再行结晶。

一般1 g样品的溶解需要加入10～20 mL左右的溶剂。有些样品的溶解速度较慢，需要一定的回流时间以完成溶解。如已加入前述足量溶剂，回流后仍有较多产品不溶时，应先将热溶液倾出或过滤，于剩余物中再加溶剂加热溶解；如仍不溶，过滤，滤液单独放置或冷却，观察是否有结晶析出。应避免因有固体未完全溶解而加入过多溶剂。

溶解过程中，由于条件掌握不好，体系中有时会有油状物析出，其中包含有溶质和少量溶剂。遇到这种情况，应注意两点：首先，所选溶剂的沸点应低于溶质的熔点；其次，若不能选择出沸点较低的溶剂，则应在比熔点低的温度下进行热溶解。出油在混合溶剂重结晶时最为常见，多因溶剂总量不足或难溶溶剂比例偏大，高温时成溶液状态，温度降低后有“油”析出。实际上是一种分相，即部分溶质与易溶溶剂为主的溶剂成浓溶液以“油”的形态析出，其他部分成另一相。这种情况需要通过调整混合溶剂比例或增大溶剂总量来解决。

(三) 脱色与热过滤

当样品本身无色,但热溶液颜色明显,或热溶液因含有树脂状物质而呈混浊状,因其往往不能通过简单过滤有效除去,可加入适量的活性炭或其他吸附剂进行吸附脱除。活性炭脱色效果与溶液的极性、杂质的多少有关,活性炭在水溶液及极性有机溶剂中脱色效果较好,而在非极性溶剂中效果则不甚显著。活性炭用量一般为固体量的1%~5%左右,不可过多。若用非极性溶剂时,也可在溶液中加入适量氧化铝,摇荡脱色。加活性炭时,应待产品全部溶解后,溶液稍冷再加,切不可趁热加入!否则易引起暴沸,严重时甚至会有溶液冲出的危险。

热过滤的方法有两种,即常压热过滤和减压热过滤。重结晶溶液是一种热的饱和溶液,遇冷即会析出结晶,因此需要趁热过滤。常压热过滤就是用重力过滤的方法除去不溶性杂质(包括活性炭)。热过滤时所用的漏斗和滤纸须事先用热溶剂润湿温热,或者把仪器放入烘箱预热后使用,有时还需要将漏斗放入铜质热保温套中,在保温情况下过滤。

1. 常压热过滤(图 3.1)

常用短颈或无颈的玻璃漏斗,以免溶液在漏斗下部管颈遇冷而析出结晶,影响过滤。为了过滤得快,经常采用菊花形(扇形)折叠滤纸。

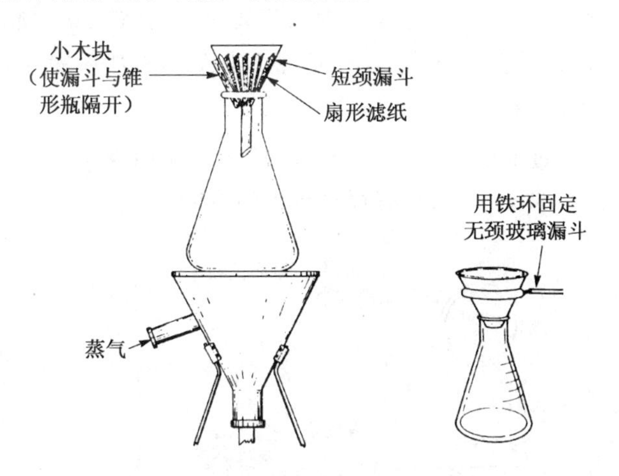

图 3.1 常压热过滤装置

热过滤用折叠滤纸由于有效表面积大、过滤速度快,在化学实验中会经常用到。

常压热过滤中菊花形滤纸的折叠有两种方法①:

① **【参考文献】**

[1] 历廷有. 大学化学,2011,26(4):65~66.

[2] 魏青. 大学化学,2013,28(2):60~61.

方法 1

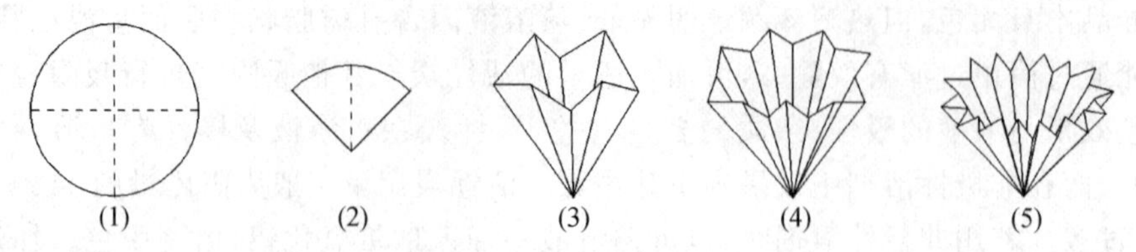

先将滤纸对折,然后再对折成四等分即两瓣[(1)十字虚线],将这两瓣沿图(2)虚线折痕从各自中间折成8等分即四瓣(3)。以此类推,将四瓣再各自等分折成16等分即八瓣(4),最后折成32等分即十六瓣(5)。

方法 2

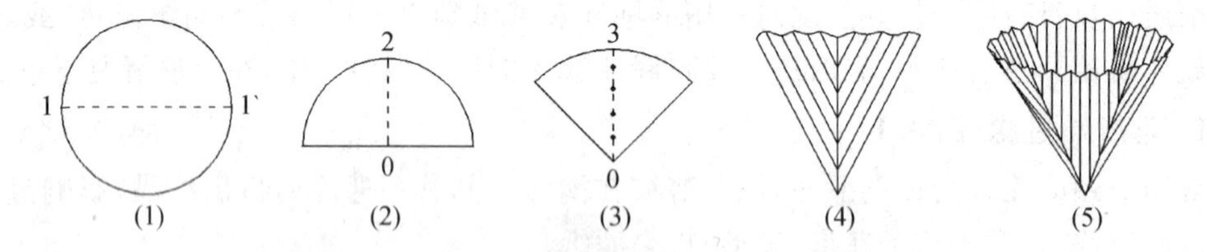

滤纸沿直径1-1′对折得(2),再沿0-2对折得4等分,并转90°立起,将0-3线上均匀等分如(3),再反复来回折成多个从大到小"V"形皱折如(4),然后展开如(5)。

2. 减压热过滤(图3.2)

也叫抽滤,其优点是过滤快,但缺点是遇有沸点较低的溶液时,会因减压而使热溶剂沸腾、蒸发导致溶液浓度改变,使结晶有过早析出的可能。

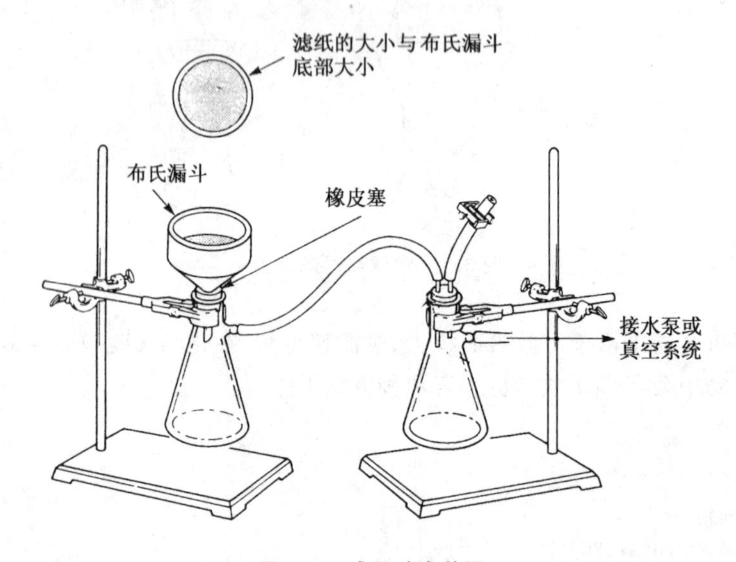

图3.2 减压过滤装置

减压抽滤使用布氏漏斗(Büchner)。所用滤纸大小应和布氏漏斗底部恰好合适，然后用水湿润滤纸，使滤纸与漏斗底部贴紧。如抽滤样品需要在无水条件下过滤时，需先用水贴紧滤纸，然后用无水溶剂洗去纸上水分(例如用乙醇或丙酮洗)，确信已将水分除净后再行过滤。减压抽紧滤纸后，迅速将热溶液倒入布氏漏斗中，在过滤过程中漏斗里应一直保持有较多的溶液。在未过滤完以前不要抽干，同时使压力不宜降得过低，为防止由于压力低，溶液沸腾而沿抽气管跑掉，可用手稍稍捏住抽气管，或使安全瓶活塞保持不完全关闭状态，使吸滤瓶中仍保持一定的真空度，而能继续迅速过滤。

有时某些物质易于析出结晶，在过滤过程中结晶在滤纸上析出，阻碍继续过滤，处理不妥，产品损失很多，在小量实验中，影响严重。此时须小心将析出物与滤纸一同返回，重新制备热溶液，这种情况下，宁可将热溶液配制得稍稀一些。

(四) 结晶的析出

将滤液保温下或室温放置冷却，使其慢慢析出结晶。切不要将滤液置于冷水中迅速冷却或冷却过程中加以摇振，因为这样形成的结晶较细，表面积大，吸附母液多，且容易夹有杂质。但也不要结晶过大(超过 2 mm 以上)，这样往往又会在结晶中包藏有溶液，给干燥带来一定困难，同时也会有杂质夹在其中，而使产品纯度降低。过滤、洗涤晶体过程中可将较大结晶尽量压碎，将其中包含的母液压挤、洗涤、经抽滤除净。

有时杂质的存在影响化合物晶核的形成和结晶的生长，常见在化合物溶液虽已达到过饱和状态，但仍不易析出结晶，而成油状物存在。为了促进化合物较快地结晶出来，往往采取以下措施，以帮助形成晶核，利于结晶生长：

(1) 用玻璃棒摩擦瓶壁，由于摩擦使液面粗糙，促使分子在液面定向排列形成结晶，析出或固化。

(2) 加入少量晶种，使结晶析出，这一操作称为“种晶”。实验室没有这种结晶，可以自己制备，其方法为：取数滴过饱和溶液于一试管中旋转，使该溶液在试管表面成一薄膜，然后将此试管放入冷冻剂中，形成的少量结晶作为“晶种”。较为方便的是以玻璃棒一端沾取少许溶液，使溶剂挥发得到晶种。

(3) 一般地说，将过饱和溶液置于冷冻剂中，用玻棒摩擦瓶壁，温度越低，越易结晶。但是过度冷却，往往也使液体粘度增大，给分子间定向排列造成困难。此时，适当加入少量溶剂再冷冻，可得到晶体。

(4) 在过饱和溶液中，加入难溶解该物质的少量溶剂后，用玻棒摩擦器壁或放入乳钵中长时间研磨，令其固化。

(5) 如以上各种方法均难以结晶，可长时间在冰箱中放置，使结晶析出。否则，需改换溶剂及其用量，再行结晶。

小量及微量物质重结晶，应采用与该物质量相适应的小型仪器。例如，在小试管内制备热溶液，使用玻璃钉或带滤孔板的小漏斗，过滤热溶液使用小型抽滤管滤集母液(图 3.3)。微量物质重结晶，可在小离心管中进行，热溶液制备后，即行离心，使不溶杂质沉于管底，用滴管将上层清液移至另一小离心管中，令其结晶。采用在滴管的细颈部位放入少许脱脂棉作为热溶液的过滤器（图 3.4），使用前，先用少量所使用的溶剂洗涤脱脂棉，以除去小纤维。用另一滴管将待过滤热溶液移入这一滴管，接上橡皮头，用力挤压，使热溶液经脱脂棉过滤，呈澄清溶液。若一次挤压不能把液体全部挤出，可在橡皮头上扎一小孔，让空气进入后再次挤压，即可完成。

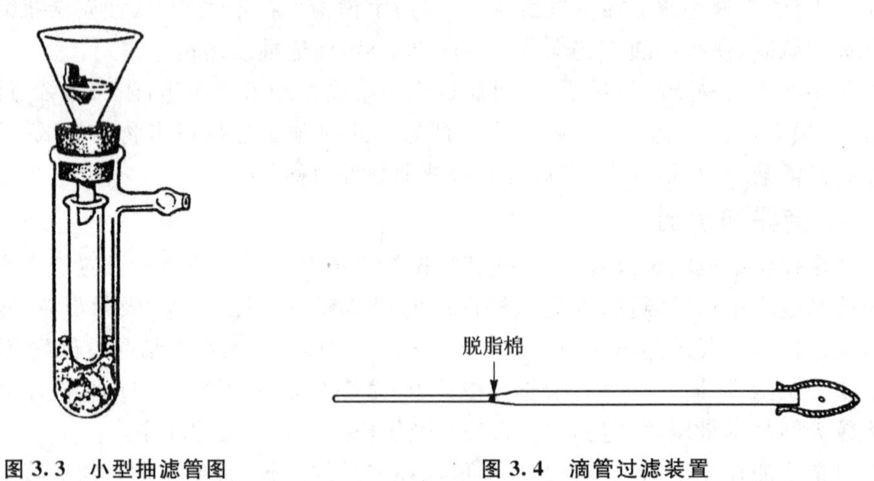

图 3.3 小型抽滤管图　　图 3.4 滴管过滤装置

（五）结晶的过滤、洗涤

将析出结晶的冷溶液和结晶的混合物，用抽滤法分出结晶，瓶中残留的结晶可用少量滤液冲洗数次，一并移至布氏漏斗中，把母液尽量抽尽。对于细碎的、易吸附液体的固体，过滤时应使用平底瓶塞等仪器均匀地轻压滤饼表面并逐渐压实，抽滤至没有母液流出。应注意避免滤饼出现裂缝或滤饼周围与漏斗壁不能贴实，这样都会使母液不易被彻底抽出。然后打开安全瓶活塞停止减压，滴入少量的洗涤液，如果结晶较多而且又经用玻璃塞压紧，在加入洗涤液后，可用镍勺将结晶轻轻掀起并加以搅动，使全部结晶润湿，然后再抽干以增加洗涤效果。如果所用溶剂沸点较高，为便于后续干燥，在完成洗去母液的步骤后，可以用溶解度更小的低沸点溶剂洗涤几次，以除去挥发较慢的高沸点溶剂，如用乙醚洗去乙醇，用低沸点石油醚洗去甲苯等。

附：固液分离常用方法①

分离固液混合物的常用方法包括倾析法、离心法和过滤法。

---

① 【参考文献】

李述文，范如霖．实用有机化学手册．上海：上海科技出版社，1981.

倾析法是最为简便的方法，即将液体慢慢倾倒出去，固体则留在容器中。一般适合固体颗粒较大、较为密实而易于沉在容器底部，从而液体可以倾倒彻底，实现固液的有效分离。如使用无水硫酸钠干燥有机液体时，多数情况下可以选择倾析法将有机液体移出。如果固液混合物中固体颗粒较细、较轻而易于悬浮时，倾析则是不适用的。特殊的情形是当混合物中的固体不宜与空气接触时，倾析法常被选用，当然每次的液固分离也是不彻底的。

当混合物中的固体颗粒很细以至于严重影响过滤速度，或其在空气中易于吸湿或潮解，或样品量很少、过滤法易造成损失时，**离心法**可能是一个更佳的选择(图 3.5)。可以将混合物转移入离心管，调节并使各离心管重量达到平衡，快速离心使混合物中的固体密实地附于管底，倾出上层清液，加入适量新的溶剂，将管中固体搅拌成浆状后再次离心。根据需要重复这一步骤，即可以实现有效分离。最后一次离心后，晶体表面附着的溶剂，可用滤纸条吸除，然后将固体移出以使残余溶剂挥发或采用真空将其抽离。

过滤法是最通用的固液分离方法。过滤媒介可以是滤纸、烧结玻璃板(玻璃砂芯)或是棉花(过滤颗粒较大的固体)。过滤可以分为常压过滤和减压过滤(即抽滤)。

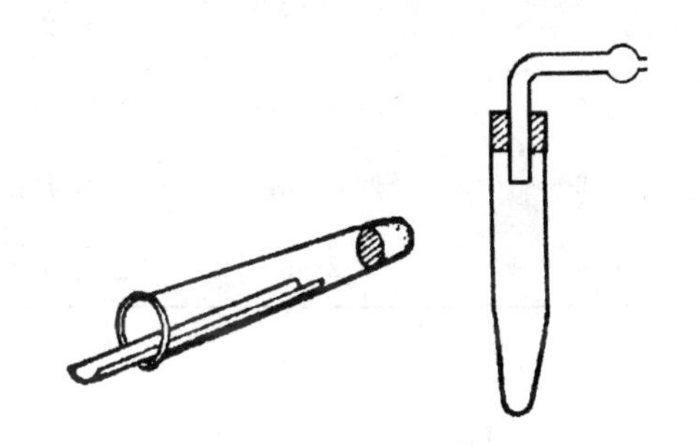

图 3.5 离心分离法

滤纸的孔径有不同的规格，粗孔滤纸过滤速度快，但过滤混悬液、颗粒很细的体系时则不适用。一般会选择中孔滤纸，既能有效分离又能保证合适的过滤速度。

对于酸性体系、含活性炭等极细颗粒体系，通常会使用两层滤纸叠用，以防止穿滤的发生。

常压过滤一般用于含固体较少的体系或目的在于收集液体的过滤，收集结晶或需快速过滤时更多地会选择抽滤。

抽滤一般是布氏漏斗配打孔橡皮塞或橡胶过滤垫与吸滤瓶联用。收集液体时宜用较大的布氏漏斗以求快速，收集固体时宜用较小的布氏漏斗以使固体较为集中便于洗涤，但固体层也不应太厚，否则不易抽干和洗涤。

布氏漏斗表面光洁不沾结晶，适于各种加热方式，耐用且不易损坏，是实验室常配仪器。但其最大的缺点是不透明，内部如附着亲水性差的化合物，往往难以洗净且不易判断，可能会污染下一过滤操作中的样品。

如需过滤的体系中含有酸、酸酐及氧化剂等腐蚀滤纸的物质，抽滤可以在砂芯漏斗中进行。利用砂芯漏斗进行抽滤，不需使用滤纸从而避免穿滤，这是其方便之处。但砂芯漏斗的缺点也很明显：一是砂芯表面易附着部分细碎结晶，当样品量较少时损失相对较大；二是砂芯部分的洗涤要求较高，常常不能彻底洗净；三是其价格较贵，且较布氏漏斗易碎。此外，强碱等试剂会腐蚀砂芯部分。

某些体系中含有如焦油类的组分，常规过滤时往往会糊住滤纸或滤芯，使过滤无法完成，或焦油类组分中含有需要提取的物质，这时可以使用助滤剂，如硅藻土、活性炭等。将助滤剂均匀地铺在滤纸或滤芯上，倾入待滤液，过滤过程中，焦油类组分分散在助滤剂上，使过滤顺利进行。如再加入适宜的溶剂洗涤，还可以将原来溶于焦油中的需要组分提取出来。

国产烧结玻璃漏斗的规格

型号	滤板平均孔径	一般用途
1号	80～120 μm	滤除大粒沉淀，收集或分布大分子气体
2号	40～80 μm	滤除较大颗粒的沉淀，收集或分布较大分子的气体
3号	15～40 μm	滤除化学处理中的一般结晶和杂质，过滤水银，收集或分布一般气体
4号	5～15 μm	滤除细粒沉淀，收集或分布小分子气体
5号	2～5 μm	滤除极细的颗粒，滤除较大的细菌
6号	<2 μm	滤除细菌

(六) 结晶的干燥

为了保证产品的纯度，需要把溶剂除去。若产品不吸水，可以在空气中放置，使溶剂自然挥发；不易挥发的溶剂，可根据产品性质(熔点高低、吸水性、对光热敏感性等)采用红外灯烘干或用真空恒温干燥器干燥(图3.6)，特别是在制备标准样品和分析样品以及产品易吸水时，需将产品放入真空恒温干燥器中干燥。

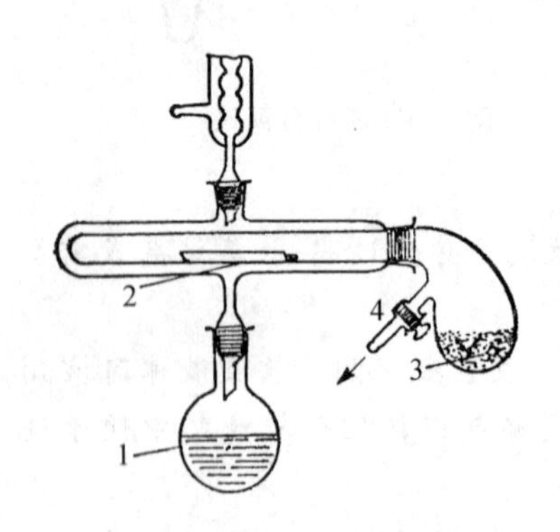

图3.6　真空恒温干燥器

1. 盛溶剂烧瓶　2. 样品管
3. 装干燥剂瓶　4. 接泵活塞

真空恒温干燥器适用于干燥少量样品。将样品装在小试管中，置试管于干燥器2中；在3中一般放置P_2O_5；烧瓶1中采用适当沸点的有机液体，其沸点需与欲干燥温度接近。操作时，通过活塞4将仪器抽真空，加热回流烧瓶1中液体使之沸腾，保持回流温度使样品在恒温下得以干燥。其间当真空度到达所需要求时可关闭活塞4，适时可再打开以维持一定真空度。

(七) 混合溶剂重结晶的操作

使用混合溶剂进行重结晶，其操作与单一溶剂有所不同：

(1) 按照选择溶剂的方法，确定良溶剂(易溶溶剂)和不良溶剂(难溶溶剂)；

(2) 将被重结晶物质加热溶解于适量的良溶剂中；

(3) 趁热过滤，以除去不溶性杂质；

(4) 向热的滤液(适当加热保温)中用滴管逐滴加入热的不良溶剂，直至出现混浊，且不再消失为止；

(5) 再加热使其澄清，或再加极少量的良溶剂，使其刚好澄清；

(6) 将此热溶液在室温下放置，冷却析出结晶。

如冷后析出油状物，则需调整两溶剂的比例或总量，再进行实验，或另换一对溶剂。有时也可以将两种溶剂按比例预先混合好，再进行重结晶，此时相当于进行单一溶剂的重结晶。

(八) 重结晶效果评价

重结晶是否达到满意效果，可以从回收率、产品纯度两方面评价。一般情况下可以通过薄板层析比较重结晶样品、经重结晶得到的晶体以及重结晶母液的组成，检测分析提纯效果及回收效率，以确定是否需要二次操作或调整、改换重结晶方案。需要注意的是，若结晶析出不完全，将母液经适当浓缩后可能再得到一部分结晶，但因母液中杂质比例明显升高，所得的二次结晶纯度往往较差。因此，控制好溶剂量从而使结晶能够较为彻底地一次性析出是最为重要的。

(九) 实验

1. 安息香(含二苯乙二酮)的重结晶(recrystallization of benzoin)

取含有5% ～ 20%二苯乙二酮的安息香样品2.0 g，加入少量75%乙醇，加热回流下逐渐加入溶剂至全溶，记录体积，再加入30%体积的溶剂，加热沸腾，稍冷，加入适量活性炭，再加热至沸腾3～5分钟，减压热过滤，滤液静置结晶。待结晶析出完全后，抽滤收集结晶，洗涤、干燥。

用硅胶薄层板检测结晶及母液(展开剂:石油醚∶丙酮＝4∶1)的组成；结晶可用丙酮溶解。

【思考题】

请查阅安息香、二苯乙二酮的溶解性，结合实验结果说明，若样品中含有溶解度相近的组分时能否通过重结晶有效纯化。

2. 对溴乙酰苯胺的混合溶剂重结晶(recrystallization of *p*-bromoacetanilide)

取1.00 g粗对溴乙酰苯胺用乙醇-水混合溶剂重结晶，并从手册中查出对溴乙酰苯胺的性质及溶解度。用乙醇-水混合溶剂或用60%乙醇-水溶液重结晶，干燥、称量、测熔点。

方法一 在装有回流冷凝装置的25 mL圆底烧瓶中加入1.00 g对溴乙酰苯胺粗产品，加入少量60%乙醇，水浴加热回流。如溶解不好，再从冷凝管上口补加溶剂，直至刚好全部溶解，记录溶剂使用量，再多加20%～30%的60%乙醇，约共需15 mL。稍冷后，加少量活性炭脱色，常压热过滤，滤液透明清澈，室温放置冷却，结晶、干燥、称量、测熔点。

方法二　将1.00 g样品溶于约9 mL乙醇(95%)中，少量活性炭脱色，常压热过滤至锥形瓶中，在热水浴中保温下，向上述溶液中滴加去离子水，边加边摇荡，直至出现混浊且混浊不再消失为止，水量约需5.5 mL，再加热或加几滴乙醇使混浊消失，室温放置冷却，结晶、干燥、称量、测熔点。

用硅胶薄层板检测结晶及母液(展开剂：石油醚∶丙酮＝3∶1)的组成；结晶可用丙酮溶解。

【思考题】

(1) 结晶如带有颜色时(产品本身颜色除外)往往需要加活性炭脱色，加入活性炭时应注意哪些问题？过滤时你遇到什么样的困难？如何克服？

(2) 将母液浓缩冷却后，可以得到另一部分结晶。为什么这部分结晶与第一次得到的结晶相比纯度要差？

(3) 为什么重结晶热溶解时，通常要用比饱和溶液多20%～30%的溶剂量？

(4) 用有机溶剂重结晶时，采用什么装置？为什么？

3.2　升　　华

(一) 原理

升华是提纯某些固体化合物的方法之一。升华往往可以得到很纯的化合物。其基本原理是，利用固体的不同蒸气压，将不纯的物质在其熔点温度以下加热，不经过液态而直接把蒸气变成固态，也就是说，只有在其熔点温度以下具有相当高(高于2.67 kPa)蒸气压的固态物质，才可用升华来提纯。

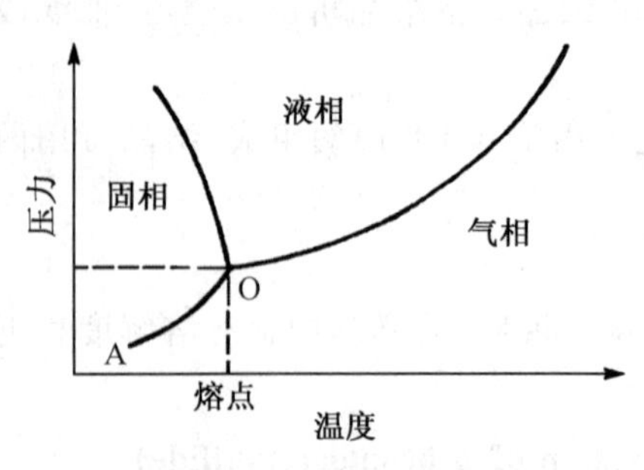

图3.7　固、液、气的三相图

图3.7为物质的固态、液态、气态的三相图。其中，O点为固、液、气三相同时并存的三相点，在三相点O点以下不存在液态；OA曲线表示固相和气相之间平衡时的温度和压力。因此，进行升华都是在三相点温度以下进行操作。表3.2是几种固体物质在其熔点时的蒸气压。

一个物质的正常熔点是其固、液两相在大气压下平衡时的温度。在三相点时的压力是其固、液、气三相的平衡蒸气压，所以三相点时的温度和正常的熔点有些差别，通常差别只有几分之一度。

表 3.2 固体化合物在其熔点时的蒸气压

化合物	固体在熔点时的蒸气压[a]/mmHg	熔点/℃
樟脑	370(49.3 kPa)	179
碘	90(12.0 kPa)	114
萘	7(0.93 kPa)	80
苯甲酸	6(0.80 kPa)	122
p-硝基苯甲醛	0.009(0.001 kPa)	106
六氯乙烷	781(104 kPa)	186

[a] 此栏( )前的单位为 mmHg,( )内为 kPa。

在三相点以下,物质只有固、气两相。若降低温度,蒸气就不经过液态而直接变成固态;若升高温度,固态也不经过液态而直接变成蒸气。若某物质在三相点温度以下的蒸气压很高,因而气化速率很大,就可以比较容易地从固态直接变为蒸气。物质蒸气压随温度降低而下降非常显著,稍降低温度即能由蒸气直接转变成固态,此物质可容易地在常压下用升华方法提纯。例如,六氯乙烷(三相点温度 186 ℃,压力 104 kPa)在 185 ℃时蒸气压已达 0.1 MPa,在低于 186 ℃时就可完全由固相直接挥发成蒸气,中间不经过液态阶段。樟脑(三相点温度 179 ℃,压力 49.3 kPa)在 160 ℃时蒸气压为 29.1 kPa,即未达熔点前,已有相当高的蒸气压,只要缓缓加热,使温度维持在 179 ℃以下,它就可不经熔化而直接蒸发,蒸气遇到冷的表面就凝结成为固体,这样蒸气压可始终维持在 49.3 kPa 以下,直至挥发完毕。

严格说来,升华是指物质自固态不经过液态直接转变成蒸气的现象。而对有机化合物的提纯来说,是使物质蒸气不经过液态而直接转变成固态,因为这样能得到高纯度的物质。因此,在有机化学实验操作中,只要是物质从蒸气不经过液态而直接转变成固态的过程也都称为升华(按其实际物理过程应该称之为凝华,一般升华法提纯都包括升华和凝华两个过程)。一般来说,对称性较高的固态物质,具有较高的熔点;且在熔点温度以下具有较高的蒸气压,易于用升华来提纯。

(二) 分类

1. 常压升华

最简单的常压升华装置[图 3.8(a)]是用一蒸发皿在其中放入要升华的物质,蒸发皿口上盖一张穿有密集小孔的滤纸,滤纸上再倒扣一个与蒸发皿口径合适的玻璃漏斗,漏斗的颈部塞一点棉花或玻璃毛以防蒸气逸出。在沙浴上缓缓加热,使温度控制在被提纯物的熔点以下,使其慢慢升华,此时被升华的物质就会粘附在滤纸上,或是粘附在小孔四周甚至于凝结在漏斗壁上。然后将产品用刮刀从滤纸上轻轻刮下,放在干净的表面皿上,即是纯净产品。

在常压下除上述装置外，也可以使用图 3.8(b)的装置。二者均可以得到满意的结果。

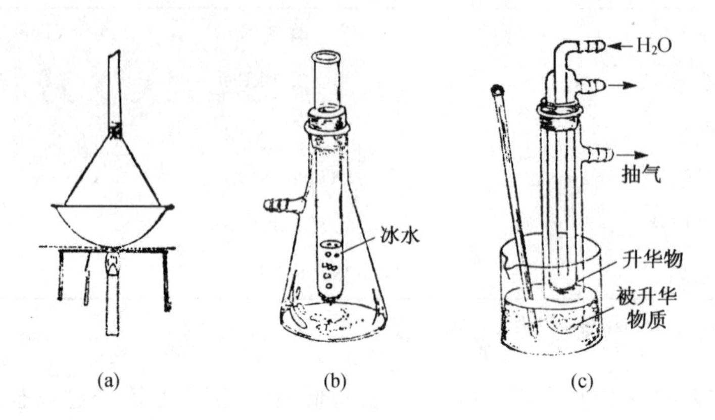

图 3.8　几种升华装置

2. 减压升华

装置如图 3.8(c)所示，将欲升华物质放入吸滤管底部，然后在吸滤管中装一"指形冷凝管"用橡皮塞塞紧，接通水源，再把吸滤管放入油浴或水浴中加热，利用水泵或油泵进行抽气，使其升华。升华物质蒸气因受冷凝水冷却，就会凝结在指形冷凝管的底部。

3.3　简单蒸馏

对于液体有机化合物的分离和提纯来说，应用最广泛的方法是蒸馏，其中包括简单蒸馏、减压蒸馏、水蒸气蒸馏和分馏。

简单蒸馏可以把挥发的液体与不挥发的物质分离开，也可以分离两种或两种以上沸点相差较大(至少 30 ℃以上)的液体混合物。

(一) 原理

蒸馏广泛地应用于分离和纯化液体有机化合物。它是根据混合物中各组分的蒸气压不同而达到分离的目的。一个液体的蒸气压 p 是该液体表面的分子进入气相的倾向大小的客观量度。在一定的温度下，该液体的蒸气压是一定的，并不受液体表面的总的压力——大气压(p_0)的影响。当液体的温度不断升高时，蒸气压也随之增加，直至该液体的蒸气压等于液体表面的大气压力，即 $p=p_0$，这时就有大量气泡从液体内部逸出，即液体沸腾。我们定义在 $p=p_0$ 时的温度为该液体的沸点。一个纯净的液体的沸点，在一定的外界压力下是一个常数。例如，纯水在一个大气压下的沸点为 100 ℃。在室温下具有较高蒸气压的液体的沸点比在室温下具有较低蒸气压的液体的沸点要低。

当一个液体混合物沸腾时，液体上面的蒸气组成与液体混合物的组成不同，蒸气组成富集的是易挥发的组分，即低沸点的组分。假如把在沸腾时液体上面的蒸气进行收集并冷却成液体，这时冷却收集到的液体的组成与蒸气的组成相同。随着易挥发组分的蒸出，混合物的易挥发组分将变小，因而混合物的沸点稍有升高，这是由于组成发生了变化。当温度相对稳定时，收集到的蒸出液将是原来混合物的一个纯组分。如果两个组分的沸点相差较近（Δbp<30 ℃），用蒸馏的方法分离混合物的两个组分将是不适用的。上述可以总结为以下三个过程：

(1) 加热蒸馏瓶，使液体混合物沸腾。易挥发组分富集于液体上面的蒸气中，不易挥发的组分大多留在原来的液相中。

(2) 继续加热，将蒸气冷却并收集到收集瓶里，易挥发组分富集于冷却的蒸气中；蒸馏瓶里液体混合物的总体积变小，不易挥发组分的浓度相对增大。

(3) 继续加热，使富集于冷却蒸气中的易挥发组分更多地收集于收集瓶中；在蒸馏瓶里留存下来的液体主要是不易挥发的组分，从而达到分离的目的。

在常压下进行蒸馏时，大气压往往不是 760 mmHg(0.1 MPa)，严格说来，应对观察到的沸点加以校正，但因偏差较小[一般大气压相差 20 mmHg(2.7 kPa)，校正值为 ±1 ℃]，所以，对一般实验来说，可忽略不计。我们在蒸馏时，实际测量的不是溶液的沸点，而是蒸出液的沸点，即蒸出液气液平衡时的温度。

在压力一定时，凡纯净化合物，必有一固定沸点。因此，一般利用测定化合物的沸点鉴定其是否纯净。但必须指出，凡具有固定沸点的液体不一定均为纯净的化合物。这是由于含有两个或两个以上组分的某些化合物，可以形成共沸混合物（表 3.3）。共沸混合物不能利用简单蒸馏的方法将其各个组分分开，因为在共沸混合物中，和液体平衡的蒸气组分与液体本身的组成相同。

表 3.3 常见的共沸混合物

	组分(甲)		组分(乙)		共沸点混合物		
	名称	bp/℃	名称	bp/℃	$w_{甲}$/(%)	$w_{乙}$/(%)	bp/℃
二元最低共沸混合物	乙醇	78.3	甲苯	110.5	68.0	32.0	76.7
	乙酸乙酯	77.1	乙醇	78.3	69.4	30.6	71.8
	第三丁醇	82.5	水	100.0	88.2	11.8	79.9
	苯	80.1	异丙醇	82.5	66.7	33.3	71.9
	苯	80.1	水	100.0	91.1	8.9	69.4
	乙酸乙酯	77.1	水	100.0	91.9	8.8	70.4
	水	100.0	乙醇	78.5	4.4	95.6	78.2

续表

	组分(甲)		组分(乙)		共沸点混合物		
	名称	bp/℃	名称	bp/℃	$w_{甲}$/(%)	$w_{乙}$/(%)	bp/℃
二元最高共沸混合物	丙酮	56.4	氯仿	61.2	20.0	80.0	64.7
	甲酸	100.7	水	100.0	77.5	22.5	107.3
	氯仿	61.2	乙酸乙酯	77.1	22.0	78.0	64.5

	组分(甲)		组分(乙)		组分(丙)		共沸混合物			
三元最低共沸混合物	名称	bp/℃	名 称	bp/℃	名 称	bp/℃	$w_{甲}$/(%)	$w_{乙}$/(%)	$w_{丙}$/(%)	bp/℃
	乙醇	78.3	水	100.0	苯	80.1	18.5	7.4	74.1	64.9
	乙酸乙酯	77.1	乙醇	78.3	水	100.0	83.2	9.0	7.8	70.3

(二) 装置

简单蒸馏最常用的装置是由蒸馏瓶、温度计、直形冷凝管、接引管和接收瓶组成的(图 3.9)。蒸馏瓶与蒸馏头之间常常借助于大小口接头连接。普通温度计是借助于温度计套管固定在蒸馏头的上口处。温度计液球上端应与蒸馏头侧管的下限在同一水平线上。冷凝水应从下口进入,上口流出,上端的出水口应朝上,以保证冷凝管套管中充满水。所用仪器都必须清洁干燥。仪器安装顺序是:先在架设仪器的铁台上放好加热浴,再根据加热浴的高低安装蒸馏瓶,瓶底不要触及加热浴底部。用水浴锅时,瓶底应距水浴锅底 1 cm 左右。安装冷凝管的高度应和已装好的蒸馏瓶高度相适应,在冷凝管尾部通过接引管连接接收瓶(可用锥形瓶或梨形瓶,注意不要用烧杯等广口的器皿接收蒸出液)。接收瓶需事先称量并作记录。

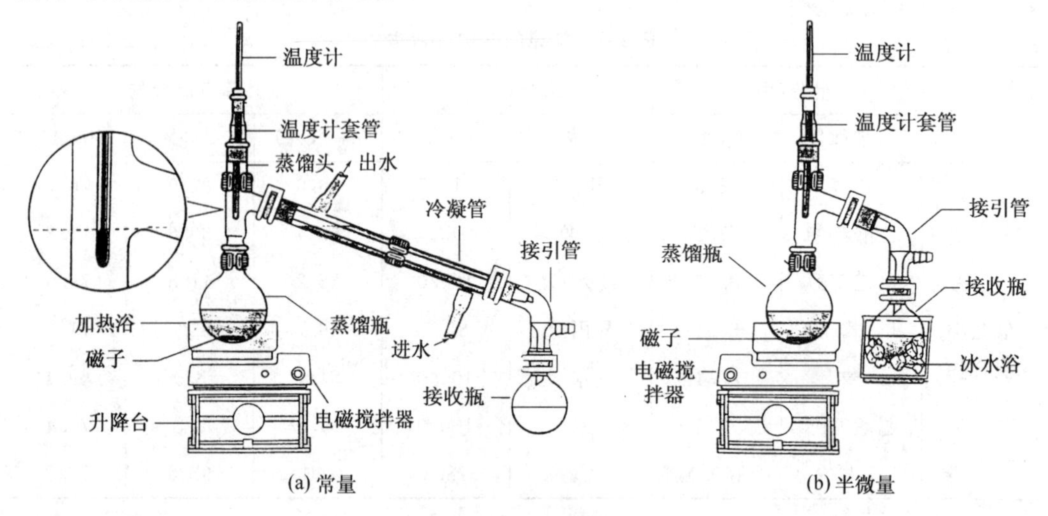

图 3.9 蒸馏装置

安装仪器顺序一般总是自下而上，从左到右；要准确、端正、竖直；无论从正面或侧面观察，全套仪器的轴线都要在同一平面内；铁架都应整齐地放在仪器的背部。

在小量、半微量合成中，由于产品量少，蒸馏仪器的选择显得尤其重要。蒸馏瓶与冷凝管是蒸馏体系的主要组成部分，一般说来，沸点(bp)在 130～150 ℃以下用直形冷凝管，其长短粗细，首先决定于被蒸馏物的沸点，沸点愈低，蒸气愈不易冷凝，则需选择长一些的冷凝管，内径相应粗；反之，沸点愈高，蒸气愈易冷凝，可用较短的冷凝管，内径也相应细。当实验中需要回收溶剂，蒸馏物量多，所用蒸馏瓶的容量较大，由于受热面增加，单位时间内从蒸馏瓶内排出的蒸气量也大，因此，所需冷凝管应长些和粗些。值得注意的是，蛇形冷凝管切不可斜装，以免使冷凝液停留在其中，阻塞了通道而发生事故。冷凝水的速率也很重要，蒸馏物沸点在 70 ℃以下时，水速要快，100～120 ℃时水流应缓；沸点在 120～150 ℃时，水的流速要极缓慢；130～150 ℃时，则可考虑改用空气冷凝管；超过 150 ℃时，则必须用空气冷凝管，也可选用适当粗细的玻璃管，其长、短、粗、细要以蒸馏物的沸点和体积大小而定。在小量产品的蒸馏中，为减少产品损失，可选用直形冷凝管。

加热浴的温度一般须比蒸馏物沸点高出 20～30 ℃为宜，即使蒸馏物沸点很高，也绝不要将浴温超出 40 ℃。浴温过高会由于蒸馏速率过快，蒸馏瓶和冷凝器上部蒸气压过大，使大量蒸气来不及冷凝而逸出，导致产品损失，或突发着火或蒸馏物过热发生分解。

蒸馏物沸点高时，选用仪器的容积大小，更要注意与蒸馏物的体积相适。尽管如此，往往还是会发生蒸馏物易被冷凝，蒸气未达到蒸馏头支管处已经回流冷凝，液滴回到烧瓶中。此时，应立即迅速将简单蒸馏改为减压蒸馏，或在蒸馏瓶颈上保温。否则，持续时间过长，高沸点蒸馏物易受热分解变质。

蒸馏过程中的“过热”现象和“暴沸”现象的发生和避免，关系到蒸馏操作的成败，应该给予足够重视。

液体在沸腾时，液体释放大量蒸气至小气泡中。待气泡中的总压力增加到超过大气压，并足够克服由于液柱所产生的压力时，蒸气的气泡就上升逸出液面。此时，如在液体中有许多小空气泡或其他的气化中心时，液体就可平稳地沸腾。否则，液体的温度可能上升到超过沸点而不沸腾，这种现象称为“过热”。这时，一旦有一个气泡形成，由于液体在此温度时的蒸气压已远远超过大气压和液柱压力之和，这样就会使得上升的气泡增大得非常快，甚至将液体冲溢出瓶外，这种不正常的沸腾称为“暴沸”。因而在加热前应加入助沸物引入气化中心，以保证沸腾平稳。助沸物一般是表面疏松多孔、吸附有空气的物体，如素瓷片、沸石或玻璃沸石等。另外，也可用几根一端封闭的毛细管以引入气化中心(注意毛细管有足够的长度，使其上端可搁在蒸馏瓶的颈部；开口的一端朝下)。现较为常用的方式是通过磁子搅拌避免体系暴沸。在任何情况下，切忌将助沸物加至已受热接近沸腾的液体中，否则常因突然放出大量空气而将大量液体从蒸馏瓶口喷出造成危险。如果加热前忘了加入助沸物，补加时必须先移去热源，待加热液体冷至沸点以下后方可加入。如果沸腾中途停止，则在重新加热前应补加新的助沸物。因为起初加入的助沸物在加热时已逐出了部分空气，在冷却时吸附了液体，可能已经失效。另外，如果采用浴液间接加热，保持浴温不要超过蒸馏液沸点 20 ℃，这种加热方式不但可大大减少瓶内蒸馏液中各部分之间的温差，而且可使蒸气的气泡，不单从烧瓶的底部上升，也可沿着液体的边沿上升，因而也可大大减小过热的可能。

（三）操作方法

将待蒸馏液通过玻璃漏斗小心倒入蒸馏瓶中。加入磁子，塞好带温度计的塞子。先由冷凝管下口缓缓通入冷水，自上口流出引至水槽中，开动电磁搅拌，然后开始加热。加热时可以看见蒸馏瓶中液体逐渐沸腾，蒸气逐渐上升，温度计的读数也略有上升。当蒸气的顶端达到温度计液球部位时，温度计读数就急剧上升。这时应适当调小加热速率，使瓶颈上部和温度计受热，让液球上液滴和蒸气温度达到平衡。控制加热温度，调节蒸馏速率，通常以每秒 1～2 滴为宜。在整个蒸馏过程中，应使温度计液球上常有被冷凝的液滴滴下。此时的温度即为液体与蒸气平衡时的温度。温度计的读数就是液体（馏出液）的沸点。进行蒸馏前，至少要准备两个接收瓶。因为在达到预期物质的沸点之前，沸点较低的液体先蒸出，这部分馏液称为“前馏分”；前馏分蒸完，蒸出的就是较纯的物质，应更换一个洁净干燥的接收瓶接收，当温度稳定后记下这部分液体开始馏出时和最后一滴时温度计的读数，即是该馏分的沸程；在所需要的馏分蒸出后，若再继续升高加热温度，温度计的读数会显著升高，继续蒸馏所得馏分为高沸点杂质，若维持原来的加热温度，就不会再有馏分蒸出，温度会突然下降。

蒸馏完毕，应先停止加热，然后停止通水，拆下仪器。拆除仪器的顺序和装配的顺序相反，先取下接收器，然后拆下接引管、冷凝管、蒸馏头和蒸馏瓶等。

液体的沸程常可代表它的纯度，纯粹的液体沸程一般不超过 1～2 ℃。

【注意事项】

（1）蒸馏前根据待蒸液体量的多少，选择合适规格的蒸馏瓶是至关重要的，瓶子越大，相对地产品损失越多。从表面上看，液体是蒸完了，但瓶子中充满了蒸气，当其冷却后，即成为液体。尤其是待蒸液体积少时，更要选择大小合适的蒸馏瓶。

（2）绝大多数液体加热时，如无磁子搅拌或未加入沸石等，经常发生过热现象。当继续加热时，液体会突然暴沸，冲入冷凝管中，或冲出瓶外造成损失，甚至造成着火事故！

（3）热源：对于沸点较低、可燃的液体，宜在热水或沸水浴中加热，沸点在 80 ℃以下的液体可用水浴加热。通常热源温度和沸点温度相差 20～30 ℃时即可以顺利进行蒸馏，若温差再小时，往往蒸馏太慢。液体沸点高于 80 ℃以上者，可用油浴、沙浴、金属浴、电热套等加热。

（4）在蒸馏沸点高于 130 ℃的液体时，一般需用空气冷凝管。若用水冷凝管，由于气体温度较高，冷凝管外套接口处因局部骤然遇冷容易破裂。

（5）应当注意蒸馏装置不能成封闭系统。因为一旦在封闭系统中进行加热蒸馏，随着压力升高，会引起仪器破裂或爆炸。

(6) 铁夹不应夹得太紧或太松，以夹住仪器后，稍用力仪器能转动为宜。铁夹与玻璃物之间要垫有橡皮等软质物，以防加热膨胀致使仪器破损。

(7) 蒸馏乙醚等低沸点有机溶剂时，特别要注意蒸馏速率不能太快，否则冷凝管不能将乙醚全部冷凝下来。应在冷凝管下端带支管的接引管侧口连接一根橡皮管，使其导入流动的水中，以便把挥发的乙醚蒸气带走。因乙醚易燃，乙醚蒸气又比空气重，总是积聚在桌面附近，不易散去，如遇明火很易发生着火事故。

【思考题】

(1) 已知 1 个大气压(0.1 MPa)下，甲醇的沸点是 65 ℃，水的沸点是 100 ℃。试问哪一种液体在 25 ℃、65 ℃、100 ℃有较高的蒸气压？

(2) 在甲苯的蒸馏中，通常最初几毫升蒸出液呈混浊。这一现象的原因是什么？

(3) 试叙述下列因素对简单蒸馏中测得的沸点的影响：

- 温度控制不好，蒸出速率太快。
- 温度计液球上端在蒸馏头侧管下线的水平线以上或以下。

3.4 分 馏

利用简单蒸馏可以分离两种或两种以上沸点相差较大的液体混合物。而对于沸点相差较小的、或沸点接近的液体混合物的分离和提纯则是采取分馏的办法。根据经验，两种待分离物质的沸点差小于 80 ℃时，简单蒸馏往往无法实现完全分离，只有采用分馏才能得到满意的分离结果。分馏在化学工业和实验室中被广泛应用，现在最精密的分馏设备已能将沸点相差仅 1～2 ℃的混合物分开。

(一) 原理

如果将几种沸点不同而又完全互溶的液体混合物加热，当其总蒸气压等于外界压力时开始沸腾气化。蒸气中易挥发组分所占的比例比原液相中所占的比例要大。若将该气体凝结成液体，其中有较多的低沸点成分，根据这一现象可以把液体混合物中的各组分分离开。

为了简化，仅讨论混合物是二组分理想溶液的情况。所谓理想溶液，即是指在这种溶液中，相同分子间的相互作用与不同分子间的相互作用是一样的。也就是各组分在混合时无热效应产生，体积没有改变。只有理想溶液才遵守拉乌尔(Raoult)定律。

由组分 R 和 S 组成的理想溶液，当 $p_{R(气)} + p_{S(气)} = p_{外}$ 时，即 R 和 S 的分压和等于外界压力($p_{外}$)时，溶液就开始沸腾，蒸气中易挥发液体的成分较在原混合液中要多。而理想溶液，就是指遵从拉乌尔定律的溶液。这时溶液中每一组分的蒸气压等于此纯物质的蒸气压和它在溶液中的摩尔分数的乘积，即

$$p_R = p_R^0 x_R, \quad p_S = p_S^0 x_S \tag{1}$$

式中 p_R、p_S 分别为溶液中 R、S 组分的分压，p_R^0、p_S^0 分别为纯物质的蒸气压，x_R、x_S 分别为 R、S 在溶液中的摩尔分数。

根据道尔顿分压定律，气相中每一组分的蒸气压和它的摩尔分数成正比。因此，在气相中各组分蒸气的成分为

$$x_{R(气)} = \frac{p_R}{p_R + p_S}, \quad x_{S(气)} = \frac{p_S}{p_R + p_S} \tag{2}$$

由(1)和(2)可以得到

$$\frac{x_{R(气)}}{x_{S(气)}} = \frac{p_R}{p_S} = \frac{p_R^0 x_R}{p_S^0 x_S} \tag{3}$$

如果在R和S的混合液上面一定体积的蒸气中，组分R、S的摩尔分数与其本身的分压成正比，且(3)式中R比S更易挥发，即 $p_R^0 > p_S^0$，那么 $p_R^0/p_S^0 > 1$。此时从(3)式可知

$$x_{R(气)}/x_{S(气)} > x_R/x_S$$

即蒸气中易挥发组分的摩尔分数 $x_{R(气)}$ 与 $x_{S(气)}$ 比值大于与之平衡的液相中的相应比。由此可知，在任何温度下蒸气相中总比与之平衡的沸腾液相中有更多的易挥发组分，利用这一原理，沸点相近的液体化合物借助分馏柱就可以被分离。

图3.10是二元理想溶液的气液相组成与温度的关系图(大气压下的苯-甲苯体系的沸点-组成图)。通常是通过实验测定在各温度时气液平衡状况下的气相和液相的组成，以横坐标表示组成 x(摩尔分数)，纵坐标表示温度 t(如果是理想溶液，则可直接由计算作出)作图。从图中可以看出，由苯20%和甲苯80%组成的液体(L_1)在102 ℃时沸腾，和此液相平衡的蒸气(V_1)组成约为苯40%和甲苯60%。若将此组成的蒸气冷凝成同组成的液体(L_2)，则与此溶液成平衡的蒸气(V_2)组成约为苯60%和甲苯40%。显然，如此继续重复，即可获得接近纯苯的气相。

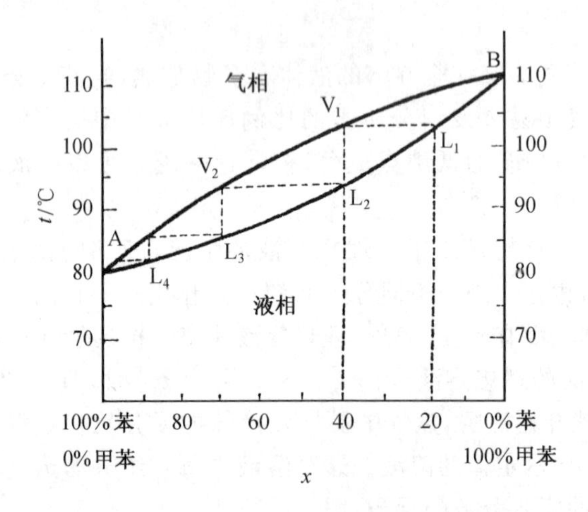

图3.10　苯-甲苯体系的沸点-组成曲线图

通过分别收集大量的最初蒸出液和残留液，并反复多次进行简单蒸馏，能够分离出

一定量的纯物质。显然这样太烦琐了，而分馏柱就可以把这种重复蒸馏的操作在柱内完成。所以分馏是多次重复的简单蒸馏。

连续的蒸馏过程是如何在分馏柱中实现的呢？如图 3.11 所示，在分馏过程中的液体蒸气进入分馏柱中，其中较难挥发的成分在柱内遇冷即凝为液体，流回原容器中，而易挥发成分仍为气体进入冷凝管中，冷凝为液体蒸出液(馏分)。在此过程中，柱内流回的液体和上升的蒸气进行热交换，使流回液体中较易挥发的成分，因遇热蒸气而再次气化，同时，高沸点液体蒸气在柱内冷凝时放热，使气体中的易挥发成分继续保持气体上升至冷凝管中。因此，这种热交换作用是提高分馏效果的必要条件之一，即要求流回的液体和上升的蒸气在柱内有充分的接触机会。为此，通常是在分馏柱内放入填充物，或设计成各种高效的塔板，使流回的液体于其上形成一层薄膜，从而保证其与上升的蒸气有最大的接触面进行热交换。同时，也有利于气液平衡。

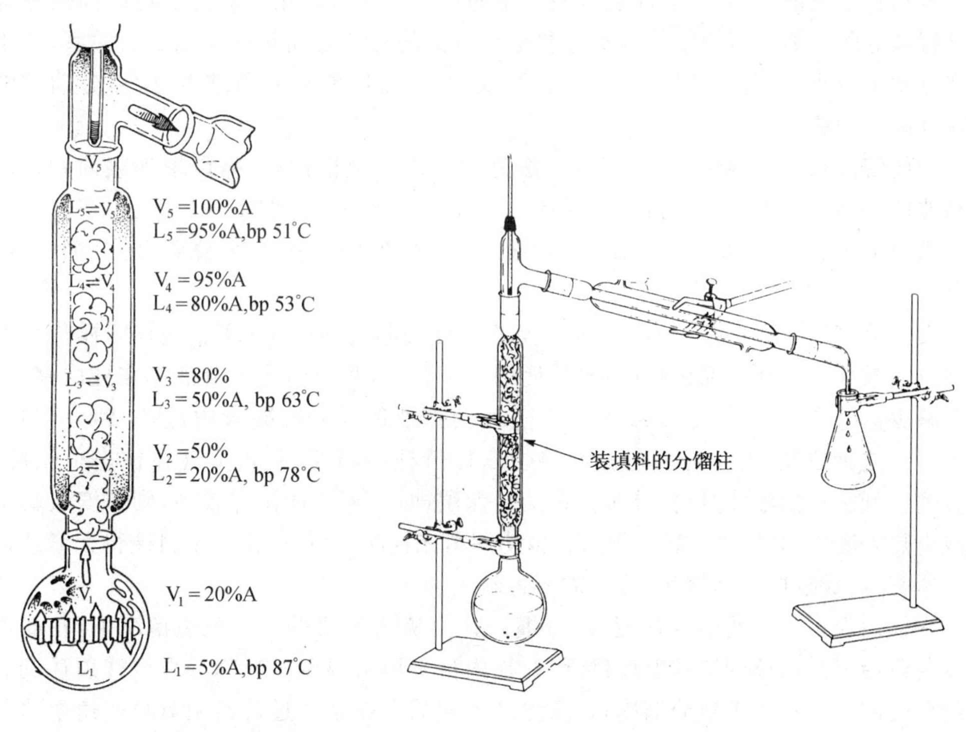

图 3.11 分馏过程示意图

图 3.12 分馏装置

(二) 分馏柱及分馏柱的效率

分馏柱的种类很多，但其作用都是有一个从蒸馏瓶通向冷凝管的垂直通道，这一垂直通道要比简单蒸馏长得多。如图 3.12 所示，当蒸气从蒸馏瓶沿分馏柱上升时，有些就冷凝下来。一般柱的下端比柱的上端温度高,沿柱流下的冷凝液有一些将重新蒸发,未冷凝的气体与重新蒸发的气体在柱内一起上升,经过一连串凝聚蒸发过程,这些过程就相当于反复的简单蒸馏。在这个过程中,每一步产生的气相都使易挥发的组分增多,沿柱流下的冷凝液体在每一层上要比与之接触的蒸气相含有更多的难挥发组分。这样整个柱内气液相之间建立了众多的气液平衡,在柱顶的蒸气几乎全是易挥发的组分,而在蒸馏瓶底部的液体则多为难挥发组分。

要达到这一状态,最重要的先决条件是:

(1) 在分馏柱内气液相要广泛紧密地进行接触,以利于热量的交换和传递。

(2) 分馏柱自下而上保持一定的温度梯度。

(3) 分馏柱应有足够的高度。

(4) 混合液各组分的沸点有一定差距。

若具备了前两个条件,则沸点差距较小的化合物也可以用长的分馏柱或高效率分馏柱进行满意的分离。因为组分间沸点差距与所需的柱长之间具有反比例的关系,即组分间沸点差距越小,所需分馏柱的柱长越长;反之,组分间沸点差距越大,所需分馏柱的柱长就可以短一些。

为使气液相充分接触,最常用的方法是在柱内填上惰性材料,以增加表面积。填料包括玻璃、陶瓷,或螺旋形、马鞍形、网状形等各种形状的金属小片。

当分馏少量液体时,经常使用一种不加填充物,但柱内有许多“锯齿”的分馏柱,叫韦氏分馏柱,如图3.13(a)所示。

韦氏分馏柱的优点是较简单,而且较填充柱粘附的液体少;缺点是较同样长度的填充柱分馏效率低。在分馏过程中,不论使用哪一种柱,都应防止回流液体在柱内聚集,否则会减少液体和蒸气接触面,或者上升蒸气会把液体冲入冷凝管中,达不到分馏目的。为了避免这种情况,需在柱外包扎绝热物以保持柱内温度,防止蒸气在柱内很快冷凝。在分馏较低沸点的液体时,柱外包上铝箔等保温即可;若液体沸点较高,则需安装真空外套或电热外套管,如图3.13(b)所示。当使用填充柱时,也往往由于填料装得太紧或部分过分紧密,造成柱内液体聚集,这时需要重新填装。

在柱内保持一定的温度梯度,对分馏来说是极为重要的。在理想情况下,柱底部的温度与蒸馏瓶内液体的沸腾温度接近,在柱内自下而上温度不断降低直至柱顶达到易挥发组分的沸点。在大多数分馏中,柱内温度梯度的保持是通过适当调节蒸馏速率建立起来的。若加热太猛,蒸出速率太快,整个柱体自上而下几乎没有温差,这样就达不到分馏的目的。另一方面,如果蒸馏瓶加热太迅猛而柱顶移去蒸气太慢,柱体将被流下来的冷凝液所液阻,发生液泛。如果要避免上述情况的出现,可以通过控制加热和回流比来实现。所谓回流比,是指在一定时间内冷凝的蒸气以及重新流回柱内的冷凝液的数量与从柱顶移去的蒸馏液数量之间的比值。回流比越大,分馏效率越好。

在分馏柱上安装全回流可调蒸馏头(图3.14),就可以测量和控制回流比。在一定的时间内从冷凝管尖端P滴下的液滴数量是全回流的数值,而通过活塞S流入接收瓶R的液滴数是出料量的数值。若全回流中每十滴中有一滴流入接收瓶,则回流比为9∶1。我们知道,回流比越大,分馏效率越好。对于某些精馏,可采用100∶1回流比的高效分馏柱。

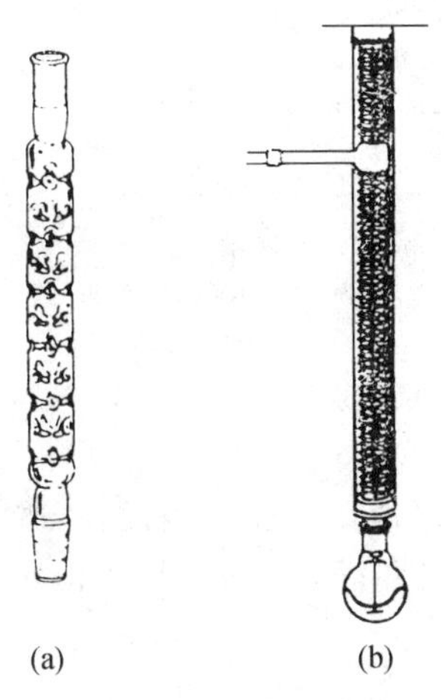

图3.13 分馏柱

(a) 韦氏(Vigreux)分馏柱;

(b)夹套电阻丝加热分馏柱

图3.14 全回流可调蒸馏头

(三) 非理想溶液的分馏

虽然大多数均相液体的性质近似理想溶液,但还有许多已知的例子是非理想的。在这些溶液中不同分子相互之间的作用是不同的,以致发生对拉乌尔定律的偏离。有些溶液蒸气压较预期的大,即所谓正向偏离;另有一些则较预期的要小,即所谓负向偏离。

在正向偏离情况下,两种或两种以上的分子之间的引力要比同种分子间的引力弱,故其合并起来的蒸气压要比单一的易挥发的组分的蒸气压大。于是在此组成范围内的混合物(指图3.15 X与Y之间),其沸点要比任何一个纯组分低(Z点),Z点的组成可成为第三组分,组成了最低沸点共沸物(图3.15)。这个最低沸点共沸物有一定的组成(Z点)。

例如,水与乙醇(bp 78.5 ℃)形成最低沸点共沸物,沸点为78.2 ℃,其组成为水(4.4%)-乙醇(95.6%)。

在负向偏离的情况下,两种或两种以上的分子间的引力,要比同种分子间的引力大,故其合并起来的蒸气压要比单一的难挥发的组分的蒸气压低,故组成了最高沸点共沸物。于是在此组成范围内的混合物(图3.16 X与Y之间),沸腾温度比纯的高沸点组分

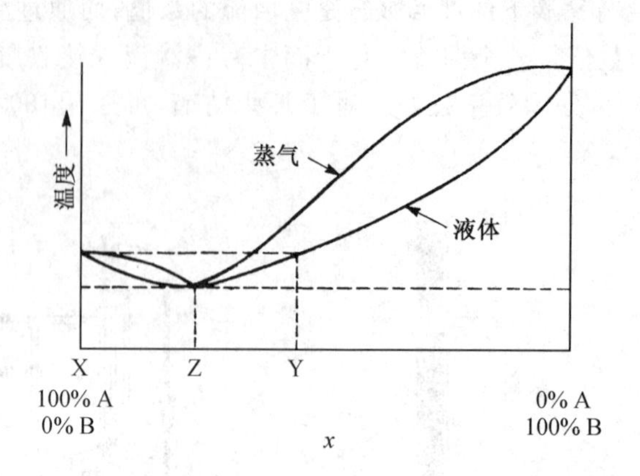

图 3.15　最低沸点共沸物

还高(图 3.16),这个最高沸点共沸物也有一定的组成(Z 点)。因此在分馏过程中,有时可能得到与单纯化合物相似的混合物,有固定沸点和固定组成,其气相和液相的组成也完全相同,故不能用分馏法进一步分离。

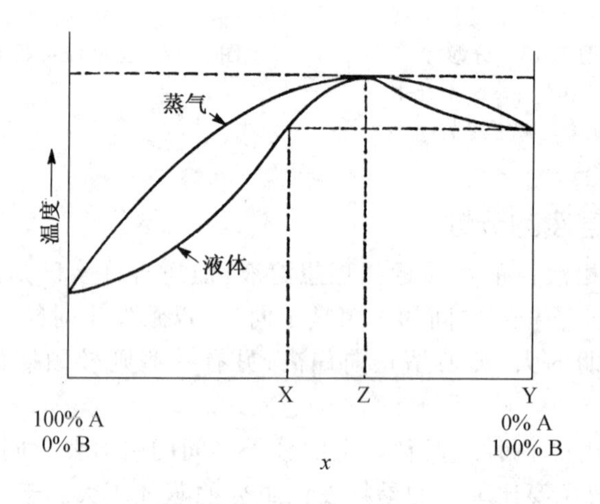

图 3.16　最高沸点共沸物

例如,甲酸(bp 100.7 ℃)与水形成最高沸点共沸物,其沸腾温度为 107.3 ℃,该沸点组成为甲酸(77.5%)-水(22.5%),除该点外,蒸馏该体系,在分馏时都会获得共沸组成的残液。

共沸混合物虽不能用分馏来进行分离,但它不是化合物,它的组成和沸点要随压力而改变。用其他方法破坏共沸组分后再蒸馏,即可以得到纯粹的组分。

(四) 装置

按图 3.12 自下而上地进行安装。先夹住蒸馏瓶，再装上 Hemple 分馏柱和蒸馏头。调节夹子使分馏柱垂直，装上冷凝管并在指定的位置夹好夹子，夹子一般不要夹得太紧。连接接引管并用磨口夹固定，再将接收瓶与接引管用磨口夹固定。但切记不可用磨口夹支持太重的物品。比如大的接收瓶，或要在蒸馏过程中接收较多蒸出液的小接收瓶，最好在接收瓶底垫上石棉网，可根据实际情况采取不同的办法。分馏操作和蒸馏基本相同，但要特别注意控制温度，并随时注意收集不同温度区间的不同馏分。具体操作是，将待分馏的混合物放入圆底烧瓶中，加入沸石或磁子。柱的外围可用保温材料包住，以减少柱内热量的散发(对流、传导及辐射等导致的热量损失均会减低分馏柱的效率)，加热，液体沸腾后要注意调节浴温，使蒸气慢慢升入分馏柱，约 10～15 min 后蒸气到达柱顶。当有馏出液滴出后，调节浴温使得蒸出液体的速率控制在每 2～3 s 馏出 1 滴，待低沸点组分蒸完后，再渐渐升高温度。当第二个组分蒸出时会产生沸点的迅速上升。

(五) 实验

50%乙醇的蒸馏和分馏 (distillation and fractional distillation of 50% alcohol)

(1) 搭装简单蒸馏装置，在 50 mL 烧瓶中加入 30 mL 50%乙醇，使用电磁搅拌器加热、磁子搅拌蒸馏，调整加热速度使蒸馏速度为 1～2 滴/s。本次蒸馏注重了解、记录蒸馏过程中液体气化现象、馏分蒸出时温度计的变化特点；用刻度试管接收馏分，蒸馏并记录沸点及其对应的馏分的累计体积。

(2) 搭装分馏装置，在蒸馏瓶中加入 30 mL 50%乙醇，在分馏柱中装满玻璃珠，控制蒸气爬升速度并调整蒸馏速度为 1 滴/(2～3) s；用刻度试管接收馏分，记录沸点、对应馏分累计体积。

(3) 根据蒸馏和分馏的实验数据，制作简单蒸馏和分馏的完整蒸馏曲线[温度(纵轴)-累计体积(横轴)]。依据蒸馏曲线，讨论蒸馏速度、有无分馏柱、分馏柱效率(简单蒸馏的蒸馏头一段可看做起简易分馏柱作用)对蒸馏得到 95%乙醇、<95%的乙醇-水混合物、水的得量和纯度的影响。

【思考题】

(1) 若加热太快，蒸出液每秒钟的滴数超过一般要求量，用分馏方法分离两种液体的能力会显著下降。这是为什么？

(2) 在分馏装置中分馏柱为什么要尽可能垂直？

(3) 在分离两种沸点相近的液体时，为什么装有填充料的分馏柱比不装填料的效率高？

3.5 减压蒸馏

减压蒸馏是分离和提纯有机化合物的一种重要方法。它特别适用于那些在简单蒸馏时未达沸点即已受热分解、氧化或聚合的物质。

(一) 原理

液体的沸点是指它的蒸气压等于外界大气压时的温度。所以,液体沸腾的温度是随外界压力的变化而变化的。因而如用真空泵连接盛有液体的容器,使液体表面上的压力降低,即可降低液体的沸点。这种在较低压力下进行蒸馏的操作称为减压蒸馏。

给定压力下的沸点可以近似地由下列公式求出:

$$\lg p = A + B/T$$

式中 p 为蒸气压,T 为沸点(热力学温度),A、B 为常数。如以 $\lg p$ 为纵坐标,$1/T$ 为横坐标作图,可以近似地得到一直线。因此,可从两组已知的压力和温度算出 A 和 B 的数值。再将所选择的压力代入上式算出液体的沸点。但实际上许多物质沸点的变化不能完全如此,这是由物质的物理性质(主要是分子在液体中缔合程度)所决定的。因此在实际减压蒸馏中,我们可以参考图 3.17 和 3.18 的经验关系图来估计一个化合物的沸点和压力的关系,即从某一已知常压下的沸点推算出某一压力下的沸点。

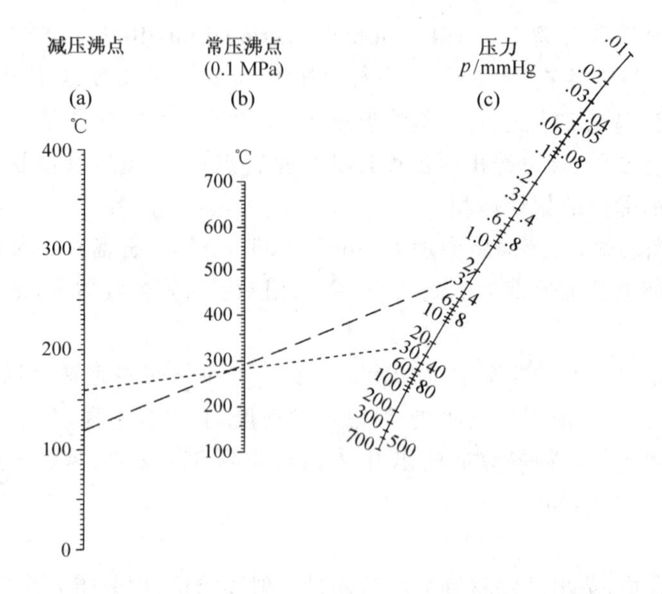

图 3.17 液体在常压下的沸点与减压下的沸点的近似关系图

压力的单位 1 mmHg=0.133 kPa

1. 图 3.17 的应用

已知某一个液体化合物在常压下沸点为 290 ℃,实验中循环水泵减压下蒸馏体系压力为 20 mmHg(2.67 kPa)。该压力下,这一液体化合物的沸点是多少呢?用尺子连接(c)上的 20 mmHg(2.67 kPa)与(b)上的 290 ℃两点,延伸至(a)上的 160 ℃,便是该液体化合物在 20 mmHg 下的沸点(约为 160 ℃),表示为 160 ℃/2.67 kPa。同理,当已知某一液体化合物文献沸点为 120 ℃/2 mmHg(0.266 kPa)，也可以用图 3.17 估计出其常压下的沸点约为 295 ℃。

在一些有机化学手册中可以查到某些有机化合物的 A、B 常数值，这样即可直接计算出任一压力下的近似沸点，有些手册则直接给出化合物的蒸气压与沸点关系图①(图 3.18)。

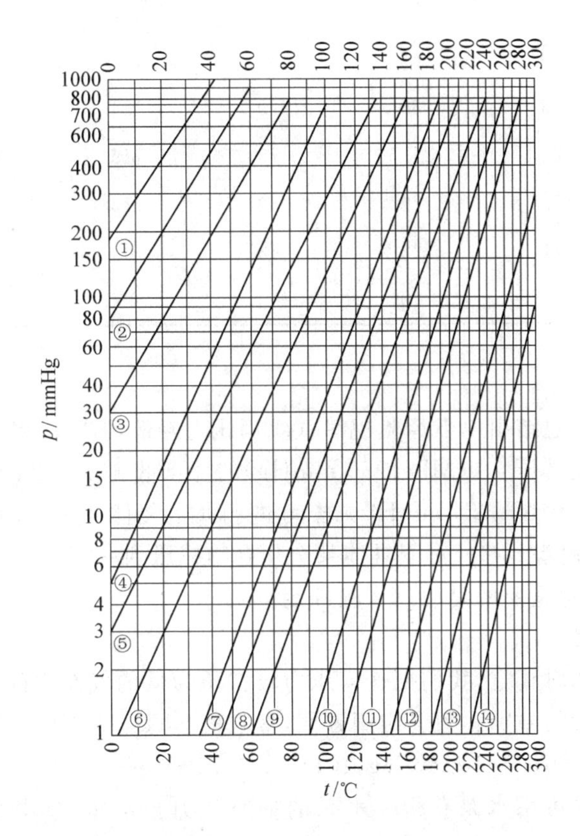

图 3.18　某些有机物的压力对温度的关系

① 乙醚　② 丙酮　③ 苯　④ 水　⑤ 氯苯　⑥ 溴苯　⑦ 苯胺　⑧ 硝基苯　⑨ 喹啉　⑩ 十二烷基醇　⑪ 丙三醇　⑫ 邻苯二甲酸二丁酯　⑬ 廿四烷　⑭ 廿八烷

表 3.4 列出了水和一些有机化合物在常压与不同压力下的沸点。

① 有关有机化合物蒸气压与沸点关系的资料数据手册：

1. Tordan T Earl. Vapor Pressure of Organic Compounds. London, 1954.
2. Timmermans J. Physico-Chemical Constants of Pure Organic Compounds. Vol Ⅰ, Vol Ⅱ. 1956, 1965.
3. David R L. Handbook of Chemistry and Physics. 79 th. CRC Press, Boston-London-New York, Washington DC, 1998～1999.

表 3.4 水和某些有机化合物在常压和不同压力下的沸点(℃)

化合物 / p/mmHg[a]	水	氯苯	苯甲醛	水杨酸乙酯	甘油	蒽
760	100	132	179	234	290	354
50	38	54	95	139	204	225
30	30	43	84	127	192	207
25	26	39	79	124	188	201
20	22	34.5	75	119	182	194
15	17.5	29	69	113	175	186
10	11	22	62	105	167	175
5	1	10	50	95	156	159

[a]1 mmHg=0.133 kPa。

从表 3.4 中可以总结出以下经验规律:(i) 当压力降低到 2.67 kPa(20 mmHg)时,大多数有机物的沸点比常压 0.1 MPa(760 mmHg)的沸点低 100～120 ℃;(ii) 当减压蒸馏在 1.33～3.33 kPa(10～25 mmHg)之间进行时,大体上压力每相差 0.133 kPa(1 mmHg),沸点约相差 1 ℃。对于具体某个化合物减压到一定压力后其沸点是多少,可以查阅有关资料,但更重要的是通过实验确定。

2. 真空度的划分

所谓真空只是相对真空,我们把任何压力较常压为低的气态空间均称为真空。因此真空在程度上有很大的差别。为了应用方便,常常把不同程度的真空划分成几个等级。

(1) 低真空(气压 760～10 mmHg,101～1.33 kPa)

一般在实验室中可用水泵获得。水泵的抽空效力与水压、泵中水流速率及水温有关。好的水泵所能达到的最大真空度受水的蒸气压所限制,因此水源温度在 3～4 ℃时,水泵减压下的体系压力不会低于 6 mmHg(0.8 kPa);而水源温度在 20～25 ℃时,体系压力最低只能达到 17～25 mmHg(2.26～3.33 kPa)。在不同温度下,水的蒸气压见表 3.5。

(2) 中度真空(气压 10～10^{-3} mmHg,1.33～0.133 × 10^{-3} kPa)

一般可用油泵获得,最好可达到 0.001 mmHg(0.133 × 10^{-3} kPa)左右。

(3) 高真空(10^{-3}～10^{-8} mmHg,0.133 × 10^{-3}～0.133 × 10^{-8} kPa)

在实验室获得高真空主要用扩散泵。它是利用一种液体的蒸发和冷凝,使空气附着在凝聚时所形成的液滴的表面上,达到富集气体分子的目的而被另一泵抽出。该泵在这里的作用,一方面是抽走集结的气体分子,另一方面它可以降低所用液体的气化点,使其易沸腾。扩散泵所用的工作液可以是汞或其他特殊油类,其极限真空主要决定于工作液体的性质。

(二) 装置

常用的减压蒸馏系统可分为蒸馏、抽气(减压)、安全系统和测压四部分,如图 3.19 所示。整套仪器必须装配紧密,所有接头需润滑并密封,防止漏气,这是保证减压蒸馏顺利进行的先决条件。

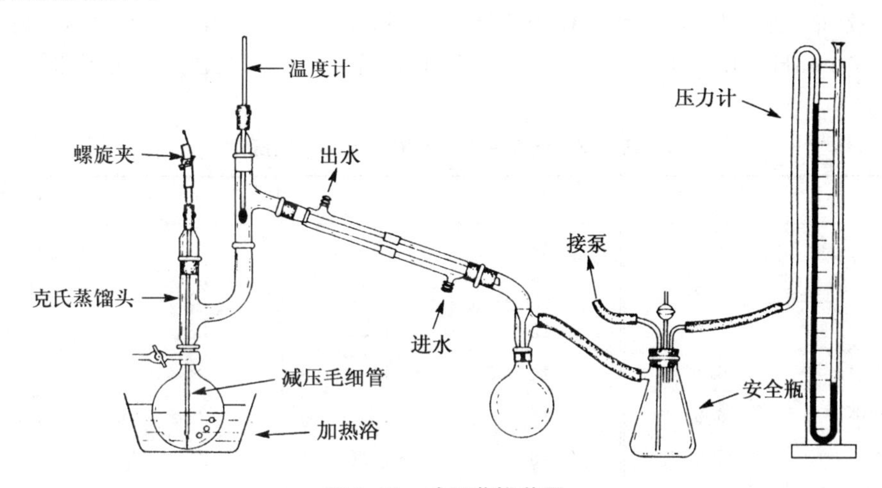

图 3.19 减压蒸馏装置

1. 蒸馏

减压蒸馏瓶又称克氏(Claisen)蒸馏瓶,为了避免减压蒸馏时瓶内液体由于沸腾而冲入冷凝管,在磨口仪器中用克氏蒸馏头配圆底烧瓶,瓶的一颈中插入温度计;另一颈中插入一根毛细管,其长度恰好使其下端距瓶底 1～2 mm。毛细管上端连有一段带螺旋夹的橡皮管。螺旋夹用以调节进入空气的量,使有极少量的空气进入液体,呈微小气泡冒出,作为液体沸腾的气化中心,使蒸馏平稳进行。现多采用电磁搅拌,磁子的搅拌带动液体的旋转,可起到同样作用。接收器可用圆底烧瓶,切不可用平底烧瓶或锥形瓶。蒸馏时若要收集不同的馏分而又不中断蒸馏,则可用两尾或多尾接收管(图 3.20),多尾接收管与圆底烧瓶连接起来。转动多尾接收管,就可使不同的馏分进入指定的接收器中。

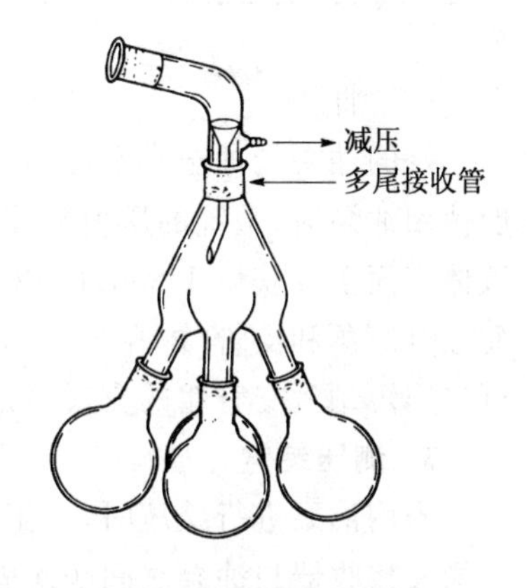

图 3.20 多尾接收器

如果蒸馏的液体量不多而且沸点甚高,或是低熔点的固体,可不用冷凝管,而将克氏瓶的支管通过接收管直接使用(图3.20)。蒸馏沸点较高的物质时，最好用保温材料包裹蒸馏瓶的两颈，以减少散热。

2. 减压

实验室通常用水泵或油泵进行减压。

(1) 水泵

水泵所能达到的最低压力为当时室温下的水蒸气压(表3.5)。例如在水温为6～8 ℃时，水蒸气压为7.0～8.0 mmHg(0.93～1.07 kPa)；在夏天，若水温为30 ℃，则水蒸气压为31.6 mmHg(4.2 kPa) 左右。用水循环泵代替简单的水泵，方便、实用和节水。

表3.5　温度在1～30 ℃时水的蒸气压

t/℃	p/mmHg	t/℃	p/mmHg	t/℃	p/mmHg
1	4.9	11	9.8	21	18.5
2	5.3	12	10.5	22	19.7
3	5.7	13	11.2	23	20.9
4	6.1	14	11.9	24	22.2
5	6.5	15	12.7	25	23.5
6	7.0	16	13.6	26	25.0
7	7.5	17	14.5	27	26.5
8	8.0	18	15.4	28	28.1
9	8.6	19	16.4	29	29.8
10	9.2	20	17.4	30	31.6

(2) 油泵

好的油泵能抽至真空度为10^{-1}～10^{-3}mmHg(0.133×10^{-1}～0.133×10^{-3}kPa)。一般使用油泵时，系统的压力常控制在1～5 mmHg(0.133～0.665 kPa)之间，因为在沸腾液体表面上要获得1 mmHg以下的压力比较困难。这是由于蒸气从瓶内的蒸发面逸出而经过瓶颈和支管(内径为4～5 mm)时，需要有一定的压力差，如果要获得较低的压力，可选用短颈和支管粗的克氏蒸馏瓶。

3. 测压装置

当用油泵进行减压时，为了防止易挥发的有机溶剂、酸性物质和水汽进入油泵，必须在馏液接收器与油泵之间顺次安装冷却阱和几种吸收塔，以免污染油泵用油、腐蚀机件致使真空度降低。冷却阱的构造如图3.21所示，将它置于盛有冷却剂的广口保温瓶中，冷却剂的选择随需要而定，例如可用冰-水、冰-盐、干冰与丙酮等。后者能使温度降至－78 ℃。吸收塔(又称干燥塔)(图3.21)，通常设两个，前一个装无水氯化钙(或硅胶)，后一个装粒状氢氧化钠。有时为了吸除烃类气体,可再加一个装石蜡片的吸收塔。

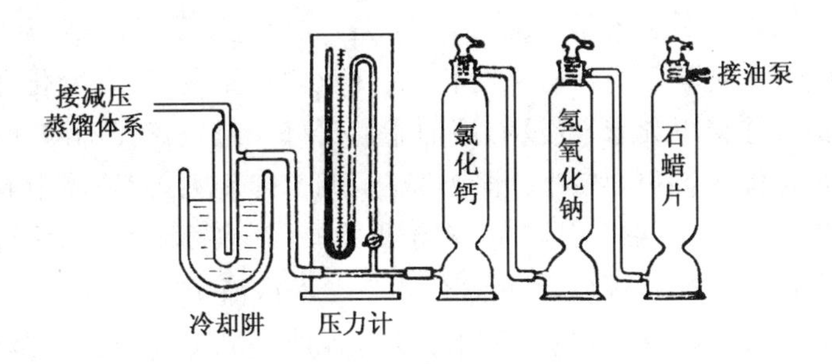

图 3.21 油泵保护装置

实验室通常采用水银压力计或真空表来测量减压系统的压力。图 3.22(a)(1)为开口式水银压力计,两臂汞柱高度之差即为大气压力与系统中压力之差。因此,蒸馏系统内的实际压力(真空度)应是大气压力减去这一压力差。封闭式水银压力计[图 3.22(a)(2)],两臂液面高度之差即为蒸馏系统中的真空度。测定压力时,可将管后木座上的滑动标尺的零点调整到右臂的汞柱顶端线上,这时左臂的汞柱顶端线所指示的刻度即为系统的真空度。开口式压力计较笨重,读数方式也较麻烦,但读数比较准确。封闭式的比较轻巧,读数方便,但常常因为有残留空气以致不够准确,需用开口式来校正。(3)为转动式真空规,又称麦氏真空规(Mcleod vacuum gauge),当体系内压力降至 1 mmHg 以下时使用。所有的压力计使用时都应避免水或其他污物进入压力计内,否则将严重影响其准确度。图 3.22(b)为真空表,是循环水泵中常用的测压仪表。水泵未工作状态下,表的初始值为 0;水泵工作状态下,其测量值介于 0～－0.1 MPa 之间。真空表上的指示值不是真空度的绝对值,而是真空度的相对值。如真空表的读数为 0.095,则系统内的压力为 $1.01\times10^5\times(1-0.095)$Pa,即约为 5 kPa(38 mmHg)。

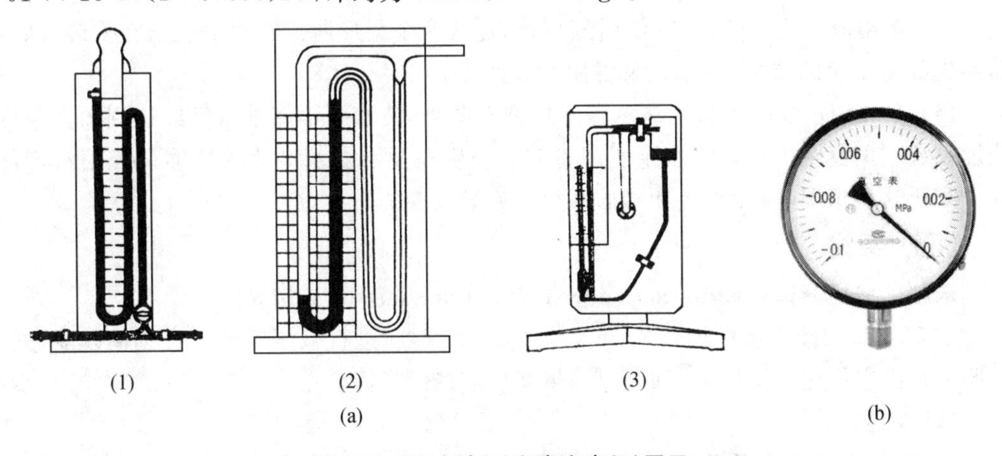

图 3.22 压力计(a)和真空表(b)图示

(三) 操作方法

仪器安装好后,需先试系统是否漏气,方法是:关闭毛细管,减压至压力稳定以后,捏住连接系统的橡皮管,观察压力计有无变化,无变化说明不漏气,有变化即表示漏气。漏气,可能是接头部分连接不紧密,或没有用油脂润滑好。检查仪器不漏气后,加入待蒸的液体,量不要超过蒸馏瓶容积的一半。开始减压,调节螺旋夹,使液体中有连续平稳的小气泡通过(如无气泡,可能毛细管已阻塞,应予更换)。开启冷凝水,选用合适的热浴加热蒸馏。加热时,克氏瓶的圆球部位至少应有 2/3 浸入浴液中。在浴液中放一温度计,控制浴温比待蒸馏液体的沸点约高 20～30 ℃,使每秒钟馏出 1～2 滴,在整个蒸馏过程中,都要密切注意瓶颈上的温度计和压力的读数。经常注意蒸馏情况和记录压力、沸点等数据变化。

往往开始时有低沸点馏分,待观察到沸点稳定不变时,转动燕尾管收接馏分。蒸完后,应先移去加热浴,待蒸馏瓶冷后再慢慢开启安全瓶活塞放气。因有些化合物较易氧化,热时突然放入大量空气会发生爆炸事故!放气后再关水泵或停止油泵转动。

【注意事项】

(1) 在减压蒸馏系统中切勿使用有裂缝的或薄壁的玻璃仪器,尤其不能用不耐压的平底瓶(如锥形瓶)。因为使用水泵抽真空,装置外部面积受到的压力较高,不耐压的部分可引起内向爆炸。

(2) 减压蒸馏最重要的是系统不漏气,压力稳定,平稳沸腾。为了防止暴沸,保持稳定沸腾,可采用磁子搅拌或拉制一根细而柔软的毛细管尽量伸到蒸馏瓶底部。在减压蒸馏中加入沸石,一般对防止暴沸是无效的。蒸馏时,为了控制毛细管的进气量,可在露于瓶外的毛细玻璃管上套一段乳胶管,并夹一螺旋夹,最好在橡皮管中插入一段细铁丝,以免因螺旋夹夹紧后不通气,或夹不紧进气量过大。

有些化合物遇空气很易氧化,在减压时,可由毛细管通入氮气或二氧化碳气保护。

(3) 蒸出液接收部分,通常使用燕尾管,连接两个梨形瓶或圆底烧瓶。在安装接收瓶前需先称每个瓶的质量,并作记录以便计算产量。

(4) 在使用水泵时应特别注意因水压突然降低,使水泵不能维持已经达到的真空度,蒸馏系统中的真空度比该时水泵所产生的真空度高,因此,水会流入蒸馏系统玷污产品。为了防止这种情况,需在水泵和蒸馏系统间安装安全瓶。

(四) 实验

苯胺的减压蒸馏(distillation under reduced pressure of aniline)

在 50 mL 的蒸馏瓶中加入 25 mL 苯胺,装好仪器,进行减压蒸馏。在蒸馏以前,先从手册上查出它们在不同压力下的沸点,供减压蒸馏时参考。

【思考题】

(1) 在减压蒸馏的操作中,必须先抽真空后加热。原因何在?

（2）当减压蒸完所要的化合物后，应如何停止减压蒸馏？这是为什么？

3.6　水蒸气蒸馏

水蒸气蒸馏是分离和纯化有机化合物的常用方法之一。进行水蒸气蒸馏时，对要分离的有机化合物有以下要求：

（1）不溶或微溶于水，这是满足水蒸气蒸馏的先决条件。

（2）长时间与水共沸时不与水发生反应。

（3）近于 100 ℃时有一定的蒸气压，一般不少于 10 mmHg(1.33 kPa)。

许多不溶于水或微溶于水的有机化合物，无论是固体还是液体，只要在 100 ℃左右具有一定的蒸气压，即有一定的挥发性时，若与水在一起加热就能与水同时蒸馏出来，这就称为水蒸气蒸馏。利用水蒸气蒸馏可把这些化合物同其他挥发性更低的物质分开而达到分离提纯的目的。水蒸气蒸馏也是从动植物中提取芳香油等天然产物最常用的方法之一。

（一）原理

互不混溶的挥发性物质的混合物，其中每一组分 i 在一定温度时的分压 p_i 等于在同一温度下的纯化合物的蒸气压，即 $p_i=p_i^0$，而不取决于混合物中各化合物的摩尔分数，这就是说，混合物的每一组分是独立地蒸发的。这一性质与互溶液体的溶液完全相反，而两种互溶的液体的蒸气压服从拉乌尔定律，各自的蒸气压与它们的摩尔分数成正比。因此根据道尔顿(Dalton)分压定律，不互溶的挥发性有机物质在某一温度 t 下的总蒸气压力为

$$(p_t)_{总} = p_a^0 + p_b^0 + \cdots + p_i^0$$

式中 p_a^0、p_b^0、p_i^0 表示各分组分的分压等同于同一温度下纯化合物蒸气压。任何温度下的总蒸气压力，总是大于任一组分的蒸气压，等于各组分的分蒸气压力之和，$(p_t)_{总}$随着温度升高而增加，直到其等于外部大气压力时，液体即开始沸腾。显然，不互溶的混合物的沸点要比沸点最低的某个组分单独存在时的沸点低。

而对于水蒸气蒸馏情况来说，$(p_t)_{总}=p_{水}^0+p_s^0$，也就是说，水蒸气蒸馏时，沸腾的温度要低于水的正常沸点[$(p_t)_{总}>p_{水}^0$]。如水的沸点为 100 ℃，甲苯为 111 ℃，当两者混合在一起进行水蒸气蒸馏时，沸腾温度为 84.6 ℃，在此温度下水的蒸气压为 424 mmHg(56.39 kPa)，甲苯为 336 mmHg(44.69 kPa)，两者之和等于 760 mmHg(0.1 MPa)，即当时之大气压。

图 3.23 表示出水(bp 100 ℃)和溴苯(bp 156 ℃)两个不互溶混合物以及两个化合物的混合蒸气压对温度的关系。图中虚线表示混合物应在 95 ℃左右沸腾，该温度的总蒸气压就等于大气压。如上述原理指出，该沸点温度低于水的沸点，而在这个混合物中，水是最低沸点组分。因此，要在 100 ℃或更低温度蒸馏化合物，水蒸气蒸馏是有效方法。

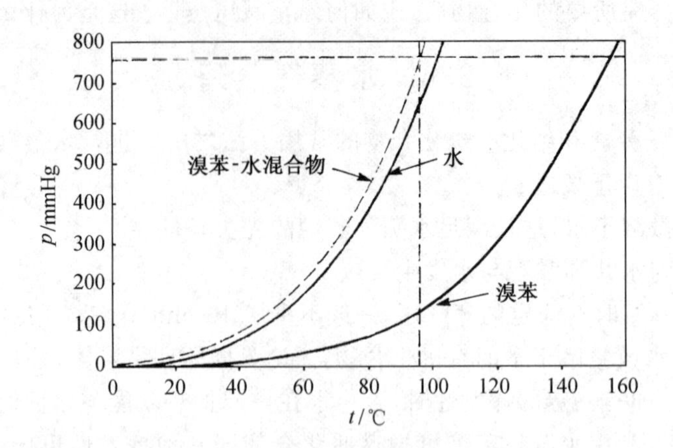

图 3.23 溴苯、水及溴苯-水混合物的蒸气压与温度的关系

水蒸气蒸馏中冷凝液的组成由所蒸馏的化合物的相对分子质量以及在此蒸馏温度时它们相应的蒸气压来决定。如把它们当做理想体系，就可利用理想气体定律，得到下面两式：

$$p_{水}^{0}V_{水}=\frac{m_{水}}{M_{水}}RT \tag{1}$$

$$p_{s}^{0}V_{s}=\frac{m_{s}}{M_{s}}RT \tag{2}$$

式中 p^0 代表纯液体的蒸气压，V 是气体的体积，m 是气相下该组分的质量（以克为单位），M 为相对分子质量，R 为摩尔气体常数，T 为热力学温度，s 代表具有一定挥发性的有机物质。

将(1)式比(2)式，得

$$\frac{p_{水}^{0}V_{水}}{p_{s}^{0}V_{s}}=\frac{m_{水}M_{s}RT}{m_{s}M_{水}RT}$$

在水蒸气蒸馏条件下，$V_{水}=V_{s}$ 并且蒸馏温度相等，故可以把上式变为

$$\frac{m_{s}}{m_{水}}=\frac{p_{s}^{0}M_{s}}{p_{水}^{0}M_{水}}$$

上式表明，这两种物质在馏液中的相对质量（就是它们在蒸气中的相对质量）与它们的蒸气压和相对分子质量成正比。

在 95 ℃时溴苯和水的混合物的蒸气压分别为 120 mmHg(16.0 kPa)和 640 mmHg(85.1 kPa，见图 3.23)，其蒸出液的组分可以从上述方程式计算获得：

$$\frac{m_{溴苯}}{m_{水}}=\frac{120\times157}{640\times18}=\frac{1.64}{1}$$

尽管溴苯在蒸馏温度时的蒸气压很小，但由于溴苯的相对分子质量远远大于水的相

对分子质量，所以按质量计算在水蒸气馏液中溴苯要比水多。1 g 的水能带出 1.64 g 溴苯，溴苯在溶液中的组分占 62%。

鉴于通常有机化合物的相对分子质量要比水大得多，所以即使有机化合物在 100 ℃ 时蒸气压只有 10 mmHg(1.33 kPa)，用水蒸气蒸馏亦可获得良好效果。甚至固体(例如粗萘)也常用水蒸气蒸馏提纯。

再如，苯胺和水在 98.4 ℃时蒸气压分别为 42.5 mmHg (5.73 kPa)和 717.5 mmHg (94.8 kPa)。从计算得到，馏液中苯胺的含量应占 24%，但实际上所得到的比例比较低。这主要是苯胺微溶于水，导致水的蒸气压降低所引起。上述关系式只适用于与水不相互溶的物质。而实际上很多化合物在水中或多或少有些溶解。因此这样的计算只是近似的。如果蒸气压在 1～5 mmHg(0.13～0.67 kPa)，则其在馏液中的含量仅占 1%，甚至更低。为使馏液中的含量增高，就要想办法提高此物质的蒸气压，也就是说，要提高温度，使蒸气的温度超过 100 ℃，即要用过热水蒸气蒸馏。

(二) 装置

水蒸气蒸馏的装置一般由蒸气发生器和蒸馏装置两部分组成(图 3.24 和 3.26)。这两部分在连接部分要尽可能紧凑，以防蒸气在通过较长的管道后部分冷凝成水，而影响水蒸气蒸馏的效率。如果从实验室的蒸气管道取得蒸气，在管道与蒸馏瓶之间接上气液分离器(图 3.25)或装上一个 T 形管以除去其中的冷凝水，即在 T 形管下端连一个弹簧夹，以便及时除去冷凝下来的水滴。

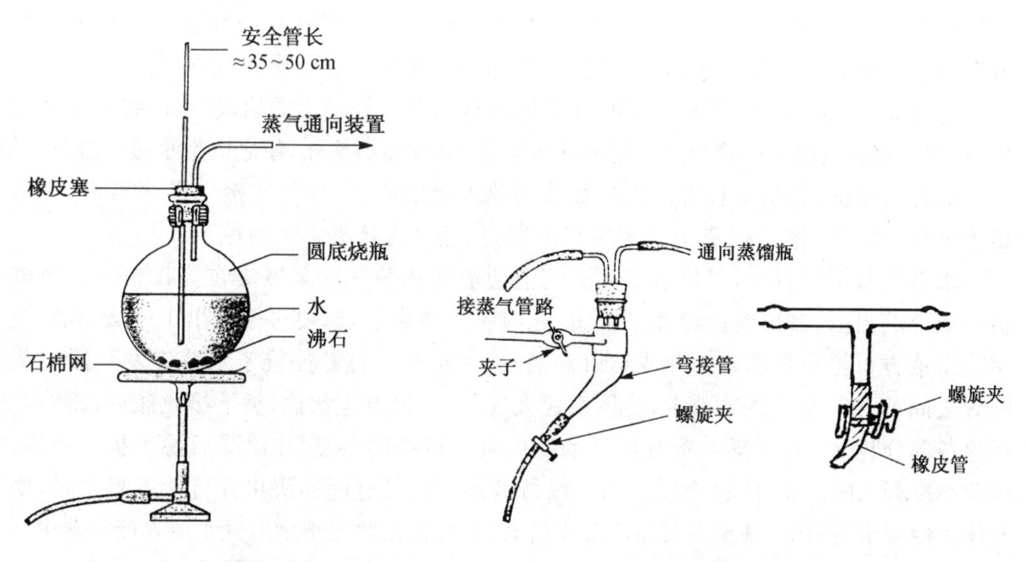

图 3.24 水蒸气发生器

图 3.25 气液分离器(或用 T 形管代替)

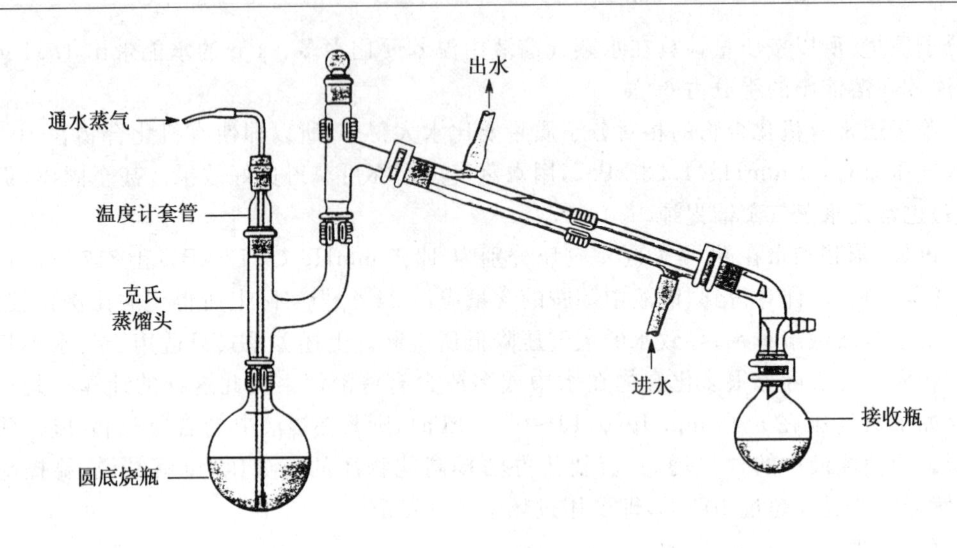

图 3.26 水蒸气蒸馏装置图

(三) 操作步骤

水蒸气蒸馏通常采用以下两种方法：

方法1 将需蒸馏的有机化合物放在装有克氏蒸馏头的圆底烧瓶中，克氏蒸馏头与冷凝管相接(克氏蒸馏头用来防止蒸馏时蒸馏瓶中的混合物溅入冷凝管)。然后将水蒸气经玻璃管导入蒸馏瓶的底部。在较长时间进行水蒸气蒸馏时，外部通入的水蒸气可能有部分在蒸馏瓶内冷凝下来，为此可温和地加热蒸馏瓶以防止水蒸气冷凝。

方法2 如果只要少量水蒸气就可以把所有的有机物蒸出的话，就可以省去水蒸气发生器，而直接将有机化合物与水一起放在蒸馏瓶内，加热蒸馏瓶，使之产生水蒸气进行蒸馏。

值得注意的是，第一种方法先将被蒸物放入蒸馏瓶中，加热水蒸气发生器，直至水开始沸腾后，才可以将T形管上的螺旋夹旋紧，使蒸气直接进入蒸馏瓶。

水蒸气蒸馏过程中，可以看见一滴滴混浊液随热蒸气冷凝聚集在接收瓶中。当被蒸物质全部蒸出后，蒸出液由混浊变澄清，此时不要结束蒸馏，要再多蒸出10～20 mL的透明馏出液方可停止蒸馏。中断或结束蒸馏时，一定要先打开连接于水蒸气发生器与蒸馏装置之间的T形管上的螺旋夹，使体系通大气，然后再停止加热，拆下接收瓶后，再按顺序拆除各部分装置。如果随水蒸气挥发的物质具有较高的熔点，在冷凝后易于析出固体，则应调小冷凝水的流速，使它冷凝后仍然保持液态。如已有固体析出并且接近阻塞时，要暂时停止冷凝水的流通，甚至需要将冷凝水暂时放去，以使物质熔融后随水流入接收器中。

(四) 实验

1. 苯胺的水蒸气蒸馏(steam distillation of aniline)

取10 mL苯胺放入100 mL圆底烧瓶中，进行水蒸气蒸馏，至蒸出液变清后，再多收集约 10 mL 清液。

把蒸出液用食盐饱和后再移入分液漏斗中，分出苯胺，用粒状氢氧化钠干燥后用空气冷凝管进行简单蒸馏（或用减压蒸馏蒸苯胺），收集 182～184 ℃的蒸出液，其为无色透明液体。

2. 萘的水蒸气蒸馏（steam distillation of naphthalene）

取 2.00 g 粗品萘加入 50 mL 圆底烧瓶中，进行水蒸气蒸馏。蒸馏过程中冷凝管中的水要时开时停，随时注意，不要使蒸馏出的萘冷凝成固体后把接引管堵死。也可以不加接引管，冷凝管直接与接收瓶相连，待蒸出液透明后，再多蒸出 10～15 mL 清液。然后用抽滤的方法收集产品，并测熔点。

【思考题】

(1) 为什么一般进行水蒸气蒸馏时，蒸出液由混浊变澄清后再多蒸出 10～20 mL 的透明蒸出液？如果不这样做，有什么影响？

(2) 如果萘与水在 99.3 ℃时可以进行水蒸气蒸馏，计算在蒸出液中萘与水的质量比。并计算要蒸出 4.00 g 萘，最少需要多少水。

(3) 如何判断在水蒸气蒸馏中，蒸出液中的有机组分在水的上层还是下层？

3.7 干燥和干燥剂

有机化合物在进行定性或定量分析、波谱分析之前均应经干燥，才会有准确结果。为防止少量水与液体有机化合物生成共沸混合物，或由于少量水与有机物在加热下发生反应而影响产品纯度，在蒸馏前都必须干燥以除去水分。还有许多有机反应需要在绝对无水条件下进行，所用原料和溶剂也均应干燥处理，反应过程也要通过干燥管以防止潮气侵入容器。可见，干燥在有机实验中是极普遍而又重要的操作。

干燥方法可分为物理方法和化学方法。属于物理方法的有：加热、真空干燥、冷冻、分馏、共沸蒸馏及吸附等。化学方法是利用干燥剂去水。干燥剂按其去水作用可分为两类：(i) 能与水可逆地生成水合物，如硫酸、氯化钙、硫酸钠、硫酸镁、硫酸钙等；(ii) 与水反应后生成新的化合物，如金属钠、五氧化二磷等。

表 3.6 列出常用干燥剂性质及适用范围。

表 3.6 常用干燥剂简介

干燥剂	性质	与水作用产物	适用范围	非适用范围	备注
$CaCl_2$	中性	$CaCl_2 \cdot H_2O$ $CaCl_2 \cdot 2H_2O$ $CaCl_2 \cdot 6H_2O$ （30 ℃以上失水）	烃、卤代烃、烯、酮、醚、硝基化合物、中性气体、氯化氢（保干器）	醇、胺、氨、酚、酯、酸、酰胺及某些醛酮	吸水量大，作用快，效力不高，是良好的初步干燥剂，廉价，含有碱性杂质氢氧化钙

续表

干燥剂	性质	与水作用产物	适用范围	非适用范围	备注
Na_2SO_4	中性	$Na_2SO_4 \cdot 7H_2O$ $Na_2SO_4 \cdot 10H_2O$ (33 ℃以上失水)	酯、醇、醛、酮、酸、腈、酚、酰胺、卤代烃、硝基化合物,及不能用氯化钙干燥的化合物		吸水量大,作用慢,效力低,是良好的初步干燥剂
$MgSO_4$	中性	$MgSO_4 \cdot H_2O$ $MgSO_4 \cdot 7H_2O$ (48 ℃以上失水)	同上		较硫酸钠作用快,效力高
$CaSO_4$	中性	$CaSO_4 \cdot 1/2H_2O$ 加热2～3 h失水	烷、芳香烃、醚、醇、醛、酮		吸水量小,作用快,效力高,可先用吸水量大的干燥剂作初步干燥后再用
K_2CO_3	碱性	$K_2CO_3 \cdot 3/2H_2O$ $K_2CO_3 \cdot 2H_2O$	醇、酮、酯、胺、杂环等碱性化合物	酸、酚及其他酸性化合物	
H_2SO_4	(强)酸性	$H_3^+ OHSO_4^-$	脂肪烃、烷基卤化物	烯、醚、醇及弱碱性化合物	脱水效力高
KOH NaOH	(强)碱性		胺、杂环等碱性化合物	醇、酯、醛、酮、酸、酚、酸性化合物	快速有效
金属钠	(强)碱性	H_2 + NaOH	醚、三级胺、烃中痕量水分	碱土金属或对碱敏感物、氯化烃(有爆炸危险)、醇	效力高,作用慢,需经初步干燥后才可用 干燥后需蒸馏
P_2O_5	酸性	HPO_3 $H_4P_2O_7$ H_3PO_4	醚、烃、卤代烃、腈中痕量水分,酸溶液、二硫化碳(干燥枪、保干器)	醇、酸、胺、酮、碱性化合物、氯化氢、氟化氢	吸水效力高,干燥后需蒸馏

续表

干燥剂	性质	与水作用产物	适用范围	非适用范围	备注
CaH_2	碱性	$H_2+Ca(OH)_2$	碱性、中性、弱酸性化合物	对碱敏感的化合物	效力高，作用慢，先经初步干燥后再用 干燥后需蒸馏
CaO BaO	碱性	$Ca(OH)_2$ $Ba(OH)_2$	低级醇类、胺		效力高，作用慢，干燥后需蒸馏
分子筛[a] (3Å、4Å)	中性	物理吸附	各类有机物、不饱和烃气体（保干器）		快速高效，经初步干燥后再用
硅胶			（保干器）	氟化氢	

[a] 分子筛为硅铝酸盐的商品名称，是具有一定直径小孔的结晶形结构。3Å、4Å 为分子筛的孔径大小，它仅允许水或其他小分子（如氨分子）进入。由于水化，水被牢牢吸附，水化后分子筛可在常压或减压下 300～320 ℃加热脱水活化。

（一）干燥剂的选择

选择干燥剂应考虑下列条件：首先，干燥剂必须不与被干燥的有机物发生化学反应，并且易与干燥后的有机物完全分离；其次，使用干燥剂要考虑干燥剂的吸水容量和干燥效能。吸水容量是指单位质量干燥剂所吸收的水量，吸水容量愈大，即干燥剂吸收水分愈多。干燥效能指达到平衡时液体被干燥的程度，对于形成水合物的无机盐干燥剂，常用吸水后结晶水的蒸气压表示（参见表 3.7）。

表 3.7 常用干燥剂的水蒸气压（20 ℃）

干燥剂	p(水)	
	/mmHg	/kPa
P_2O_5	0.00002	0.2×10^{-5}
KOH（熔融过）	0.002	0.2×10^{-3}
$CaSO_4$（无水）	0.004	0.5×10^{-3}
H_2SO_4（浓）	0.005	0.7×10^{-3}
硅胶	0.006	0.8×10^{-3}
NaOH（熔融过）	0.15	0.02
CaO	0.2	0.027
$CaCl_2$	0.2	0.027
$CuSO_4$	1.3	0.173
Na_2SO_4	1.92(25 ℃)	0.255

例如，硫酸钠能形成10个结晶水的水合物，其吸水容量为1.25，25 ℃时水蒸气压为1.92 mmHg(256 Pa)。氯化钙最多能形成6个结晶水的水合物，吸水容量为0.97，25 ℃时的水蒸气压为0.20 mmHg(27 Pa)。二者相比较，硫酸钠吸水量较大，干燥效能弱；氯化钙吸水量较小，但干燥效能强。所以，应将干燥剂的吸水容量和干燥效能进行综合考虑。有时对含水较多的体系，常先用吸水容量大的干燥剂干燥，然后再使用干燥效能强的干燥剂。

影响干燥剂干燥效能的因素很多，如温度、干燥剂用量、干燥剂颗粒大小、干燥剂与液体或气体接触时间等。以无水硫酸镁干燥含水液体有机化合物为例，由于体系不同，硫酸镁可生成不同水合物且具有不同的水蒸气压，见表3.8a。由表看出，25 ℃时无水硫酸镁能达到的最低水蒸气压为1 mmHg(0.133 kPa)，它是硫酸镁一水合物与无水硫酸镁的平衡压力，与两者的相对量没有关系，无论加入多少无水硫酸镁，想除去全部水分是不可能的。加入干燥剂过多，会使液体产品吸附受损失；加入量不足，则不能达到一水合物，反而会形成多水合物，其蒸气压力大于1 mmHg(0.133 kPa)。这就是为什么干燥剂要加适量，且在使用干燥剂前必须尽可能将水分离除净的缘故。另外，干燥剂成为水合物需要有一个平衡过程，因此，液体有机物进行干燥时需放置一定时间。

表3.8a 硫酸镁的不同结晶水合物的水蒸气压(25 ℃)

平衡式	p(水)	
	/mmHg	/kPa
无水 $MgSO_4 + H_2O \rightleftharpoons MgSO_4 \cdot H_2O$	1	0.13
$MgSO_4 \cdot H_2O + H_2O \rightleftharpoons MgSO_4 \cdot 2H_2O$	2	0.27
$MgSO_4 \cdot 2H_2O + 2H_2O \rightleftharpoons MgSO_4 \cdot 4H_2O$	5	0.67
$MgSO_4 \cdot 4H_2O + H_2O \rightleftharpoons MgSO_4 \cdot 5H_2O$	9	1.20
$MgSO_4 \cdot 5H_2O + H_2O \rightleftharpoons MgSO_4 \cdot 6H_2O$	10	1.33
$MgSO_4 \cdot 6H_2O + H_2O \rightleftharpoons MgSO_4 \cdot 7H_2O$	11.5	1.50

从氯化钙水合物的蒸气压与温度的关系(见表3.8b)看出，温度低，水蒸气压小，干燥效能高。温度升高，尽管可加速干燥剂水合，但另一方面由于水蒸气压也随之增加，干燥剂效能减弱，因此，在液体有机物进行蒸馏之前必须滤除干燥剂。

一般地说，第二类干燥剂干燥效能较第一类高，但吸水容量较小。所以，通常先用第一类干燥剂除去大部分水分后，再用第二类干燥剂除去残留的微量水。只有在需要绝对无水的反应条件时，才使用第二类干燥剂。

表 3.8b 氯化钙水合物的水蒸气压和温度的关系

t/℃	p(水)	
	/mmHg	/kPa
29.2	5.67	0.75
38.4	7.88	1.05
45.3	11.77	1.57

此外,选择干燥剂还要考虑干燥速率和价格,可参考表 3.6。

(二) 干燥剂的使用方法

以无水氯化钙干燥乙醚为例。室温下水在乙醚中溶解度为 1%～1.5%,现有 100 mL 乙醚,估计其中含水量约 1.00 g。假定无水氯化钙在干燥过程中全部转变为六水合物,其吸水容量为 0.97(即 1.00 g 无水氯化钙可以吸收 0.97 g 水),这就是说,按理论推算用 1 g 氯化钙可将 100 mL 乙醚中的水除净。但实际用量却远大于 1 g。其原因是在用乙醚从水溶液中萃取分离某有机物时,乙醚层中水相不能完全分离干净;无水氯化钙在干燥过程中转变为六水合物需要较长时间,短时间往往不能达到无水氯化钙应有的干燥容量。鉴于以上主要因素,要干燥 100 mL 含水乙醚,往往要用 7～10 g 无水氯化钙。

确定干燥剂的使用量可查阅溶解度手册。根据溶解度进行估算,一般有机物结构中含有亲水基时,干燥剂应过量。这种办法仅仅提供理论参考,由于实际反应因素复杂,最重要的还是在实验中不断积累经验。

在实际操作中,一般干燥剂的用量为每 10 mL 液体约需 0.5～1 g。但由于液体产品中水分含量不同,干燥剂质量不同,颗粒大小不同,干燥温度不同,因此不能一概而论。一般应分批加入干燥剂,每次加入后要振荡,并仔细观察,如果干燥剂全部粘在一起,说明用量不够,需再加入一些干燥剂,直到出现无吸水的、松动的干燥剂颗粒。放置一段时间后,观察被干燥的溶液是否透明。干燥时间应根据液体量、含水情况而定,一般约需 30～40 min,甚至更长。干燥过程中应多摇动几次,以便提高干燥效率。多数干燥剂的水合物在高温时会失水,降低干燥效能,故在蒸馏前必须把干燥剂过滤除去。块状干燥剂(如氯化钙)用时要破碎成粒状,颗粒大小似黄豆粒。若研成粉末,干燥效果虽好,但过滤困难,难以与产品分离,影响纯度和产量。

经干燥,液体透明,并不能说明该液体已不含水分,透明与否和水在该化合物中的溶解度有关。例如 20 ℃乙醚中,可溶解 1.19%的水;乙酸乙酯中可溶解 2.98%的水,只要含水量不超过溶解度,含水的液体总是透明的。在这样的液体中,加干燥剂的量必然要大于常规量。某些干燥剂如金属钠、石灰、五氧化二磷等,由于它们和水生成比较稳定的产物,有时可不必过滤而直接蒸馏。

有些溶剂的干燥不必加干燥剂,借其和水可形成共沸混合物的特点,直接进行蒸馏把水除去，如苯、甲苯、四氯化碳等。例如工业上制无水乙醇，就是利用乙醇、水和苯三者形成共沸混合物的特点，于95%乙醇中加入适量苯进行共沸蒸馏。前馏分为三元共沸混合物；当把水蒸完后，即为乙醇和苯的二元共沸混合物，无苯后，沸点升高即为无水乙醇。但该乙醇中带有微量苯，不宜用做光谱溶剂。

3.8 萃 取

从固体或液体混合物中分离所需的有机化合物，最常用的操作是萃取。萃取广泛用于有机产品的纯化，应用萃取可从固体或液体混合物中萃取出所需要的物质，如天然产物中各种生物碱、脂肪、蛋白质、芳香油和中草药的有效成分等都可用萃取的方法从动植物中获得；也可以用于除去产物中的少量杂质。通常称前者为“萃取”或“提取”、“抽取”，后者为“洗涤”。洗涤也是一种萃取。根据被萃取物质形态的不同，萃取又可分为从溶液中萃取（液-液萃取）和从固体中萃取（固-液萃取）两种萃取方法。

（一）原理

萃取是利用有机化合物在两种不互溶（或微溶）的溶剂中的溶解度或分配比不同而得到分离。可用与水不互溶的有机溶剂从水溶液中萃取有机化合物来说明。在一定温度下，有机物在有机相中和在水相中的浓度比为一常数。若 c_0 表示有机物在有机相中的浓度(g/mL)，c_1 表示有机物在水中的浓度(g/mL)，温度一定时，$c_0/c_1=k$，k 是一常数，称为“分配系数”。它可以被近似地认为是有机物在两溶剂中的溶解度之比。由于有机物在有机溶剂中的溶解度比在水中大，因而可以用有机溶剂将有机物从水中萃取出来。

用一定量的溶剂一次或分几次从水中萃取有机物，其萃取效率是否相同呢？设 s_0 为水溶液的毫升数；s 为每次所用萃取剂的毫升数；x_0 为溶解于水中的有机物的克数；$x_1,\cdots,x_n$ 分别为萃取一次至 n 次后留在水中的有机物克数；k 为分配系数。根据 k 的定义，进行以下推导：

- 一次萃取 $$k=\frac{c_0}{c_1}=\frac{(x_0-x_1)/s}{x_1/s_0},\quad x_1=x_0\,\frac{s_0}{ks+s_0}$$
- 二次萃取 $$k=\frac{(x_1-x_2)/s_0}{x_2/s},\quad x_2=x_1\,\frac{s_0}{ks+s_0}=x_0\left(\frac{s_0}{ks+s_0}\right)^2$$
- n 次萃取 $$x_n=x_0\left(\frac{s_0}{ks+s_0}\right)^n$$

式 $s_0/(ks+s_0)<1$，且当 n 值愈大时，x_n 则愈小，说明当用同样多的溶剂分多次萃取比一次萃取的效果要好。这一点十分重要，它是提高分离效率的有效途径。根据分配定律，既可求出每次提取出的物质的数量，也可算出经萃取后的剩余量。

【例3-1】 在100 mL水中溶有5.00 g溶质，我们用150 mL乙醚萃取，分配系数为10。一种方法是用150 mL乙醚一次萃取；另一方法是150 mL乙醚，每次用50 mL分三次萃取。比较萃取效果。

解　通过计算得知，分三次萃取，每次萃取进入乙醚相的溶质为4.17 g、0.69 g、0.12 g，总萃取得量为4.98 g，水中残留溶质0.02 g。

如果150 mL乙醚一次提取：$x_1=5.00\ \mathrm{g}\times100/(10\times150+100)=0.31\ \mathrm{g}$

可见，同是用150 mL乙醚，分三次萃取比一次萃取可多萃取出0.29 g溶质，占总量的5.8%，萃取效果更好。因此实验中一般都要求进行多次萃取。

但是，连续萃取的次数不是无限度的，当溶剂总量保持不变时，萃取次数(n)增加，s就要减小，$n>5$时，n和s这两个因素的影响就几乎相互抵消了，再增加n，x_n/x_{n+1}的变化不大。因此，一般以萃取三次为宜。

另一类萃取剂的萃取原理是利用它能与被萃取物质起化学反应。这种萃取常用于从化合物中移去少量杂质或分离混合物，这类萃取剂，一般用5%氢氧化钠、5%或10%的碳酸钠、碳酸氢钠溶液、稀盐酸、稀硫酸等。碱性萃取剂可以从有机相中移出有机酸，或从有机溶剂(其中溶有有机物)中除去酸性杂质(成钠盐溶于水中)；反之，酸性萃取剂可从混合物中萃取碱性物质(杂质)等。

固体物质的萃取通常借助于索氏(Soxhlet)提取器，是利用溶剂回流及虹吸原理，使固体有机物连续多次被纯溶剂萃取，它具有萃取效率较高、节省溶剂等特点(参考实验87“从茶叶中提取咖啡因”)。对受热易分解或变色的物质不宜采用，同时所用溶剂沸点也不宜过高。

用萃取方法处理固体混合物时，主要根据混合物中各组分在所选溶剂中的溶解度。从液体混合物中萃取物质的情况比较复杂，必须考虑被萃取物在两种不相溶的溶剂内的分配及其分配系数。分配系数是在一定条件下(温度等)被提取物在两液相内达到完全平衡后的浓度关系，其大小约等于该物质在两溶剂内的溶解度之比。在一定温度下，若该物质的分子在两溶液中不发生缔合、溶剂化、溶质的电离等作用时，则此物质在两液层内浓度之比是一定值k，而实验上常见分配系数k由于上述现象而有偏差。

琥珀酸在水(A)和乙醚(B)间的分配系数接近一定值，见表3.9。

表3.9　25 ℃琥珀酸在水(A)和乙醚(B)中的分配

琥珀酸在水中的浓度 c_A/(mol·L^{-1})	琥珀酸在乙醚中的浓度 c_B/(mol·L^{-1})	$k=c_A/c_B$
0.370	0.0488	7.58
0.547	0.0736	7.43
0.749	0.101	7.49

(二) 萃取溶剂的选择

1. 选择合适萃取溶剂的原则

一般从水中萃取有机物,要求溶剂在水中溶解度很小或几乎不溶;被萃取物在溶剂中要比在水中溶解度大;对杂质溶解度要小;溶剂与水和被萃取物都不反应;萃取后溶剂应易于用简单蒸馏回收。此外,价格便宜、操作方便、毒性小、溶剂沸点不宜过高、化学稳定性好、密度适当也是应考虑的条件。一般地讲,难溶于水的物质用石油醚提取;较易溶于水的物质,用乙醚或甲苯萃取;易溶于水的物质则用乙酸乙酯萃取效果较好。

2. 经常使用的溶剂

乙醚、氯仿、石油醚、二氯甲烷、正丁醇、乙酸乙酯等,其中乙醚效果较好。使用乙醚的最大缺点是容易着火,在实验室中可以小量使用,但在工业生产中不宜使用。

(三) 操作方法

萃取的主要仪器是分液漏斗(图 3.27)。使用前须在下部活塞上涂凡士林,然后,于漏斗中放入水摇荡,检查两个塞子处是否漏水。确实不漏时再使用。

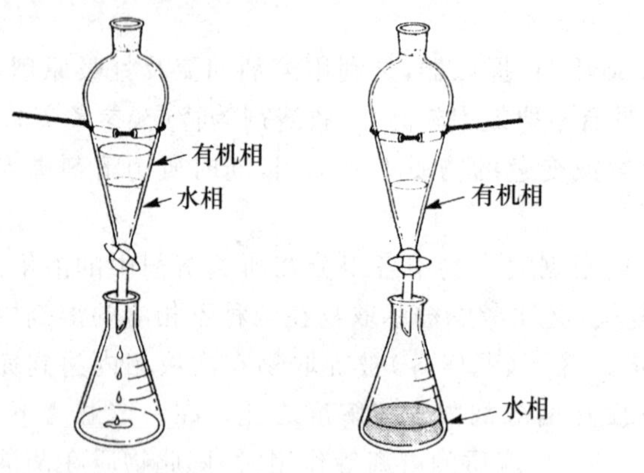

图 3.27　使用分液漏斗萃取

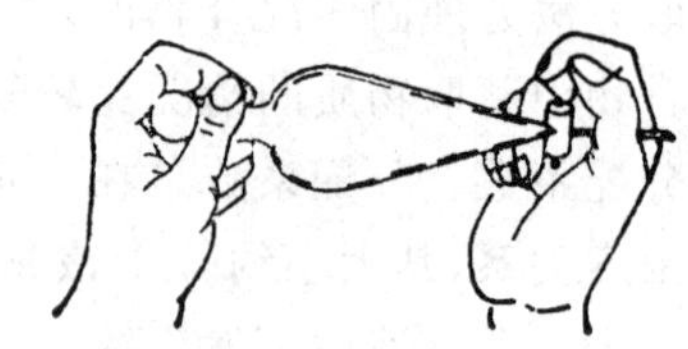

图 3.28　摇动分液漏斗的正确持法

将水溶液倒入分液漏斗中,加入溶剂,塞紧塞子,右手握住漏斗口颈,食指压紧漏斗塞,左手握在漏斗活塞处,拇指压紧活塞,把漏斗放平摇荡,见图 3.28,然后,把漏斗上口向下倾斜,下部支管指向斜上方,但要注意不要指向其他实验者。左手仍握在活塞支管处,食拇两指开动活塞放气(图 3.29),经几次摇荡、放气后,把漏斗架在铁圈上,并把上口塞子上的小槽对准漏斗口颈上的通气孔。待液体分层后,将两层液体分开。下层液体由下部支管放出,上层液体应由上口倒出。应注意哪一层为有机溶液,将它存放在干燥的锥形瓶中,水溶液再倒回分液漏斗中,留待再一次萃取。如分不清哪一层是有机溶液,可取少量任何一层液体,于其中加水试,如加水后分层,即为有机相;不分层,说明是水相。

在实验结束前，均不要把萃取后的水溶液倒掉，以免一旦搞错无法挽救！有时溶液中溶有有机物后，密度会改变，不要以为密度小的溶剂在萃取时一定在上层。

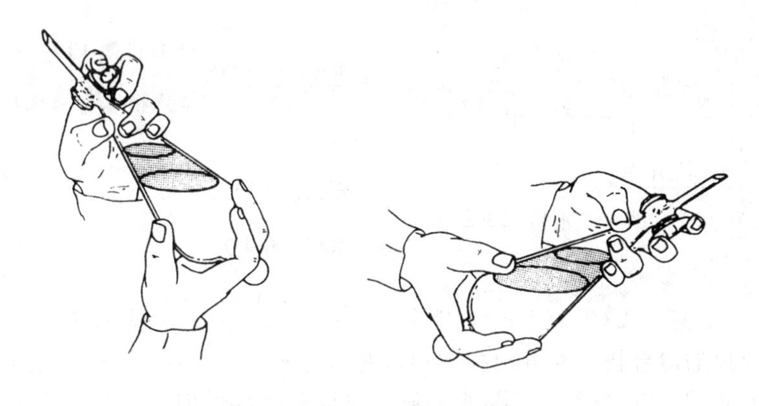

图 3.29　分液漏斗放气的正确方法

用乙醚萃取时，应特别注意周围不要有明火。摇荡时，用力要小，时间短，应多摇多放气，否则，漏斗中蒸气压力过大，液体会冲出造成事故。

用分液漏斗进行萃取，应选择比被萃取液大 1～2 倍体积的分液漏斗。初学者往往忽略估计溶液和溶剂的体积，将分液漏斗中的溶液和溶剂装得很满，振摇时不能使溶剂和溶液分散为小的液滴，被萃取物质不能与两溶液充分接触，影响了该物质在两溶液中的分配，降低了萃取效率。

在萃取某些含有碱性或表面活性较强的物质(如蛋白质、长链脂肪酸等)时，易出现经摇振后溶液乳化，不能分层或不能很快分层的现象。原因可能由于两相分界之间存在少量轻质的不溶物；也可能两液相交界处的表面张力小；或由于两液相密度相差太少。碱性溶液(例如氢氧化钠等)能稳定乳状质的絮状物而使分层更困难，这种情况下可采取如下措施：(i) 采取长时间静置；(ii) 利用“盐析效应”，在水溶液中先加入一定量电解质(如氯化钠)，或加饱和食盐水溶液，以提高水相的密度，同时又可以减少有机物在水相中的溶解度；(iii) 滴加数滴醇类化合物，改变表面张力；(iv) 加热，破坏乳状液(注意防止易燃溶剂着火)；(v) 过滤，除去少量轻质固体物(必要时可加入少量吸附剂，滤除絮状固体)。如若在萃取含有表面活性剂的溶液时形成乳状溶液，当实验条件允许时，可小心地改变 pH，使之分层。当遇到某些有机碱或弱酸的盐类，因在水溶液中能发生一定程度解离，很易被有机溶剂萃取出水相，为此，在溶液中要加入过量的酸或碱，以达到顺利萃取之目的。

(四) 实验

三组分混合物的分离(separation of mixtures of three components)

实验室现有一混合物待分离提纯，已知其中含有甲苯、苯胺与苯甲酸。请根据其性质、溶解度选择合适溶剂，设计合理方案，从混合物中经萃取分离、纯化得到纯净甲苯、苯胺、苯甲酸。

(1) 分离参考方案

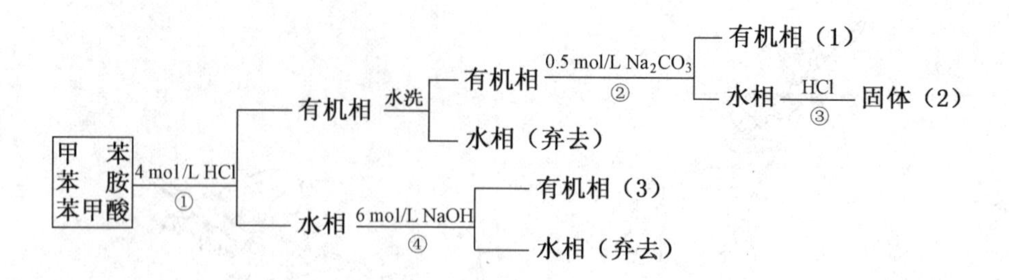

取30 mL由18 mL(0.169 mol)甲苯、12 mL(0.132 mol)苯胺和1.50 g(0.0124 mol)苯甲酸组成的混合物。充分搅拌下逐滴加入4 mol/L盐酸,使混合物溶液pH=2,将其转移至分液漏斗中,静置、分层,水相放入锥形瓶中待处理。向分液漏斗中的有机相中加入适量水,洗去附着的酸,分离,弃去洗涤液,边摇荡边向有机相逐滴加入0.5 mol/L碳酸钠,使溶液pH=8~9,静置、分层。将有机相分出,置于一干燥的锥形瓶中,用适量无水氯化钙干燥。简单蒸馏得一无色透明液体,约10~13 mL。测其沸点,并指出它是何物。

被分出的水相,置于一小烧杯中,不断搅拌下,滴加4 mol/L盐酸,至溶液pH=2,此时有大量白色沉淀析出。过滤,选择合适溶剂重结晶,干燥,称量约0.50~1.20 g,测其熔点,并指出它是何物。(参考重结晶操作一节)

将上述第一次置于锥形瓶待处理的水相,边摇荡边加入6 mol/L氢氧化钠,使溶液pH=10,静置,分层。弃去水层,将有机相置于圆底烧瓶中,水蒸气蒸馏。在水蒸气蒸出的粗产品中加入固体氯化钠使之饱和,分液,用粒状氢氧化钠干燥,减压蒸馏,得一无色透明液体,约6~9 mL。指出它是何物。(参考水蒸气蒸馏操作一节及减压蒸馏操作一节)

(2) 实验参考数据(见表1~3)

表1　三组分化合物的物理常数

组分	状态	M	bp或mp/℃	d_4^{20}	n_D^{20}	酸碱性	溶解度	
							甲苯	水
甲苯	液体	92.13	110.6	0.866	1.4967	中性		不溶或微溶
苯胺	液体	93.12	184	1.022	1.5863	$pK_b=9.3$	混溶	1 g溶于28.6 mL冷水或溶于157.0 mL沸水
苯甲酸	固体	122.12	122.4	1.266		25 ℃时标准溶液的pH为2.8	1 g溶于10 mL苯(甲苯)	见溶解度表

表 2　苯甲酸在水中的溶解度

t /℃	0	10	20	30	40	50	60	70	80	90	95
s/(g·L^{-1})	1.7	2.1	2.9	4.2	5.4	9.5	12.0	17.7	27.5	45.5	68.0

表 3　不同压力下的苯胺沸点数据表

p/mmHg	1	10	40	100	400	760
t/℃	34.8	69.4	96.7	119.9	161.9	184.4

【思考题】

(1) 若用下列溶剂(乙醚、氯仿、己烷、甲苯)萃取水溶液,它们将在上层还是下层?

(2) 此三组分混合物分离实验中,各组分的性质是什么?在萃取过程中发生的变化是什么?

(3) 按以下所提供的数据 $p_{水}^{98.4}=717.5$ mmHg(95.7 kPa),$p_{苯胺}^{98.4}=42.4$ mmHg(5.65 kPa),你能否根据以下关系式:

$$V/(RT) = m/(Mp)$$

$$m_{水}/(M_{水}\ p_{水}) = m_{苯胺}/(M_{苯胺}\,p_{苯胺})$$

$$m_{水}/m_{苯胺} = M_{水}\ p_{水}/(M_{苯胺}\,p_{苯胺})$$

计算出水蒸气蒸馏中水/苯胺的比值是多少?

(4) 根据苯甲酸在水中的溶解度,假设热过滤在 90 ℃下,请计算 1 g 苯甲酸重结晶需要的水量是多少(按实际用水量比计算值过量 30%计)?苯甲酸析晶温度若为 20 ℃,那么重结晶 1 g 苯甲酸在母液中损失多少克?

(5) 据分离参考方案中所标的①～④步,请计算分别所用 4 mol/L HCl、0.5 mol/L 碳酸钠、6 mol/L 氢氧化钠的体积(mL)。

色谱技术已成为化学工作者的有力工具,色谱除了提供数目浩繁的有机化合物的分离提纯方法外,还提供了定性鉴定和定量分析的数据。

按其操作不同,色谱可分为薄层色谱、柱色谱、纸色谱、气相色谱和高效液相色谱等;按其作用原理不同,色谱又可分为吸附色谱、分配色谱和离子交换色谱等。

色谱法的基本原理是利用混合物中的各组分在某一物质中的吸附或溶解性能(即分配)的不同,或其他亲和作用性能的差异,使含混合物的气体或溶液流经该物质时,进行反复的吸附或分配等作用,从而将各组分分开。流动的含混合物的气体或溶液称为流动相;固定的物质称为固定相(可以是固体或固定液)。

与经典的分离提纯手段(重结晶、升华、萃取和蒸馏等)相比,色谱法具有微量、快速、简便和高效率等优点;并能对复杂化合物,甚至立体异构体进行分离。其中液相色谱(含柱色谱、薄层色谱)适合于固体物质和具有高蒸气压的油状物的分离,不适合低沸点液体的分离;气相色谱适合于容易挥发物质的分离。

对已知化合物结构与纯度的鉴定,可将其沸点、熔点、折射率、旋光度(如果是光活性物质)与文献报道值相比较,而化合物的气相色谱、薄层色谱、高效液相色谱(HPLC)和光谱数据(IR,UV,NMR,MS)则适宜用于分离、鉴定含少量杂质而至今尚无记载的新化合物。此外,元素分析也是检验纯度、鉴定化合物结构不可少的依据。事实上,色谱法已广泛用于反应过程的监控和跟踪,混合物的分离,制备有机化合物,以及原料、产物的鉴定和纯度的检验。

3.9 薄层色谱

(一) 原理

薄层色谱(thin-layer chromatography)常用 TLC 代表。

根据薄层色谱所采用的薄层材料性质的不同,其物理化学原理也有所不同。据此,可分为下面几种:

(1) 吸附薄层色谱:采用硅胶、氧化铝等吸附剂铺成薄层,利用吸附剂表面对不同组分吸附能力的差别达到分离的目的。

(2) 分配薄层色谱:由硅胶、纤维素铺成薄层,不同组分在指定的两相中有不同的分配系数[本节(四)中附注 4]。

(3) 离子交换薄层色谱:由含有交换活性基团的纤维素铺成薄层。

(4) 排阻薄层色谱:利用样品中分子大小不同、受阻情况不同加以分离,也称凝胶薄层。

此外,还有利用氢键能力的强弱而分离的聚酰胺薄层色谱等。

吸附薄层色谱是使用最为广泛的方法。在层析过程中主要发生物理吸附。物理吸附具有普遍性、无选择性,吸附过程是可逆的,吸附剂对不同溶质吸附能力差别较大。这一差异的根源主要是由化学结构的差异所引起的[本节(四)中附注 1,3]。

在含氧吸附剂上,例如硅胶和氧化铝,吸附物与吸附剂之间的作用力包括静电力、诱导力和氢键作用力,前两者为范德华力。被分离物质的极性越大,与极性吸附剂的作用就越强;非极性被分离物与极性吸附剂相互作用时,使非极性分离物分子产生诱导偶极矩而吸附于吸附剂表面,称之为诱导力。氢键作用力是特殊的范德华引力,具有方向性和饱和性。

其原理概括起来是:由于混合物中的各个组分对吸附剂(固定相)的吸附能力不同,当展开剂(流动相)流经吸附剂时,发生无数次吸附和解吸过程,吸附力弱的组分随流动相迅速向前移动,吸附力强的组分滞留在后,由于各组分具有不同的移动速率,最终得以在固定相薄层上分离。这一过程可表示为

$$\text{化合物在固定相} \xrightleftharpoons{K} \text{化合物在流动相}$$

平衡常数 K 的大小取决于化合物被吸附能力的强弱。一个化合物愈强烈地被固定相吸附,K 值愈低,那么这个化合物沿着流动相移动的距离就愈小。

TLC 除了用于分离外,还可通过与已知结构化合物相比较,来鉴定少量有机混合物的组成;寻找柱色谱的最佳分离条件以及监测反应进程。

应用 TLC 进行分离鉴定的方法是:将被分离鉴定的试样用毛细管点在薄层板的一端,样点干后放入盛有少量展开剂的器皿中展开,借助吸附剂的毛细作用,展开剂携带着组分沿着薄层板缓慢上升,各个组分在薄层板上上升的高度依赖于组分在展开剂中的溶解能力和被吸附剂吸附的程度[本节(四)中附注 2]。如果各个组分本身带有颜色,那么待薄层板干燥后就会出现一系列的斑点;如果化合物本身不带颜色,那么可以用显色方法使之显色,如用荧光板,可在紫外灯下进行分辨。

一个化合物在薄层板上上升的高度与展开剂上升的高度的比值称为该化合物的比移值 R_f(图 3.30)。其计算公式为

$$R_f = \text{化合物移动的距离} / \text{展开剂移动的距离}$$

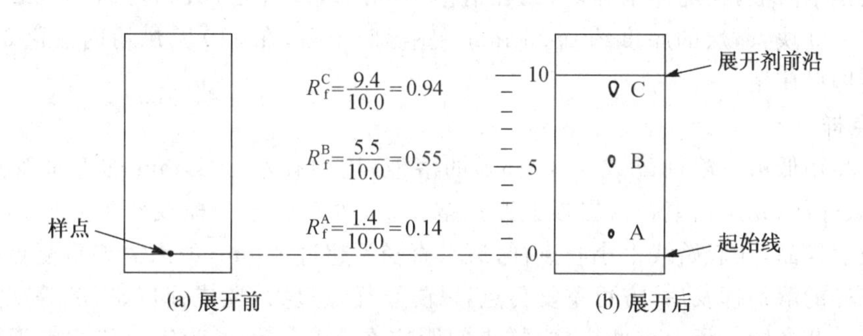

图 3.30 三组分混合物的薄层色谱

(二) 操作方法

1. 薄层板的制法

薄层色谱常用的吸附剂是硅胶或氧化铝,常用的粘合剂是煅石膏、羧甲基纤维素钠等。

硅胶是无定形多孔性物质,略具酸性,适用于酸性物质的分离和分析。薄层色谱用的硅胶分为"硅胶 H"——不含粘合剂;"硅胶 G"——含煅石膏粘合剂;"硅胶 HF_{254}"——含荧光物质,可于波长 254 nm 紫外光下观察荧光;"硅胶 GF_{254}"——既含煅石膏,又含荧光剂等类型。

与硅胶相似,氧化铝也因含粘合剂或荧光剂而分为氧化铝 G、氧化铝 GF_{254} 及氧化铝 HF_{254}。

粘合剂除上述的煅石膏($2CaSO_4 \cdot H_2O$)外,还可用淀粉、羧甲基纤维素钠。通常又将薄层板按加粘合剂和不加粘合剂分为两种,加粘合剂的薄层板称为硬板,不加粘合剂的称为软板。

氧化铝的极性比硅胶大,比较适用于分离极性较小的化合物(烃、醚、醛、酮、卤代烃等)。由于极性化合物能被氧化铝较强烈地吸附,分离较差,R_f 较小;相反,硅胶适用于分离极性较大的化合物(羧酸、醇、胺等),而非极性化合物在硅胶板上吸附较弱,分离较差,R_f 较大。

薄层板分为"干板"与"湿板"。干板在涂层时不加水,一般用氧化铝作吸附剂时使用。这里主要介绍湿板。湿板的制法有以下几种:

(1) 涂布法:利用涂布器铺板。

(2) 浸法:把两块干净玻璃片背靠背贴紧,浸入吸附剂与溶剂调制的浆液中,取出后分开,晾干。

(3) 平铺法:把吸附剂与溶剂调制的浆液倒在玻璃片上,用手轻轻振动至平。

平铺法较为简便,本实验采用此法。取 5 g 硅胶 GF_{254} 与 13 mL 0.5%～1%的羧甲基纤维素钠水溶液,在烧杯中调匀,铺在清洁干燥的玻璃片上,大约可铺 10 cm × 4 cm 玻璃片 8～10 块,薄层的厚度约 0.25 mm。室温晾干后,在 110 ℃烘箱内活化 0.5 h,取出放冷后即可使用。

2. 点样

将样品用低沸点溶剂配成 1%～5%的溶液,用内径小于 1 mm 的毛细管点样(图 3.31)。点样前,先用铅笔在薄层板上距一端 1 cm 处轻轻划一横线作为起始线,然后用毛细管吸取样品,在起始线上小心点样,斑点直径不超过 2 mm;如果需要重复点样,应待前一次点样的溶剂挥发后,方可重复再点,以防止样点过大,造成拖尾、扩散等现象,影响分离效果。若在同一板上点两个样,样点间距应在 1～1.5 cm 为宜。待样点干燥后,方可进行展开。

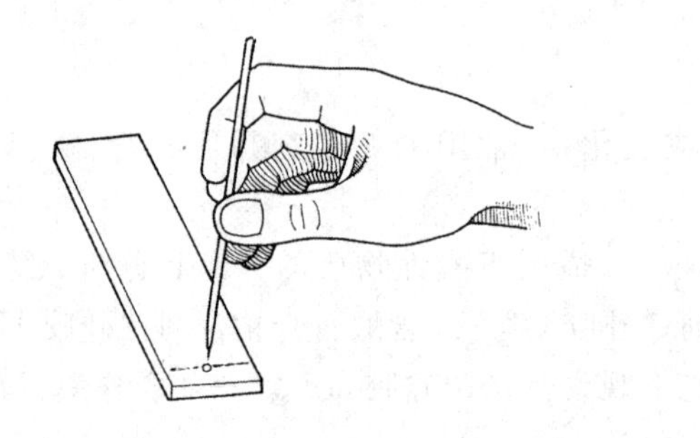

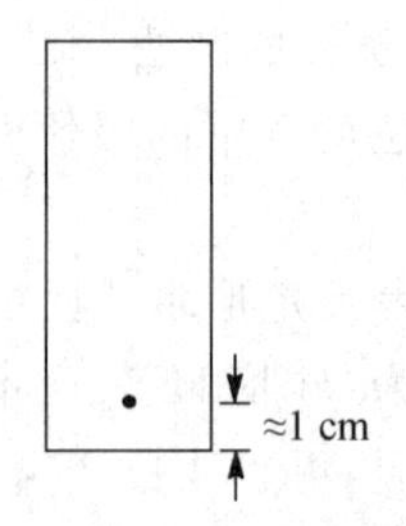

图 3.31　毛细管点样

3. 展开

薄层展开要在密闭的器皿中进行(图 3.32),如广口瓶或带有橡皮塞的锥形瓶都可作为展开器。加入展开剂的高度为 0.5～1.0 cm,可在展开器中放一张滤纸,以使器皿内的蒸气很快地达到气液平衡,待滤纸被展开剂饱和以后,把带有样点的板(样点一端向下)放入展开器内,并与器皿成一定的角度,同时使展开剂的水平线在样点以下,盖上盖子。当展开剂上升到接近板的顶部时取出,并立即用铅笔标出展开剂的前沿位置,待展开剂干燥后,在紫外灯下观察斑点的位置。

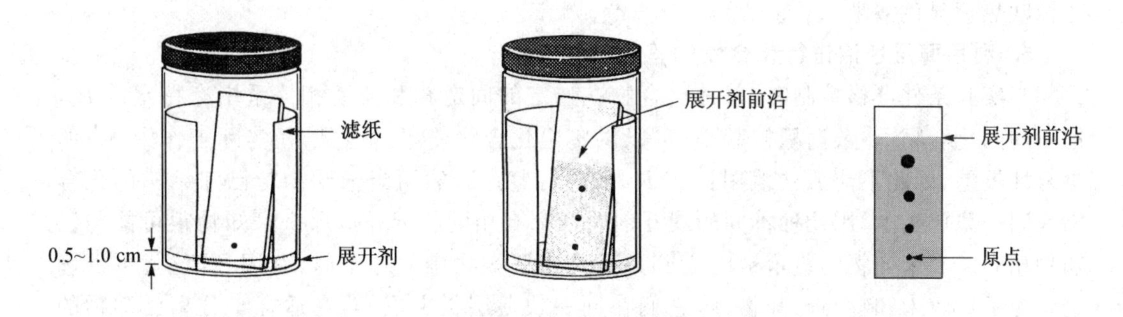

图 3.32 薄层色谱展开

4. 显色

被分离的样品本身有颜色,薄层展开后,即可直接观察到斑点。若样品无颜色,则需要进行显色。

紫外灯显色 硅胶 GF_{254}、硅胶 HF_{254} 是在硅胶中加入了 0.5%的荧光粉,这样的荧光薄层在紫外灯下,薄层本身显荧光,样品斑点成暗点。如果样品本身具有荧光,经层析后可直接在紫外灯下观察斑点位置。

显色剂显色 使用一般吸附剂,在样品本身无色的情况下需使用显色剂。

几种通用性的显色剂:

(1) 碘

- 0.5%碘的氯仿溶液:热溶液喷雾在薄板上,当过量碘挥发后,再喷 1%的淀粉溶液,出现蓝色斑点。

- 碘蒸气:将少许碘结晶放入密闭容器中,容器内为碘蒸气饱和,将薄板放入容器后几分钟即显色,大多数化合物呈黄棕色。还可在容器内放一小杯水,增加湿度,提高显色灵敏度。这种方法是基于有机物可与碘形成分子络合物(烷和卤代烷除外)而带有颜色。板在空气中放置一段时间,由于碘升华,斑点即消失。

(2) 硫酸

- 浓硫酸与甲醇等体积小心混合后冷却备用;
- 15%浓硫酸正丁醇溶液;

- 5%浓硫酸乙酸酐溶液；
- 5%浓硫酸乙醇溶液；
- 浓硫酸与乙酸等体积混合。

使用以上任一硫酸试液喷雾后，空气干燥 15 min，于 110 ℃加热至显色，大多数化合物炭化呈黑色，胆甾醇及其脂类有特殊颜色。

(3)磷钼酸

5%～10%磷钼酸乙醇溶液，薄板展开后吹干展开剂，于显色剂中沾湿或喷壶喷匀，热枪吹热至显色清晰。

5. 利用薄层色谱进行化合物的鉴定

当实验条件严格控制时，每种化合物在选定的固定相和流动相体系中有特定的 R_f，把不同的化合物 R_f 数据积累起来，可以供鉴定化合物使用。但是，在实际工作中，R_f 的重复性较差，因此不能孤立地用比较 R_f 来进行鉴定。然而当未知物与已知结构的化合物在同一薄层板上，用几种不同的展开剂展开都有相同的 R_f 时，那么未知物很可能与已知物相同。当未知物的鉴定被限定到只是几个已知物中的一个时，利用 TLC 就可以确定。为了比较未知物与已知物，将它们在同一块薄层板上点样，在适合于分离已知物的展开剂中展开，通过比较 R_f 即可确定未知物，如图 3.33(a)所示。进一步的方法，是将未知物与已知物(标准样)在同一薄层板上同一位置点样成“混合点”，两边再分别点上未知样和标准样，展开后通过点型、显色强弱比较是否均具有很好的一致性，这样得出的结论更为可靠。

TLC 也可以用于监测某些化学反应进行的情况，以寻找出该反应的最佳反应时间和达到的最高反应产率。反应进行一段时间[图 3.33(b)中所示 1 h 和 2 h]后，将反应混合物和产物的样点分别点在同一块薄层板上，展开后观察反应混合物斑点体积不断减小和产物斑点体积逐步增加，了解反应进行的情况。

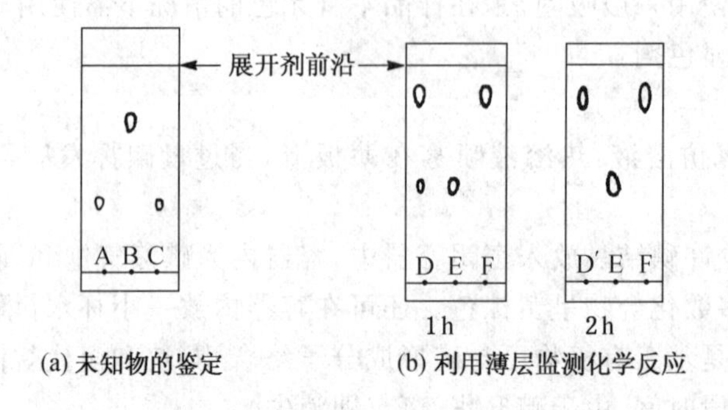

图 3.33　用薄层色谱鉴定化合物

A：已知物；B：未知物；C：未知物；D，D′：反应混合物；E：反应物；F：产物

6. 记录

薄板层析的记录,应该包括薄板种类、展开剂组成情况,并将展开后的薄板情况画出图示:标明点样线(展开起始线)、溶剂展开前沿,通过显色能够观察到的薄板上所有样点情况、样点的图示应该与实际观察到的点的大小和形状一致;因为各类化合物的性质差别,显色强弱与斑点大小并不都能反映含量多少,因此需要特别注意不要遗漏显色较弱的斑点。计算 R_f 值时应以斑点的中心位置量取距离。

(三) 实验

1. 安息香与二苯乙二酮的分离(separation of benzoin and benzil)

安息香分子中的羟基易被氧化为羰基,由于基团的差别而使其被吸附的能力不同,利用 TLC 可以很容易地将两者分离。

【主要试剂】

安息香的丙酮溶液,二苯乙二酮的丙酮溶液,1∶1 的混合液(安息香∶二苯乙二酮),0.5%羧甲基纤维素钠水溶液,5 g 硅胶 GF_{254},10 mL 5∶1 的石油醚-乙酸乙酯。

【实验步骤】

制备好薄层板。取一块板,分别在距一端 1 cm 处用铅笔轻轻地划一横线作为起始线。用毛细管在一块板的起始线上从一侧依次点上安息香的丙酮溶液、混合液、二苯乙二酮的丙酮溶液三个样点;样点应位于薄板宽度四等分的等分点附近,两边的样点注意不要靠近薄板边缘(因为边际效应,如果点样过于靠近边缘,会明显影响样品展开时的层析行为);如果样点颜色较浅,可重复点样,重复点样前必须待前次样点干燥后进行,否则样点斑点直径过大,易在分离中产生拖尾现象。

待样点处溶剂挥发后,用夹子把板小心地放入事先已准备好的盛有 3~5 mL 5∶1 的石油醚-乙酸乙酯的 150 mL 的广口瓶中,进行展开。样点的一端浸入展开剂中约 0.5 cm。当展开剂上升到接近薄板的上端时,取出板,立即用铅笔记下展开剂前沿的位置,晾干后观察分离的情况,记录薄板展开情况,计算 R_f。解释二者 R_f 与结构的相关性。

2. 镇痛药片 APC 组分的分离(separation of APC)

普通的镇痛药如 APC 通常是几种药物的混合物,大多含有阿司匹林、非那西汀、咖啡因和其他成分,由于组分本身是无色的,需要通过紫外灯显色或碘熏显色,并与纯组分的 R_f 比较来加以鉴定。

【主要试剂】

APC 镇痛药片,1%阿司匹林的 95%乙醇溶液,1%非那西汀的 95%乙醇溶液,1%咖啡因的 95%乙醇溶液,95%乙醇,无水乙醚,二氯甲烷,冰醋酸。

【实验步骤】

(1) 薄层板的制备

取硅胶 GF_{254} 铺制薄层板,室温晾干后,放入烘箱中,缓慢升温至 110 ℃,恒温 0.5 h,取出,置保干器中备用。

(2) 样品的制备

取镇痛药片APC半片，用不锈钢铲研成粉状。取一滴管，用少许棉花塞住其细口部，然后将粉状APC转入其中。另取一只滴管，将2.5 mL 95%乙醇滴入盛有APC的滴管中，流出的萃取液收集于一小试管中。

(3) 点样

取三块制好的薄层板，每块板上点两个样点，分别为APC的萃取液和1%阿司匹林的95%乙醇溶液、1%非那西汀的95%乙醇溶液、1%咖啡因的95%乙醇溶液三个标准样品。

(4) 展开

展开剂用无水乙醚5 mL、二氯甲烷2 mL、冰醋酸7滴的混合溶液，在展开缸中进行展开。观察展开剂前沿，当上升至接近薄板上端时取出，迅速在前沿处划线。

(5) 显色并鉴定

将挥干溶剂后的薄层板放入254 nm紫外分析仪中显色，可清晰地看到展开得到的粉红色斑点，用铅笔把其画出，求出每个点的R_f，并将未知物与标准样品比较。

也可把以上的薄板再置于放有几粒碘结晶的广口瓶内，盖上瓶盖，直至薄板上暗棕色的斑点明显时取出，并与先前在紫外灯下观察结果进行比较。

(四) 附注

1. 吸附剂和载体的性质与选择

不论是薄层色谱对吸附剂的要求还是分配色谱对载体的要求，首先必须满足以下条件：

(1) 比表面积大，颗粒均匀，使用中不碎裂。

(2) 在所用的溶剂和展开剂中不能溶解，且不与被测样品组分发生化学反应或分解等作用。

薄层色谱对吸附剂的特殊要求是：具有可逆的吸附性，既能吸附样品的组分，又易于解吸，对各组分有不同的吸附性。

分配色谱对载体的特殊要求是：对固定液是惰性的，对样品各组分无吸附性或极弱吸附性。

样品组分的性质如溶解度(水溶性或脂溶性)、酸碱性、极性(分子所带基团性质)等是决定选用吸附剂、载体的首要条件。

实验证明，无论是水溶性的糖、氨基酸，还是脂溶性的生物碱、甾类化合物、芳香油、萜类，都可在吸附薄层上分离。任何类型化合物首先考虑试用硅胶和氧化铝。如果水溶性的化合物在吸附薄层上分离差，可考虑试用纤维素或硅藻土分配薄层。

硅胶是常用的吸附剂，在硅酸钠的水溶液中加入盐酸得到的胶状沉淀是$SiO_2 \cdot xH_2O$缩水硅胶，由于脱水形成多孔性硅胶。层析用硅胶比表面积约为500 m^2/g，孔体积为0.4 mL/g，平均孔径为100 nm。其表面具有硅醇结构：

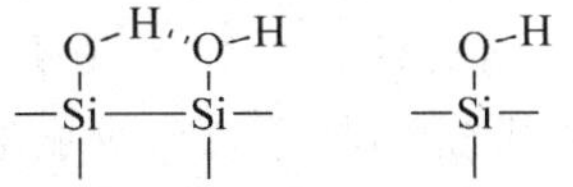

```
O-H..O-H        O-H
|    |          |
—Si——Si—       —Si—
 |    |          |
```

硅胶可与极性或不饱和化合物形成氢键而发生吸附。硅胶的吸附能力与其含水量有关,含水量大,硅胶中大部分羟基与水分子以氢键结合,减少了对样品组分分子的吸附。

硅胶略有酸性,在分离碱性物质样品时,往往会发生斑点拖尾或在原点不动。此时可在制备薄层时加入稀碱溶液使其变性,或用碱性展开剂。

氧化铝由明矾[$KAl(SO_4)_2 \cdot 12H_2O$]及氢氧化钠(或碳酸钠)制备,常残留碱性物质而略带碱性。氧化铝是活性大、吸附力强的极性化合物,通常可用1%的盐酸浸泡后,用蒸馏水洗至氧化铝悬浮液的pH为4时是酸性氧化铝,适用于分离酸性物质,例如羧酸、氨基酸等;中性氧化铝的pH约为7.5,用于分离中性物质;碱性氧化铝的pH为10,用于分离胺或其他碱性化合物。吸附能力取决于吸附剂与分离样品之间的作用力,非极性化合物与氧化铝之间靠诱导力,作用力弱;极性物质与氧化铝的作用力有偶极-偶极作用力(静电力)、氢键作用力、配位作用力及成盐作用力。这些类型作用力以如下次序递降:

成盐作用力>配位作用力>氢键作用力>偶极-偶极作用力>诱导力

化合物的极性愈强,与吸附剂的作用力愈大,吸附性也愈强。以上作用力和规律同样存在于硅胶中。当一些化合物使用硅胶与氧化铝薄层效果不好时,可选用硅酸镁、糖、淀粉等极性弱的吸附剂。

所谓"活化吸附剂",均指将吸附剂在一定温度下烘烤,除去吸附的水。活化温度一般随吸附剂的不同而不同。

2. 展开剂的选择

除以上因素外,薄层色谱分离成败更重要的是如何选择合适的展开剂。这一问题的解决在很大程度上还要依赖于实验,一些原则和规律仅供参考。

选择展开剂时,首先要考虑展开剂的极性以及对被分离化合物的溶解度。在同一种吸附剂薄层上,通常是展开剂的极性大,对化合物的洗脱能力也大,R_f 也就大。

一般情况下,介电常数大则表示溶剂极性大。单一溶剂极性的递增顺序如下:

石油醚<正己烷<环己烷<四氯化碳<苯<甲苯<氯仿<二氯甲烷<乙醚<乙酸乙酯<吡啶<异丙醇<丙酮<乙醇<甲醇<水

$\xrightarrow{\quad\quad\quad\quad}$

极性、展开能力增加

通常在各类文献资料中所列各类溶剂极性大小的排列次序,有时会随着不同作者所选用的溶剂纯度的不同(含水及杂质)而导致极性大小的顺序有差异。

使用单一溶剂作为展开剂,溶剂组分简单,分离重现性好。而对于混合溶剂,二元、三元甚至多元展开剂,一般占比例较大的主要溶剂起溶解和基本分离作用;占比例较小的溶剂起调整、改善分离物的 R_f 和对某些组分的选择作用。主要溶剂应选择使用不易形成氢键的溶剂，或选择极性比分离物低的溶剂，以避免 R_f 过大。

多元溶剂展开剂首先要求溶剂互溶，被分离物应能溶解于其中。极性大的溶剂易洗脱化合物并使其在薄板上移动；极性小的溶剂降低极性大溶剂的洗脱能力，使 R_f 减小；中等极性的溶剂往往起着极性相差较大溶剂的混溶作用。有时在展开剂中加入少量酸、碱，可以使某些极性物质的斑点集中，提高分离度。当需要在粘度较大的溶剂中展开时，则需在其中加入降低展开剂粘度、加快展开速率的溶剂。在环己烷-丙酮-二乙胺-水(10∶5∶2∶5)的展开剂系统中，水的极性最大，环己烷最小。加入环己烷，是为了降低分离物的 R_f；丙酮，则起着混溶和降低展开剂粘度的作用；比例最少的乙二胺是为了控制展开剂的 pH，使分离的斑点不拖尾，分离清晰。

由实验确定某一被分离物需用混合溶剂为展开剂时，往往是选用一个极性强的溶剂和一个极性弱的溶剂并按不同比例调配。具体操作是：在非极性溶剂中加入少量极性溶剂，极性由弱到强，比例由小到大，以求得到适合的比例。

当样品中含有羰基时，在非极性溶剂中加入少量丙酮；当样品中含有羟基时，于非极性溶剂中加入少量甲醇、乙醇等；当含有羧基酸性样品时，可加入少量的甲酸、乙酸；当含有氨基的碱性样品时，可加入少量六氢吡啶、三乙胺、氨水等。总之，加入的溶剂应与被测物的官能团相似。

下表按化合物的酸碱性列出几种常选用的展开剂体系：

化合物酸碱性	展开剂体系
中性体系	(1) 氯仿-甲醇(100∶1)；(10∶1)或(2∶1)
	(2) 石油醚-乙醚 (2∶1)
	(3) 石油醚-丙酮(4∶1)
	(4) 石油醚-乙酸乙酯(3∶1)
	(5) 乙酸乙酯-异丙醇(3∶1)
酸性体系	氯仿-甲醇-乙酸(100∶10∶1)
碱性体系	氯仿-甲醇-浓氨水(100∶10∶1)

展开剂的极性大小对混合物的分离有较大的影响。如果展开剂的极性远远大于混合物中各组分的极性，那么展开剂将代替各个组分而被吸附剂吸附，这样各个组分将几乎完全留在流动相里，各个组分则具有较高的 R_f；反之，如果展开剂的极性大大低于各个组分的极性，那么，各个组分将被吸附于吸附剂上，而不能被展开剂所迁移，即 R_f 为零。一般来说，溶剂的展开能力与溶剂的极性成比例。根据列出的常用溶剂的极性次序，有些混合物使用单一的展开剂就可以分开；但更多是需要采用混合展开剂才能加以分离，混合展开剂的极性介于单一溶剂的极性之间。

3. 化学结构差异引起的吸附差异

(1) 饱和烃极性弱，不能与吸附剂形成氢键，所以它的吸附力是最小的。

(2) 在饱和烃上引入某些官能团，例如：$-NO_2$、$-CO_2R$、$-CHO$、$-OH$、$-CO_2H$、$-NH_2$ 等时，常常出现显著的氢键作用力使吸附力增大。

(3) 对于简单化合物，如一个烷基和一个官能团组成的有机化合物，吸附能力按如下次序递降：

$$-CO_2H > -OH > -CO、-COH > -CO_2R > C=C > R-R'$$

(4) 对于形成氢键的化合物，能形成分子内氢键的化合物不易被吸附，例如：

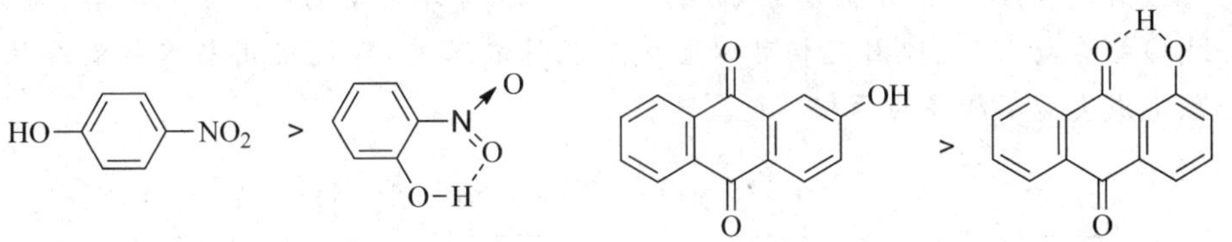

(5) 相对分子质量比较大的化合物中引入一个极性基团，比相对分子质量小的化合物中引入一个极性基团对其分子的吸附能力产生的影响要小。

(6) 碳链长短对吸附能力的影响。以 CH_3COR 为例，当 R 链增长时，吸附能力降低(其中也有例外，当 $R=C_{14}$ 时吸附能力升高)。

(7) 双键增加时，吸附能力增大；双键共轭程度增高时，吸附能力加强。芳烃化合物中，双键数目增多，吸附能力加强，例如：

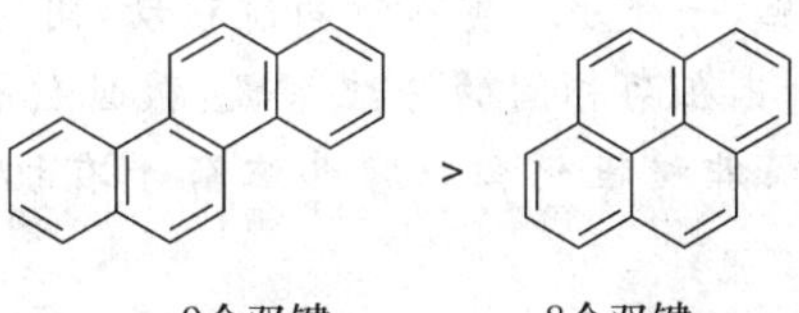

(8) 在氧化铝薄层上线性分子比角形分子的吸附力强，在硅胶上没有观察到这一规律。

以上仅就简单化合物而言。对于复杂化合物，情况比较复杂。分子内含多羟基比含一个羟基的吸附能力强，但如果分子中含多种基团，其吸附情况则要根据实验而定。

上述内容可对一般化合物极性大小与吸附能力的关系得出以下结论：化合物极性愈大，被硅胶和氧化铝吸附愈强。

各类化合物极性顺序大致如下：

饱和烃＜不饱和烃＜醚＜酯＜醛＜酮＜胺＜羟基化合物＜羧酸和碱

在使用中如某些化合物在硅胶和氧化铝薄层上吸附太强，可考虑换用吸附性较弱的硅酸镁或改用分配色谱法。

4. 分配薄层色谱

分配薄层色谱是根据化合物在两种不互溶(或微溶)的溶剂中的溶解度或分配不同这一性质进行的。在一定温度下,可以近似地把有机物在两溶剂中的溶解度之比,称为"分配系数"。

分配色谱是使混合物中的组分在移动着的溶剂与固定着的溶剂之间进行分配。前者称为移动相,后者称为固定相。为使固定相溶剂固定下来,需要固体吸附着,这固体称为载体或支持剂,常用硅藻土和纤维素。纤维素是由大量的纤维二糖通过β-1, 4-苷键连接的,由于有许多羟基,所以具有亲水性。一分子水与纤维素的两个羟基结合,称为"纤维素-H_2O 络合物"。这种固定相可以看成是多糖浓溶液,即使使用与水相混溶的溶剂时,仍然形成类似不相混的两相。

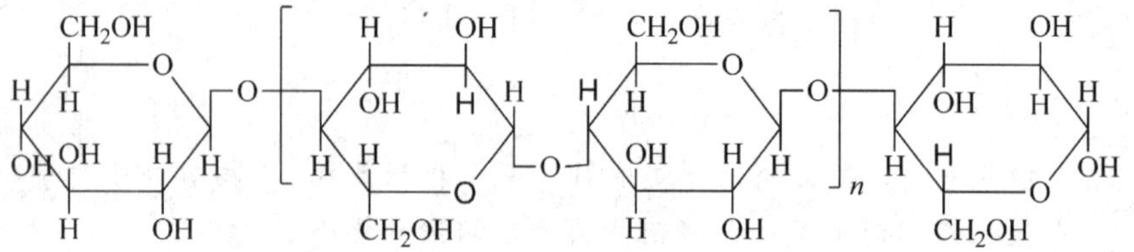

纤维素

当在有机溶剂中进行层析时,原点上的溶质就在纤维素的水相和有机相间进行分配。有一部分溶质离开原点进入有机相中,并随着它向前移动,当进入无溶质的薄层区时,在两相间又重新进行分配,一部分溶质不断向前移动,同时不断重复分配。有机溶质在薄层上移动的快慢取决于其在两相间的分配系数:极性化合物在水中溶解度大些,分配在固相中多些,移动较慢;非极性化合物容易溶解于有机相中,移动较快,因此得以分离。

5. 溶剂的一些性质

实验室中各类溶剂的应用非常广泛,如:在化学反应中为反应物间保持最大的接触面,促使反应发生;可改变溶剂的用量以调节反应速率,甚至影响反应最终结果;稀溶液能减少单位时间、单位体积内反应物分子相互作用的机会;应用不同溶剂分离和精制产品等。因此,进行化学反应或进行分离操作时,对溶剂的性质要有充分的认识。

迄今为止,选择溶剂主要依据经验规律,一般选择化学性质与物质相似的惰性溶剂,例如,碳氢化合物易溶于碳氢化合物中,羟基化合物易溶于乙醇中,羰基化合物易溶于丙酮中。但是,除此之外的许多因素的影响也不可忽视,如各官能团之间的相互作用、官能团的数目、相对分子质量的大小及分子的形成。溶剂的极性在很大程度上取决于介电常数,这一常数随温度的升高而显著降低。表 3.10 列出常用溶剂在 20 ℃时的介电常数。

表 3.10 常用溶剂的介电常数

溶剂	介电常数 ε (20 ℃)	溶剂	介电常数 ε (20 ℃)
水	81.5	二氯乙烷	10.4
甘油	56.0	二氯甲烷	8.90
二甲亚砜(DMSO)	47.0	醋酸	7.10
乙二醇	37.7	乙酸乙酯	6.02(25 ℃)
二甲基甲酰胺(DMF)	36.7	氯仿	4.70
乙腈	36.2	乙醚	4.34
甲醇	33.6	二硫化碳	2.64
乙醇(无水)	25.8	甲苯	2.38
正丙醇	20.1	苯	2.29
丙酮	20.7(25 ℃)	四氯化碳	2.24
异丙醇	18.3	环己烷	2.02
甲乙酮	18.5	正己烷	1.89
正丁醇	17.8	石油醚	1.80
吡啶	12.3(25 ℃)		

在许多情况下结构因素更重要，如：氯苯的介电常数为 11，难溶于水；乙醚的介电常数为 4.3，20 ℃时溶解在水中的质量分数为 6.6%，这与醚分子内氧原子和水形成不稳定氢键的程度有关；1，4-二氧六环，由于氧原子突出在环外，更容易与水形成氢键而完全互溶。表 3.11 列出部分常用溶剂在水中的溶解度。

表 3.11 常用有机溶剂溶解在水中的质量分数 w

溶剂	t/℃	w(溶剂/水)/(%)	溶剂	t/℃	w(溶剂/水)/(%)
正庚烷	15.5	0.005	硝基苯	15	0.180
二甲苯	20	0.011	氯仿	20	0.810
正己烷	15.5	0.014	二氯乙烷	15	0.860
甲苯	16	0.048	二氯甲烷	20	2.000
四氯化碳	15	0.077	正丁醇	20	7.810
乙酸异戊酯	20	0.170	乙醚	15	7.830
苯	20	0.175	乙酸乙酯	15	8.300

有机化合物在水中的溶解度，有一些经验规律，例如：

(1) 共价有机化合物中，含有氮、氧、硫等官能团时，由于一般能与水形成氢键，在水中有一定的溶解度。当分子中含1个官能团，碳原子数大于5时，在水中的溶解度很低；当含2个以上的官能团时，特别是含有氨基与羟基时，即使含有5个以上的碳原子，其在水中的溶解度也会较大，例如多羟基类化合物、糖类等。

(2) 离子型化合物易溶于水是由于极性和溶剂化作用，例如有机酸的碱金属盐，有机碱的盐酸或硫酸盐，以内盐形式存在的氨基酸等。

在溶剂中要通入气态物质时，气体在液体中的溶解度一般随温度的升高而降低，随压力降低而降低。要除去溶于液体中的气体，通常通过加热和置于真空内。气体易溶于极性小的有机溶剂中，而在水中溶解度较小，如 CO_2 在99%乙醇中的溶解度要较水中大3倍。若以表3.12中一些气体在水中的溶解度为1.0，可列出这些气体在苯与水中的溶解度之比。

表3.12 某些气体在苯中与水中溶解度之比

气 体	SO_2	CO_2	H_2	N_2	CO	O_2
在苯中与水中溶解度之比	2	13	17	33	34	48

氨与氯化氢是反应常用气体，与表3.12所列气体不同，在水中的溶解度大于极性小的有机溶剂(表3.13)。

表3.13 20 ℃时氨与氯化氢溶解在一些溶剂中的质量分数 w

溶剂 / 气体	w/(%)				
	甲醇	乙醇	乙醚	苯	四氯化碳
NH_3	19.2	10.7	1.0	1.0	—
HCl	47.0	41.0	24.9	1.7	0.6

3.10 柱 色 谱

常用的柱色谱有吸附柱色谱和分配柱色谱两类，前者常用氧化铝和硅胶作固定相，后者以硅胶、纤维素等为支持剂，以其吸收较大量的液体作为固定相，这里支持剂本身不起分离作用。

(一) 原理

柱色谱分为“干柱”色谱和“湿柱”色谱两种。干柱色谱可与薄层色谱类比，薄层色谱的分离条件,也可以套用到干柱色谱上来。它既有薄层色谱快速的特点,又具有柱层析分离量大之优点。

干柱色谱是将一空柱用吸附剂填满,将要分离的混合物放在柱顶,使溶剂借毛细作用和地心引力向下移动而将色谱展开。展开完毕,将吸附剂从柱内移出,将已分离的各组分层带用适当溶剂分离出来,分别处理。此法具有耗溶剂少、分离时间短等优点。

湿柱色谱是靠洗脱剂把要分离的各个组分逐个洗脱下来,也称为洗脱色谱。这里主要介绍湿柱色谱。柱色谱(这里指吸附色谱)的原理类似于薄层色谱,欲分离的混合物中的各组分分配在吸附剂和洗脱剂之间,化合物被吸附剂吸附愈强,该化合物溶解在洗脱剂中则愈少,沿洗脱剂移动的距离则愈小。

色谱柱填充的吸附剂的量远远大于薄层板,且柱的大小可以依欲分离的物质的量的多少而选择,因而柱色谱可用于分离比较大量(克数量级)的物质,而薄层色谱分离的量比较小,一般在毫克数量级。图 3.34 为实验室中常用的色谱柱。

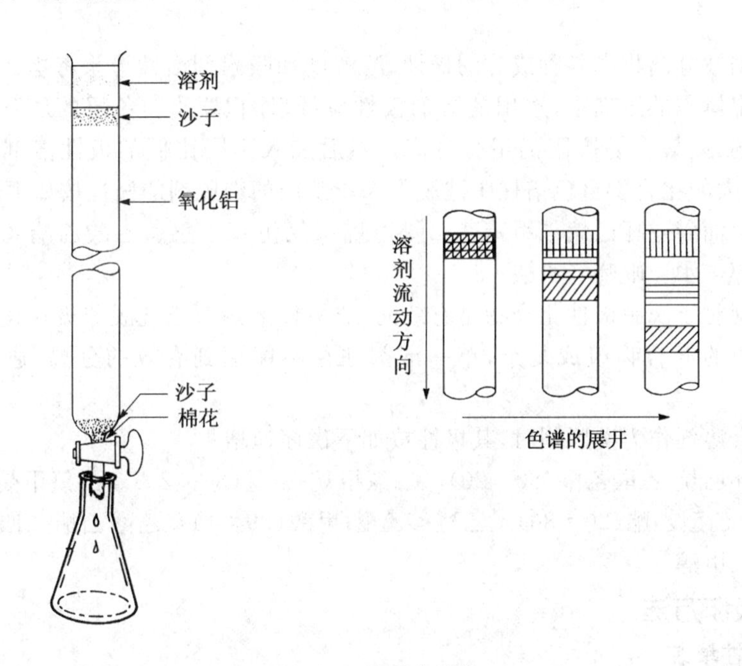

图 3.34 常用色谱柱

1. 吸附剂

常用硅胶和氧化铝。吸附剂一般经纯化和活性处理,颗粒均匀,吸附剂颗粒越小,表面积越大,吸附能力越高,但溶剂流速越慢。

供柱色谱用的氧化铝有酸性、中性和碱性三种。酸性氧化铝用 1%盐酸浸泡后用蒸馏水洗至氧化铝悬浮液的 pH 为 4,用于分离酸性物质;中性氧化铝的 pH 约为 7.5,用于分离中性物质;碱性氧化铝的 pH 为 10,用于分离胺或其他碱性化合物。吸附剂的活化一般是用加热的办法,氧化铝随着表面含水量的不同而分成 5 个活性等级。

Ⅰ级氧化铝活性最高,并且很容易失去活性,加入水可以制备其他等级的氧化铝,其活性递降。Ⅰ级氧化铝常用于分离非极性有机化合物,其他等级的氧化铝用于分离极性稍高的有机化合物。硅胶一般用于分离极性的有机化合物。

对酸碱敏感的化合物,常常可以在酸性或碱性吸附剂上发生分解及催化化学反应,例如酯的水解、烯烃的异构化、醛酮的缩合反应等。因此,对于这些化合物的分离,可以在中性的吸附剂上进行色谱分离。

2. 溶质的结构和吸附能力

化合物的吸附性和它们的极性成正比,化合物分子含有极性较大的基团时吸附性也较强。吸附剂对各种化合物的吸附性一般按以下次序递减:

酸、碱＞醇、胺、硫醇＞酯、醛、酮＞芳香族化合物＞卤化物、醚＞烯＞饱和烃

3. 溶剂

一般根据被分离物中各种成分的极性、溶解度和吸附剂活性等来考虑。先将要分离样品溶于一定体积的溶剂中,选用的溶剂极性应低,体积要小。色层的展开首先使用极性最小的溶剂,使最容易脱附的组分分离。然后加入不同比例的极性溶剂配成洗脱溶剂,将极性较大的化合物自色谱柱中洗脱下来。常用的洗脱剂的极性按如下次序递增:

己烷和石油醚＜环己烷＜甲苯＜二氯甲烷＜氯仿＜乙醚＜乙酸乙酯＜丙酮＜丙醇＜乙醇＜甲醇＜水＜吡啶＜乙酸

极性溶剂对于洗脱极性化合物是有效的,非极性溶剂对于洗脱非极性化合物是有效的。若欲分离的混合物组成复杂,单一溶剂往往不能达到有效的分离,通常选用混合溶剂。

使用混合溶剂作为洗脱剂时,其极性按如下次序递增:

氯仿＜环己烷-乙酸乙酯(80∶20)＜二氯甲烷-乙醚(80∶20)＜二氯甲烷-乙醚(60∶40)＜环己烷-乙酸乙酯(20∶80)＜乙醚＜乙醚-甲醇(99∶1)＜乙酸乙酯＜四氢呋喃＜正丙醇＜乙醇＜甲醇

(二) 操作方法

1. 层析柱填装

色谱柱的大小,取决于分离物的量和吸附剂的性质,一般的规格是柱的直径为其长度的 1/10～1/4。实验中常用的色谱柱直径在 0.5～10 cm 之间。

装柱要求:吸附剂必须均匀地填在柱内,没有气泡、没有裂缝,否则将影响洗脱和分离。通常采用糊状填料法,即把柱竖直固定好,关闭下端活塞,底部用少量脱脂棉或玻璃棉轻轻塞紧(也可加入少量洗净干燥的石英沙层),然后加入溶剂到柱体积的 1/4;用一定量的溶剂和吸附剂在锥形瓶内调成糊状,打开柱下端的活塞,让溶剂滴入锥形瓶中,把糊状物快速倒入柱中,吸附剂通过溶剂慢慢下沉,进行均匀填料。也可以将溶剂倒入柱中,

打开柱下端的活塞，在不断敲打柱身的情况下，填加固体吸附剂。柱填好后，上面再覆盖0.3 cm厚的沙层。注意自始至终不要使柱内的液面降到吸附剂高度以下，否则将会出现气泡或裂缝。柱顶部1/4处一般不填充吸附剂，以便使吸附剂上面始终保持一液层。

2. 样品配制

把试样溶解在尽可能少量的体积的溶剂中，但应该保证样品溶液具有良好的流动性，不宜过稠过粘。溶剂一般选用洗脱剂或极性低于洗脱剂的溶剂。这是较为常用的"湿法上样"的样品。有时样品在洗脱剂或更低极性溶剂中溶解度太小，需要使用极性更强的溶剂溶解，如直接将该样品溶液加到层析柱中，将严重影响分离效果甚至导致分离完全失败。此时可将样品溶液用适量吸附剂吸附分散后挥发除去其中溶剂（常采用旋蒸法去除，溶剂量很少时也可在通风处放置至溶剂挥发），之后将干燥的吸附剂-样品加入到层析柱中，此即"干法上样"。

3. 上样

(1) 湿法上样：在填装均匀并已平衡好的层析柱中，打开下端活塞，使洗脱剂液面慢慢下降至与吸附剂上表面平齐时，将吸取了样品溶液的滴管贴近吸附剂上表面处，将溶液沿玻璃壁轻轻滴入层析柱中。

(2) 干法上样：与湿法上样不同，上样前洗脱剂液面要高于吸附剂上表面一段，其高度可根据样品量估算，一般是保证样品加入后溶剂面略高于样品；将样品分若干小份轻轻加入至层析柱中，使样品在溶剂中分散均匀，沉降后表面平整。

4. 展开及洗脱

样品加入后，打开活塞使层析柱中的溶液慢慢下降至与吸附剂上表面平齐，关闭活塞，用少量洗脱剂洗涤柱壁上所沾试液，放出后再重复如上步骤2～3次。小心加入洗脱剂至足量，开始展开和洗脱。由于不同极性的组分在柱中移动的快慢不同，因而混合物中的各个组分在柱上分成不同的色谱带（指有颜色的组分）。逐步洗脱，在层析柱底端用锥形瓶等按份接收。

5. 样品接收和检测

根据层析柱大小和样品量确定每份适宜的接收体积（几毫升至几十毫升），通过薄层层析检测洗脱进程和分离效果，至全部组分或所需组分洗脱完毕后停止洗脱。若洗脱速率较慢，可以在层析柱顶部适当加压或在层析柱底部适当减压。

6. 层析柱中溶剂的回收

柱层析结束后，层析柱中的吸附剂中吸附了相当量的溶剂，应将之回收（可采用在吸附柱顶端加入自来水以将有机溶剂置换出，或用双链球加压赶出有机溶剂，前一方法更为彻底）。

【注意事项】

(1) 加入石英沙的目的是使加料时不致把吸附剂冲起，影响分离效果。也可用无水硫酸钠、玻璃毛代替。

(2) 在层析结束前都应当保证柱中溶剂不能流干，否则会使柱身干裂且往往无法复原，以致严重影响分离效果甚至导致层析失败。

(三) 实验

安息香-二苯乙二酮的硅胶柱层析(column chromatography of benzoin and benzil)

(1) 柱层析条件：(i) 湿法上样：10 g 硅胶 H，湿法装柱，洗脱剂石油醚∶乙酸乙酯 6∶1；样品 2～3 mL (样品溶液中含 1%二苯乙二酮/安息香，溶剂为石油醚-乙酸乙酯 6∶1)；(ii) 干法上样：12 g 硅胶 H，湿法装柱，洗脱剂石油醚∶乙酸乙酯 6∶1(样品配制：二苯乙二酮 0.05 g，安息香 0.05 g，1～2 mL 丙酮加热溶解，加适量硅胶吸收，通风橱中挥发至无明显丙酮味；或旋转蒸发仪上旋干，注意防止硅胶粉冲出)。

(2) 柱层析接收方法：从上样起，空白液接收一瓶，开始接近出黄色液换瓶，至颜色变浅换瓶，其后每 5～10 mL 接收一瓶。逐瓶进行薄板检测，中间接收份数较多，可以间隔取点。合并相同组分，水浴加热蒸除溶剂。

(3) 检测所得分离产物的纯度。

3.11 气相色谱

气相色谱(gas chromatography，GC)发展极为迅速，已成为石化工业、环境保护以及其他工业部门和科学研究单位必不可少的工具。气相色谱主要是用于分离和鉴定气体及易挥发性液体混合物，对于高沸点液体可使用高效液相色谱分离和鉴定。

气相色谱是在色谱的两相中用气体作为流动相。根据固定相的状态不同，气相色谱又可分为气-固色谱和气-液色谱两种。气-液色谱的固定相是吸附在小颗粒固体表面的高沸点液体，通常将这种固体称为载体；而把吸附在载体表面上的高沸点液体称为固定液。由于被分析样品中各组分在固定液中的溶解度不同，将混合物样品分离。气相色谱是分配色谱的一种形式。气-固色谱的固定相是固体吸附剂，如硅胶、氧化铝和分子筛等，主要是利用不同组分在固定相表面吸附能力的差别而达到分离的目的。

由于气-液色谱中固定液的种类繁多，因此它的应用范围比气-固色谱要更为广泛。

常用的气相色谱仪是由色谱柱、检测器、气流控制系统、温度控制系统、进样系统和信号记录系统等部件所组成(图 3.35)。

(一) 原理

色谱柱、检测器和记录仪是气相色谱的主要组成部分。如图 3.36 所示流程：1～5 部分是用来提供一定流速的干燥载气，柱 7 与供气部分相连并置于一加热炉 8 内；加热炉内的温度用恒温装置和加热元件控制。需分离的样品在进样器 6 进入流动系统，进样器单独加热帮助样品气化。然后气化样品由载气带入柱内。当样品通过柱时，各组分就在载气中分离成单个的区带，而后经过检测器 9。检测器发出电信号，其电压(除去载气本底的部分)是与组分的量成比例。记录仪 10 记录下随时间而改变的电压得到气相色谱图,然后流经检测器的气体在出口 11 进入大气或收集系统。

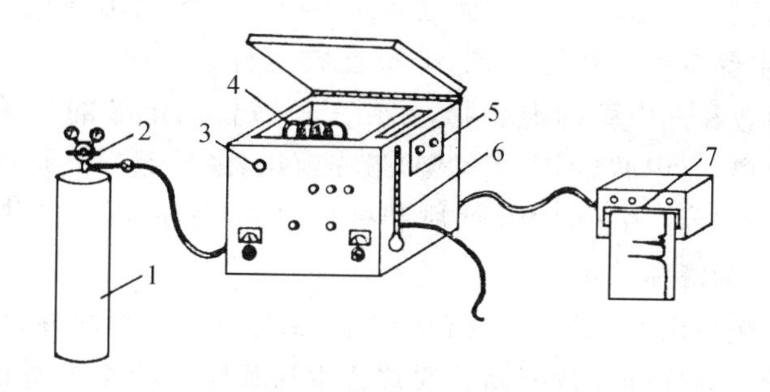

图 3.35 气相色谱仪

1—钢瓶 2—减压阀 3—样品进口 4—色谱柱 5—样品出口 6—流速计 7—记录仪

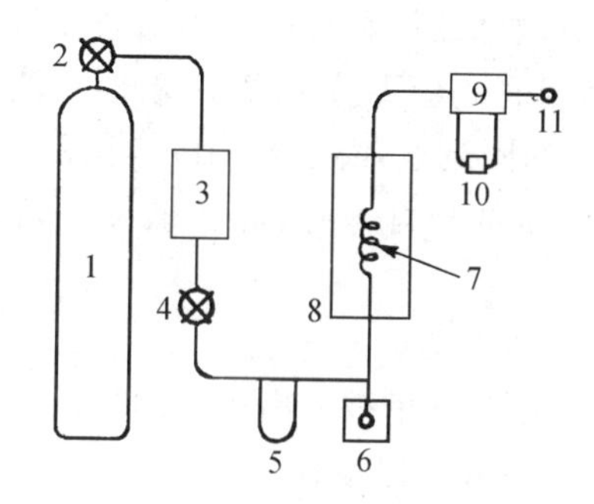

图 3.36 气相色谱仪流程图

1—载气瓶 2—减压阀 3—干燥剂 4—控制阀 5—流量计 6—加热进样器 7—色谱柱 8—加热炉 9—检测器 10—电子记录仪 11—出口

1. 色谱柱

最常用的色谱柱是一根细长的玻璃管或金属管(内径 3～6 mm,长 1～3 m),弯成 U 形或螺旋形,在柱中装满表面涂有固定液的载体。另一种是毛细管色谱柱,它是一根内径 0.5～2 mm 的玻璃或熔融石英毛细管,内壁涂以固定液,长度可达几十米,用于复杂样品的快速分析。

分配色谱柱分离效能的高低,首先取决于固定液的选择。在固定液中溶解的各组分的挥发性依赖于它们之间的作用力,此作用力包括氢键的形成、偶极-偶极作用或络合物的形成等。根据经验,要求固定液的结构、性质、极性与被分离的组分相似或相近,因此,对非极性组分一般选择非极性的角鲨烷、阿匹松(Apiezon)等作固定液。非极性固定液与被溶解的非极性组分之间的作用力弱,组分一般按沸点顺序分离,即低沸点组分首先流出。如样品是极性和非极性混合物,在沸点相同时,极性物质最先流出。对于中等极性的样品，选择中等极性的固定液如邻苯二甲酸二壬酯，组分基本上按沸点顺序分离，而沸点相同的极性物质后流出。含有弱极性基团的组分一般选用强极性的固定液，如β,β-氧二丙腈等，组分主要按极性顺序分离，非极性物质首先流出。而对于能形成氢键的组分，例如甲胺、二甲胺和三甲胺的混合物，在用三乙胺作固定液的色谱柱中，则按其形成氢键的能力大小分离，三甲胺(不生成氢键)最先流出，最后流出的是甲胺，刚好与沸点顺序相反。固定液的选择除考虑结构、性质和极性以外，还必须具备热稳定性好，蒸气压低，在操作温度下应为液体等条件。

固体载体具有热稳定性和惰性，具有较大的表面积和很小的颗粒(30～80 目)，颗粒较小的柱比颗粒较大的柱分配效率高。通常适用的载体是硅藻土型和非硅藻土型两类。硅藻土型使用历史长，应用普遍，分为红色载体和白色载体。红色载体的化学组成为多孔的硅藻土烧结物，含 SiO_2、Al_2O_3、Fe_2O_3 等，可分离非极性和弱极性物质，不宜高温使用；白色载体的化学组成与红色载体相同，其中 Na_2O、K_2O 含量高，可分离极性物质，能用于高温。非硅藻土型可分玻璃球载体和聚四氟乙烯载体等，玻璃球载体用于低温分离高沸点物质，聚四氟乙烯载体可在高温下分离含氟、极性、腐蚀性的化合物。

称取载体质量 5%～25%的固定液，溶于比载体体积稍多的溶剂中，将载体和固定液的溶液混合均匀，不断搅拌下用红外灯加热，除去低沸点溶剂，在 120 ℃恒温加热 1～2 h，即可用来填装色谱柱。

2. 检测器

检测器是一种指示和测量在载气里被分离组分的量的装置，它把每一个组分按浓度大小定量地转成电信号，经放大后，在记录仪上记录下来。检测器应维持在一定的温度下，以防止试样蒸气的冷凝。通常使用的有热导检测器和氢火焰离子化检测器。热导检测器最低可检测到每 100 mL 载气含有 5×10^{-6} g 试样；氢火焰离子化检测器灵敏度高于热导检测器，对于碳氢化合物最低可检测到每 100 mL 载气含 5×10^{-9} g 试样。

在测量时先将载气调节到所需流速，把进样室、色谱柱和检测器调节到操作温度，待仪器稳定后，用微量注射器进样，气化后的样品被载气带入色谱柱进行分离。试样的气化并不影响载气的流速，载气携带试样气体进入色谱柱。常用的载气是贮于钢瓶中的氮气、氢气和氦气，用减压阀控制载气流量，用皂膜流速计可以测量载气流速，一般流速控制在 30～120 mL/min。分离后的单组分依次先后进入检测器，检测器的作用是将分离的每个组分按其浓度大小定量地转换成电信号，经放大后，最后在记录仪上记录下来。记录的色谱图纵坐标表示信号大小，横坐标表示时间。在相同的分析条件下，每一个组分从进样到出峰的时间都保持不变，因此可以进行定性分析。样品中每一组分的含量与峰的面积成正比，因此根据峰的面积大小也可以进行定量测定。

(二) 气相色谱分析

图 3.37 为三组分混合物的气相色谱图。当每一组分从柱中洗脱出来时，在色谱图上出现一个峰；当空气随试样被注射进去后，由于空气挥发性很高，它和载气一样，最先

通过色谱柱,故第一个峰是空气峰。从试样注入到一个信号峰的最大值时所经过的时间叫做某一组分的保留时间,例如图 3.37 中 A 组分的保留时间用 t_r(A)表示,为 3.6 min。在色谱条件相同的情况下,特定化合物的保留时间是一个常数。无论这个化合物是以纯的组分或以混合物进样,这个值均不变。为了比较保留时间,测量时必须使用同一色谱柱,进样系统以及柱系统应有相同的温度,并且载气和流速等条件应完全相同。

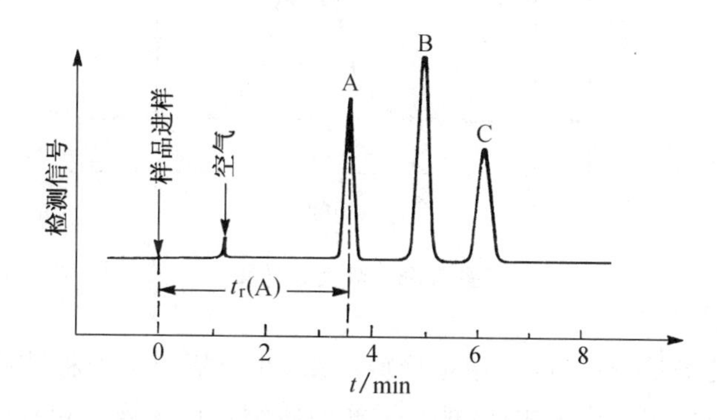

图 3.37 三组分混合物的气相色谱图

1. 定性分析

比较未知物与已知物的保留时间,可以鉴定未知物。若在相同的色谱条件下,未知物与已知物的保留时间相同,可以认为两者相同,但不能绝对地认为两者相同,因为许多有机化合物具有相同的沸点,许多不同的有机化合物在特定的色谱条件下可能会有相同的保留时间。为了准确地鉴定未知物,必须保证在几种极性不同的固定液柱中未知物与已知物都有相同的保留时间。如果未知物和已知物在相同的色谱条件下,在任意一种柱上保留时间不同(±3%),那么这两个化合物不相同。

另一种定性鉴定的方法叫做峰(面积)增高(大)法,即把怀疑的某纯化合物掺进混合物,与未掺进前的色谱进行比较,看峰的高度(面积)有无变化,若某一个峰增高(面积增大),那么可以确定两者相同。

当各个组分从气相色谱仪出口分离出来时,用冷的捕集器可以分别接收,以便作进一步的分析鉴定用。

2. 定量分析

气相色谱用于定量分析小量挥发性混合物的根据是:被分析组分的质量(或浓度)与色谱峰面积成正比,通过测量相应的峰面积,可以确定混合物组成的相对量。

最简单的测量峰面积的方法是三角形峰面积的近似值法,即用峰高 H 乘以半峰高 $W_{1/2}$,得峰面积 A(图 3.38)。

$$A = H \times W_{1/2}$$

这种方法快速,并能给出较准确的结果(要求峰形是对称的)。如果峰宽狭窄到不能准确测量的话，可以使用一个较快的记录速率，使狭峰变为较宽的峰。

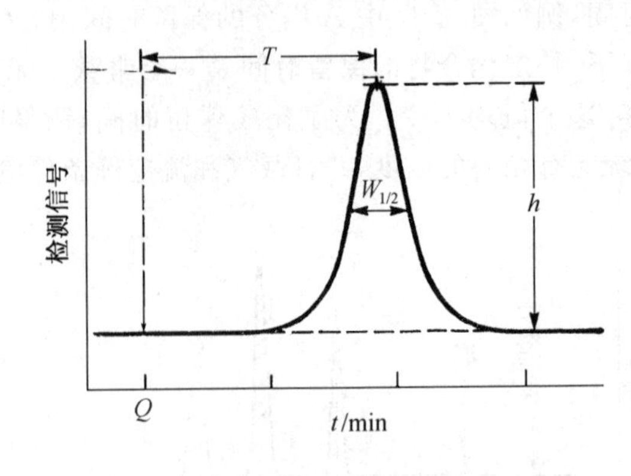

图 3.38　峰面积计算

相对峰面积的测量，也可以采用把峰剪下来，在分析天平上称其质量的方法。好的定量记录纸每单位面积的质量相同，被剪下峰的质量正比于峰的相对面积。这种方法准确度高，特别适用于不对称峰面积的测量。

还有一种测量峰面积的方法叫做峰高定量法，即用峰的高度代替峰面积。这种方法快速，但准确度稍差。

峰面积确定后，混合物中各个组分的质量分数可用每一组分的面积除以总的峰面积再乘以100%，即

$$w_i = [A_i/(A_1 + A_2 + A_3 + \cdots + A_n)] \times 100\%$$

其中 A_i 为任一组分的峰面积；$A_1, \cdots, A_n$ 为各组分的峰面积；w_i 为任一组分的质量分数。

(三) 实验

乙酸异戊酯分析(analysis of isoamyl acetate)

【所需试剂】

自制乙酸异戊酯。

【测试条件】

色谱仪：SP 2305	柱温：100 ℃
热导检测器：桥流 200 mA	载气：H_2 流速 30 mL/min
色谱柱：200 cm×4 mm(不锈钢)	气化室温度：200 ℃
载体：6201 红色载体 60～80 目	检测室温度：100 ℃
固定液：聚乙二醇(PEG-20 M)	样品量：1 μL

自进样处起，用尺子测量各峰出现的距离并与标样图(图 3.39)进行比较。

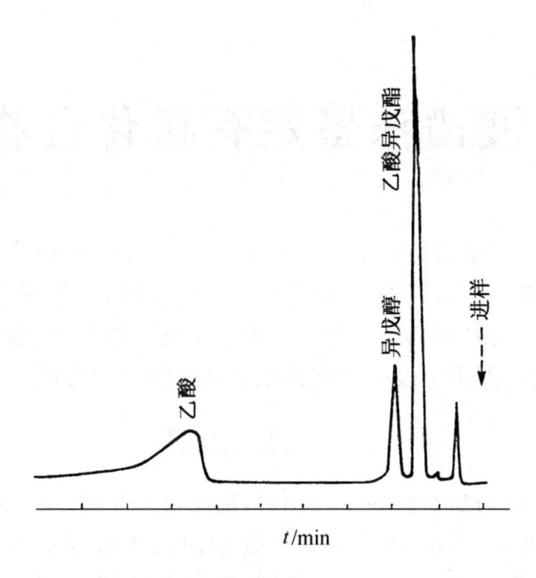

图 3.39 由乙酸异戊酯等标准样组成的气相色谱图

第4章 波谱法鉴定有机化合物结构[①]

波谱方法已成为现代化学研究化合物结构的非常重要的手段。在众多的物理方法中，红外光谱、核磁共振谱、质谱、紫外光谱广泛用于有机分析。除质谱外，这些波谱方法都是利用不同波长的电磁波对有机分子作用。波谱法具有微量、快速及不破坏被测试样品的结构等优点，它的出现促进了复杂的有机化合物的研究和有机化学的发展。

4.1 红外光谱

红外吸收光谱(infrared absorption spectra)，简称红外光谱(infrared spectra，IR)。

红外光谱仪商品化始于20世纪40年代。通常的红外光谱频率在4000～625 cm^{-1}之间，正是一般有机化合物的基频振动频率范围，能够给出非常丰富的结构信息：谱图中的特征基团频率表明分子中存在的官能团，光谱图的整体则给出了分子的结构特征。除光学对映体外，任何两个不同的化合物都具有不同的红外光谱。在有机化学理论研究上，红外光谱可用于推断分子中化学键的强度，测定键长和键角，也可推算出反应机理等。此外，红外光谱还具有样品适应范围广(固态、液态、气态都能应用，无机、有机、高分子化合物都可检测)、仪器结构简单、测试迅速、操作方便、重复性好等优点，是有机化学研究中最常用的方法之一，多用于定性分析。用于定量分析时，则灵敏度较差，准确度也不高。现已积累、总结了大量资料，收集了比较完备的标准图谱集和数据表。

(一) 原理

红外光是一种波长大于可见光的电磁波。一般分为：(i) 近红外区：0.78～2.5 μm (波数12820～4000 cm^{-1})；(ii) 中红外区：2.5～50 μm (4000～200 cm^{-1})；(iii) 远红外区：50～1000 μm (200～10 cm^{-1})。目前化学分析中常用的是中红外区。

当用波长为2.5～50 μm (4000～200 cm^{-1})之间每一种单色红外光扫描照射某种物质时，物质会对不同波长的光产生特有的吸收，这样随着红外单色光波长的连续变化而吸收(透射比)不断变化，两者之间的曲线就叫该物质的红外吸收光谱。图4.1是苯甲酸的红外光谱图。

红外光谱图中横坐标表示波长 λ(单位是μm，1 μm $=10^{-6}$ m)或波数 $\tilde{\nu}$(单位是cm^{-1})，两者互为倒数关系：

---

① 【参考文献】

赵瑶兴，孙祥玉. 有机分子结构光谱鉴定. 北京：科学出版社，2003.

$$\tilde{\nu} = 10^4 \frac{1}{\lambda}$$

纵坐标表示透射比 T,它是透射光强 I 与入射光强 I_0 之比($T=I / I_0$)。纵坐标还可以用吸光度作单位。

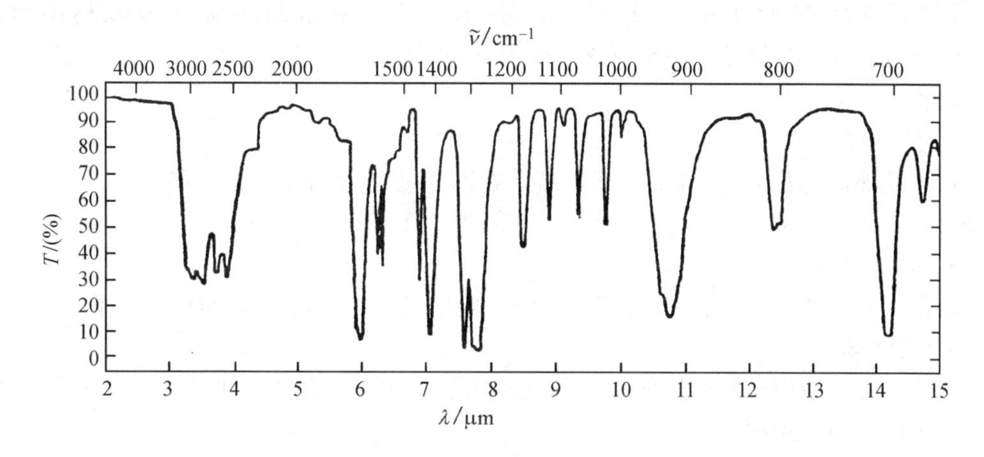

图 4.1 苯甲酸的红外光谱图

(二) 红外光谱与分子结构

光谱是电磁波辐射与某运动状态的物质相互作用进行能量交换的信息。当一束红外光照射物质时,被照射物质的分子将吸收一部分相应的光能,转变为分子的振动和转动能量,使分子固有的振动和转动能级跃迁到较高的能级,光谱上即出现吸收谱带。

化合物分子的运动方式是多种多样的,有整个分子的平动和转动、分子内原子的振动等,但只有分子内原子的振动能级才相应于红外线的能量范围。因此,化合物的红外光谱主要是原子之间的振动产生的,有人也称之为振动光谱。化合物分子中各种不同的基团是由不同的化学键和原子组成的,因此它们对红外线的吸收频率必然不相同,这就是利用红外吸收光谱测定化合物结构的理论根据。因原子之间的振动与整个分子和其他部分的运动关系不大,所以不同分子中相同官能团的红外吸收频率基本上是相同的,这就是红外光谱得以广泛应用的主要原因。分子内各基团的振动不是孤立的,会受邻近基团及整个分子其他部分的影响,如诱导效应、共轭效应、空间效应、氢键效应等的影响,致使同一个基团的特征吸收不总是固定在同一频率上,会在一定范围内波动。

(三) 样品的制备

在测定红外光谱的操作中,固体、气体、流体和溶液样品都可以作红外光谱的测定。

1. 固体样品

(1) 石蜡油研糊法(Nujol):将固体样品 1～3 mg 与 1 滴医用石蜡油一起研磨约

2 min,然后将此糊状物夹在两片盐板中间即可放入仪器测试。其中石蜡油本身有几个强吸收峰,识谱时需注意。

(2) 熔融法:是对熔点低于150 ℃固体或胶状物直接夹在两片盐板之间熔融,然后测定其固体或熔融薄层的光谱。此方法有时会因晶型不同而影响吸收光谱。

(3) 压片法:是将1 mg样品与300 mg KCl或KBr混匀研细,在金属模中加压5 min,可得含有分散样品的透明卤化盐薄片,没有其他杂质的吸收光谱,但盐易吸水,需注意操作。

2. 液体样品

液体状态的纯化合物,可将一滴样品夹在两片盐板之间以形成一极薄的膜,用于测定即可。

3. 溶液样品

溶剂一般用四氯化碳、二硫化碳或氯仿。应用双光束分光计,将纯溶剂作参考。

4. 气体样品

气体样品一般灌注入专门的抽空的气槽内进行测定。吸收峰的强度可通过调整气槽中样品的压力来达到。

不管哪种状态的样品的测定都必须保证其纯度大于98%,同时不能含有水分以避免羟基峰的干扰和腐蚀样品池的盐板。

(四) 红外光谱的解析

1. 吸收峰的类型

(1) 基频峰:振动能级由基态跃迁到第一激发态时分子吸收一定频率的红外光所产生的吸收峰称为基频峰。

(2) 泛频峰:倍频峰、合频峰与差频峰统称为泛频峰。由基态跃迁到第二激发态、第三激发态……所产生的吸收峰称为倍频峰。这种跃迁概率很小,峰强很弱。这两种跃迁的和差组合形成的吸收峰叫合频峰或差频峰,强度更弱,一般不易辨认。

(3) 特征峰:凡是可用于鉴别官能团存在的吸收峰均称为特征吸收峰。它们是大量实验的总结,并从理论上得到证明。

(4) 相关峰:一个基团常有数种振动形式,因而产生一组相互依存而又可相互佐证的吸收峰叫相关峰。

2. 红外吸收光谱的初步划分

(1) 特征谱带区:红外光谱图上2.5~7.5 μm(4000~1333 cm^{-1})之间的高频区域,主要是由一些重键原子振动产生,受整个分子影响较小,叫做特征谱带区或官能团区。

(2) 指纹区:红外光谱上7.5~15 μm(1333~660 cm^{-1})低频区域的吸收大多是由一些单键(如C—C,C—N,C—O等)的伸缩振动和各种弯曲振动产生的。这些键的强度差不多,在分子中又连在一起,互相影响,变动范围大,特征性差,称为指纹区。指纹区的特征性虽差,但对分子结构十分敏感。分子结构的微小变化就会引起指纹区光谱的明显改变,在确认化合物结构时也是很有用的。

(3) 红外光谱中的8个重要区域:为了便于解析,一般先将红外光谱划分成8个区域,见表4.1。

表4.1 红外光谱区域的划分

$\lambda/\mu m$	$\tilde{\nu}/cm^{-1}$	产生吸收的键
2.7~3.3	3750~3000	O—H,N—H(伸展)
3.0~3.4	3300~2900	—C≡C—H,C═C—H(C—H伸展),Ar—H,$—CH_3$,$—CH_2—$,$R_3C—H$
3.3~3.7	3000~2700	—CHO (C—H伸展)
4.2~4.9	2400~2100	C≡N,C≡C(伸展)
5.3~6.1	1900~1650	C═O(包括羧酸、醛、酮、酰胺、酯、酸酐中的C═O伸展)
5.9~6.2	1675~1500	C═C(脂肪族和芳香族伸展),C═N(伸展)
6.9~7.7	1475~1300	$R_3C—H$(弯曲)
10.0~15.4	1000~650	C═C—H,Ar—H(平面外弯曲)

如果在某一区域中没有吸收带,则表示没有相应的基团或结构;有吸收带,则需进一步确认存在哪一种键或基团。

3. 图谱解析的一般步骤

红外光谱可以用于解决官能团的确定、双键顺反异构及立体构象的确定、互变异构与同分异构的确定等分子结构问题。

用于鉴定已知化合物时,先观察特征频率区,判断官能团,以确定化合物所属类型;再观察指纹吸收区,进一步确定基团的结合方式,并对照标准图谱进行确认。

用于测定未知化合物时,先了解试样的来源、纯度、熔沸点信息,确定分子式、计算不饱和度等,再按前述方法继续鉴定。

解析图谱的具体步骤常根据各人的经验不同而异,这里提供一种方法仅供参考。

(1)确定有无不饱和键:如果已知化合物的分子式,则可先利用经验公式计算不饱和度Ω,看它有无不饱和键:

$$\Omega = (2n_4 + n_3 - n_1 + 2)/2$$

式中n_4、n_3、n_1分别为分子中四价、三价、一价元素的原子个数。如樟脑($C_{10}H_{16}O$),其不饱和度为

$$\Omega = (2 \times 10 - 16 + 2)/2 = 3$$

不饱和度与分子结构的经验关系见表4.2。

(2) 根据红外光谱的8个主要区域,按以下顺序进行解析:首先,识别特征区中的第一强峰的起源(何种振动引起)和可能属于什么基团(可查主要基团的红外吸收特征峰

表)；其次，找到该基团主要的相关峰(查红外吸收相关图)；然后，再一一解析特征区的第二、第三、……强峰及其相关峰；最后，再依次解析指纹区的第一、第二、……强峰及其相关峰。

表 4.2　不饱和度与分子结构的经验关系

不饱和度 Ω	分子结构	备注
4	一个苯环	
2	一个叁键	$\Omega \geqslant 4$ 说明分子中含有六元或六元以上的芳香环
1	一个脂肪环	
0	链状化合物	

根据经验可归纳为一句话："先特征后指纹，先强峰后弱峰；先粗查后细找，先否定后肯定。"一个化合物会有很多吸收带，即使是一个基团，由于振动方式的不同，也会产生几条吸收带，还有其他原因也会改变吸收带的数目、位置、强弱和形状。主要找到化合物的特征吸收频率及相关的吸收，不可能对红外图谱上的每一个谱带吸收峰都给出解释。

4.2　核磁共振谱

具有磁矩的原子核(如^{1}H、^{13}C、^{19}F、^{31}P等)在外磁场中将发生能级分裂，核磁矩以不同取向绕外磁场回旋。当另一个垂直于外磁场的射频磁场同时作用于核上，并且其照射场的频率等于核在外磁场的回旋频率时即发生核磁共振，处于低能级的核跃迁到高能级，产生相应的吸收信号。有机分子中的磁性核，如氢核，由于化学环境不同，将在不同的频率位置发生吸收。不同类型的质子的吸收峰出现在谱图中的不同频率位置，这种不同的频率位置通常用化学位移(δ)表示。由吸收峰的分裂状况可得出耦合常数(J)，表明各组质子在分子中的关系。δ和J与结构之间的密切联系有助于化合物结构的分析与鉴定。由氢核引起的核磁共振称为^{1}H核磁共振(^{1}H-nuclear magnetic resonance，^{1}H NMR)或质子磁共振(proton magnetic resonance，PMR)。

(一) 化学位移(δ)

同一种核由于在分子中的环境不同，核磁共振吸收峰的位置有所变化，这就叫化学位移。它起源于核周围的电子对外加磁场的屏蔽作用。

化学位移一般只能相对比较，通常选择适当物质作标准，其他质子的吸收峰与标准物质的吸收峰的位置之间的差距作为化学位移值。经常使用的标准物是四甲基硅烷$(CH_3)_4Si$，即TMS，并人为规定TMS的$\delta=0$。

有机化合物各种氢的化学位移值取决于它们的电子环境。如果外磁场对质子的作用受到周围电子云的屏蔽，质子的共振信号就出现在高场(谱图的右面)。如果与质子相邻的是一个吸电子的基团，这时质子受到去屏蔽作用，它的信号就出现在低场（谱图的左面）。

各种类型氢核的化学位移值如表 4.3 所示。

表 4.3 接于各类官能团上的氢的典型化学位移

氢的类型	化学位移 δ	氢的类型	化学位移 δ
环丙烷	0.0～0.4	BrCH	2.5～4
RCH_3	0.9	O_2NCH	4.2～4.6
R_2CH_2	1.3	ICH	2～4
R_3CH	1.5	OCH（醚、醇）	3.3～4
C=CH	4.6～5.9	—O—CH—O—	5.3
C≡CH	2～3	OCH（酯）	3.7～4.1
ArH	6～8.5	RO_2CCH	2～2.6
ArCH	2.2～3	RCOCH	2～2.7
$C=CCH_3$	1.7	RCHO	9～10
$C≡CCH_3$	1.8	ROH	1～5.5
FCH	4～4.5	ArOH	4～12
ClCH	3～4	RCOOH	10.5～12
Cl_2CH	5.8	RNH_2	1～5

（二）自旋耦合

在高分辨率核磁共振谱中，一定化学位移的质子峰往往分裂为不止一个的小峰。这种谱线"分裂"称为自旋-自旋分裂，它来源于核自旋之间的相互作用，称为自旋耦合。谱线分裂的间隔大小反映两种核自旋之间相互作用的大小，称为耦合常数 J。J 的数值不随外磁场 B_0 变化而改变。质子间的耦合只发生在邻近质子之间，相隔 3 个链以上的质子间相互耦合可以忽略。

当 $J \ll \delta\nu$ 时，自旋分裂图谱有如下简单规律：(i) 一组等同的核内部相互作用不引起峰的分裂；(ii) 核受相邻一组 n 个核的作用时，该核的吸收峰分裂成 $(n+1)$ 个间隔相等的一组峰，间隔就是耦合常数 J；(iii) 分裂峰的面积之比，为二项式 $(x+1)^n$ 展开式中各项系数之比；(iv) 一种核同时受相邻的 n 个和 n' 个两组核的作用时，此核的峰分裂成 $(n+1)(n'+1)$ 个峰，但有些峰可重叠而分辨不出来。氢核间的自旋裂分数值可用每秒周数测定，其值称为耦合常数 (J)，单位为 cps 或 Hz。

（三）核磁共振图谱的解析

核磁共振谱的解析可以提供有关分子结构的丰富资料。测定每一组峰的化学位移可以推测与产生吸收峰的氢核相连的官能团的类型；自旋裂分的形状提供了邻近的氢的数目；而由峰的面积可算出分子中存在的每种类型氢的相对数目。

在解析未知化合物的核磁共振谱时，一般步骤如下：

(1) 首先区别有几组峰，从而确定未知物中有几种不等性质子（即电子环境不同，在图谱上化学位移不同的质子）。

(2) 计算峰面积比，确定各种不等性质子的相对数目。

(3) 确定各组峰的化学位移值，再查阅有关数表，确定分子中间可能存在的官能团（见表4.3）。

(4) 识别各组峰自旋裂分情况和耦合常数值，从而确定各不等性质子的周围情况。

(5) 总结以上几方面的信息资料，提出未知物的一个或几个与图谱相符的结构或部分结构。

(6) 最后参考未知物的其他资料，如红外光谱、沸点、熔点、折射率等，确定未知物的结构。

如将核磁共振用于分析，一般需要0.3 mL左右10%～20%（质量分数）的溶液。许多重氢溶剂，如氯仿-d($CDCl_3$)、丙酮-d_6(CD_3COCD_3)、苯-d_6(C_6D_6)可供应用。使用这些溶剂可以避免核磁共振谱中出现溶剂质子共振吸收问题，因为重氢(^2H)的化学位移跟氢的化学位移相差很大。

第 5 章　有机合成与制备

5.1　多步合成方案举例

无论在实验室或在工业生产中，要合成较复杂的有机化合物，常从简单试剂开始。一般需要经过几步甚至几十步的反应，才能合成一个较复杂的分子。

在多步有机合成中，每步的实际产量常常都低于理论产量，一般产率在 60%～70% 左右，产率在 90%以上的反应是选择性较高的反应。在多步有机合成中，总产率是各步产率的乘积。如经六步反应合成，假定每步反应产率均为 80%，则总产率为$(80\%)^6=26\%$。因此，做好多步有机合成，研究获得高产率的反应并发展完善实验技术以减少每一步的损失，是基本的和必要的训练。

在多步骤有机合成中，有的中间体必须经分离提纯，而有的则可以不经提纯，直接用于下一步反应。这主要是根据对每步有机反应的深入理解和实验的需要，恰当地作出选择。

安排多步合成实验，必须充分考虑中间产品的纯度及其所含杂质对后续反应的影响。

教学实验中，连续合成是一把双刃剑，应使学生了解进行多步合成的一般规则，养成良好习惯，戒绝侥幸心理，中间体的纯化程度要根据实验需要而非主观意愿。

下面以 15 个多步合成为例说明。

【例 5.1】 4-苯基-2-丁酮及其亚硫酸氢钠加成物(4-phenyl-2-butanone and addition product of hydrosulfite of sodium)

$$2CH_3CO_2C_2H_5 \xrightarrow[40\%\sim 50\%]{NaOEt} CH_3COCH_2CO_2C_2H_5 \xrightarrow[C_6H_5CH_2Cl]{NaOEt}$$

实验 45

$$CH_3COCH(CH_2C_6H_5)CO_2C_2H_5 \xrightarrow[H_2O]{NaOH} CH_3COCH(CH_2C_6H_5)CO_2^-Na^+ \xrightarrow[-CO_2,\ 70\%\sim 75\%]{HCl}$$

$$CH_3COCH_2CH_2C_6H_5 \xrightarrow[84\%]{NaHSO_3} CH_3C(OH)(SO_3Na)CH_2CH_2C_6H_5$$

实验 28　　　　实验 29

两分子乙酸乙酯在碱催化下发生 Claisen 酯缩合反应，生成 β-羰基酸酯-乙酰乙酸乙酯；在碱催化下进一步与卤代烷发生亲核取代反应，生成烷基取代的乙酰乙酸乙酯；最后在稀碱存在下得到酮式分解的4-苯基-2-丁酮。4-苯基-2-丁酮存在于天然烈香杜鹃植物的挥发油中,具有止咳、祛痰作用,作为治疗剂,一般制备成亚硫酸氢钠加成物。

本合成共经5步反应,总产率为21%～31%。

【例 5.2】 黄烷酮与黄酮(flavanone and flavone)

OH + $(CH_3CO)_2O$

$OCOC_6H_5$ $COCH_3$ 实验 **43**

KOH, 吡啶 70%

OH C_6H_5 O O 实验 **25**

H_2SO_4 55%

O C_6H_5 O 实验 **89**

80% NaOH

60% C_6H_5COCl 吡啶

$OCOCH_3$

$AlCl_3$ 43%

OH $COCH_3$

C_6H_5CHO 80%

OH C_6H_5 O

NaOAc 10%

O C_6H_5 O

实验 **49** 实验 **21** 实验 **24** 实验 **90**

苯酚与醋酐反应使酚羟基酯化,生成的乙酸苯酯在无水三氯化铝催化下发生Fries重排生成*o*-羟基苯乙酮;再在碱性条件下与苯甲醛缩合,得到2-羟基查尔酮。2-羟基查尔酮与黄烷酮为互变异构体,本实验采用醋酸钠催化转化为黄烷酮。上述*o*-羟基苯乙酮与苯甲酰氯反应使酚羟基酯化,生成的苯甲酸(邻乙酰基)苯酚酯在碱-吡啶作用下发生Baker-Venkataraman重排,得到的1-苯基-3-(2-羟基苯基)-1,3-丙二酮在浓酸催化下环化生成黄酮。

黄烷酮合成经4步反应,总产率3%。

黄酮合成经5步反应,总产率9%～10%。

【例 5.3】 邻氯苯基环戊基酮(*o*-chlorophenyl cyclopentyl ketone)

环戊酮还原为相应醇,经溴化生成的溴代环戊烷与镁反应制备成环戊基格氏(Grignard)试剂。当与邻氯苯腈反应时,腈基与格氏试剂反应,经过烯胺格氏反应,中间物用氯化铵小心水解,可以分离得到另一中间物酮亚胺;进一步酸水解,得到邻氯苯基环戊基酮。这也是格氏试剂的另一重要应用。

本合成共6步反应,总产率25%。

$$\text{环戊酮} \xrightarrow[62\%]{LiAlH_4} \text{环戊醇} \xrightarrow[75\%]{H_2SO_4,\ NaBr} \text{溴代环戊烷} \xrightarrow{Mg} \text{环戊基-MgBr}$$

实验 12　　实验 2

$\xrightarrow{\text{邻氯苯甲腈 (CN, Cl)}}$ [NMgBr 中间体, Cl] $\xrightarrow[H_2O]{NH_4Cl}$ [NH 亚胺中间体, Cl] $\xrightarrow[54\%]{H_2SO_4,\ H_2O}$ 2-氯苯基环戊基酮 (O, Cl)

实验 18

【例 5.4】 4-(1,2-亚乙二氧基)环己酮(4,4-ethylenedioxy cyclohexanone)

$$\text{糠醛 (CHO)} \xrightarrow[CH_3CO_2K,\ 73\%]{(CH_3CO)_2O} \text{呋喃-CH=CHCO}_2\text{H} \xrightarrow[90\%]{10\%\ HCl\text{-}C_2H_5OH} O{=}C(CH_2CH_2CO_2C_2H_5)_2$$

实验 33　　实验 47

$$\xrightarrow[\text{甲苯},\ H^+,\ 58\%]{\substack{CH_2OH\\ |\\ CH_2OH}} \text{缩酮-}(CH_2CH_2CO_2C_2H_5)_2 \xrightarrow[52\%]{C_2H_5ONa} \text{缩酮环己酮-}CO_2C_2H_5 \xrightarrow[-CO_2,\ 70\%]{KOH} \text{4,4-亚乙二氧基环己酮}$$

实验 27　　实验 48　　实验 26

从呋喃甲醛通过 Perkin 反应制备呋喃丙烯酸；在含氯化氢的乙醇溶液中回流，呋喃丙烯酸即发生羧基酯化，呋喃环被打开，得到 4-庚酮二酸二乙酯；在对甲苯磺酸存在下与乙二醇和甲苯共沸，回流分水即得到 4-(1,2-亚乙二氧基)庚二酸二乙酯；再经 Dieckmann 酯缩合反应，在碱性条件下加热脱羧得到 4-(1,2-亚乙二氧基)环己酮。这一化合物是反应性能很强的合成中间体，可制备多种类型的有机化合物。

本合成经 5 步反应，总产率 14%。

【例 5.5】 ε-已内酰胺和尼龙-6(ε-caprolactam and nylon-6)

ε-已内酰胺的合成可由环已醇经氧化得到的环已酮与羟胺进行亲核反应，生成环已酮肟；再在酸作用下发生 Beckmann 重排，得到 ε-已内酰胺，经开环聚合即得到尼龙-6。尼龙-6 是模仿丝朊蛋白，经纺丝可制成纤维，是一种人工合成的多肽纤维，具有优良的强度和耐磨性，也是重要的工程塑料，可用于制作各种齿轮和医疗器械。

本合成至 ε-已内酰胺共 3 步反应，总产率 31%。

$$\text{环己醇} \xrightarrow[67\%]{[O]} \text{环己酮} \xrightarrow[89\%]{NH_2OH} \text{环己酮肟} \xrightarrow[52\%]{H_2SO_4} \text{己内酰胺} \longrightarrow \left[HN-(CH_2)_5-\overset{O}{\overset{\|}{C}} \right]_n + n\,H_2O$$

实验 16　实验 30　实验 52　实验 53

【例 5.6】 偶氮化合物(azocompounds)

$$p\text{-}CH_3C_6H_4NH_2 \xrightarrow[92\%]{(CH_3CO)_2O} p\text{-}CH_3C_6H_4NHCOCH_3 \xrightarrow[85\%]{KMnO_4,\ CH_3CO_2Na} p\text{-}HOOCC_6H_4NHCOCH_3 \xrightarrow[2.\ OH^-]{1.\ H^+} p\text{-}HOOCC_6H_4NH_2 \xrightarrow[70\%]{NaNO_2,\ HCl} p\text{-}HOOCC_6H_4N^+{\equiv}NCl^-$$

实验 55　实验 31

$$p\text{-}HOOCC_6H_4N^+{\equiv}NCl^- \xrightarrow{C_6H_5OH} p\text{-}HO_2CC_6H_4N{=}NC_6H_4OH\text{-}p$$

实验 65

$$p\text{-}HOOCC_6H_4N^+{\equiv}NCl^- \xrightarrow{C_6H_5N(CH_3)_2} p\text{-}HO_2CC_6H_4N{=}NC_6H_4N(CH_3)_2\text{-}p$$

实验 65

对甲苯胺与醋酸酐反应以保护氨基;在碱性条件下以高锰酸钾氧化甲基,生成的对乙酰氨基苯甲酸水解去保护基得到对氨基苯甲酸;经重氮化反应所得重氮盐可在弱碱性条件下(pH=7~9)与酚偶联,在弱酸性条件下(pH=5~7)与三级芳胺偶联;与一级芳胺在冷的弱酸性溶液中偶联发生在氮上,生成羧基苯重氮氨基苯。

合成偶氮化合物需 5 步反应,总产率 52%。

【例 5.7】 2-甲氧基-1,4-萘醌(2-methoxy-1,4-naphthoquinone)

$$\text{2-萘酚} + p\text{-}HO_3SC_6H_4N_2^+ \xrightarrow{NaOH} \left[\text{1-}(p\text{-}NaO_3SC_6H_4N{=}N)\text{-2-萘酚} \right] \xrightarrow[HCl,\ 65\%]{Na_2S_2O_3} \text{1-氨基-2-萘酚盐酸盐}\ (NH_3^+Cl^-,\ OH)$$

$$\xrightarrow[75\%]{FeCl_3} \text{1,2-萘醌} \xrightarrow[90\%]{\text{吗啉 (NH)},\ O_2} \text{4-吗啉基-1,2-萘醌} \xrightarrow[90\%]{CH_3OH,\ HCl} \text{2-甲氧基-1,4-萘醌}\ (OCH_3)$$

实验 67　实验 68　实验 69

对氨基苯磺酸与亚硝酸反应，得到的对磺酸基重氮盐与β-萘酚偶联生成偶氮中间化合物；经硫代硫酸钠还原，使氮氮双键断裂，生成邻氨基萘酚，在三氯化铁作用下氧化为1,2-萘醌，在吗啉与氧存在下，1,2-萘醌与吗啉发生1,4-加成。共轭加成化合物在酸催化下由1,2-萘醌转化为1,4-萘醌，并在2-位上与溶剂甲醇加成生成2-甲氧基-1,4-萘醌。

本合成共6步反应，总产率39%。

【例 5.8】 二苯基乙内酰脲(Dilantin)

CHO →(VB_1, 52%) 实验 19 →($FeCl_3$, 95%) 实验 17 →(NH_2CONH_2, KOH, 70%) →(H_2SO_4) 实验 74

Dilantin是二苯基乙内酰脲钠的商品名，是一种有效的抗癫痫、抗惊厥剂。

5,5-二苯基乙内酰脲的合成采用芳香醛在辅酶维生素 B_1 作用下缩合为安息香；安息香很容易被硝酸或硫酸铜的吡啶溶液、三氯化铁溶液氧化，或在乙酸中用重铬酸钠氧化。后者产率较低，易发生碳碳键断裂生成苯甲醛的副反应。本实验采用温和的三氯化铁氧化得到二苯基乙二酮，进一步与尿素在碱性条件下缩合，经酸化得到产品。

本合成共4步反应，总产率35%。

【例 5.9】 2,4-二甲基-5-乙氧羰基吡咯(5-ethoxycarbonyl-2,4-dimethylpyrrole)

$CH_3COCH_2CO_2Et$ + $N{\equiv}\overset{+}{N}-Ph$ →(89%) 实验 46 →($CH_3COCH_2CO_2Et$, Zn, HOAc, 66%) 实验 70 →(H_2SO_4, 82%) 实验 71 →(△, $-CO_2$, 60%) 实验 72

吡咯环的合成可采用Paal-Knorr方法，即1,4-二羰基化合物与氨反应或Knorr合成法——用氨基酮与有α-亚甲基的酮缩合，或用氨基酮酸酯与酮酸酯缩合。本实验用芳香伯胺经重氮化与β-酮酸酯生成腙，经还原为氨基酮酸酯与乙酰乙酸乙酯缩合为取代吡咯，在硫酸作用下选择性酯水解并进行热脱羧。

本合成经4步反应，总产率29%。

【例 5.10】 局部麻醉剂的合成(synthesis of anesthetic local)

苯佐卡因和普鲁卡因是广泛使用的局部麻醉药物。前者是白色结晶粉末，mp 90 ℃，制成散剂或软膏等，用于创面溃疡的止痛；后者为白色针状或白色结晶粉末，mp 155～156 ℃，制成针剂使用。

最早的局部麻醉药物是从古柯植物中提取出来的古柯生物碱，古柯碱具有易引起上瘾和毒性较大等缺点。在确定了古柯碱的结构和药理作用之后，现已经合成了数以千计的有效代用品，苯佐卡因和普鲁卡因只是其中的两个：

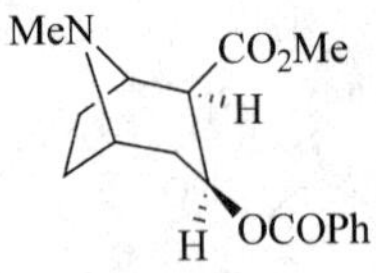

MeN, CO_2Me, H, H, OCOPh

古柯碱

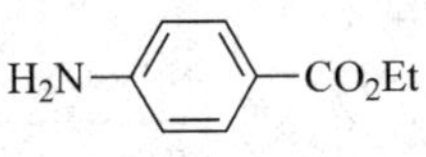

$H_2N-C_6H_4-CO_2Et$

苯佐卡因

$H_2N-C_6H_4-CO_2CH_2CH_2NEt_2$

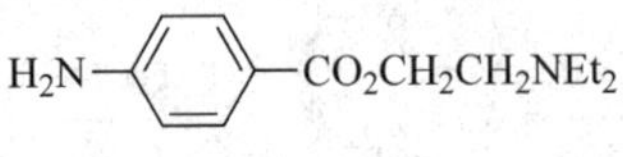

普鲁卡因

通过对众多的具有局麻作用的合成化合物的生理实验证实，其结构一般是分子的一端含有不可缺少的苯甲酰基，分子的另一端是二级或三级胺，中间插入不同数目的烷氧(氮、硫等)基。可用下式表示：

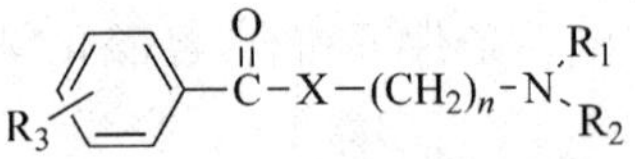

$$R_3-C_6H_4-C(=O)-X-(CH_2)_n-N(R_1)(R_2) \quad (X=O, N, S, C)$$

本实验是以对硝基苯甲酸为原料，经乙酯化后再还原得到苯佐卡因。苯佐卡因与 *N*,*N*-二乙基乙醇胺发生酯交换反应即可得普鲁卡因。

普鲁卡因和苯佐卡因的合成也可采用下述路线：

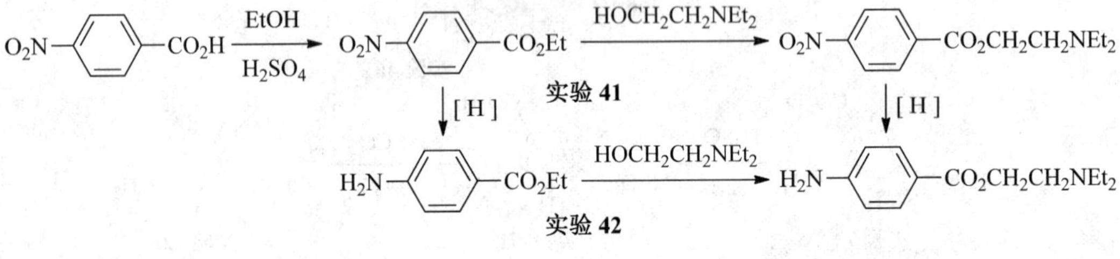

$$O_2N-C_6H_4-CO_2H \xrightarrow[H_2SO_4]{EtOH} O_2N-C_6H_4-CO_2Et \xrightarrow{HOCH_2CH_2NEt_2} O_2N-C_6H_4-CO_2CH_2CH_2NEt_2$$

实验 41

$$O_2N-C_6H_4-CO_2Et \xrightarrow{[H]} H_2N-C_6H_4-CO_2Et; \quad O_2N-C_6H_4-CO_2CH_2CH_2NEt_2 \xrightarrow{[H]} H_2N-C_6H_4-CO_2CH_2CH_2NEt_2$$

$$H_2N-C_6H_4-CO_2Et \xrightarrow{HOCH_2CH_2NEt_2} H_2N-C_6H_4-CO_2CH_2CH_2NEt_2$$

实验 42

【例 5.11】 托品酮及其衍生物卓可卡因的合成(synthesis of tropinone and its derivative tropacocaine)

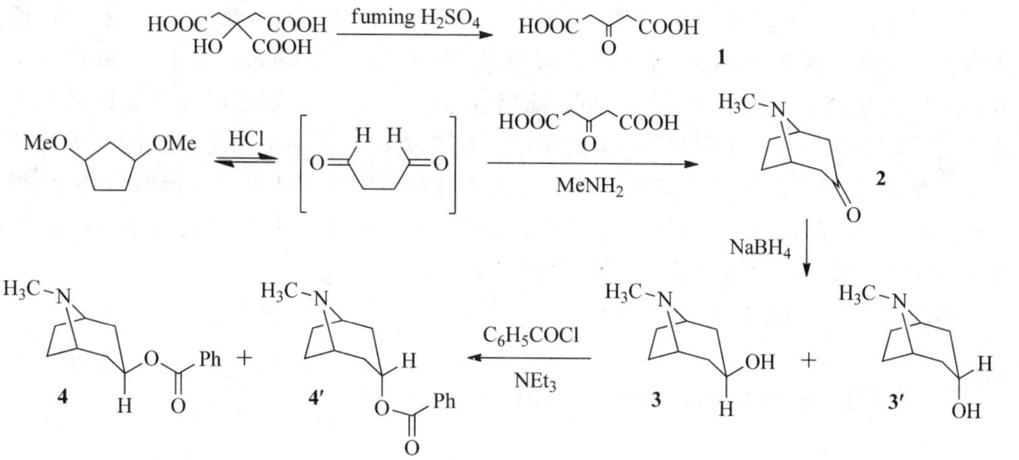

托品酮2(又称颠茄酮、莨菪酮)是从茄科植物颠茄(*Atropa belladonna* L.)等分离得到的生物碱,是托烷类生物碱重要的母体化合物。托品酮的合成是天然产物合成中最著名的工作之一。本合成采用改进的 Robinson 托品酮合成法,由柠檬酸在发烟硫酸作用下制备1,3-丙酮二羧酸,再与甲胺及由2,5-二甲氧基四氢呋喃水解原位生成的丁二醛在缓冲体系中控制进行反应,经曼尼希反应,巧妙地一步缩合成环得到托品酮。托品酮经硼氢化钠还原生成托品醇(**3** 及 **3′**),在三乙胺存在下与苯甲酰氯进行酯化反应,产品经柱层析纯化得卓柯卡因 **4**(tropacocaine,3β-benzoyloxytropane)。卓柯卡因是从爪哇产的古柯叶中分离得到的托烷类生物碱。

本合成经4步反应,总产率约10%。

【例 5.12】 褪黑激素的合成(synthesis of melatonin)

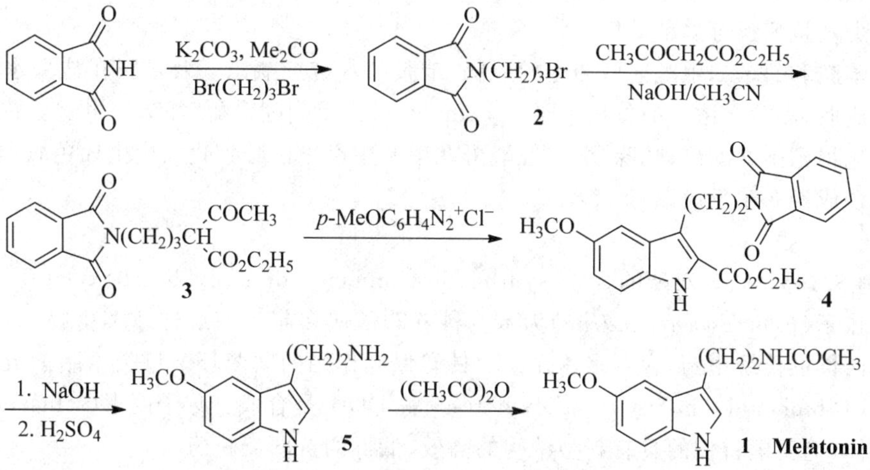

褪黑激素(*N*-乙酰-5-甲氧基色胺,melatonin)是一种神经系统激素,它具有广泛的生理活性。本实验采用 Franco 等人的合成方法,利用 Japp-Klingemann 反应和 Fisher 吲哚合成反应从简单易得的廉价原料制备褪黑激素的路线:以邻苯二甲酰亚胺钾与1,3-二溴丙烷反应得到 *N*-(3-溴丙基)-邻苯二甲酰亚胺 **2**,**2** 在碱存在下与乙酰乙酸乙酯反应得到2-乙酰基-5-邻苯二甲酰亚氨基戊酸乙酯 **3**,**3** 与对甲氧基苯胺重氮盐偶联后环化,得到2-羧乙基-3-(2-邻苯二甲酰亚氨基)-5-甲氧基吲哚 **4**,再经氢氧化钠皂化水解、脱羧后,得到5-甲氧基色胺 **5**,经乙酰化后得到褪黑激素 **1**。

本合成经5步反应,总产率约10%～20%。

【例5.13】 色胺酮的合成(synthesis of tryptanthrin)

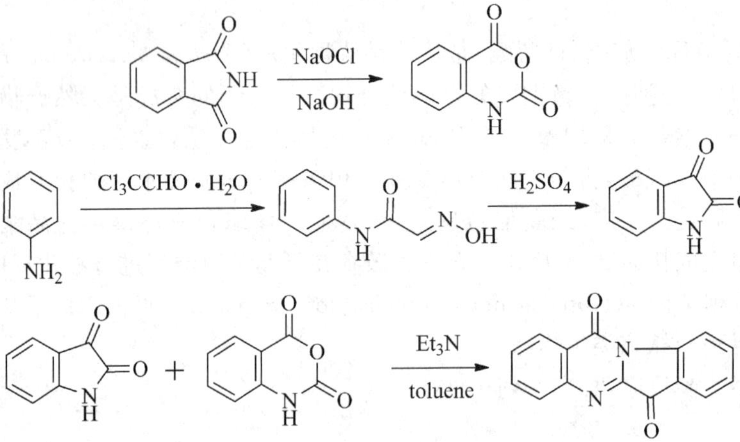

色胺酮天然存在于马蓝、蓼蓝等多种产蓝植物中,具有良好的抗癌、抗菌(细菌和真菌)、抗炎及抗疟疾等多种活性。

以苯胺和邻苯二甲酰亚胺为起始原料,苯胺与水合三氯乙醛及羟胺在盐酸水溶液中反应生成肟,然后在浓硫酸作用下经 Beckmann 重排得到吲哚醌;邻苯二甲酰亚胺经次氯酸钠氧化得到靛红酸酐;吲哚醌、靛红酸酐在甲苯中经三乙胺催化反应生成色胺酮。

本合成经3步反应,总产率约25%。

【例5.14】 联苯双酯的合成(synthesis of biphenyl dimethyldicarboxylate)

五味子(*Fructus schizandrae*)为木兰科五味子属多年生缠绕性藤本植物,为具有多种药理活性的传统中药,含有多达几十种具有保肝作用的联苯环辛烯类木脂素成分。联苯双酯(**1**,biphenyl dimethyldicarboxylate,简称 DDB)是合成五味子丙素(schisandrin C)的中间体,为我国首创的具有新型结构的高效、低毒的抗肝炎新药。

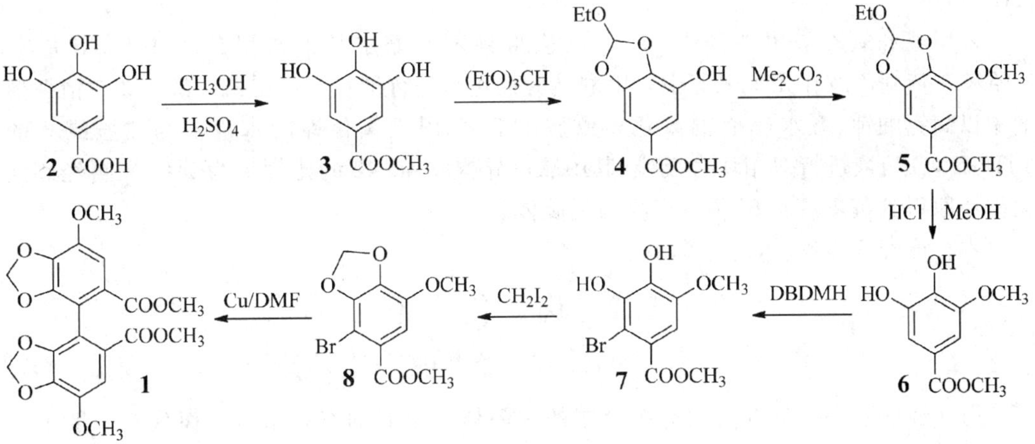

没食子酸 **2** 在酸催化下制得没食子酸甲酯 **3**，经原甲酸三乙酯保护邻二羟基后(**4**)与碳酸二甲酯进行甲基化反应，继而脱去保护基得到单甲基化的没食子酸甲酯 **6**，再经二溴海因 DBDMH 溴化得到 **7**，**7** 与二碘甲烷进行邻二酚羟基的环化反应制得 **8**，最后经乌尔曼反应偶联得到联苯双酯 **1**。

【例 5.15】 黄皮酰胺的合成(synthesis of Clausenamide)

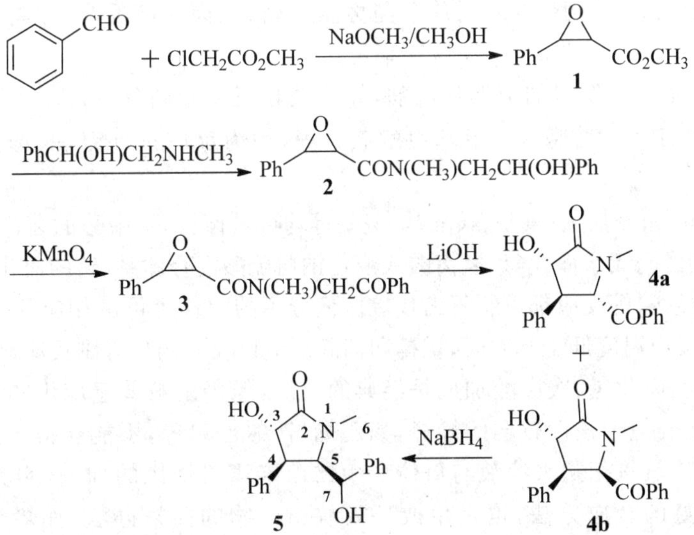

黄皮[*Clausena lansium*(Lour.)Skeels]为芸香科黄皮属热带亚热带常绿果树，其水浸膏对急性黄疸型病毒性肝炎有一定疗效。黄皮酰胺是自水浸膏中分离得到的吡咯烷酮类化合物，具有显著的保肝、促智、抗神经细胞凋亡等作用，呈现较好的抗老年痴呆

(AD)作用。

苯甲醛和氯乙酸甲酯经 Darzens 反应得到苯基缩水甘油酸甲酯 **1**,**1** 与 *N*-甲基-β-羟基-β-苯基乙胺在无水甲醇中以甲醇钠为催化剂进行酯胺交换得酰胺醇 **2**,**2** 在惰性溶剂中以高锰酸钾、五水硫酸铜氧化得酰胺酮 **3**,采用氢氧化锂的水溶液与酰胺酮 **3** 的 THF-Et_2O 溶液进行双相环合反应(其中顺反异构体 **4a**、**4b** 的比例约为 1∶1),再经硼氢化钠还原得到黄皮酰胺 **5**,所得产物为消旋体。

本合成经5步反应,总产率10%~20%。

5.2 卤 代 烃
(实验1~6)

卤代烃(烷)是一类重要的有机合成的中间体和重要的有机溶剂。卤代烷一般不存在于自然界中,是通过有机合成反应来制备的。多种脂肪族及芳香族化合物均可直接进行卤化反应,使其 C—H 键上的氢原子被卤原子取代,但二者的反应历程却不相同,烷烃的卤代及丙烯的 α-卤代是按游离基的历程进行,而芳香族化合物的卤代是按芳香亲电取代反应历程。醛、酮、羧酸及其衍生物的卤代是通过卤素对烯醇的亲电加成反应进行。醛、酮的 α-H 很易被卤代,除卤素外,硫酰氯、过溴化吡啶氢溴酸盐($C_5H_5NH \cdot Br_3$)、过溴化苯基三甲铵盐[$C_6H_5N^+(CH_3)_3Br_3^-$],都是对含有 α-活泼氢的醛、酮温和而有效的溴化试剂。一般是将醛、酮与卤素于乙酸、卤仿、二甲基甲酰胺或水中进行反应;羧酸及其酯的 α-H 活泼性比醛、酮小,可采用羧酸与卤素及磷、三卤化磷反应,先将羧酸转变为酰卤再卤代,增强了 α-H 的活泼性,反应产率可达80%~90%。

20世纪70年代后发展的新溴化试剂,如二溴化三苯基膦$(C_6H_5)_3PBr_2$[1]、二溴化亚磷酸酯$(C_6H_5O)_3PBr_2$[2]、溴与二甲基甲酰胺[3]等,均为反应条件温和、选择性良好的新试剂。

多种官能团,如羟基、烷氧基、磺酸基、羧基等均可被卤代,其中醇的卤代是最简单易行的合成方法。用醇与无水卤化氢、氢卤酸或溴化钠与硫酸混合体系、磷的卤化物(三卤化磷、五氯化磷、亚硫酰氯)等反应都可制得卤代烷。低分子的溴代烃可由相应的一级、二级醇与三溴化磷反应,反应温度低于0℃时,重排和消除反应以及异构化等副反应显著降低。

烯烃与卤素、卤化氢、次卤酸加成是经典的反应,但仍是被普遍应用的卤代烃及 α-卤代醇的合成方法。但亲核性较弱的烯烃,如乙烯、四氯乙烯等,不能获得满意的结果。利用相转移反应,用氢氧化钠水溶液与氯仿产生二卤卡宾对烯烃的加成(实验6)是操作简便、试剂易得的好的合成方法,也是生成环丙烷衍生物的简易办法,如烯烃的环丙化反应、[1+2]环加成反应。

5.2.1 卤代烃的合成

通常采用以下几种方法:

(1) 醇和氢卤酸反应

$$n\text{-}C_4H_9OH + HBr \longrightarrow n\text{-}C_4H_9Br + H_2O$$
$$t\text{-}C_4H_9OH + HCl \longrightarrow t\text{-}C_4H_9Cl + H_2O$$

卤化反应的速率随所用氢卤酸与醇的结构不同而改变，一般是：

$$HI > HBr > HCl; \qquad R_3COH > R_2CHOH > RCH_2OH$$

通常也采用醇与浓硫酸和氢卤酸盐反应：

$$n\text{-}C_4H_9OH + NaBr + H_2SO_4 \longrightarrow n\text{-}C_4H_9Br + NaHSO_4 + H_2O$$
$$C_2H_5OH + NaBr + H_2SO_4 \longrightarrow C_2H_5Br + NaHSO_4 + H_2O$$

在酸性介质中，反应开始时，首先是醇质子化，使原来较难离去的基团—OH 变成较易离去的基团$—OH_2^+$：

$$ROH + H^+ \rightleftharpoons ROH_2^+$$

亲核试剂 X^- 对于底物 ROH_2^+ 的反应是按 S_N1 或是 S_N2 机理进行，这主要取决于醇的结构，即一级醇主要按 S_N2 机理进行，而三级醇按 S_N1 机理进行。

值得注意的是，与取代反应同时存在的是消除反应，对于一级醇、二级醇可能还存在着分子的重排反应。因此，针对不同的反应底物，可能会存在着醚、烯烃或重排的副产物。

(2) 醇和氯化亚砜($SOCl_2$)反应

$$n\text{-}C_5H_{11}OH + SOCl_2 \xrightarrow{C_5H_5N} n\text{-}C_5H_{11}Cl + SO_2 + HCl$$

此方法是制备氯代烷的较好方法，因其具有无副反应、产率高、纯度好等优点，产物中除氯代烷外都是气体，因而便于提纯。

(3) 醇与卤化磷反应

$$n\text{-}C_4H_9OH + PI_3 \longrightarrow n\text{-}C_4H_9I + H_3PO_4$$

常用的卤化磷有 PCl_3、PCl_5、PBr_3、PI_3，后两者通常采用在红磷存在下，加溴或碘而制得。

(4) 烯烃和卤素反应制备 1,2-二卤代烷

烯烃在液态或溶液中与卤素加成生成二卤化物。这是双键的典型反应。由于双键的活泼性，反应不需催化剂或光照，在常温下就可以迅速而定量地进行。因此不但可以用于烯烃定性检验，也可以进行定量测定。

（5）卤素对烯丙型及苯甲型化合物 α-H 的取代

N 溴代丁二酰亚胺简称 NBS，是重要的溴化试剂，适于在较低温度和实验室条件下进行反应。反应过程中，它首先与反应体系中存在的微量酸或水汽作用，产生少量的溴；溴在光或引发剂如过氧化苯甲酰作用下，生成溴游离基；溴游离基再与丙烯作用生成 α-溴丙烯。在反应体系中，溴始终保持着较低的浓度，有利于取代反应的进行。一般反应均用非极性的四氯化碳作溶剂，以避免溴与丙烯发生加成作用。

$$CH_3CH{=}CH_2 + \text{NBS} \xrightarrow[CCl_4,\ \triangle]{\text{过氧化苯甲酰}} BrCH_2CH{=}CH_2 + \text{丁二酰亚胺(NH)}$$

反应过程：

$$\text{NBS (NBr)} + HBr \rightleftharpoons \text{丁二酰亚胺(NH)} + Br_2$$

$$C_6H_5COOOCC_6H_5 \xrightarrow{h\nu} C_6H_5CO\cdot + CO_2 + C_6H_5\cdot$$

$$C_6H_5\cdot + Br_2 \longrightarrow C_6H_5Br + Br\cdot$$

$$CH_3CH{=}CH_2 + Br\cdot \longrightarrow \cdot CH_2CH{=}CH_2 + HBr$$

$$\cdot CH_2CH{=}CH_2 + Br_2 \longrightarrow BrCH_2CH{=}CH_2 + Br\cdot$$

【参考文献】

[1] Wiley G A, et al. *J Am Chem Soc*, 1964, 86: 964.

[2] Schaefer J P, Higgins J G. *Org Syn Coll*, 1973, 5: 249.

[3] Hepburn D R, Hudson H R. *J Chem Soc, Perkin Trans I*, 1976, 754.

实验1 正溴丁烷(*n*-butylbromide)

【反应式】

$$n\text{-}C_4H_9OH + NaBr + H_2SO_4 \longrightarrow n\text{-}C_4H_9Br + NaHSO_4 + H_2O$$

【主要试剂】

溴化钠 6.80 g(66.1 mmol)，正丁醇 4.00 g(54.7 mmol)，浓硫酸 8.3 mL(15.3 g, 155 mmol)。

【实验步骤】

在 50 mL 的圆底烧瓶中加入 8.3 mL 水和 8.3 mL 浓硫酸，混合均匀后，冷至室温。加入 4.00 g 正丁醇及 6.80 g 溴化钠，振摇后，加入磁子，装上回流冷凝管，冷凝管上端接溴化氢吸收装置，用 5%氢氧化钠溶液作吸收剂。

将烧瓶温和加热回流 0.5 h。反应完毕，稍冷却，改为蒸馏装置，蒸出正溴丁烷，至馏出液清亮为止。粗蒸馏液中除正溴丁烷外，常含有水、正丁醚、正丁醇，还有一些溶解的丁烯，液体还可能由于混有少量溴而带颜色。

将粗产品移入分液漏斗中，分出水层。把有机相转入另一干燥的分液漏斗中，用 4 mL 浓硫酸洗一次，分出硫酸层。有机层用 5%的亚硫酸氢钠溶液洗一次以除去溴，再依次用等体积的水、饱和碳酸氢钠溶液及水各洗一次至呈中性。将正溴丁烷分出，放入干燥的锥形瓶中，用无水氯化钙干燥后蒸馏，收集 99～103 ℃馏分。产量 3.00～4.20 g，产率 53%～66%。

纯正溴丁烷为无色透明液体，bp 101.6 ℃，d_4^{20} 1.2760，n_D^{20} 1.4399。

同法可制备溴乙烷(62%)。

【注意事项】

(1) 根据反应瓶中油层是否消失可判断正溴丁烷是否蒸完。当蒸出液由混浊变澄清时，用试管加 2～3 mL 水，接收几滴馏出液摇动，观察是否有油珠出现。

(2) 产品中的少量溴是由浓硫酸的氧化生成的，可用亚硫酸氢钠溶液洗去。

$$2\ NaBr + 3\ H_2SO_4(浓) \longrightarrow Br_2 + SO_2 + 2\ NaHSO_4 + 2\ H_2O$$

$$Br_2 + 3\ NaHSO_3 \longrightarrow 2\ NaBr + NaHSO_4 + 2\ SO_2 + H_2O$$

(3)浓硫酸可溶解正丁醇、正丁基醚及丁烯，使用干燥分液漏斗是为防止漏斗中残余水分冲稀硫酸而降低洗涤效果。分液时硫酸应尽量分干净。

【思考题】

(1) 加料时，如不按实验操作中的加料顺序，而先使溴化钠与浓硫酸混合，然后再加正丁醇和水，将会出现何现象？

(2) 从反应混合物中分离出粗产品正溴丁烷时，为何用蒸馏分离，而不直接用分液漏斗分离？

(3) 本实验有哪些副反应发生？后处理时，各步洗涤的目的何在？为什么要用等体积的浓硫酸洗一次？为什么在用饱和碳酸氢钠水溶液洗涤前，首先要用水洗一次？

实验 2 溴代环戊烷(bromocyclopentane)

【反应式】

$$\text{C}_5\text{H}_9\text{—OH} + NaBr + H_2SO_4 \longrightarrow \text{C}_5\text{H}_9\text{—Br} + NaHSO_4 + H_2O$$

【主要试剂】

环戊醇 4.30 g(4.5 mL,49.9 mmol),溴化钠 7.72 g(75.0 mmol),硫酸 10.0 mL (188 mmol)。

【实验步骤】

在 50 mL 圆底烧瓶中加入 15 mL 水,冷却下加入 10.0 mL 浓硫酸和 4.5 mL 环戊醇,摇匀后加入 7.72 g 溴化钠,安装带气体吸收装置的回流冷凝管,水浴加热,维持反应温度在 75~80 ℃ 2 h。冷却后,分出有机层,用等体积浓硫酸洗一次,然后依次用水、5%碳酸钠和水各洗一次至中性。用无水碳酸钾干燥,蒸馏,收集 138~141 ℃馏分,得产品 5.60 g,产率 75%。

纯溴代环戊烷为无色透明液体,bp 136~137 ℃,d_4^{20} 1.3866,n_D^{20} 1.4886。

实验3 1,2-二溴乙烷(1,2-dibromoethane)

1,2-二溴乙烷主要用于汽油抗爆剂的添加剂。以前汽油抗爆剂是以四乙基铅为主体(目前已使用无铅汽油),并且添加 1,2-二溴乙烷、1,2-二氯乙烷和其他一些添加剂。汽车用汽油的抗爆剂含 1,2-二溴乙烷约 17%,航空用汽油抗爆剂中含 35%。1,2-二溴乙烷还可用做有机合成和熏蒸消毒用的溶剂。

在乙烯制备中,硫酸既是脱水剂,又是氧化剂,因此反应过程中常伴有乙醇被氧化的副反应,生成二氧化碳、二氧化硫等气体。二氧化硫能与溴发生反应:

$$Br_2 + 2\,H_2O + SO_2 \longrightarrow 2\,HBr + H_2SO_4$$

所以生成的乙烯气体要先经氢氧化钠溶液洗涤。反应完毕,粗产品中杂有少量未反应完全的溴,可以用水和氢氧化钠溶液洗涤除去。

$$3\,Br_2 + 6\,OH^- \longrightarrow 5\,Br^- + BrO_3^- + 3\,H_2O$$

【反应式】

$$CH_2{=}CH_2 + Br_2 \longrightarrow CH_2BrCH_2Br$$

【主要试剂】

溴 3.0 mL(0.10 mol),乙醇,浓硫酸,氢氧化钠水溶液。

【实验步骤】

反应装置见下图,图中仪器从左至右依次编号:瓶 1 为乙烯发生器(在 250 mL 的三口瓶中,加入 2~3 勺沙子,以避免加热产生乙烯时出现泡沫,影响反应进行;温度计插到离瓶底2 mm 处)。瓶 2 是安全瓶(瓶内盛少量水,一根长玻璃管插到水面以下;如果发现玻璃管内的水柱上升很高,甚至喷出来时,应停止反应,检查系统是否有堵塞)。瓶 3 是洗气瓶(内装 5%的氢氧化钠水溶液,以吸收乙烯气中的酸气,如二氧化碳、二氧化硫等)。

瓶 4 是反应管(吸滤管内装 3.0 mL 溴,上面覆盖 3～5 mL 水,以减少溴的挥发;吸滤管外可用冷水冷却)。瓶 5 是吸收用烧杯(内装 5%氢氧化钠水溶液,吸收溴的蒸气)。

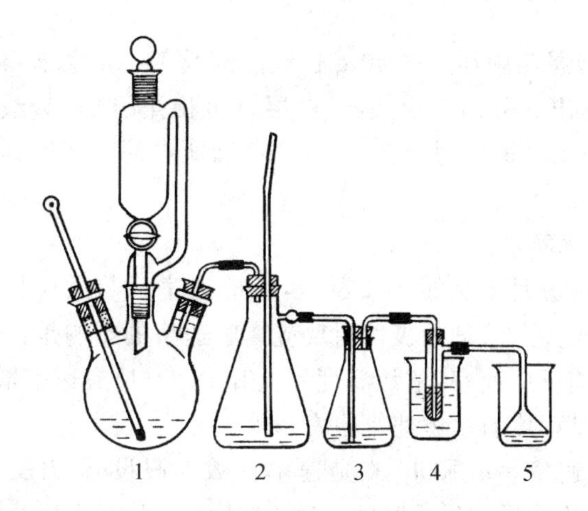

仪器装好后,在冰水冷却下,将 24 mL 浓硫酸慢慢滴加到 12 mL 乙醇中,混匀后取 6 mL 加入到三口瓶中,剩余部分倒入分液漏斗中。取一支 20 mL 的吸滤管,加入 3～5 mL 水,然后小心量取 3.0 mL 溴倒入吸滤管中。加热前,先切断瓶 3 与瓶 4 的连接处;待温度上升到约 120 ℃时,此时大部分空气已被排出,然后连接瓶 3 与瓶 4;待温度上升到约 180 ℃时,此时有乙烯产生,开始慢慢滴加乙醇-硫酸混合液,并维持温度在 180～200 ℃左右,产生的乙烯被溴吸收。如果滴速过快,会使乙烯来不及被溴吸收而跑掉,同时也会带走一些溴进入瓶 5。当溴的颜色全部褪掉时,反应即告结束。在整个反应过程中,要注意由于温度和压力的变化而发生反吸。反应完成,先取下反应管 4,然后再停止加热。将产物转移到分液漏斗中,依次以等体积的水、等体积的 1% 氢氧化钠水溶液各洗一次,再用水洗两次至中性。适量无水氯化钙干燥,过滤,蒸馏,收集 129～132 ℃的馏分,产量 5.00～6.00 g。

【注意事项】

(1) 仪器各部分连接必须紧密,不得有漏气处,这是本实验的关键;否则无足够压力使乙烯通至反应管内,并且给定的乙醇-硫酸的量不足以使溴全部褪色,还需补充。

(2) 由于 1,2-二溴乙烷凝固点为 9 ℃,反应管外不能过冷。

实验 4　三级氯丁烷的制备及其水解反应速率测定
(preparation of tert-butyl chloride and determination of hydrolytic rate)

1. 三级氯丁烷的制备

【反应式】

$$(CH_3)_3COH + HCl \longrightarrow (CH_3)_3CCl + H_2O$$

【主要试剂】

三级丁醇 3.40 g(45.9 mmol),浓盐酸 11 mL,5%碳酸氢钠溶液,无水氯化钙。

【实验步骤】

在 150 mL 的分液漏斗中加入 3.40 g 三级丁醇及 11 mL 浓盐酸,充分搅匀后静止片刻,即有明显的两层分出。分出下层酸液,上层有机相先用 5%碳酸氢钠溶液洗涤,然后再用水洗涤至中性,经无水氯化钙干燥后,滤入蒸馏瓶中简单蒸馏,收集 51~52 ℃馏分,产量 3.3 g,产率 85%。

2. 三级氯丁烷的水解

三级氯丁烷水解反应是典型的 S_N1 反应,反应速率只与反应物浓度成正比,反应速率常数与反应物浓度无关。溶剂的极性对反应离解速率的影响是:极性愈大,离解愈快。反应温度变化直接影响反应速率,估计温度每上升 10 ℃,反应速率增加一倍。此外,烷基结构及基团离去的难易程度对水解速率也有影响。

S_N1 反应中,反应速率$=k[\mathrm{RCl}]$,k 是速率常数。假设 c_0 为反应物初始浓度(时间 $t=0,t_0$),c_t 为反应开始后任一反应时间 t 时的浓度,其关系式为

$$c_t = c_0 e^{-kt} \quad 或 \quad kt = 2.303\lg\frac{c_0}{c_t} \tag{1}$$

本实验是观察不同时间内反应进行的速率,即反应物的消耗量或产物的生成量。由于时间的限制,本实验只使水解进行到约 10% 左右。反应是在已知碱量存在下进行,通过酸碱指示剂溴百里酚蓝颜色变化,可简便地测定反应中生成的盐酸量,即三级氯丁烷消耗量;再通过指示剂由蓝变黄所需要的时间求出速率常数 k_0。因此实验关键是准确地观察指示剂的变化。实验中加入氢氧化钠的摩尔数为三级氯丁烷的 1/10,由此控制反应时间。可将(1)式写为

$$kt = 2.303\lg\frac{初始碱浓度}{反应\ t\ 时碱浓度} \tag{2}$$

简化上式为

$$k = \frac{2.303}{t}\lg\frac{1}{1-反应进行的摩尔分数} \tag{3}$$

将 10%代入(3),得

$$k = 0.1/t \tag{4}$$

由此,通过测定反应时间可近似地推算速率常数 k (s^{-1})。

【反应式】

$$(CH_3)_3CCl + H_2O \longrightarrow (CH_3)_3COH + HCl$$

【主要试剂】

三级氯丁烷-丙酮溶液 0.1 mol·L^{-1},溴百里酚蓝溶液。

【实验步骤】

(1) 反应完成10%

在25 mL锥形瓶中，用移液管放入3 mL 0.1 mol·L^{-1}三级氯丁烷-丙酮溶液，在第二个25 mL锥形瓶中放入0.3 mL 0.1 mol·L^{-1}氢氧化钠、6.7 mL蒸馏水和2滴溴百里酚蓝溶液。将两个锥形瓶室温放置，记录室温。将两锥形瓶溶液混合均匀，用停表或带秒针的钟记录开始混合时间(记录时间精确到s)。溶液一旦混合，反应即很快进行，观察溶液由蓝变黄，记录时间。重复这一操作，直到读数相差不超过2～3 s，取时间平均值，代入(4)式，计算k值。

(2) 反应完成20%

重复第一部分实验，但需使用一倍量氢氧化钠(0.6 mL)，计算k值。从计算结果了解反应速率是否取决于氢氧化钠溶液的浓度。

(3) 反应物浓度的影响

用浓度为0.05 mol·L^{-1}的三级氯丁烷和0.05 mol·L^{-1}的氢氧化钠，重复第一部分实验，计算k值。从计算结果了解反应速率是否取决于反应物的浓度。

(4) 溶剂极性的影响

用80%的水和20%的丙酮代替上述反应中70%的水和30%的丙酮作为溶剂，为此，用2 mL 0.15 mol·L^{-1}三级氯丁烷-丙酮溶液和0.3 mL 0.1 mol·L^{-1}氢氧化钠溶液、7.7 mL水，重复第一部分实验，计算k值。从计算结果了解反应速率与溶剂的极性关系。

(5) 反应温度的影响

用恒温水浴控制在高于室温10 ℃和低于室温10 ℃的两种温度条件下，重复第一部分实验，两锥形瓶混合前必须使锥形瓶在水浴中恒温5 min以上。计算两个相应温度下的k值。从计算结果了解温度对反应速率有何影响。

(6) 反应物结构的影响

用三苯氯甲烷和三级溴丁烷代替三级氯丁烷，重复第一部分实验，分别计算k值。了解反应速率与反应物结构之间的关系。

【思考题】

请总结反应中反应物浓度、溶剂极性、温度、反应物结构对反应速率常数的影响。

实验5 亲核试剂的亲核性能比较
(comparison between the nucleophilicity of nucleophiles)

动力学的研究将使我们了解反应机理，选择反应条件，判断有机分子结构的内在联系。例如饱和碳原子上亲核取代反应可以按照S_N1或是S_N2机理进行。究竟按哪一种历程进行，将取决于亲核试剂的亲核性、烷基的结构、离去基团的碱性和溶剂性质等。对于一级卤代烷和大多数二级卤代烷，其亲核取代反应主要是按S_N2机理进行，其反应速率与亲核试剂的浓度及反应物的浓度有关，动力学方程如下：

$$反应速率=k[RCl][Nu:]$$

式中 k 为反应速率常数，[RCl]为反应物浓度，[Nu:]为亲核试剂浓度。

而三级卤代烷发生亲核取代反应时，反应速率只与反应物的浓度有关，按 S_N1 机理，动力学方程如下：

$$反应速率=k[RCl]$$

根据以上动力学方程，即可测定卤代烷反应与有关反应条件的关系。

在酸性介质中，醇的亲核取代反应产率较高，第一步醇质子化生成鉾盐，然后卤素取代稳定的鉾离子生成卤代烷和水。

$$n\text{-}C_4H_9\text{-}OH + H^+ \rightleftharpoons n\text{-}C_4H_9\text{-}\overset{+}{O}H_2$$

$$X^- + n\text{-}C_3H_7\text{-}CH_2\text{-}\overset{+}{O}H_2 \rightleftharpoons n\text{-}C_4H_9X + H_2O$$

当 $X=Cl^-$、Br^- 时，不同卤离子的反应速率分别为

$$反应速率(Cl)=k_{Cl}[Cl^-][ROH]$$

$$反应速率(Br)=k_{Br}[Br^-][ROH]$$

调整反应中酸量，并保证反应在过量的相同摩尔数的氯离子和溴离子存在下进行，近似地认为卤素离子浓度无显著变化。

$$k_{Cl}=[Cl^-][ROH]/[RCl],\quad k_{Br}=[Br^-][ROH]/[RBr]$$

因此

$$k_{Cl}/k_{Br}=[RBr]/[RCl]$$

这样，分别测定生成卤代烷的量就可以测得反应相对速率。在水和醇溶剂中卤离子的反应速率应为 $I^- > Br^- > Cl^-$。

【主要试剂】

NH_4Cl 0.25 mol，NH_4Br 0.25 mol，正丁醇 0.20 mol，浓硫酸，$NaHCO_3$，无水氯化钙。

【实验步骤】

将 50 mL 浓硫酸在搅拌冷却下慢慢加入至盛有 60 mL 水的烧杯中，冷却后转入 500 mL 的三口瓶中，加入 13.50 g 氯化铵和 25.80 g 溴化铵，磁子搅拌混合均匀，装上回流冷凝管和滴液漏斗，并在冷凝管上口接一酸气吸收装置(可用水或稀氢氧化钠溶液做吸收剂)。温和加热使固体全部溶解，在微沸下慢慢滴加 18.5 mL 正丁醇，约 5 min 滴加完毕，继续回流 1.5 h(注意不要加热过猛，以防氯化氢、溴化氢气体和正丁醇从冷凝管上口跑掉)，回流完毕后，将混合液先用水冷却至室温，再进一步用冰水冷却，有固体析出。把混合液小心倾入分液漏斗中，弃去最下层的水相，有机相用等体积水洗一次，继而用 40

mL 浓硫酸分两次洗，再用等体积水洗一次，用 100 mL 5%的碳酸氢钠洗一次，倾入锥形瓶中，无水氯化钙干燥，塞好塞子，以防卤代烷挥发，称量后做组成分析。

用下列方法测定产物的相对含量：

(1) 用测定混合液的折射率确定混合液的组成

此法是基于当两种或多种液体的混合物的各个组分的沸点相近、结构相似、极性较小时，混合液的折射率常常近似地与它们的摩尔组成呈线性关系。

首先绘制摩尔组成与折射率的工作曲线：用纯的正氯丁烷和正溴丁烷配成各种不同摩尔组成的混合液，在 20 ℃时分别测出纯样品和各种混合样品的折射率。然后依表中数据绘制工作曲线，如图 5.1 所示。若测得混合液的折射率 $n_D^{20}=1.4348$，那么从工作曲线上查得正氯丁烷的摩尔分数 x 为 0.142。

$x(n\text{-}C_4H_9Cl)$	n_D^{20}
1.000	1.4015
0.498	1.4220
0.252	1.4310
0.181	1.4331
0.051	1.4385
0.019	1.4398
0.000	1.4402

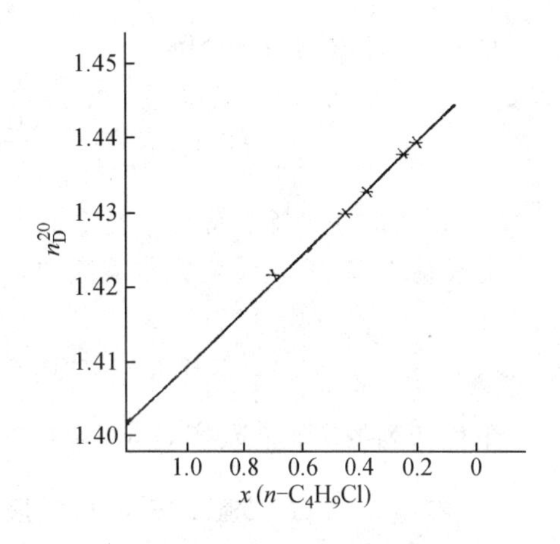

图 5.1 $n\text{-}C_4H_9Cl$ 在混合物中的摩尔分数

(2)用气相色谱法测定混合液的组成

本实验采用计算峰面积 A 的方法。

$$A=h\times W_{1/2}$$

式中 h 为峰高，$W_{1/2}$ 为半峰宽。比较两个峰的峰面积，就可以确定混合液的组成。

将用以上两种分析方法确定的混合液的摩尔组成进行比较。实验统计结果表明，正氯丁烷在混合物中的摩尔分数一般在 13%～15%。

【思考题】

(1) 用浓硫酸进行洗涤的目的是什么？

(2) 若用三级丁醇代替正丁醇进行上述反应，在分离提纯过程中用 5%碳酸氢钠洗涤三级卤丁烷时，会产生大量的二氧化碳。请解释，并说明此时三级氯丁烷与三级溴丁烷之比有何变化。

5.2.2 卡宾反应

卡宾($:CH_2$ 或 $:CR_2$)和二氯卡宾($:CCl_2$)是非常活泼的反应中间体，其活泼性来源于卡宾价电子层只有6个电子，不足8个，因此，卡宾是一种强的亲电试剂。卡宾的特征反应有碳氢键间的插入反应及对C=C和C≡C的加成反应，形成三元环状化合物。二氯卡宾也可对碳氧双键加成。

产生卡宾的方法有：

(1) 重氮化合物的光或热分解

$$[R_2C=\overset{+}{N}=\overset{-}{N} \longleftrightarrow R_2\overset{-}{C}-\overset{+}{N}\equiv N] \longrightarrow R_2C: + N_2$$

(2)三氯乙酸钠的热分解

$$CCl_3COO^-Na^+ \xrightarrow[\triangle]{-CO_2} Cl_3C^-Na^+ \xrightarrow{-NaCl} Cl_2C:$$

(3)氯仿的α-消除反应

此反应在50% 氢氧化钠水溶液中进行，反应最为重要，最有应用价值：

$$CHCl_3 + NaOH \xrightarrow{-H_2O} Cl_3C^-Na^+ \xrightarrow{-NaCl} Cl_2C:$$

下面所列的实验6及实验39(扁桃酸的制备)均是卡宾的PT催化反应。

实验6 7,7-二氯二环[4.1.0]庚烷(7,7-dichlorobicyclo[4.1.0]heptane)

相转移(phase transfer,PT)催化反应

在有机合成中常遇到有水相和有机相参加的非均相反应，这些反应速率慢、产率低、条件苛刻，有些甚至不能发生。1965年，Makosza首先发现鎓类化合物具有使水相中的反应物转入有机相中的本领，从而加快了反应速率，提高了产率，简化了操作，并使一些不能进行的反应顺利完成，开辟了相转移催化反应这一新的合成方法。PT催化在有机合成中的应用已日趋广泛。

常用相转移催化剂主要有两类：

(1) 盐类化合物：季铵盐、季鏻盐、砷盐、硫盐，其中以苄基三乙基氯化铵(TEBA)和四丁基硫酸氢铵(TBAB)最为常用。在这类化合物中，烃基是脂溶性基团，若烃基太小，则脂溶性差，一般要求烃基的总量大于150 g · mol^{-1}。

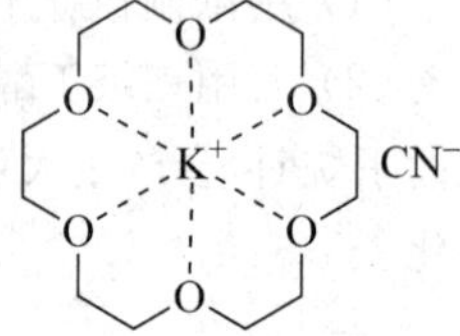

(2) 冠醚：常用的有18-冠-6、二苯基-18-冠-6、二环己基-18-冠-6。冠醚具有和某些金属离子络合的性能而溶于有机相，例如，18-冠-6与氰化钾水溶液中的K^+络合，而与络合离子形成离子对

的 CN^- 也随之进入有机相。

两个 PT 催化反应的例子:(i)用正氯辛烷和氰化钠水溶液反应制备壬腈,回流 2 周也得不到产物,但加入鏻盐后,在 105 ℃反应 1.5 h,产率可达 95%。(ii)铬酸对醇的氧化反应,加入 TEBA,反应很快完成。

【反应式】

$$\text{环己烯} \xrightarrow[\text{TEBA}]{NaOH,\ H_2O,\ CHCl_3} \text{7,7-二氯二环[4.1.0]庚烷}$$

水相 $R_4N^+Cl^- + NaOH \rightleftharpoons R_4N^+OH^- + NaCl$

有机相 $R_4N^+OH^- + CHCl_3 \rightleftharpoons R_4N^+Cl_3C^- + H_2O$

$R_4N^+Cl^- + :CCl_2 \rightleftharpoons R_4N^+Cl_3C^- + H_2O$

$:CCl_2 \xrightarrow{>C=C<}$ 二氯环丙烷(Cl, Cl)

【主要试剂】

环己烯 1.62 g(20.0 mmol),TEBA 0.30 g,氯仿 20 mL,氢氧化钠 4.00 g(100 mmol)。

【实验步骤】

在装有回流冷凝管、温度计和滴液漏斗的三口瓶中(注意:须在瓶口处涂一薄层凡士林),加入 1.62 g 环己烯、0.30 g TEBA(三乙基苄基氯化铵)和 10 mL 氯仿;在电磁搅拌下,由滴液漏斗滴加 4.00 g 氢氧化钠溶在 4 mL 水中的溶液,此时有放热现象。滴加完毕,在剧烈搅拌下水浴加热温和回流 40 min。反应液为黄色,并有固体析出。

待反应液冷却至室温,加入 10 mL 水使固体溶解。将混合液移到分液漏斗中,分出有机层,水层用 10 mL 氯仿提取一次,提取液与有机层合并,每次用 10 mL 水洗涤(约 3 次)至中性。有机层用无水硫酸钠干燥,水浴蒸出氯仿后,进行减压蒸馏,收集 80~82 ℃/16 mmHg(2.13 kPa)或 95~97 ℃/35 mmHg(4.67 kPa)或 102~104 ℃/50 mmHg(6.67 kPa)的馏分。产量 1.80 g,为无色透明液体。此产品也可简单蒸馏,沸点 198 ℃,但略有分解现象。

【注意事项】

(1) 氯仿有毒,注意室内通风,萃取可用二氯甲烷或石油醚替代氯仿以减少氯仿挥发。本实验使用氢氧化钠溶液，严防溅入眼睛。

(2) 此反应是在两相中进行，反应过程中必须剧烈搅拌反应物，否则影响产率。

(3) 接触浓的氢氧化钠溶液时，磨口处应涂好油脂(凡士林等)，用后的滴液漏斗应立即洗净；否则，碱性物质会使活塞粘连难以打开。

(4) 反应液在分层时，常出现较多絮状物，可用布氏漏斗过滤。

附：相转移催化剂三乙基苄基氯化铵(TEBA)的制备

【反应式】

$$C_6H_5CH_2Cl + (C_2H_5)_3N \longrightarrow C_6H_5CH_2N^+(C_2H_5)_3Cl^-$$

【主要试剂】

氯化苄 5.5 mL(0.05 mol)，三乙胺 7.0 mL(0.05 mol)，1,2-二氯乙烷。

【实验步骤】

在装有搅拌器和回流冷凝管的250 mL三口瓶中，加入5.5 mL氯化苄、7.0 mL三乙胺和19 mL二氯乙烷。回流搅拌1.5～2 h。将反应液冷却，析出结晶，过滤，用少量的1,2-二氯乙烷洗涤两次，烘干后放保干器中存放(产品在空气中易潮解)，得量约10 g。

5.3 烯烃和取代的碳碳双键化合物(实验7～10)

小分子的烯烃如乙烯、丙烯、丁二烯是三大合成材料工业(合成纤维、合成塑料、合成橡胶)的基本原料，由石油裂解得到。实验室中制备烯烃除了采用醇在氧化铝等催化剂上进行高温催化脱水之外，主要采用酸性条件下醇脱水和碱性条件下卤代烷脱卤化氢两种方法。

$$>C-C<_{OH} \underset{}{\overset{H^+}{\rightleftharpoons}} >C-C<_{\overset{+}{O}H_2} \underset{}{\overset{-H_2O}{\rightleftharpoons}} >\underset{H}{C}-C^+< \underset{}{\overset{-H_3^+O}{\rightleftharpoons}} >C=C<$$

1. 醇的酸催化脱水反应

醇的酸催化失水通常被认为是 E_1 机理：

形成正碳离子的一步是决定反应速率的一步，正碳离子越稳定，过渡态位能越低，反应速率越快。正碳离子稳定性顺序为

$$-\overset{+}{C}R_3 > -\overset{+}{C}HR_2 > -\overset{+}{C}H_2R$$

故醇的反应性：三级醇 > 二级醇 > 一级醇。三级醇较一级醇容易失水并且失水温度较低，整个反应是可逆的。为了使反应完全，必须不断地把生成的烯(沸点较低)蒸出，这样

也避免了烯烃的聚合。

根据醇的结构不同,常用的失水剂有硫酸、磷酸、草酸、五氧化二磷等。当有两种以上的烯烃可能生成时,主要产物是遵照 Заичев 规则,生成有较多取代基的烯烃。例如,1-丁醇经酸催化脱水主要生成 2-丁烯,只有少量 1-丁烯。

碱性条件在某些情况下也可以使用。采用三氧化铝催化脱水,可生成末端多取代的烯烃,其在工业生产上应用极为广泛,例如使用稀土金属二氧化钍催化,则可提供合成末端烯烃的方法。

2. 卤代烷脱卤化氢反应

$$CH_3CH_2C(CH_3)(Cl)CH_2CH_3 \xrightarrow{OH^-} CH_3CH{=}C(CH_3)CH_2CH_3$$

卤代烷脱卤化氢存在着以下三种机理:

$$E_1 \quad H{-}C{-}C{-}X \xrightarrow{-X^-} H{-}C{-}C^+ \xrightarrow{-H^+} C{=}C$$

$$E_2 \quad H{-}C{-}C{-}X + B\!:(\text{碱}) \longrightarrow \left[B\cdots H\cdots C{=}C\cdots X \right] \longrightarrow C{=}C + BH + X\!:$$

$$E_{1cb} \quad H{-}C{-}C{-}X \longrightarrow {}^-C{-}C{-}X \longrightarrow C{=}C + X^-$$

下角 cb 表示共轭碱(conjugate base)

卤代烷脱卤化氢常用碱性试剂,如氢氧化钾醇溶液、乙醇钠-乙醇、叔丁醇钾-叔丁醇等,以及胺类化合物,如三乙胺、吡啶、喹啉等。像醇失水反应一样,主要产物同样遵守 Заичев 规则。不论是醇还是卤代烷的消除反应,都同时存在着与之竞争的取代反应,副产物分别是醚和醇等。在按 E_1 机理进行的消除反应中,还伴随着(甚至主要是)重排反应的产物:

$$CH_3C(CH_3)_2CH_2OH \xrightarrow{H^+} CH_3C(CH_3)_2CH_2\overset{+}{O}H_2 \xrightarrow{-H_2O} CH_3C(CH_3)_2\overset{+}{C}H_2 \xrightarrow{\text{重排}} CH_3\overset{+}{C}(CH_3)CH_2CH_3 \xrightarrow{-H^+} CH_3C(CH_3){=}CHCH_3$$

醇醛缩合、Knovenagel 反应、Perkin 反应是羰基化合物与含有活泼 α-氢的醛、酮、羧酸、腈、硝基化合物等在碱作用下缩合生成含有双键的化合物,这是另一类制备取代烯烃的重要方法。

Wittig 反应是得到广泛应用的烯烃合成的新方法,利用鏻盐与醇钠、醇锂、氢氧化钠水溶液产生磷叶立德(Ylid)与醛、酮反应生成烯烃。这种方法的优点是:生成的双键处于原羰基的位置;与α,β-不饱和羰基化合物反应时,不发生1,4-加成,适用于多烯类化合物的合成;反应具有一定的立体选择性,利用不同试剂,控制一定的反应条件,可以获得一定构型的产物[1]。

膦酸酯与膦酰胺是Wittig试剂的新发展,称为Wittig-Horner反应。膦酸酯在四氢呋喃中与丁基锂反应生成膦酸酯负离子,该离子与羰基化合物反应生成烯烃,现已广泛应用于各类烯烃的合成[2]。许多活泼的膦酸酯在相转移催化剂存在下,在氢氧化钠水溶液中可与醛、酮缩合成烯,该方法简便、经济[3]。

膦酰胺可方便地由卤代烃制备,某些情况下,使用膦酰胺与醛、酮反应制备取代烯烃也是很好的途径[4]。

环状烯烃可通过Diels-Alder反应制备。研究证明,Lewis酸催化可以加速反应[5],一般使用BF_3、$AlCl_3$、$FeCl_3$、$SnCl_4$等催化剂。

【参考文献】

[1] Vodezs E,Snoble K A J. *J Am Chem Soc*,1973,95:5778.
[2] Boutagy J,Thomas R. *Chem Rev*,1974,74:87.
[3] Pichucki C. *Synthesis*,1976,187.
[4] Corey E J,Kwialkowski G T. *J Am Chem Soc*,1966,85:5652.
[5] Thompson H W,et al. *J Am Chem Soc*,1970,92:3218.

实验7 环己烯(cyclohexene)

环己醇可在浓硫酸或磷酸催化下脱水制备环己烯,但在使用硫酸时常常会产生一些黑色物使反应瓶不易刷洗干净,故本实验采用磷酸催化。

【反应式】

$$\text{C}_6\text{H}_{11}\text{-OH} \xrightarrow{H_3PO_4} \text{C}_6\text{H}_{10} + H_2O$$

【主要试剂】

环己醇4.82 g(5 mL,48.1 mmol),85%磷酸3 mL,无水氯化钙,食盐,碳酸钠水溶液。

【实验步骤】

在25 mL的圆底烧瓶中加入4.82 g环己醇、3 mL磷酸,振荡均匀;烧瓶上装一短的分馏柱,接上冷凝管,接收器浸在碎冰里冷却。开动搅拌,控制温度慢慢加热烧瓶,收集85 ℃以下的蒸出液,蒸馏液为带水的混浊液体。至无液体蒸出时,加热升高温度,当有大量的白烟生成时(或烧瓶里只剩下少量溶液时),立即停止加热,反应即完成。

蒸出液用食盐饱和,然后用10%的碳酸钠水溶液中和微量的酸。把液体倒入分液漏斗中，分出有机相，倒入一干燥的锥形瓶中，用适量的无水氯化钙干燥，待溶液清亮透明后滤入蒸馏瓶，水浴加热蒸馏，收集 82～84 ℃的馏分。若蒸出产物混浊，必须重新干燥后再蒸馏。产量约 2.00～3.00 g。

文献值 bp 83 ℃；n_D^{20} 1.4460；IR(KBr)：$\tilde{\nu}$/cm^{-1}=3030(CH)，2940(CH)，1655(C=C)，1450，1430；^1H NMR($CDCl_3$)：δ=5.6(m，2H，CH=CH)，2.2～1.8(m，4H，CH_2—C=C)，1.8～1.4(m，4H，CH_2)。

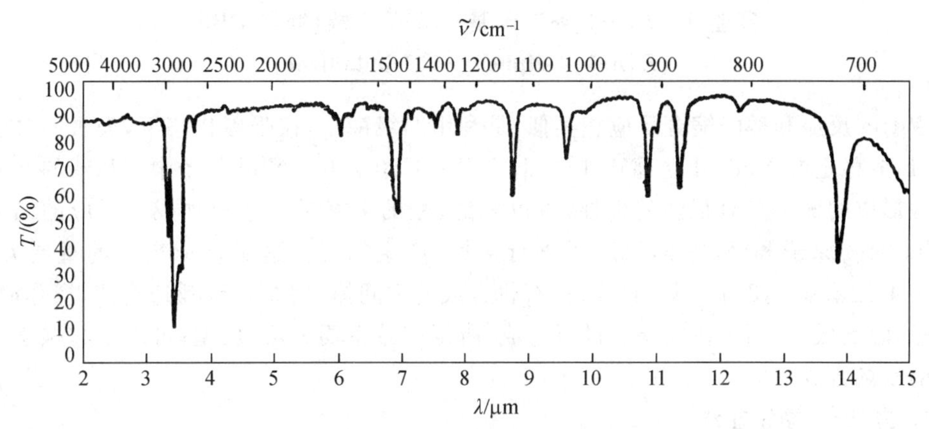

图 5.2 环己烯的红外光谱

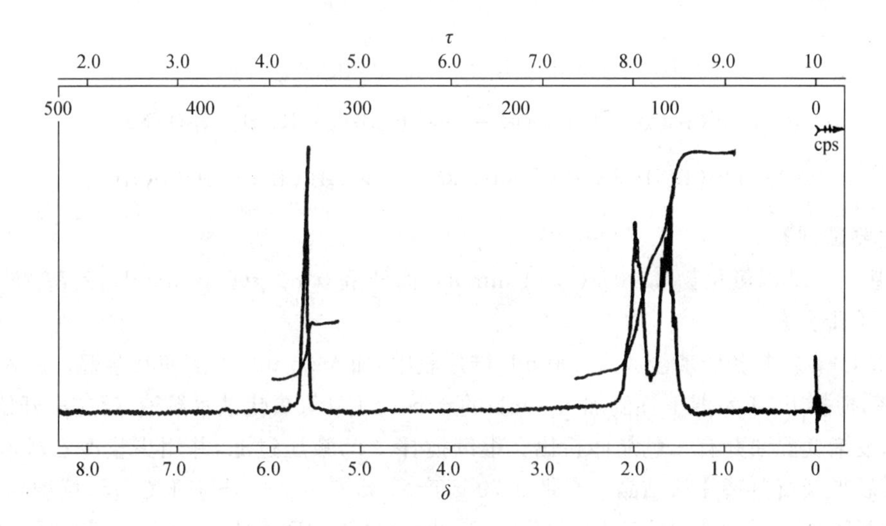

图 5.3 环己烯的核磁共振谱

【注意事项】

(1) 环己醇与酸应振荡均匀，使它们充分混合，尤其是使用浓硫酸更应注意，以免炭化。本实验使用85%的磷酸效果较好。

(2) 反应中环己烯-水形成共沸物 bp 70.8 ℃,含水10%。没有反应的环己醇与水形成共沸物 bp 97.8 ℃,含水80%。反应加热时温度不可过高,以减少未反应的环己醇被蒸出。

(3) 在收集和转移环己烯时,最好保持充分冷却,以免因挥发而造成损失。

【参考文献】

Dehn W M, Jackson K E. *J Am Chem Soc*, 1933, 55: 4284.

实验8 *E*,*E*-1,4-二苯基-1,3-丁二烯(简称DPB) (*E*,*E*-1,4-diphenyl-1,3-butadiene)

Wittig反应和醇醛缩合反应相类似,是利用四级鏻盐,在强碱作用下,失去一分子卤化氢,形成稳定的Ylid(叶立德),如$(C_6H_5)_3P{=}CHC_6H_5$。Ylid分子中碳和磷的p、d轨道重叠形成的π键具有很强的极性,可以和醛、酮的羰基进行亲核加成。反应的结果是把Ylid的碳原子和醛、酮的氧原子进行交换,产生烯烃。这是合成烯烃的重要方法。*E*,*E*-1,4-二苯基-1,3-丁二烯(DPB)是有机合成的中间体,用Wittig反应合成,操作简便,时间短,温度低,适用于在实验室进行合成,所得产品主要为反,反型;可用于与顺丁烯二酸酐的双烯合成反应。

1. 方法一:季鏻盐法

【反应式】

$$(C_6H_5)_3P + ClCH_2C_6H_5 \longrightarrow [(C_6H_5)_3P^+CH_2C_6H_5]Cl^-$$

$$[(C_6H_5)_3P^+CH_2C_6H_5]Cl^- + NaOH \longrightarrow (C_6H_5)_3P{=}CHC_6H_5 + H_2O + NaCl$$

$$(C_6H_5)_3P{=}CHC_6H_5 + C_6H_5CH{=}CHCHO \longrightarrow C_6H_5CH{=}CHCH{=}CHC_6H_5$$

【主要试剂】

苄基三苯基鏻氯化物2.00 g(5.14 mmol),肉桂醛0.80 g(6.0 mmol),乙醇25 mL。

【实验步骤】

取2.00 g新制备的鏻盐放入100 mL锥形瓶中,加入25 mL乙醇使其溶解。加入0.80 g肉桂醛,搅拌下,于室温下逐滴加入3 mL的6 mol·L^{-1}氢氧化钠水溶液,反应液开始变为淡橙色,逐渐变混浊并有无色晶体析出。继续搅拌2 h,减压过滤,并用少量冷乙醇洗涤固体,干燥后得淡黄色鳞片状结晶。产量0.70 g,产率68%,mp 150~151 ℃(反,反型)。

IR(KBr): $\tilde{\nu}$/cm^{-1} = 1615,1600(C=C,Ph); ^{1}H NMR($CDCl_3$): δ = 7.7~7.0(m,10H,Ar-H),7.0~6.55(m,4H,C=CH)。

【注意事项】

有机鏻盐有毒,勿与皮肤接触。

【思考题】

(1) 三苯基亚甲基鏻能与水起反应;三苯基苄基鏻氯化物在水存在下,则可与肉桂醛反应生成二烯。试比较二者的亲核活性,并从结构上给予解释。

(2) 请比较通过 Wittig 反应合成双键与用消除法制备烯烃在立体选择性上的区别。

(3) Wittig 反应制得的烯烃,一般以反式为主,如何理解这一反应的立体选择性?

(4) 写出该反应的立体构型。

(5) 写出 DPB 的立体异构体,并说明何者适于双烯合成反应。

附:苄基三苯基鏻氯化物的制备

【反应式】

$$(C_6H_5)_3P + ClCH_2C_6H_5 \longrightarrow [(C_6H_5)_3P^+CH_2C_6H_5]Cl^-$$

【主要试剂】

三苯基膦 2.00 g(7.63 mmol),氯化苄 1.00 g(7.90 mmol)。

【实验步骤】

在 50 mL 的圆底烧瓶中,加入 2.00 g 三苯基膦和 15 mL 氯仿。溶解后,加入 1.00 g 氯化苄,装上带有干燥管的冷凝管,水浴加热回流 3 h。反应结束后改为蒸馏装置,尽量蒸出氯仿。然后加入 2.5 mL 二甲苯,充分摇荡混匀。减压过滤,用少量二甲苯洗涤结晶,干燥后得鏻盐 2.50 g,产品为无色结晶,产率 84.5%,mp 310~312 ℃(文献值 317~318 ℃)。贮存于保干器中备用。

【注意事项】

三苯基膦及生成的鏻盐均有毒,请勿与皮肤接触。

2. 方法二:膦酸酯法

【反应式】

$$(C_2H_5O)_3P + C_6H_5CH_2Cl \longrightarrow (C_2H_5O)_2\overset{\overset{\Large O}{\|}}{P}CH_2C_6H_5 + C_2H_5Cl$$

$$(C_2H_5O)_2\overset{\overset{\Large O}{\|}}{P}CH_2C_6H_5 \xrightarrow[DMF]{CH_3ONa} [(C_2H_5O)_2\overset{\overset{\Large O}{\|}}{P}C^-HC_6H_5]Na^+ \xrightarrow{C_6H_5CH{=}CHCHO} C_6H_5CH{=}CHCH{=}CHC_6H_5$$

【主要试剂】

亚磷酸三乙酯 1.58 g(9.5 mmol),苄氯 1.21 g(9.5 mmol),肉桂醛 1.25 g(9.5 mmol),二甲基甲酰胺(DMF),甲醇钠 0.54 g(10 mmol)。

【实验步骤】

在 50 mL 三口瓶上装上回流冷凝管及气体导出管,加入 1.21 g 苄氯和 1.58 g 亚磷酸三乙酯，加热回流，保持微沸 1 h。冷却反应物，加入 10 mL DMF 和 0.54 g 甲醇钠，此时将反应瓶冷却至 0 ℃。去掉导气管，装上滴液漏斗，强烈搅拌下滴加 1.25 g 肉桂醛和 1 mL DMF 的混合溶液，滴加过程中反应物逐渐变成深红色并析出沉淀。在室温下继续搅拌 10 min 以后，慢慢向反应瓶内加入 5 mL 水和 3 mL 甲醇混合溶剂，析出晶状产物。过滤并用水及甲醇分别洗涤产物，干燥，得到 1.20 g 产品，产率 62%，mp 151 ℃。

若需重结晶，可选用甲基环己烷为重结晶溶剂。

【注意事项】

(1) 制备苄基膦酸二乙酯须在通风橱内进行。

(2) 氯化苄对眼睛、皮肤有强刺激作用，用时要戴防护眼镜，切勿与皮肤接触。

(3) 本实验利用亚磷酸三乙酯和卤代烷生成膦酸酯的反应，称为 Arbuzov 反应；以膦酸酯与羰基反应生成烯，称为 Horner 反应。

附：亚磷酸三乙酯的制备

【反应式】

$$PCl_3 + C_2H_5OH + C_6H_5N(CH_3)_2 \longrightarrow P(OC_2H_5)_3 + C_6H_5N(CH_3)_2 \cdot HCl$$

【主要试剂】

N,*N*-二甲苯胺(新蒸)6.05 g(50.0 mmol)，三氯化磷 2.25 g(16.4 mmol)，绝对无水乙醇 3.0 mL(51.4 mmol)，石油醚(30～60 ℃)。

【实验步骤】

在 50 mL 的三口瓶上，装置滴液漏斗和装有氯化钙干燥管的冷凝管，瓶内放置 3.0 mL 绝对无水乙醇；将 6.05 g *N*,*N*-二甲苯胺和 15 mL 无水石油醚的溶液也加入其中，在滴液漏斗内加入 2.26 g 三氯化磷和 8.0 mL 无水石油醚。搅拌下，滴加三氯化磷-石油醚溶液。控制滴加速率使反应液维持微沸，由于反应放热，必要时，可用冷水浴冷却。滴加过程中，逐渐在反应瓶内出现白色沉淀物。滴加完毕，再继续搅拌 1 h，待反应物冷至室温，抽滤，沉淀物用无水石油醚洗涤两次。滤液转移至蒸馏瓶内，在水浴上蒸去石油醚，然后减压蒸馏，收集 57～58 ℃/2.13 kPa(16 mmHg)馏分。产量 2.25 g，产率 82%。文献值亚磷酸三乙酯 bp 156.5 ℃。

【注意事项】

(1) 三氯化磷有毒并具有刺激性，实验须在通风橱内进行，应防止溅到皮肤上。*N*,*N*-二甲苯胺有毒，如果溅到皮肤上，立即用 2%乙酸清洗，之后再用水清洗。

(2) 三氯化磷遇水分解，本实验中所用仪器、溶剂、药品均应干燥无水，*N*,*N*-二甲苯胺应经蒸馏后使用，三氯化磷也应经蒸馏后使用。

(3) 减压过滤白色沉淀物时，应使用干燥容器。

【思考题】

(1) 滴加三氯化磷-石油醚过程中逐渐有白色沉淀物生成，请考虑白色固体是什么？

(2) 为什么减压过滤上述白色固体时，要用干燥的减压过滤装置？

(3) 请比较制备 *E*,*E*-1,4-二苯基-1,3-丁二烯的方法一与方法二有什么不同？请参考有关文献，试评价两种方法的优缺点。

【参考文献】

[1] Gillois J, Guillerm G, et al. *J Chem Educ*, 1980, 57: 161.

[2] Arbusov B A. *Pure Appl Chem*, 1964, 9: 307.

[3] Horner L, Hoffmann H, et al. *Chem Ber*, 1959, 92: 2499.

[4] Gilman H, Blatt A. *Organic Syntheses*, Coll Ⅳ: 955.

[5] Friedrich K, Henning H G. *Chem Ber*, 1959, 92: 2944.

实验 9　9,10-二氢蒽-9,10-内桥-α,β-丁二酸酐 (anthracene-9,10-dihydride-endo-α,β-succinic anhydride)

Diels-Alder 反应不仅是一个巧妙的合成六元环有机化合物的重要方法(见实验 9～10)，而且在理论上占有重要的位置。反应是一个亲二烯体(嗜双烯体)对一个共轭双烯的 1,4-加成反应，即包含着一个 2π 电子体系对一个 4π 电子体系的加成，因此该反应也称为[4＋2]环加成反应。最简单的例子是乙烯与 1,3-丁二烯的环加成反应：

200 ℃
压力

反应要求高温高压。当双烯上含有烷基、烷氧基等给电子基团，以及嗜双烯上含有羰基、羧基、酯基、氰基等吸电子基团时，反应速率加快。此反应是一步发生的协同反应。与离子型及自由基型反应不同，Diels-Alder 反应不存在活泼的反应中间体，其反应过渡态包括双烯的 π 轨道和嗜双烯的 π 轨道交盖，即旧键的断裂和新键的形成是同时发生的(图 5.4)。

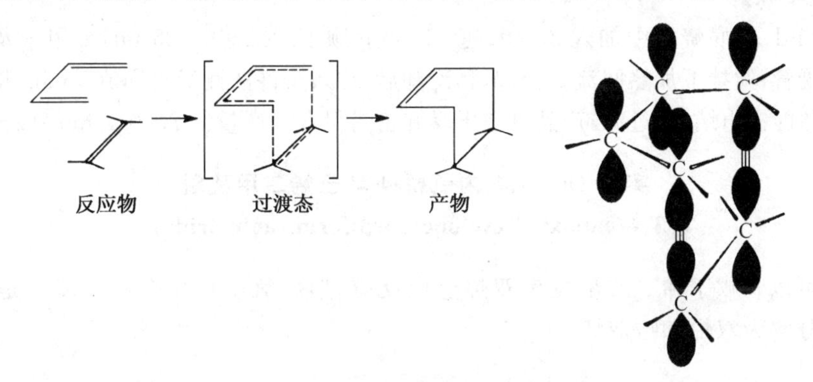

图 5.4　过渡态

反应特点:

(1) 可逆反应:环戊二烯在室温下聚合成双环戊二烯,后者在180 ℃加热时又解聚成环戊二烯。

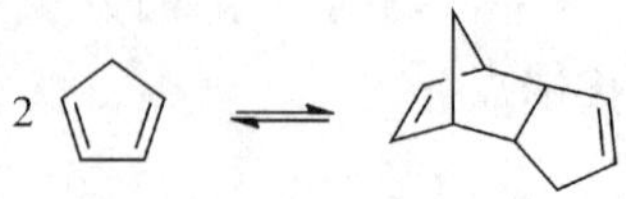

(2)立体定向的顺式加成反应:嗜双烯的顺反结构在反应后保持不变。

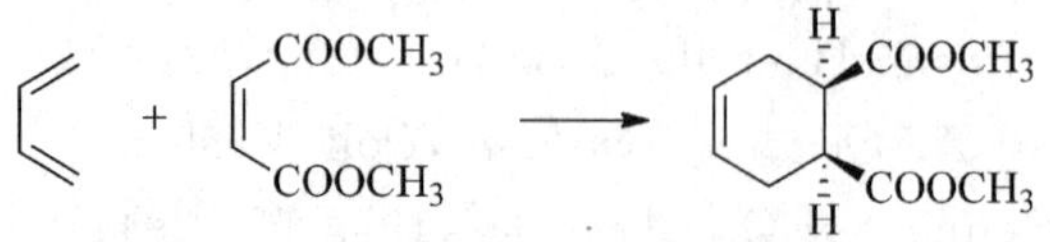

蒽分子中具有环己二烯的结构,其中9,10位是共轭双烯的两端,容易与嗜双烯发生Diels-Alder反应,生成桥环化合物。反应是可逆的,在低温时平衡向加成物方向进行,高温时加成物发生分解。蒽和菲主要来源于煤焦油,但菲不能发生此反应,所以用此法可以提纯蒽。

【反应式】

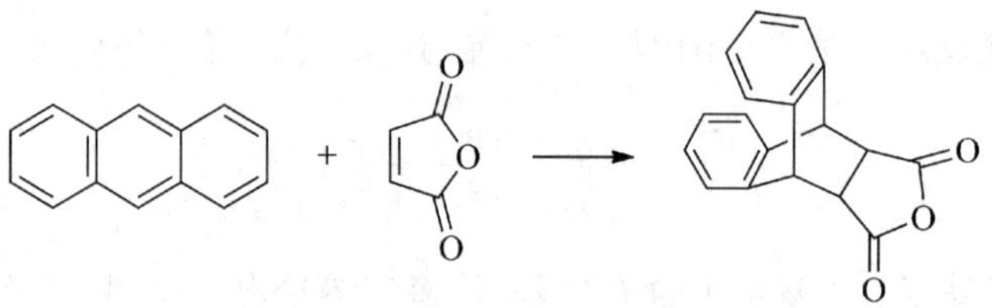

【主要试剂】

蒽 2.00 g(11.2 mmol),顺丁烯二酸酐 1.00 g(10.1 mmol),二甲苯。

【实验步骤】

在50 mL圆底烧瓶中加入2.00 g蒽、1.00 g顺丁烯二酸酐、25 mL二甲苯及磁子,装上回流冷凝管;搅拌下加热回流20 min,稍冷却后,加入少许活性炭再回流5 min;趁热过滤,将滤液冷却即析出结晶,过滤,产品真空干燥并密封保存。产量约2.20 g,mp 262～263 ℃。

实验10 3,6-内氧桥-4-环己烯二甲酸酐
(3,6-endoxy-4-cyclohexenediformicanhydride)

呋喃可以和顺丁烯二酸酐发生双烯合成反应,形成氧桥环化合物。反应是可逆的,在熔点时分解为双烯和嗜双烯。

【反应式】

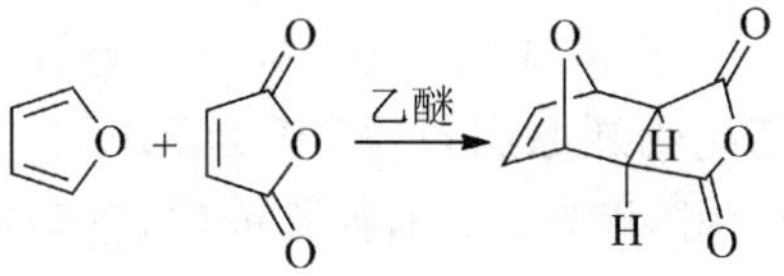

【主要试剂】

呋喃 1.40 g(1.5 mL,20.5 mmol),顺丁烯二酸酐 2.00 g(17.5 mmol),乙醚。

【实验步骤】

在 50 mL 的锥形瓶中,加入充分研磨细的 2.00 g 顺丁烯二酸酐至 5.0 mL 乙醚中;待完全溶解后,加入 1.40 g 呋喃;充分搅拌,室温放置 24~48 h 后,减压下过滤,得白色结晶约 2.80~3.10 g,mp 118~119 ℃,产率 85%~90%。

IR(KBr):$\tilde{\nu}$/cm^{-1} = 3400,3000(CH,CH_2),1875,1790(C=O),1210,1045,1010;^{1}H NMR($CDCl_3$):δ=6.50(s,2H),5.45(s,2H),3.10(s,2H)。

【注意事项】

(1) 研究环戊二烯与顺丁烯二酸酐等的 Diels-Alder 反应,以轨道对称理论,解释了形成内型加成物优先于外型加成物。与此相反,呋喃与顺丁烯二酸酐的 Diels-Alder 反应却给出外型加成产物,而内型加成产物却从没有报道[4]。外型产物 mp 117 ℃(也有报道,mp 122~125 ℃,伴随分解)[1]。据实验与文献[4]证明,呋喃与顺丁烯二酸酐加成产物仅得到外型加成物,可能是因为需形成热力学稳定的构型[2~4]。

(2) 实验证明,该反应的产率随着反应时间的延长而增高,在室温下放置 1 周后可得到 90%以上的产物。

【参考文献】

[1] Miller J A,Neuzil E F. *Modern Experimental Organic Chemistry*. D C Heath and Company,1982: 489.

[2] Ronfrow W B, Hawkins P J. *Organic Chemistry Laboratory Operations*. Macmillan,New York,1962: 63.

[3] Ault A. *Techniques and Experiments for Organic Chemistry*. Waveland Press,1974: 242.

[4] Anet F A L. *Tetrahedron Letters*,1962,25: 1219.

5.4 醇
(实验 11~13)

醇很容易转变成卤代物、烯、醚、醛、酮、羧酸、羧酸酯等化合物,所以醇类化合物在有机合成上应用广泛,它不但可以用做溶剂,而且也可以用于制备其他化合物。

醇的制法很多，较简单的和常用的醇在工业上主要是通过淀粉发酵、石油裂解中烯烃的催化加水等来制备。在实验室中制备醇的重要途径可简单归纳为两种：一种是以烯烃为原料的碳碳双键的加成，另一种是以羰基化合物为原料的碳氧双键的加成和羰基的还原。

醇可由醛、酮、羧酸及其衍生物还原制备，其中以醛、酮的还原最为重要。采用催化氢化法可使醛、酮顺利地被还原为醇，该方法具有操作简便、产率高及产品纯度高的优点。

$$\begin{matrix} R \\ (R')H \end{matrix}\!\!>C=O \xrightarrow[\text{催化剂}]{[H]} \begin{matrix} R \\ (R')H \end{matrix}\!\!>CHOH$$

在用活性钯、铂、镍等催化下的氢化反应，是在室温和在较低的压力下进行的，以氧化铬和其他金属（如锌、铜等）组成的复合催化氢化，条件比较强烈。醛、酮易被多种化学还原剂（如金属钠-乙醇、钠汞齐、锌-乙酸、锌-氢氧化钠、铁-乙酸等）还原为醇。更广泛应用于醛、酮还原的是硼氢化钠 $NaBH_4$ 和氢化铝锂 $LiAlH_4$，这些金属氢化合物具有反应条件温和、副反应少、产率高、对官能团具有选择性高和立体化学选择性好等重要特性，在天然产物和复杂分子合成中尤其重要。氢化铝锂是还原性极强的还原剂，它在还原醛、酮的同时，也能还原其他易被还原的基团，即对官能团的选择性较差，且反应需在严格的无水条件下，在非质子溶剂如乙醚、四氢呋喃、二氯乙烷中进行。硼氢化钠是较温和的还原剂，它在还原醛、酮的同时，一些官能团如硝基、腈基等均不受影响。故其选择性好，它既可在水-有机两相体系中进行，也可在乙醇中反应，并具有操作简便、安全等优点。

羧酸及其衍生物（如酯、酰氯、酰胺及酸酐等），在活性镍、铂、氧化铜、氧化铬的复合催化剂作用下，也可以被还原成相应的伯醇，但需要高温和压力。金属钠-醇还原酯为醇是较早采用的简便方法。氢化铝锂可方便地将羧酸及酯还原至醇，而硼氢化钠则不能直接还原羧酸，对酯的还原能力也较差。但若在三氯化铝存在下，硼氢化钠的还原能力被提高，可顺利地将酯还原为羧酸。

在实验室中制醇的另一途径是通过加成反应，如烯烃的羟汞化反应。醋酸汞水溶液和烯烃的反应，生成具有碳汞键（C—Hg）的金属有机化合物，再经硼氢化钠还原生成醇，所得产物几乎都是符合马氏规则的加成物。反应特点是得到相当于烯烃与水加成的产物，其反应条件温和，产率高，反应过程不发生重排，例如：

$$RCH{=}CH_2 \xrightarrow[\text{2. }NaBH_4]{\text{1. }Hg(OAc)_2} RCH(OH)CH_3$$

有机金属化合物与羰基化合物、羧酸及其衍生物的加成是制备多种一级、二级、三级醇的重要方法。有机金属化合物中，以格氏（Grignard）试剂的应用最为广泛。它是实验室中制备醇的重要途径之一，它是以羰基化合物为原料与 Grignard 试剂加成制醇，这其中以醛最活泼，其次是酮和酯。

格氏试剂是由卤代烷与金属镁在无水乙醚中作用生成，所得的烷基卤化镁 RMgX，即被称为 Grignard 试剂。格氏反应的应用范围极其广泛，大多数醇都可以通过格氏反应来制备。在格氏反应中需用无水乙醚，这是因为 Grignard 试剂可与多种含酸性氢的化合物，如 H_2O，ROH，RSH，RCO_2H，RNH_2，$RCONH_2$，$RC\equiv CH$，RSO_3H 等发生反应。如与 H_2O 的反应：

$$RMgX + H_2O \longrightarrow RH + XMgOH$$

因此，在 Grignard 试剂的合成中，反应体系内要绝对无水，即便只有痕迹量的水，反应也会受到影响。

镁与许多脂肪族卤代烃、芳香族卤代烃都可反应生成 Grignard 试剂，其中从碘到氯活泼性降低，碘代烃反应速率最快，但它比相应的溴化物与氯化物的产率要差，这是因为最活泼的碘代烃最易发生偶合副反应；氯代烃一般与镁较难以反应。乙醚是该反应最好的溶剂，如需在较高温下反应时，可选用丙醚、异丙醚、丁醚、……、苯甲醚、四氢呋喃等，某些情况下四氢呋喃也是极好的溶剂。

镁，应使用细小镁屑或镁粉，事先可在 60～80 ℃干燥 30 min，再经真空干燥器内干燥，保存于密闭的玻璃容器中。必要时，可活化镁，即将理论计算量的镁和少量碘放入反应瓶，温和加热至瓶内充满碘蒸气，待冷却后，再加入反应所需其他试剂即可进行反应。

一般情况下，制备 Grignard 试剂，1 mol 脂肪族或芳香族卤代烃需用 1 mol 镁，但往往因有副反应，加镁需过量 10%～15%。在反应中采用滴加卤代烷的方法是至关重要的操作，调节卤代烷-乙醚溶液的滴加速率以控制反应，使乙醚保持微沸腾，避免一次加入大量卤代烷而使反应过分剧烈而不易控制。实验事实证明，过量的卤代烷存在于反应体系中也会造成卤代烷自身的偶合反应。随着滴加时间的延长，不同的卤代烷生成 Grignard 试剂的产率如表 5.1 所示。

表 5.1 不同卤代烷生成格氏试剂的产率

t/min	1.50	2.25	3.00	3.75	4.50	5.00	5.25	10.0	20.0	30.0	40.0
$\frac{w(n\text{-}C_4H_9MgCl)}{(\%)}$						20.0		37.9	65.8	78.8	84.0
$\frac{w(C_6H_5MgBr)}{(\%)}$	33.0	43.9	55.7	63.2	71.8		75.3				

当全部卤代烷滴加完后，沸腾将逐渐停止，可将反应混合物加热 0.5～2 h 至镁几乎全溶解。制备 Grignard 试剂反应结束，醚溶液应是灰色或浅褐色的混浊液，此时可将另一反应组分，如醛、酮等的醚溶液滴入。为了保证 Grignard 试剂不过量，也可采取相反的加料方式。水解用酸的量是根据所用镁的量计算，一般需过量 10%～15%，可使用硫酸或盐酸，也可用氯化铵溶液或固体氯化铵。

用 Grignard 试剂制备一级醇，常使用甲醛和环氧乙烷、卤代醇：

$$RMgX + HCHO \longrightarrow RCH_2OMgX \xrightarrow{H^+} RCH_2OH + XMgOH$$

制备二级醇，常使用醛和甲酸酯：

$$RCHO + R'MgX \longrightarrow RCH(R')OMgX \xrightarrow{H^+} RCH(R')OH$$

$$HCO_2R + R'MgX \longrightarrow R'CH(OR)OMgX \longrightarrow [R'CHO] \xrightarrow{R'MgX} R'_2CHOMgX \xrightarrow{H^+} R'_2CHOH$$

使用甲酸酯时，应使用2倍量的Grignard试剂。

三级醇的合成常使用Grignard试剂与酮、酯、酰氯、不饱和酸酯、酸酐等反应。值得注意的是，与具有共轭双键的羰基化合物反应时，Grignard试剂是先对共轭体系发生1,4-加成，生成饱和体系后，再继续反应。以酮为原料与Grignard试剂反应制备叔醇，常会有副产物烯烃产生：

$$RR'CO + R''CH_2MgX \longrightarrow RR'(R''CH_2)COMgX \xrightarrow{H^+} RR'(R''CH_2)COH$$

$$RR'CO + R''CH_2MgX \longrightarrow RR'C{=}CHR'' + XMgOH$$

$$XMgOH + R''CH_2MgX \longrightarrow R''CH_3 + XMgOMgX$$

【参考文献】

[1]Brown W G. *Org Reactions*, 1951, 6: 469.

[2]韩广甸，赵树纬，李述文，等. 有机制备化学手册. 中卷. 北京：化学工业出版社，1980：168.

实验11 2-甲基-2-己醇(2-methyl-2-hexanol)

【反应式】

$$n\text{-}C_4H_9Br + Mg \xrightarrow{\text{无水乙醚}} n\text{-}C_4H_9MgBr$$

$$n\text{-}C_4H_9MgBr + CH_3COCH_3 \xrightarrow{\text{无水乙醚}} n\text{-}C_4H_9\text{-}C(CH_3)_2OMgBr \xrightarrow{H_3^+O} CH_3CH_2CH_2CH_2C(CH_3)_2OH$$

【主要试剂】

正溴丁烷2.70 g(2.1 mL，19.7 mmol)，镁丝0.50 g(20.6 mmol)，丙酮1.6 mL(22.0 mmol)，无水乙醚10 mL。

【实验步骤】

在干燥的50 mL三口瓶中加入0.50 g镁丝，装上带无水氯化钙干燥管的冷凝管和滴液漏斗，在滴液漏斗中加入2.1 mL正溴丁烷和7.0 mL无水乙醚的混合液。自滴液漏斗先加3 mL混合液，待反应开始后，使反应液保持微沸状态，将剩余的混合液缓缓滴入反应瓶中，加完后在水浴上回流 10 min，至镁丝几乎全溶。

在冰水浴冷却下，自滴液漏斗缓缓滴入 1.6 mL 丙酮和 3 mL 无水乙醚的混合液。加毕，室温搅拌 5 min。

将反应瓶用冰水冷却，自滴液漏斗加入 10 mL 10%的硫酸溶液(注意开始加入要慢)，分解加成物。然后将溶液倒入分液漏斗中，分出有机层，水层用 10 mL 乙醚分两次提取，提取液与有机层合并，用 5%的碳酸钠溶液洗一次。无水碳酸钾干燥后蒸馏，先在水浴上蒸出乙醚(注意蒸乙醚的正确操作)，乙醚回收。蒸馏产品，收集 139～143 ℃馏分。产量 1.0～1.2 g，产率 43%～52%。产品做气相色谱检测。

纯 2-甲基-2-己醇 bp 143 ℃，d_4^{20} 0.8119，n_D^{20} 1.4175。

【注意事项】

(1) 所有仪器必须充分干燥，正溴丁烷应事先用无水氯化钙干燥后蒸馏，丙酮需用无水碳酸钾干燥后，蒸馏备用。

(2) 镁条用砂纸磨光，剪成细丝状。

(3) 无水乙醚为市售分析纯无水乙醚，经无水氯化钙干燥 1 周，再蒸馏后备用。

(4) 反应开始的标志为乙醚沸腾，并且反应液呈混浊状。如反应迟迟不开始，可加入一小粒碘，有时也可用手温热反应瓶，或用吹风机热风促使反应进行。

【思考题】

(1) 本实验为什么采用滴液漏斗滴加正溴丁烷和无水乙醚的混合溶液？如果采用镁丝与正溴丁烷在乙醚中一起反应，会产生什么结果？

(2) 本实验有什么副反应？应如何避免？

实验 12 环戊醇(cyclopentanol)

【反应式】

$$\text{环戊酮} \xrightarrow[\text{无水乙醚}]{LiAlH_4} \text{环戊醇 (—OH)}$$

【主要试剂】

氢化铝锂 0.95 g(25 mmol)，环戊酮 7.35 g(87.5 mmol)，无水乙醚。

【实验步骤】

在 50 mL 三口瓶上，装上滴液漏斗和带氯化钙干燥管的回流冷凝管。加入 0.95 g 氢化铝锂和 30 mL 无水乙醚，电磁搅拌下，滴加 7.35 g 环戊酮，控制滴加速率，使反应液保持缓缓回流状态。滴加毕，继续搅拌 10 min。在冰浴冷却下，小心滴加水以分解过量的氢化铝锂，然后将反应混合物倒入 20 mL 冰水中。用分液漏斗分出醚层，水层用 10 mL 乙醚提取两次，合并有机层，用无水碳酸钾干燥，水浴蒸出乙醚后，蒸馏产品，收集 138～141 ℃馏分。产品约 4.70 g，产率 62%。

纯环戊醇 bp 140.8 ℃，d_4^{20} 0.948，n_D^{20} 1.4520；IR(液膜)：$\tilde{\nu}/cm^{-1}$＝2940(OH)，2856(CH)，1440(CH_2)。

【注意事项】

(1) 本实验使用的仪器、药品均需干燥。

(2) 反应结束，加水分解过量氢化铝锂，因放出氢气，千万注意不能有明火，以防着火！滴加水开始时要小心，应逐滴加入。

实验13 二苯甲醇(benzohydrol)

1. 方法一：锌粉还原

【反应式】

$$C_6H_5\overset{O}{\overset{\|}{C}}C_6H_5 \xrightarrow{Zn,\ NaOH} C_6H_5\overset{OH}{\overset{|}{C}}HC_6H_5$$

【主要试剂】

二苯酮 1.83 g(10.0 mmol)，锌粉 1.97 g(30.1 mmol)，氢氧化钠 1.97 g(49.3 mmol)，95%乙醇，盐酸，石油醚(60～90 ℃)。

【实验步骤】

在装有冷凝管的 50 mL 圆底烧瓶中，依次加入 1.97 g 氢氧化钠、1.83 g 二苯酮、1.97 g 锌粉和 20 mL 95%乙醇，搅拌使氢氧化钠和二苯酮逐渐溶解。装上回流冷凝管，置于 80 ℃水浴中，电磁搅拌 2 h。然后停止搅拌，冷却。

用布氏漏斗过滤，残渣用少量 95%乙醇洗涤。将滤液倒入盛有 90 mL 冰水和 4 mL 浓盐酸的烧杯中，立即出现白色沉淀，减压过滤。

粗品干燥后用石油醚(60～90 ℃)重结晶，得白色针状晶体 1.40～1.60 g，产率约80%，mp 67～68 ℃(纯品为 69 ℃)。

2. 方法二：硼氢化钠还原

【反应式】

$$C_6H_5\overset{O}{\overset{\|}{C}}C_6H_5 \xrightarrow{CH_3OH,\ NaBH_4} C_6H_5\overset{OH}{\overset{|}{C}}HC_6H_5$$

【主要试剂】

二苯酮 1.83 g(10.0 mmol)，硼氢化钠 0.23 g(6.1 mmol)，甲醇 8 mL，石油醚(60～90 ℃)。

【实验步骤】

在装有回流冷凝管的 25 mL 圆底烧瓶中，加入 1.83 g 二苯酮和 8 mL 甲醇，搅拌使其溶解。迅速称取 0.23 g 硼氢化钠加入瓶中，搅拌使之溶解。反应物自然升温至沸腾，然后室温下反应 20 min。加入 3 mL 水，在水浴上加热至沸，保持 5 min。冷却，析出结晶。减压过滤，粗品干燥后用石油醚(60～90 ℃)或环己烷重结晶。产率 70%～80%，mp 67～68 ℃(纯品为 69 ℃)。

【思考题】

(1) 比较 $LiAlH_4$ 和 $NaBH_4$ 的还原特性有何区别？

(2) 方法二中，为什么反应后加入 3 mL 水，并加热至沸，然后再冷却结晶？

5.5 醚
(实验 14～15)

由卤代烷或硫酸酯(如硫酸二甲酯、硫酸二乙酯)与醇钠或酚钠反应制备醚的方法称为 Williamson 合成法。此法既可以合成单醚，也可以合成混合醚。反应机理是烷氧(酚氧)负离子对卤代烷或硫酸酯的亲核取代反应(S_N2)。冠醚就是用这种方法合成的。由于烷氧负离子是一个较强的碱，在与卤代烷反应时总伴随有卤代烷的消除反应，产物是烯烃，尤其三级卤代烷，主要不是生成取代产物而是消除产物烯烃。因此，用 Williamson 法制备醚，不能用三级卤代烷，而主要用一级卤代烷。对烷氧负离子而言，其亲核能力随烷基的结构不同也有所差异，即三级＞二级＞一级。

直接连在芳环上的卤素不容易被亲核试剂取代，因此由芳烃和脂肪烃组成的醚，不用卤代芳烃和脂肪醇钠制备，而用相应的酚与相应脂肪卤代烃制备，酚是比水强的酸，因此酚的钠盐可以用酚和氢氧化钠制备。

$$C_6H_5OH + NaOH \longrightarrow C_6H_5ONa + H_2O$$

而醇的酸性比水弱，因此制备醇钠必须用金属钠和干燥的醇来制备：

$$2ROH + 2Na \longrightarrow 2RONa + H_2$$

在酸存在下，两分子醇可进行分子间脱水反应。此法适用于制备对称的醚即单醚。反应是通过质子和醇先形成鎓盐，使碳氧键的极性增强，烷基中的碳原子带有部分正电荷，另一个分子醇羟基与之发生亲核取代，生成二烷基鎓盐离子，然后失去质子得醚。

$$ROH \underset{}{\overset{H^+}{\rightleftharpoons}} R-\overset{\overset{H}{|}}{\underset{+}{O}}-H \underset{}{\overset{ROH,\ -H_2O}{\rightleftharpoons}} R-\overset{\overset{R}{|}}{\underset{+}{O}}-H \underset{}{\overset{-H^+}{\rightleftharpoons}} R-O-R$$

该反应是平衡反应，为了使反应向右进行，一是增加原料，二是反应过程中不断蒸出产物醚。反应产物与温度的关系很大，在 90 ℃以下醇与硫酸失水生成硫酸酯。在较高温度(140 ℃左右)下，两个醇分子之间失水生成醚。在更高温度(大于 170 ℃)下，醇分子内脱水生成烯。因此要获得哪种产物，主要依靠控制反应条件。然而无论在哪一条件下，副产物总是不可避免的。

对于一级醇，其分子间失水是双分子亲核取代反应(S_N2)。二级、三级醇一般按单分子亲核取代(S_N1)机制进行反应。不同结构的醇发生消除反应的倾向性为

三级醇 > 二级醇 > 一级醇

因此用醇失水法制醚时，最好用一级醇，获得产率较高。

乙醚易挥发、易燃，与空气长期接触会发生自氧化反应，生成过氧化物。

$$n\,CH_3CH_2OCH_2CH_3 \xrightarrow{O_2} n\,CH_3\underset{\underset{O-OH}{|}}{C}H-OC_2H_5 \longrightarrow n\,CH_3\underset{\underset{O-O\cdot}{|}}{\dot{C}}-H \longrightarrow \left[-\overset{\overset{H}{|}}{\underset{\underset{CH_3}{|}}{C}}-O-O- \right]_n$$

过氧化物具有爆炸性，使用久贮的乙醚时，需先检验其中是否有过氧化物。一般方法是取少量乙醚与等体积的2%碘化钾淀粉溶液混合，再加入几滴稀盐酸，摇动，观察，如有使淀粉溶液变蓝或变紫的现象，证明有过氧化物存在。除去过氧化物的方法可在分液漏斗中加入相当于乙醚体积1/5的新配制的硫酸亚铁溶液(在110 mL水中加入6 mL浓硫酸，然后加入60 g硫酸亚铁)，剧烈摇动，静置，分去水相，醚层再用上述方法检验，证明确实不存在过氧化物时，将醚层干燥，重蒸备用。

实验14　苯乙醚(phenetole)

【反应式】

$$C_6H_5OH + CH_3CH_2Br \xrightarrow{NaOH} C_6H_5OCH_2CH_3$$

【主要试剂】

苯酚3.75 g(0.04 mol)，氢氧化钠2.00 g(0.05 mol)，溴乙烷4.3 mL(0.06 mol)，乙醚，无水氯化钙，食盐。

【实验步骤】

在装有回流冷凝管和滴液漏斗的50 mL三口瓶中加入3.75 g苯酚、2.00 g氢氧化钠和2 mL水；开动搅拌，水浴加热使固体全部溶解，调节水浴温度在80～90 ℃之间，开始慢慢滴加4.3 mL溴乙烷，约1 h可滴加完毕；继续保温搅拌2 h，然后降至室温。加适量水(5～10 mL)使固体全部溶解。把液体转入分液漏斗中，分出水相，有机相用等体积饱和食盐水洗两次(若出现乳化现象时，可减压过滤)；分出有机相，合并两次的洗涤液，用10 mL乙醚提取一次，提取液与有机相合并，用无水氯化钙干燥。水浴蒸出乙醚，再减压蒸馏，收集产品，也可以进行简单蒸馏，收集171～183 ℃馏分。产品为无色透明液体，约2.5～3.0 g。

表5.2　苯乙醚的压力与沸点关系表

p/mmHg	1	5	10	20	40	60	100	200	400	760
bp/℃	18.1	43.7	56.4	70.3	86.6	95.4	108.4	127.9	149.8	172

【思考题】

(1) 反应过程中,回流的液体及出现的固体各是什么?为什么保温到后期回流不太明显了?

(2) 用饱和食盐水洗涤的目的何在?

(3) 若制备乙基三级丁基醚,你认为需要什么原料?能否采用三级氯丁烷和乙醇钠?为什么?

实验 15 正丁醚(*n*-butyl ether)

【反应式】

$$2CH_3CH_2CH_2CH_2OH \xrightarrow{H_2SO_4} CH_3(CH_2)_3O(CH_2)_3CH_3 + H_2O$$

【主要试剂】

正丁醇 31 mL(0.34 mol),浓硫酸 4.5 mL(0.09 mol),氢氧化钠,饱和氯化钙溶液,1∶1 硫酸,无水氯化钙。

【实验步骤】

在装有温度计和分水器的 100 mL 的三口烧瓶中,加入 31 mL 正丁醇、4.5 mL 浓硫酸和磁子,搅拌均匀,缓慢加热至微沸,进行分水。反应中产生的水经冷凝后收集在分水器的下层,大约经 1.5 h 后,三口瓶中反应液温度可达 134~136 ℃。当分水器全部被水充满时停止反应;若继续加热,则反应液变黑并有较多副产物烯生成。

(1) 分离提纯方法一

将反应液冷却到室温后倒入盛有 50 mL 水的分液漏斗中,充分振摇,静置后弃去下层液体。上层粗产物依次用 25 mL 水、15 mL 5%氢氧化钠溶液、15 mL 水和 15 mL 饱和氯化钙溶液洗涤,用无水氯化钙干燥。干燥后的产物滤入 25 mL 蒸馏瓶中蒸馏,收集 140~144 ℃馏分,产量 7.00~8.00 g。

(2) 分离提纯方法二

反应物冷却后将瓶内和分水器中的有机液体倒入预先装有 50 mL 水的分液漏斗中,振荡,弃去下层水相。在上层粗醚和未反应的醇中加入 13 mL 50%冷硫酸溶液(10 mL 浓硫酸加入 17 mL 水中配制),振荡 2~3 min,分出上层有机相,再用 13 mL 50%硫酸溶液洗涤,弃去酸层。最后用 15 mL 水洗两次,用无水氯化钙干燥,蒸馏,收集 139~142 ℃之馏分。产量 7.00~8.00 g,产率 34%。

【注意事项】

(1) 本实验根据理论计算失水体积为 3 mL,故分水器放满水后先放掉约 3.5 mL 水。

(2) 制备正丁醚的适宜温度是 130~140 ℃,但开始回流时,这个温度很难达到,因为正丁醚可与水形成共沸物(bp 94.1 ℃,含水 33.4%)。另外,正丁醚与水及正丁醇形成三元共沸物(bp 90.6 ℃,含水 29.9%,正丁醇 34.6%),正丁醇也可与水形成共沸物(bp 93

℃,含水44.5%),故应在100～115℃之间反应0.5 h之后才可达到130℃以上。

(3) 在碱洗过程中,不要剧烈地摇动分液漏斗,否则生成乳浊液,分离困难。

(4) 正丁醇溶在饱和氯化钙溶液中,而正丁醚微溶。

(5) 这个分离是根据正丁醇可溶在50%硫酸中,而正丁醚微溶。

【思考题】

(1) 假如正丁醇的用量为80 g,试计算在反应中生成多少体积的水。

(2) 如何得知反应已经比较完全?

(3) 反应物冷却后为什么要倒入50 mL水中?各步洗涤的目的何在?

(4) 能否用本实验方法由乙醇和2-丁醇制备乙基二级丁基醚?你认为应用什么方法?

5.6　醛、酮及其衍生物
(实验16～30)

醛、酮可分别从一级醇、二级醇氧化合成。常用的氧化剂为重铬酸钾或三氧化铬的硫酸水溶液。为避免醛进一步被氧化成酸,通常采用的反应温度需低于醇的沸点而高于产物醛的沸点,醛一经生成即被蒸出而离开反应体系。对于酸敏感或含其他易被氧化的基团的醇,常需采用较温和的氧化剂,例如:三氧化铬-吡啶络合物,在室温下于吡啶中,可使一级醇氧化为醛,二级醇氧化为酮,如分子内含有双键和缩醛等基团时,氧化时均不受影响。三氧化铬-双吡啶的乙酸溶液作为氧化剂选择性更好,含有硝基、酯基、双键和非一级醇的羟基也均不受影响[1]。薄荷醇在计算量的三氧化铬的硫酸溶液(称Jone's试剂)中被氧化成薄荷酮,也可利用具有铬酸基的树脂(即用强碱型离子交换树脂与三氧化铬在水中搅拌制备而成)与薄荷醇在苯中回流,得到产率为73%～98%的酮,且副反应少,产物易分离纯化[2]。

酰卤、酰胺、酯、腈均可在适当条件下被还原制备醛,例如:用吸附于硫酸钡上的钯作为催化剂,悬浮在甲苯、二甲苯或四氢萘溶液中,加入酰氯并通氢气于上述溶液中,待放出氯化氢的理论量时,反应即告结束。在反应中,为防止醛的进一步还原,常加入硫代脲、喹啉-硫作为降低催化剂活性的控制试剂,当酰氯分子中带有卤素、硝基、酯基时反应不会受影响,但羟基须预先保护。采用氢化三叔丁氧基铝锂还原酰氯为醛是很有效的试剂,在酰氯分子中带有—CN、$—NO_2$、$—CO_2R$等易还原基团时,均不受影响。在合成芳醛时产率可达到70%～90%,脂肪醛产率为37%～60%[3]。

采用活性镍-次磷酸二氢钠的水溶液(或甲酸水溶液)可使腈还原为醛,次磷酸二氢钠既是氢的供给体,又可作氢化催化剂。该方法操作简便,极适合于芳香醛的制备。

醇的铬酸氧化反应是实验室中制备脂肪族醛、酮的主要方法,环酮可由环醇氧化得到(实验16)。在工业上主要采用醇的催化氧化脱氢方法以及石油产品为原料的方法。

$$CH_3OH \xrightarrow{Ag} HCHO + H_2$$

$$CH_3OH + \frac{1}{2}O_2 \xrightarrow{Ag} HCHO + H_2$$

$$CH_2{=}CH_2 + O_2 \xrightarrow{CuCl_2\text{-}PdCl_2} CH_3CHO$$

铬酸是重铬酸盐与40％～50％硫酸的混合物，它可以把一级醇逐步氧化到醛和羧酸。醇的铬酸氧化是放热反应，反应中应严格控制反应温度。对于制备小分子的醛（如丙醛、丁醛），可以采用把铬酸滴加到热的已被酸化的醇中，以避免氧化剂过量，并采用将生成的低沸点的醛不断蒸出的方法，可以得到中等产率的醛。但是即使这样，也会有部分醛被进一步氧化成羧酸。

$$Na_2Cr_2O_7 + 2H_2SO_4 \longrightarrow 2NaHSO_4 + H_2Cr_2O_7$$

$$H_2Cr_2O_7 \xrightarrow{H_2O} 2H_2CrO_4$$

$$3CH_3CH_2CH_2CH_2OH + 2H_2CrO_4 + 3H_2SO_4 \longrightarrow 3CH_3CH_2CH_2CHO + Cr_2(SO_4)_3 + 8H_2O$$

二级醇的铬酸氧化是制备脂肪酮的较好方法，这是由于酮对氧化剂比较稳定，不易进一步遭受氧化，但在强氧化剂的作用下，则会发生断链现象。反应机理可能中间是经过铬酸酯的过程：

$$R_2CHOH \xrightarrow{H_2Cr_2O_7} R_2C(H){-}O{-}CrO_3H \longrightarrow R_2CO + HCrO_3^-$$

其中四价铬与六价铬作用变为五价铬，又与醇作用变为三价，因此，在氧化中铬由六价变为三价。

二羧酸的盐（钙盐或钡盐）加热进行部分脱羧是制备对称的五元、六元环酮的较好方法，但随着二羧酸碳原子数目的增加，环变大时，产率会很快下降。

$$HOOCCH_2CH_2CH_2CH_2COOH \xrightarrow[290℃]{Ba(OH)_2} \text{环戊酮}(C_5H_8{=}O) + CO_2\uparrow + H_2O$$

此外，Grignard 试剂与酯、腈加成等反应也是制备酮的常用方法，例如：

$$RCN + R'MgX \longrightarrow RR'C{=}NMgX \xrightarrow{H^+} RR'C{=}O + XMgOH + NH_3$$

反应分两个阶段进行。倘若用氯化铵小心水解，可分离到中间物酮亚胺 $RR'C{=}NH$，最终酸化得到酮。实验18是上述由腈制备酮的一例。

合成芳香酮最普遍使用的方法是用 Friedel-Crafts 反应（实验20）。Friedel-Crafts 酰基化反应是在无水三氯化铝存在下，酰氯或酸酐与比较活泼的芳香族化合物发生亲电取代反应,产物是二芳基酮或芳基烷基酮。

$$C_6H_6 + CH_3COCl \text{ 或 } (CH_3CO)_2O \xrightarrow{AlCl_3} C_6H_5COCH_3$$

$$C_6H_6 + C_6H_5COCl \xrightarrow{AlCl_3} C_6H_5COC_6H_5$$

常用的催化剂,如三氯化铝、三氟化硼、四氯化锡、氯化锌;此外,也可用质子酸,如硫酸、氢氟酸、多聚磷酸等。催化剂的作用是使酰基的碳原子获得最大正电荷,从而有利于对芳烃的亲电进攻。催化剂活性顺序为

$$AlCl_3 > BF_3 > SnCl_4 > ZnCl_2$$

酰化试剂以使用酰卤、酸酐最为普遍。催化剂用量:酰氯作酰基化试剂时,三氯化铝的用量要比等摩尔稍过量一些,因为三氯化铝与反应产物的羰基形成复合物;而用酸酐作为酰基化试剂,产率一般比酰氯要好,但是必须使用 2 mol 稍多的三氯化铝,因为反应中产生的有机酸与三氯化铝反应:

$$C_6H_6 + CH_3COCl \xrightarrow{AlCl_3} CH_3\overset{+}{C}O\cdot AlCl_4^- + C_6H_6 \longrightarrow C_6H_5COCH_3 + H^+$$

$$AlCl_4^- + H^+ \longrightarrow AlCl_3 + HCl$$

催化剂的作用是产生酰基正离子,它是一个比较活泼的亲电试剂。然而,当芳环上存在一个钝化基团(如—NO_2,—$COCH_3$,—$COOCH_3$,—CN 等)时,则不能发生酰化反应。因此,酰化反应只能引入一个酰基,产品纯度高,这是较 Friedel-Crafts 烷基化反应的最大优点。酰基化反应与烷基化反应的另一不同点是反应中不存在重排,通常认为是由于酰基正离子的电荷分散而增加了产物的稳定性。

羟醛缩合反应是制备 α,β-不饱和酮的重要方法(实验 22~24),缩合反应往往利用两种羰基化合物在反应能力上的差异,避免两个醛分子或两个酮分子间同时发生缩合。由于醛与亚甲基反应比酮快得多,可先在酮不起反应的条件下配制酮和碱性缩合剂的混合物,然后再向其中缓缓滴加醛;也可以用无 α-氢的芳香醛滴加至有 α-氢的醛、酮与碱混合提供负碳离子的反应液中,采取这样的特殊操作可显著提高产率,减少副反应。反应温度一般在室温下,醇醛脱水生成 α,β-不饱和化合物。脱水难易除与温度有关以外,还与缩合剂有关,在碱性试剂中最常用的是浓的氢氧化钠水溶液和醇溶液,也可用甲醇钠、乙醇钠,除此之外,还可用氯化锌或强酸(硫酸、盐酸)。

【参考文献】

[1] Ratelifle R,Rodehorst R. *J Org Chem*,1970,35: 4000.

[2] Cainelli G,et al. *J Am Chem Soc*,1976,93: 6737.

[3] Weissman P M,Brown H C. *J Org Chem*,1966,31: 283.

实验 16 环己酮(cyclohexanone)

【反应式】

OH —NaOCl / HOAc→ =O

【主要试剂】

环己醇 4.00 g(4.2 mL,40.0 mmol),次氯酸钠溶液(NaOCl)30 mL(11%),冰乙酸。

【实验步骤】

在置于冰水浴中的 100 mL 三口烧瓶中加入 4.00 g 环己醇和 10 mL 冰乙酸,搅拌下滴加 30 mL 次氯酸钠溶液,期间反应体系温度应保持在 15～25 ℃以下。次氯酸钠溶液全部加入后,反应液呈黄绿色并对淀粉-碘化钾试纸呈阳性反应[注意事项(1)]。室温搅拌 15 min,加入饱和亚硫酸氢钠溶液(1～5 mL),使反应液变为无色并对淀粉-碘化钾试纸呈阴性反应。

在反应瓶中加入 25 mL 水,改为蒸馏装置,将环己酮与水一起蒸出。收集约 20 mL 馏出液[注意事项(2)],小心分次加入碳酸钠固体以中和馏出液中的乙酸。水溶液中再加入氯化钠饱和,分出有机相,水相用 30 mL 乙醚分两次提取,提取液与有机相合并,无水硫酸钠干燥,在水浴上蒸出乙醚后,改用空气冷凝管。收集 151～155 ℃馏分,产量 3.2～3.5 g。

环己酮 bp 155.6 ℃,n_D^{20} 1.4520,IR(液膜):$\tilde{\nu}$/cm^{-1}=1710(C=O)。

【注意事项】

(1) 若此时反应液不是黄绿色或在之后室温搅拌时不能保持为黄绿色,应补加 1～2 mL 次氯酸钠溶液使体系呈黄绿色,并再加入 2 mL 以保证体系中有过量的次氯酸钠存在。

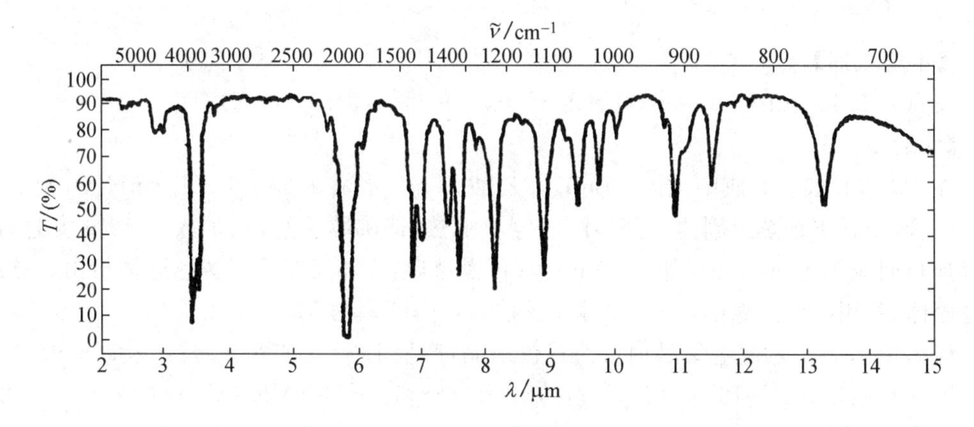

图 5.5 环己酮的红外光谱

(2) 水的馏出量不宜过多，否则，即使盐析，仍不可避免有少量环己酮溶于水中而损失。环己酮在水中的溶解度：31 ℃时 2.4 g/100 mL 水。

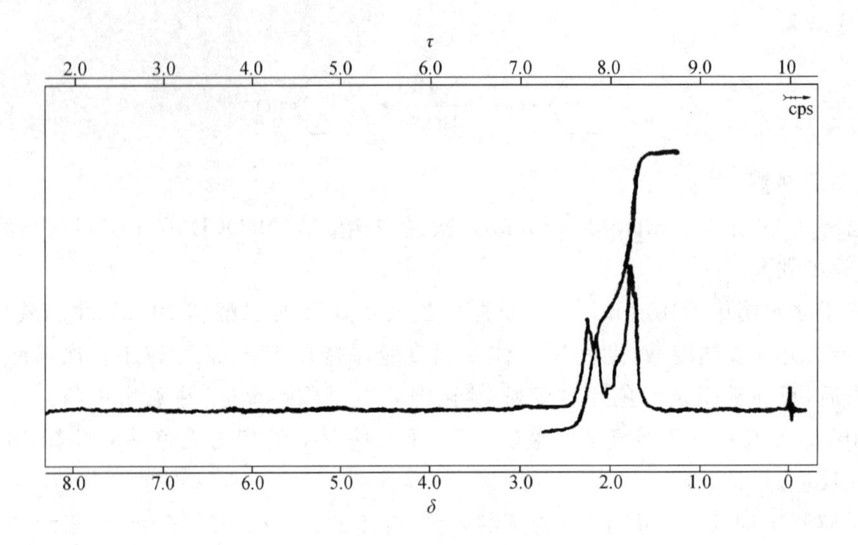

图 5.6　环己酮的核磁共振谱

实验 17　二苯基乙二酮(benzil)

【反应式】

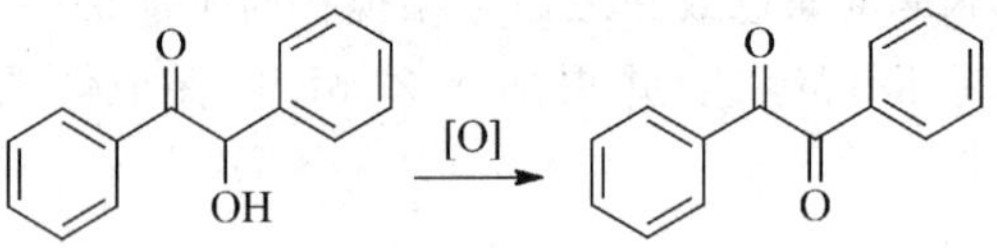

【主要试剂】

安息香 2.12 g(10.0 mmol)，$FeCl_3 \cdot 6H_2O$ 9.00 g(34.1 mmol)。

【实验步骤】

在 100 mL 圆底烧瓶中加入 10 mL 冰乙酸、5 mL 水及 9.00 g $FeCl_3 \cdot 6H_2O$，装上回流冷凝管，搅拌下加热至固体全部溶解。停止加热，待沸腾平息后，加入 2.12 g 安息香，继续加热回流 45～60 min。加入 50 mL 水再煮沸后，冷却反应液有黄色固体析出。减压过滤固体，并用冷水洗涤固体 3 次。粗品约 2.00 g，产率约 95%。

粗品用 75%的乙醇重结晶可得淡黄色结晶，产量 1.72 g，产率 82%，mp 94～95 ℃。

IR(KBr)：$\tilde{\nu}/cm^{-1}$ = 1660，1212，877，795，719，688，643；^{1}H NMR(CCl_4)：δ = 7.67～8.02，7.21～7.65。

实验 18 邻氯苯基环戊基酮(*o*-chlorophenyl cyclopentyl ketone)

【反应式】

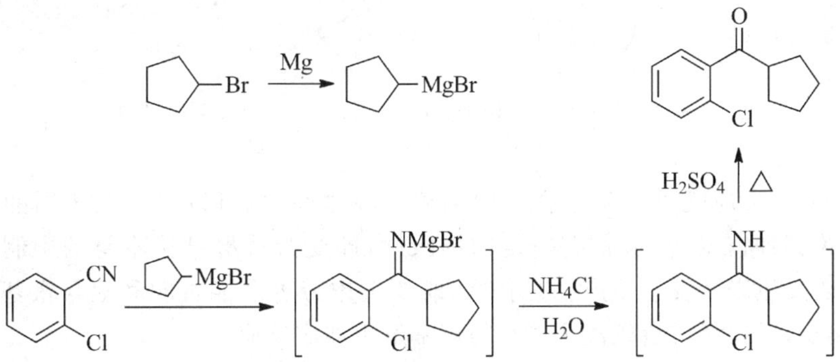

【主要试剂】

溴代环戊烷 3.73 g(2.8 mL,25 mmol),镁丝 0.60 g(25 mmol),邻氯苯腈 1.72 g(12.5 mmol),氯化铵,无水乙醚,乙醚,硫酸。

【实验步骤】

在 50 mL 三口瓶上安装带氯化钙干燥管的回流冷凝管和滴液漏斗,并加入 0.60 g 镁丝及 3.0 mL 无水乙醚;在滴液漏斗中加入 3.73 g 溴代环戊烷和 3.0 mL 无水乙醚。搅拌下,向三口瓶内滴加 1.0 mL 左右溴代环戊烷-乙醚混合液,使反应保持微沸状态(如未反应,可加入一小粒碘以诱发反应)。待反应平稳后,继续滴加滴液漏斗中的剩余混合液,此时搅拌速率可以加快。滴加完毕,继续回流 10 min,至镁丝基本反应完全,并使其冷至室温待用。

在另一个装置同上的三口瓶中加入 1.72 g 邻氯苯腈和 6.0 mL 无水乙醚,在不断搅拌下,滴加上述已制备好的环戊基溴化镁溶液,约 5～6 min 加完。继续搅拌约 24 h,然后在不断搅拌下,将反应物慢慢加入到盛有碎冰的烧杯中,加入速率以不使反应过于激烈为宜。向反应混合物中加入约 10 mL 饱和氯化铵水溶液,分出醚层,水相用 8 mL 乙醚分两次提取。合并提取液,用 15 mL 稀硫酸溶液(硫酸∶水＝1∶5)分 3～4 次洗涤醚层,至硫酸层无色为止。合并硫酸洗涤液,并将其加热回流 1 h。冷却,再用 15 mL 乙醚分 3 次提取硫酸液,合并乙醚提取液,分别用饱和氯化钠溶液、5%碳酸钠溶液和氯化钠溶液洗至中性,用无水碳酸钾干燥。水浴蒸除乙醚,减压蒸馏产品,收集 110～120 ℃/0.13～0.27 kPa(1～2 mmHg)的馏分。产量约 1.40 g,产率 54%,n_D^{20} 1.5510。

实验 19 安息香的辅酶合成(coenzyme synthesis of benzoin)

苯甲醛在氰化钠(钾)的作用下,于乙醇中加热回流,两分子的苯甲醛之间即发生缩合反应,生成二苯乙醇酮,俗称安息香。人们把芳香醛的这一类缩合反应称为安息香缩合反应。该反应机理类似于羟醛缩合反应,也是负碳离子对羰基的亲核加成反应,氰化钠(钾)是催化剂。

$$C_6H_5CHO + CN^- \rightleftharpoons \left[C_6H_5-\underset{CN}{\overset{O^-}{C}}-H \rightleftharpoons C_6H_5-\underset{CN}{\overset{OH}{C^-}} \right] \xrightleftharpoons{C_6H_5CHO} C_6H_5-\underset{NC}{\overset{OH}{C}}-\underset{O^-}{CHC_6H_5}$$

$$\rightleftharpoons C_6H_5-\underset{NC}{\overset{O^-}{C}}-\underset{OH}{CHC_6H_5} \rightleftharpoons C_6H_5-\overset{O}{\overset{\|}{C}}-\underset{OH}{CHC_6H_5} + CN^-$$

安息香缩合反应既可以发生在相同的芳香醛之间,也可以发生在不同的芳香醛之间,但是不论哪种情况,反应都有一定的局限性,即受芳香醛结构本身的限制。也就是说,反应能否发生以及发生后产物是什么,既要考虑芳香醛能否顺利地与氰基发生加成产生负碳离子,又要考虑负碳离子能否与羰基发生加成反应。

大量的实验事实指出,芳环上邻对位有给电子基团时,不易发生缩合,因为给电子基团使羰基碳原子的电正性下降,既不利于负碳离子的生成,也不利于负碳离子对羰基的亲核加成;相反,芳环上邻对位有较强的吸电子基团时,虽然对前边提到的两个因素都有利,但是由于邻对位强的吸电子的影响,使生成的负碳离子的活泼性降低,不容易再和羰基发生亲核加成反应。因此,当两种不同的芳香醛发生混合的安息香缩合反应时,一种芳香醛,环上带有吸电子基团(它提供给羰基);另一种芳香醛,环上带有给电子基团(它提供负碳离子)时,此种情况反应比较顺利,即羟基在含有活泼的羰基的芳香醛一端。例如:

$$C_6H_5CHO + CH_3O\text{-}C_6H_4\text{-}CHO \xrightarrow{KCN} C_6H_5\text{-}CH(OH)\text{-}COC_6H_4\text{-}OCH_3$$

$$C_6H_5CHO + (CH_3)_2N\text{-}C_6H_4\text{-}CHO \xrightarrow{KCN} C_6H_5\text{-}CH(OH)\text{-}COC_6H_4\text{-}N(CH_3)_2$$

由于氰化物是剧毒品,使用不当会有危险性,故本实验采用维生素 B_1(vitamin B_1,VB_1)代替氰化物催化安息香缩合反应。该反应条件温和,无毒,产率较高。

酶与辅酶均是生物化学反应催化剂,在生命过程中起着重要的作用。有生物活性的维生素 B_1 是一种辅酶,其化学名称为硫胺素或噻胺,它的主要作用是使 α-酮酸脱羧和形成偶姻(α-羟基酮)。维生素 B_1 的结构式为

NH_2 H_3C CH_2CH_2OH N N^+ S H_3C N Cl^-

嘧啶环 噻唑环

在反应中,维生素 B_1 的噻唑环上的氮和硫的邻位氢在碱作用下被夺走,成为负碳离子,形成反应中心。其反应机制如下(为简便,以下反应中只写噻唑环的变化,其余部分

相应用 R 和 R′表示)：

(1) 在碱作用下,负碳离子和邻位正氮原子形成一个稳定的邻位两性离子叶立德(Ylid)。

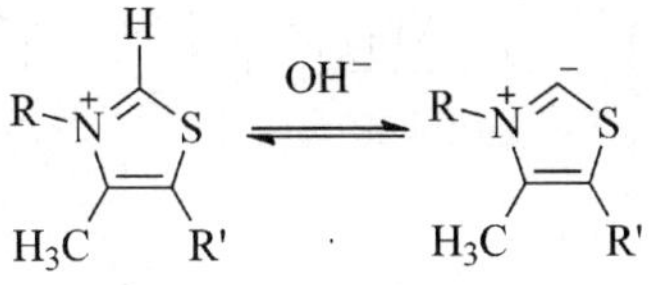

H
R～N⁺ S OH⁻ ⇌ R～N⁺ S
H$_3$C R' H$_3$C R'

(VB$_1$) (Ylid)

(2)与苯甲醛反应,噻唑环上负碳离子与苯甲醛的羰基碳作用形成烯醇加合物,环上的正氮原子起了调节电荷的作用。

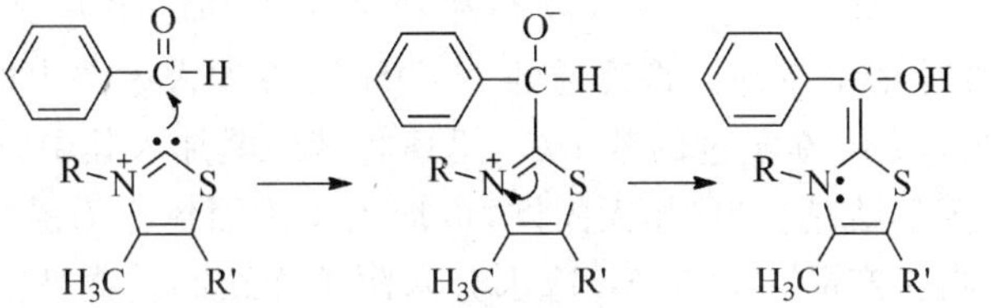

O
C-H → O⁻ C-H → C-OH
R～N⁺ S R～N⁺ S R～N: S
H$_3$C R' H$_3$C R' H$_3$C R'

(3)烯醇加合物再与苯甲醛作用,形成一个新的辅酶加合物。

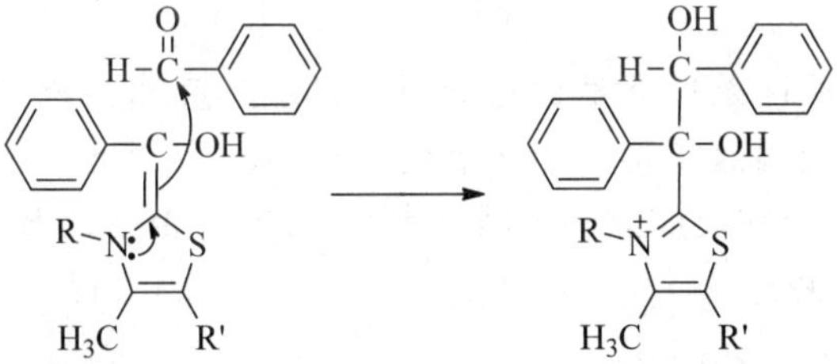

O
H-C
C-OH → OH H-C C-OH
R～N: S R～N⁺ S
H$_3$C R' H$_3$C R'

(4)辅酶加合物离解成安息香,辅酶复原。

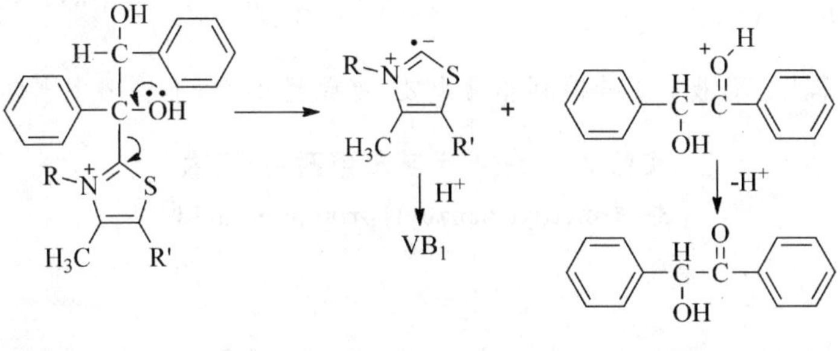

OH
H-C
C-OH → R～N⁺ S + ⁺O H H C-C OH
R～N⁺ S H$_3$C R'
H$_3$C R' ↓ H⁺ ↓ -H⁺
VB$_1$ O H C-C OH

二芳基乙醇酮(安息香)在有机合成中常常被用做中间体。因为它既可以被氧化成α-二酮,又可以在各种条件下被还原而生成二醇、烯、酮等各种类型的还原产物。同时,二芳基乙醇酮既有羟基又有羰基,这两个官能团能发生许多化学反应。

【反应式】

$$2\ C_6H_5CHO \xrightarrow{VB_1} C_6H_5COCH(OH)C_6H_5$$

【主要试剂】

苯甲醛 5.23 g(5 mL,49.3 mmol),维生素 B_1(盐酸硫胺素)0.90 g,95%乙醇,氢氧化钠,蒸馏水。

【实验步骤】

在一个 50 mL 的锥形瓶中加入 0.90 g 维生素 B_1、3 mL 蒸馏水,待固体溶解后,再加入8 mL 95%乙醇。用塞子塞上瓶口,放在冰盐浴中冷却。用一支试管取 3 mL 10% NaOH 溶液,也放在冰浴中冷却。将冷透的 NaOH 溶液加入冰浴中的锥形瓶内,使溶液 pH 为 10～11,称取 5.23g 新蒸过的苯甲醛,迅速将苯甲醛加入其中,充分混匀,室温放置一天。有白色或浅黄色结晶析出(如无固体,可加入少许固体作为晶种),待结晶完全后,用布氏漏斗抽滤收集粗产品,用 25 mL 冷水分两次洗涤结晶。称量,粗品可用 80%乙醇进行重结晶,如产物呈黄色,可加少量活性炭脱色。纯产物为白色针状结晶,mp 134～136 ℃,产品约 2.0～4.0 g。

【注意事项】

(1) 维生素 B_1 在酸性条件下是稳定的,但易吸水,在水溶液中易被空气氧化失效。遇光和 Cu、Fe、Mn 等金属离子均可加速氧化。在 NaOH 溶液中噻唑环易开环失效,因此 VB_1 溶液、NaOH 溶液在反应前必须用冰水充分冷透;否则,VB_1 在碱性条件下会被分解,这是本实验成败的关键。

(反应式:维生素 B_1 噻唑盐 $\xrightarrow{NaOH}$ 开环产物;结构中标注 NH_2、H_3C、CH_2CH_2OH、N、S、N^+、SNa、CHO)

(2)反应过程中,溶液 pH 的控制非常重要,如碱性不够,不易出现固体。

实验 20　3-(4-甲基苯甲酰基)丙酸

[3-(4-methyl benzoyl)propanoic acid]

【反应式】

$$C_6H_5CH_3 + \text{丁二酸酐} \xrightarrow{AlCl_3} 4\text{-}H_3CC_6H_4COCH_2CH_2COOH$$

【主要试剂】

丁二酸酐 1 g,甲苯 8 mL,无水 $AlCl_3$ 4.0 g,50%乙醇,氢氧化钠,蒸馏水。

【实验步骤】

在装有回流冷凝管、酸气吸收装置、温度计的干燥的 50 mL 三口瓶中加入 8 mL 甲苯和已准确称量过的 1 g 丁二酸酐,在搅拌下一次加入 4.0 g 无水 $AlCl_3$ 使反应发生。待反应平稳,水浴加热,控温 70 ℃反应 30 min。冷却至约 40 ℃,将反应液缓慢加入到 6 mL 浓盐酸和 6 g 冰的混合物中,持续搅拌,使反应液水解完全。

将上述混合液进行简易水蒸气蒸馏,以蒸除过量的甲苯。将剩余液置水浴中冷至室温,即有固体产生,减压过滤,每次用 2~3 mL 冷水洗涤两次。

将上述固体加入 100 mL 圆底烧瓶中,用 20%乙醇重结晶,如粗品有颜色可加入适量活性炭脱色,减压热过滤,静置,结晶。

待产品结晶完全后减压过滤,洗涤,干燥。称量产品,计算产率。

硅胶薄板层析检测产品纯度。

实验 21 邻羟基苯乙酮(*o*-hydroxyacetophenone)

【反应式】

$OCOCH_3$ $\xrightarrow{AlCl_3}$ OH, $COCH_3$

【主要试剂】

乙酸苯酯 4.60 g(38.3 mmol),无水三氯化铝 5.10 g(38.3 mmol)。

【实验步骤】

称取 5.10 g 无水三氯化铝,置于 50 mL 的三口瓶中,将 4.60 g 乙酸苯酯在搅拌下逐滴加入。反应有较强烈的放热现象,反应物变为橙红色。控制加热速率以防止炭化,使反应温度维持在 130~160 ℃之间约 30 min。反应完毕,使反应物降至室温,加入 20.0 mL 5%的盐酸,使固体逐渐溶解,呈棕色油状物。用 20 mL 甲苯分两次提取油状物,合并提取液。减压蒸馏,收集 126~130 ℃/8.00 kPa(60 mmHg)馏分,产物为淡黄色粘稠液体,产品约 2.0 g,产率 43%。

IR(液膜):$\tilde{\nu}/cm^{-1}$ = 3080(br,OH),1645(C=O),1485,1450,1365。

【参考文献】

Blatt A H. *Organic Reaction*,1942,1:342.

实验22　4-羟基-4-(4′-硝基苯基)-2-丁酮
[4-hydroxy-4-(4′-nitrophenyl)butan-2-one]

一般含有活泼甲基或活泼亚甲基的醛、酮、酯以及β-二羰基化合物，在碱性缩合剂(如氢氧化钠、醇钠、氨基钠、三苯甲基钠等)存在下对醛、酮、酯等的反应称为活泼亚甲基反应。

活泼亚甲基反应在有机合成中占十分重要的地位，是增长碳链的重要途径。这一类反应主要包括三种：(i)醇醛、醇酮类型的缩合反应；(ii)酯缩合类型的反应；(iii)以乙酰乙酸乙酯和丙二酸二乙酯为原料的有机合成。

从反应机理来看，活泼亚甲基反应是负碳离子(极强的亲核试剂)对醛、酮、酯的羰基的亲核加成(或加成-消除)反应，以及负碳离子对RX的亲核取代反应。

醇醛、醇酮类型的反应中，碱缩合剂一般是催化量的，常用氢氧化钠等，产物一般是α,β-不饱和醛、酮、酸(酯)；酯缩合反应中，碱缩合剂用量是当量的，常用醇钠、氨基钠、醇钾等，产物是β-二羰基化合物；以乙酰乙酸乙酯和丙二酸二乙酯为原料的有机合成，其一是用于合成杂环化合物，其二是利用烷基化或酰基化反应，以及β-羰基酸的失羧反应，合成取代的丙酮和取代的乙酸等。

具有α-活泼氢的醛、酮化合物，在酸或碱的作用下，发生羟醛缩合一类的反应，这类反应通常是用氢氧化钠、氢氧化钾、氧化钙、氢氧化钡等作为缩合剂。

【反应式】

O　+　O_2N CHO　$\xrightarrow[0\ ℃]{1\%\ NaOH}$　OH O O_2N

【主要试剂】

对硝基苯甲醛 0.75 g(5.0 mmol)，丙酮，1% 氢氧化钠溶液，0.5 mol·L^{-1} HCl，乙醚，乙酸乙酯，石油醚，无水硫酸钠。

【实验步骤】

在置于冰水浴中的50 mL圆底烧瓶中加入0.75 g对硝基苯甲醛、9 mL丙酮，搅拌下滴加0.9 mL 1%氢氧化钠水溶液，持续搅拌15 min。加入0.5 mol·L^{-1}盐酸中和至中性。减压旋蒸浓缩，残余物加入10 mL水，用乙醚萃取3次，每次10 mL。合并有机相，水洗，无水硫酸镁干燥。过滤，将滤液旋蒸浓缩。残余物以乙酸乙酯-石油醚重结晶，得白色针状结晶，产率60%，mp 59～61 ℃。

IR(KBr)：$\tilde{\nu}/cm^{-1}$ = 3447，3118，1713，1517，1341；^1H NMR(250 MHz，$CDCl_3$)δ = 8.16(d，2H，J = 8.7)，7.54(d，2H，J = 8.7)，5.27(m，1H，15Hz)，3.90(d，1H，J =

3.4),2.88(d,2H,J =6.2),2.23(s,3H)。

【参考文献】

Kevan Sbokat, Tetsuo Uno, and Peter G Schultz. *J Am Chem Soc*, 1994, 116: 2261～2270.

实验 23 辛烯醛(2-ethyl-2-hexenal)

正丁醛在碱催化下可进行羟醛缩合反应,生成2-乙基-3-羟基己醛,此化合物在此反应条件下又会脱水生成2-乙基-2-己烯醛,一般称之为辛烯醛。

纯的辛烯醛是无色液体,沸点177 ℃(略有分解),相对密度 d_4^{20} 0.848,不溶于水,溶于乙醇、苯等有机溶剂中,具有腥味。在工业上,它主要用于制备2-乙基-1-己醇(一般称为辛醇),而后者是聚氯乙烯增塑剂邻苯二甲酸二辛酯的重要原料。

【反应式】

$$2CH_3CH_2CH_2CHO \xrightarrow{2\%\ NaOH} CH_3CH_2CH_2\underset{OH}{\underset{|}{C}}H\overset{C_2H_5}{\overset{|}{C}}HCHO \xrightarrow{-H_2O} CH_3CH_2CH_2CH{=}\overset{C_2H_5}{\overset{|}{C}}CHO$$

【主要试剂】

正丁醛5.00 g(69.3 mmol),氢氧化钠溶液。

【实验步骤】

在装有搅拌器、温度计、回流冷凝管和滴液漏斗的100 mL三口瓶中,加入6.3 mL 2%氢氧化钠溶液。在充分搅拌下,从滴液漏斗中不断滴入5.00 g正丁醛,滴加过程中要使反应瓶内温度保持在78～82 ℃(水浴加热)。这是一个放热反应,滴加正丁醛的速率不宜太快,一般控制在0.5 h左右滴加完毕。

当正丁醛滴加完毕后,反应液变为浅黄色或橙色。在78～82 ℃下继续搅拌1 h,使反应完全。将反应液倒入分液漏斗中,分去碱液(哪一层?)。产品用水洗至中性,一般洗涤3次,每次用5 mL。

将洗过的产品倒入一个干净、干燥的锥形瓶中,塞好塞子,放置一会就会变为清亮的溶液,少量的水及絮状物沉入底部。如果放置一段时间,产品仍不变清,可加入适量的无水硫酸钠干燥。减压蒸馏,收集60～70 ℃/1.33～4.00 kPa(10～30 mmHg)的馏分,产品为无色或略带浅黄色的带腥味的液体,约3.00～3.50 g。

【注意事项】

(1) 此反应是放热反应,滴加正丁醛不宜太快。要注意密封,防止正丁醛挥发(正丁醛的沸点75 ℃)。反应温度最高不超过90 ℃。

(2) 辛烯醛是α,β-不饱和醛,容易引起过敏现象,在处理产品时要注意。

【思考题】

(1) 本实验中,氢氧化钠起什么作用?试写出丁醛用酸作缩合剂的反应机理。

(2) 试写出过量的甲醛在碱作用下,分别与乙醛和丙醛反应的最终产物。

实验24 2-羟基查尔酮(2-hydroxychalcone)

【反应式】

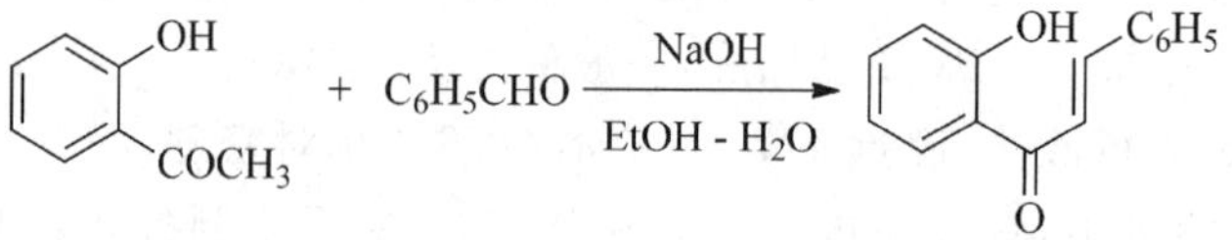

OH, COCH3 + C_6H_5CHO —NaOH, EtOH - H_2O→ OH, C_6H_5, O

【主要试剂】

邻羟基苯乙酮 1.60 g(11.8 mmol),苯甲醛 1.20 g(11.3 mmol),氢氧化钠 1.00 g,乙醇。

【实验步骤】

在25 mL的圆底烧瓶中加入1.00 g氢氧化钠和5.0 mL水,溶解后再加入2.5 mL乙醇和1.60 g邻羟基苯乙酮的混合溶液;搅拌下,滴加由1.20 g苯甲醛和1.0 mL乙醇配制的混合溶液。室温搅拌3 h,反应液逐渐变为橙色,并析出固体至不易搅拌。

在冰水浴冷却下,向上述反应物中滴加5%的盐酸酸化,使pH约为7~8。将固体过滤,固体呈橙色,自然干燥。产品约2.20 g,用乙醇重结晶,产率80%,mp 88~89 ℃。

IR(KBr):$\tilde{\nu}/cm^{-1}$=1640,1570,1200;^1H NMR:δ=12.7(s,OH,1H),6.7~8.2(m,11H)。

实验25 1-苯基-3-(2-羟基苯基)-1,3-丙二酮 [1-phenyl-3-(2-hydroxyphenyl)-1,3-propanedione]

【反应式】

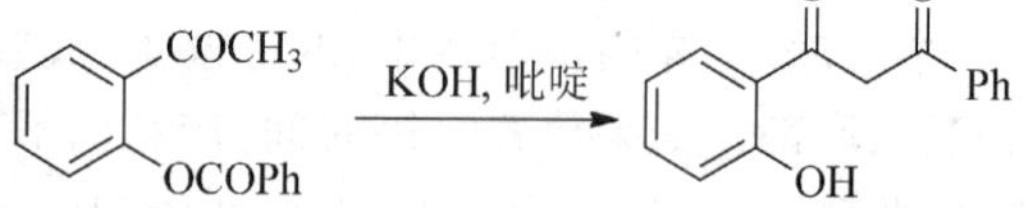

COCH3, OCOPh —KOH, 吡啶→ O, O, Ph, OH

【主要试剂】

苯甲酰(邻乙酰基)苯酚酯 1.00 g(4.20 mmol),吡啶 1.2 mL,氢氧化钾 0.40 g(10 mmol)。

【实验步骤】

称取1.00 g苯甲酰(邻乙酰基)苯酚酯,溶于1.2 mL无水吡啶中,温热至50 ℃。搅拌下,在20 min内分次加入0.40 g氢氧化钾粉末,溶液变为深黄色,并析出沉淀。继续搅拌 15 min,冷却至室温。加入 7.5 mL 10%醋酸溶液,在冰浴中冷却析出的固体,过滤,用乙醇重结晶,得黄色针状晶体 0.70 g,产率 70%,mp 118~119 ℃。

IR(KBr):$\tilde{\nu}$/cm^{-1}=1615(C=O),1570,1490;^{1}H NMR(250 MHz,$CDCl_3$)δ=12.5(s,1H,酚-OH),6.6~8.0(m)。

实验 26 4-(1,2-亚乙二氧基)环己酮(4,4-ethylenedioxy cyclohexanone)

【反应式】

$$\text{4-(1,2-亚乙二氧基)环己酮-2-}CO_2C_2H_5 \xrightarrow[-CO_2]{KOH} \text{4-(1,2-亚乙二氧基)环己酮}$$

【主要试剂】

4-(1,2-亚乙二氧基)环己酮-2-羧酸乙酯 1.20 g(5.2 mmol)。

【实验步骤】

在 100 mL 的圆底烧瓶中加入 1.20 g 4-(1,2-亚乙二氧基)环己酮-2-羧酸乙酯、40 mL 10%的氢氧化钾溶液;于室温下搅拌 24 h,然后加热回流 3 h。冷却,用氯仿提取,无水硫酸钠干燥,过滤,蒸出氯仿,得无色片状结晶,约 0.40~0.60 g,产率 46%~70%,mp 73~75 ℃(文献值为 74~76 ℃)。

IR(KBr):$\tilde{\nu}$/cm^{-1}=2985,2945,1715,1140,1085,1035,910;^{1}H NMR:δ=4.03(s,4H),2.43~2.60(t,4H),1.92~2.09(t,4H)。

【参考文献】

[1] Suzuki K. *Nippon Kagaku Zasshi*,1961,82:730~732.
[2] 蒋本国,葛树丰,叶秀林. 大学化学,1995,10(1):42~43.

实验 27 4-(1,2-亚乙二氧基)庚二酸二乙酯(diethyl-γ,γ-ethylenedioxypimelate)

【反应式】

$$\begin{matrix}CH_2OH\\|\\CH_2OH\end{matrix} + O{=}C\begin{matrix}CH_2CH_2CO_2C_2H_5\\CH_2CH_2CO_2C_2H_5\end{matrix} \xrightarrow[-H_2O]{H^+} (\text{1,3-二氧戊环})C\begin{matrix}CH_2CH_2CO_2C_2H_5\\CH_2CH_2CO_2C_2H_5\end{matrix}$$

【主要试剂】

4-庚酮二酸二乙酯 5.70 g(24.7 mmol),乙二醇 1.70 g,对甲苯磺酸 0.10 g,甲苯 15 mL。

【实验步骤】

在 25 mL 圆底烧瓶中加入 5.70 g 4-庚酮二酸二乙酯、1.70 g 乙二醇、0.10 g 对甲苯磺酸、15 mL 甲苯,装上分水器,回流分水 4~5 h。反应结束后,加入三乙胺或吡咯烷数滴中和对甲苯磺酸。蒸出甲苯,减压蒸馏产品,收集 144~147 ℃/133.32 Pa(1 mmHg)馏分,得无色透明液体 4.00~5.00 g,产率 58%~71%,n_D^{25} 1.4463。

IR(液膜):$\tilde{\nu}/cm^{-1}$ = 2960,1730,1180,1040;^{1}H NMR:δ = 3.99~4.25(q,4H,OCH_2CH_3),3.93[s,4H,$(CH_2O)_2C$],1.94~2.48(m,8H,CH_2),1.16~1.34(t,6H,OCH_2CH_3)。

【参考文献】

Gardner D,et al. *J Am Chem Soc*,1956,78:3425~3427.

实验28 4-苯基-2-丁酮(4-phenyl-2-butanone)

【反应式】

$$CH_3COCH_2CO_2C_2H_5 \xrightarrow{CH_3ONa} [CH_3COCHCO_2C_2H_5]^- Na^+ \xrightarrow{C_6H_5CH_2Cl} CH_3COCH(CH_2C_6H_5)CO_2C_2H_5$$

$$\xrightarrow{NaOH,\ H_2O} CH_3COCH(CH_2C_6H_5)CO_2^- Na^+ \xrightarrow[\triangle]{H^+} CH_3COCH_2CH_2C_6H_5$$

【主要试剂】

无水甲醇 3.55 g(4.5 mL,111 mmol),金属钠 0.53 g(23 mmol),乙酰乙酸乙酯 3.07 g(3.0 mL,23.6 mmol),氯化苄 2.70 mL(23.5 mmol)。

【实验步骤】

在 50 mL 干燥的三口瓶内,加入 4.5 mL 无水甲醇、0.53 g 金属钠。在电磁搅拌下,室温反应。金属钠很快溶解并放出氢气。待钠反应完毕后,室温搅拌下滴加 3.0 mL 乙酰乙酸乙酯,继续搅拌 10 min。在室温下,慢慢滴加 2.70 mL 氯化苄,这时溶液呈米黄色混浊液,然后加热回流 30 min。停止加热,稍冷却后,慢慢加入由 1.20 g 氢氧化钠和 10 mL 水配成的溶液,约需 5 min 加完,此时溶液 pH≈11。然后再加热回流 30 min 后,冷却至 40 ℃以下,慢慢滴加3.0 mL 浓盐酸,溶液 pH=1~2。加热回流 30 min,进行脱羧反应。回流完毕后,溶液分为两层,上层为黄色有机相。

反应结束后,在水浴上将低沸点物蒸出,馏出液体积约为 2.0~4.0 mL。冷却,用分液漏斗分出上层有机层,水层用 10 mL 乙醚提取一次。将乙醚与有机层合并,用饱和氯化钠溶液洗涤两次,至 pH=6~7,用无水硫酸钠干燥有机层。

在水浴上蒸乙醚。减压蒸馏,收集 132~140 ℃/5.35 kPa(40 mmHg)馏分,产品为无色透明液体,约 1.70~2.10 g,产率 48%~59%。

【注意事项】

(1) 金属钠遇水燃烧爆炸,使用时应严格防止与水接触。制备甲醇钠时,金属钠只需切成小块,分批加入至三口瓶中。

(2) 注意乙醚的后处理及蒸馏的安全。

(3) 4-苯基-2-丁酮存在于天然烈香杜鹃的挥发油中，具有止咳、祛痰的作用。作为药物，4-苯基-2-丁酮被制成亚硫酸氢钾或亚硫酸氢钠加成物，以便于服用和存放，并不影响药效。实验 29 即为制备亚硫酸氢钠加成物。

实验 29 4-苯基-2-丁酮亚硫酸氢钠加成物

(bisulfite addition product of 4-phenyl-2-butanone)

【反应式】

$$CH_3COCH_2CH_2C_6H_5 \xrightarrow{NaHSO_3} CH_3\overset{\overset{\displaystyle OH}{|}}{\underset{\underset{\displaystyle CH_2CH_2C_6H_5}{|}}{C}}-SO_3^-\ Na^+$$

【主要试剂】

4-苯基-2-丁酮 2.70 g(18.2 mmol)，亚硫酸氢钠 2.08 g(20.0 mmol)。

【实验步骤】

在 50 mL 的锥形瓶内加入 2.70 g 4-苯基-2-丁酮和 12.5 mL 95%乙醇。在水浴上加热至 60 ℃，得到溶液甲。

在装有回流冷凝管和温度计的 100 mL 三口瓶中，加入 2.08 g 亚硫酸氢钠和 9 mL 水，加热至 80 ℃左右，搅拌，使固体溶解，得到溶液乙(若溶液不透明，应趁热过滤)。

搅拌下趁热将溶液甲慢慢加入到溶液乙中，加热回流 15 min，得到透明溶液。冷却，使其结晶，过滤，固体用少量乙醇洗涤两次，得到白色片状结晶，约 3.80 g，产率 84%。进一步提纯，可用 70%乙醇重结晶。

实验 30 环己酮肟(cyclohexanone oxime)

【反应式】

$$C_6H_{10}{=}O + NH_2OH \cdot HCl \longrightarrow C_6H_{10}{=}N-OH + HCl$$

【主要试剂】

羟胺盐酸盐 2.50 g(35.0 mmol)，环己酮 2.50 g(2.7 mL，25.0 mmol)。

【实验步骤】

在 50 mL 的烧杯内将 2.50 g 羟胺盐酸盐溶于 7.5 mL 水中(如不溶，可微热)。然后慢慢用 6 mol·L^{-1} NaOH 水溶液中和并冷至室温，使羟胺盐酸盐溶液的 pH ≈ 8。

将 2.50 g 环己酮加入 50 mL 的圆底烧瓶中，加入 3.8 mL 乙醇，搅拌下由滴液漏斗滴加上述羟胺溶液。加毕，用热水浴加热回流 20 min，回流后如溶液有固体杂质，则趁热减压过滤。将滤液放在锥形瓶中冷却，析出结晶，过滤，干燥并称量，得到 2.00～2.50 g 的白色晶体，mp 88～89 ℃。

5.7　羧酸及其衍生物
(实验31～55)

1. 羧酸的制备

一级醇和醛的氧化,羧酸衍生物的水解,以及醇、烷、烯在强酸作用下对一氧化碳的亲电进攻,都可制得羧酸。

一级醇与醛直接氧化成羧酸,这是常用的经典合成方法。醇氧化时,一级醇比二级醇易于氧化,在环状体系中平伏键的羟基比直立键的羟基易被氧化。一般常采用催化法或使用化学试剂,如钯、铂等贵金属催化氧化,其特点是选择性好。例如:L-山梨酸氧化反应中,一级羟基氧化的选择性如下式表示,而二级羟基不受影响。

高锰酸钾、重铬酸钾是常用的氧化试剂。但由于是在酸性条件下,生成的羧酸易进一步与醇反应生成酯,因此常在碱性高锰酸钾水溶液中进行。

使用高锰酸钾、重铬酸钾对芳烃侧链氧化是制备芳香羧酸常用的方法,用于比甲基长的支链(如乙苯、丙苯等)氧化时,总是在苄基碳原子上生成羧基,因而总是得到苯甲酸。如苄基碳原子上无氢原子,一般情况下不被氧化,带支链的基团比直链易于氧化。

羧酸衍生物中酯、酰胺、酸酐、酰卤均可与水发生亲核加成-消除反应,即水解制得羧酸。根据分子中羰基的活性,水解反应的活性顺序为

$$\mathrm{RCOCl > (RCO)_2O > RCO_2R > RCONH_2 \approx RCN}$$

酰卤、酸酐极易水解,一般反应较完全,而酰胺与酯的水解速率较慢,且为可逆的平衡反应。酯的水解用碱催化最为普遍,可将酯与氢氧化钠(钾)水溶液(或醇溶液)加热水解。由于酯广泛存在于自然界中,因此通过酯的水解是合成羧酸的重要途径。尽管酰卤、酸酐极易水解,但因它们均是以羧酸为原料来制备的,因而一般情况下,不会使用酰卤、酸酐水解来制备羧酸。

腈是极易获得的原料,腈水解广泛用于羧酸的合成。腈的水解既可在碱性条件下,也可在酸性条件下进行,如用氢氧化钠(钾)水溶液(醇溶液)、硫酸水溶液或浓盐酸溶液等。

醇、烷、烯在强酸作用下,首先形成正碳离子,然后对一氧化碳亲电进攻(被称为羰化反应),反应式如下:

$$\begin{matrix}ROH\\RH\end{matrix} \xrightarrow{H^+} R^+ \xrightarrow{CO} RC^+{=}O \xrightarrow{OH^-} RCOOH$$

而有机金属化合物对二氧化碳的亲核进攻,被称为羧化反应。

$$R^-M^+ + CO_2 \longrightarrow RCOO^-M^+ \xrightarrow{H_2O} RCOOH$$

2. 羧酸衍生物的制备

(1) 羧酸酯的制备

低级酯一般是具有芳香气味或特定水果香味的液体。例如,乙酸异戊酯俗称香蕉油,氨茴香甲酯有葡萄香味,丁酸甲酯具有苹果香味,醋酸苄酯具有桃的香味,丁酸乙酯具有菠萝香味,乙酸正丁酯具有梨的香味等。自然界许多水果和花草的芳香气味,都是由于酯存在的缘故。酯在自然界中是以混合物的形式存在,人工合成的一些香料就是模拟天然水果和植物提取液的香味经配制而成。

在强酸存在下,用羧酸和醇直接进行酯化反应制备酯最为重要,它可以看做是羧基中的一个羟基被烷氧基取代后生成的物质。酯化反应常用的催化剂有硫酸、盐酸、磺酸、强酸性阳离子交换树脂等。酯化反应是一个平衡的反应,如果用等摩尔的原料进行反应,达成平衡后,只有 2/3 mol 的羧酸及醇转化为酯。为了提高酯的产量,通常采用过量的羧酸或醇,或利用共沸蒸馏,或以干燥剂吸收所生成的水使平衡向右方移动;也可采用不断地把产生的酯或水移走的方法,或者两者同时采用。实验中究竟采用哪种方法,取决于原料来源的难易以及操作等因素。例如,在制备乙酸乙酯时使用过量的乙醇,这是因为乙醇价廉;而在制备乙酸正丁酯时,则使用过量的乙酸。羧酸酯的合成是经典的反应,它在有机合成中占有重要的地位,因而酯化反应被广泛地使用和研究。

在酯化反应中,硫酸是催化剂。如果加入的硫酸稍多于催化量,即可以起到与水结合而提高酯的产量的目的。在制备甲酸酯时,因为甲酸本身是一个强酸,所以不需加硫酸催化。

新的酯化缩合剂(催化剂)的应用,使反应操作更简化,而且反应条件温和,如在 1-甲基-2-氯吡啶盐作用下,苯乙酸与苄醇在二氯甲烷中,在室温下即可反应,并定量地生成酯[1];强酸性阳离子交换树脂作为催化剂,操作简便,反应在室温下,不但催化剂可以再生使用,且产率较高[2];分子筛亦可作为酯化脱水剂,酯化产率可达 96%[3]。

在某些酯化反应中,醇、酯和水之间可以形成二元或三元的最低恒沸物,或者在反应体系中加入可与水形成共沸物的第三组分,例如,加甲苯、环己烷或四氯化碳等,使其与水共沸以除去反应中不断产生的水,从而达到提高酯的产量的目的。这种酯化方法,一般称为共沸酯化。例如,在制备苯甲酸乙酯时,因为这个酯的沸点较高(213 ℃),很难蒸出,所以采用加入苯的方法,使苯、乙醇和水组成一个三元共沸物(bp 64.6 ℃),以除去反应中生成的水。

酯的制备除上述方法外，还有酰卤或酸酐的醇解、羧酸盐与卤代烷的反应以及酯交换反应等。酚与醇不同，醇与羧酸很容易在酸催化下直接发生酯化反应，而酚则需要在碱（氢氧化钠水溶液、碳酸钾、吡啶）或酸（硫酸、磷酸）的催化下，与酰氯或酸酐反应形成酯，这是由于酰卤或酸酐比羧酸活泼，所以易与醇和酚生成酯。在反应中加入氢氧化钠水溶液、醇钠、吡啶等也是为吸收体系内生成的卤化氢。在乙酸酐作用下，酚的乙酰化速率比乙酸酐的水解速率要快，因此，酚可以在氢氧化钠水溶液中与乙酸酐反应生成酚酯，如实验44及49。

（2）酰氯的制备

羧酸衍生物中最活泼的化合物是酰氯，一般是用羧酸与亚硫酰氯、草酰氯反应来制备：

$$RCOOH + SOCl_2 \longrightarrow RCOCl + HCl + SO_2$$

也可以用羧酸与三氯化磷或五氯化磷反应来制备：

$$RCOOH + PCl_3 \longrightarrow RCOCl + H_3PO_3$$

$$RCOOH + PCl_5 \longrightarrow RCOCl + HCl + POCl_3$$

羧酸与亚硫酰氯的反应条件温和，在室温或稍加热即可反应。产物除酰氯外，其他均为气体，因而通过蒸馏就可以得到纯的产品。

与其他卤化物相比，PCl_5 是较为活泼的卤化试剂，但在实验室中用得不多，而氯化亚砜（或称亚硫酰氯）用得较多。

（3）酰胺的制备

酰胺可通过羧酸铵盐加热失水制备，也可以用酰氯、酸酐、酯的氨解制备。在浓盐酸存在下使腈水解，或在氢氧化钠水溶液中使腈水解，都能制得酰胺。如果在后者中加入6％～12％的过氧化氢，能加速反应的进行。

肟在硫酸、五氯化磷、多聚磷酸、苯磺酰氯、亚硫酰氯以及三氯化磷等酸性催化剂作用下，发生Beckmann重排，使肟重排为酰胺。结构对称的酮肟，重排后只有一种产物；不对称酮肟，可以有 Z、E 构型。因此，利用这一反应可广泛测定各种酮肟构型。醛肟也可发生上述反应，但芳醛肟随芳基的不同而异。Beckmann重排在工业上的重要应用就是环己酮肟重排为己内酰胺，再开环、聚合为聚己内酰胺，即尼龙-6。

实验52～53是实验室从Beckmann重排到尼龙-6的小量实验方法。

【参考文献】

[1] Warner P, Harris D L. *Tetrahedron Lett*, 1970, 4011.

[2] Vesley G F, Stenberg V I. *J Org Chem*, 1971, 36: 2548.

[3] Harrison H R. *Chem and Ind*, 1968, 1568.

5.7.1 羧酸

实验 31 对氨基苯甲酸(*p*-aminobenzoic acid)

【反应式】

$$CH_3CONH-C_6H_4-CH_3 \xrightarrow[OH^-]{KMnO_4} CH_3CONH-C_6H_4-COO^- \xrightarrow{H^+}$$

$$CH_3CONH-C_6H_4-COOH \xrightarrow[\triangle]{H^+} N_2H-C_6H_4-COOH$$

【主要试剂】

对甲基-*N*-乙酰苯胺 2.60 g(17 mmol),高锰酸钾8.00 g,乙酸钠 2.00 g,盐酸,氢氧化钠。

【实验步骤】

将对甲基-*N*-乙酰苯胺置于 400 mL 的烧杯中,加入 60 mL 水、2.0 g 乙酸钠和 8.00 g 高锰酸钾,不断搅拌下,温和加热约 30 min。反应过程中适量补加因挥发减少的水量,反应液呈深褐色并有大量沉淀物。趁热减压过滤,用少量热水洗涤沉淀。合并滤液,冷至室温,用 20%的稀硫酸酸化至 pH 1~2,过滤析出的白色固体。将此固体加入 50 mL 圆底烧瓶中,加入 1∶1 的盐酸水溶液 12 mL(即用 6 mL 盐酸 + 6 mL 水配成的溶液),安装尾气吸收装置,加热回流 30 min;向烧瓶中加入 20 mL 水及适量活性炭,加热沸腾 5 min,趁热过滤,冷却,用 20%氢氧化钠中和至 pH 3~4。在冰浴中冷却,待析晶完全,过滤收集产品,自然干燥,得到浅黄色针状结晶。纯品 mp 186~187 ℃。

【注意事项】

(1) 如滤液呈紫红色,可能有过量高锰酸钾存在,可加入少量亚硫酸氢钠使红色褪去,使滤液呈近于无色的清澈液体。

(2) 中和时应注意溶液 pH 的变化,并尽量使溶液量不能过大,否则产物不易结晶出来。

【思考题】

(1) 在进行哪些有机反应时氨基需要保护?为什么?

(2) 用于保护基团的反应有什么特点?举例说明。

实验 32 肉桂酸(cinnamic acid)

芳香醛和酸酐在碱性催化剂的作用下,可以发生类似羟醛缩合的反应,生成 α,β-不饱和芳香酸,这个反应称为 Perkin 反应。催化剂通常是相应酸酐的羧酸的钾或钠盐,也可用碳酸钾或叔胺。

苯甲醛和乙酸酐在无水乙酸钠(钾)的存在下发生 Perkin 反应,生成肉桂酸。反应首先是乙酸酐在乙酸钠的作用下,生成乙酸酐的负碳离子,然后,负碳离子和芳香醛发生亲核加成反应,经一系列中间体后,产生一不饱和酸酐,经水解得肉桂酸,肉桂酸在一般情况下以反式存在。反应过程可表示如下:

$$(CH_3CO)_2O + CH_3COONa \rightleftharpoons [\bar{C}H_2CO_2COCH_3 \longleftrightarrow CH_2{=}\overset{O^-}{\overset{|}{C}}OCOCH_3]$$

$$\xrightleftharpoons[\text{亲核加成}]{C_6H_5CHO} \quad C_6H_5-\overset{H}{\overset{|}{C}}-CH_2 \cdots \quad \rightleftharpoons \quad \cdots$$

$$\xrightleftharpoons[\text{酰基交换}]{(CH_3CO)_2O} \quad \cdots \xrightarrow{CH_3CO_2Na} C_6H_5CH{=}CHCO_2COCH_3 \xrightarrow{H_2O} C_6H_5CH{=}CHCOOH$$

如果把羧酸钠盐改为碳酸钾或三级胺,反应也能顺利进行。如在肉桂酸合成中,用碳酸钾代替乙酸钠,反应进行的周期要短得多。催化剂究竟是什么还不太清楚,不能肯定是碳酸钾。因为反应开始时总有微量水存在,反应第一步可能包括酸酐的水解,随之与碳酸钾生成羧酸钾盐,而羧酸钾盐能催化这个反应已是众所周知的。

下面列出了分别用乙酸钾和碳酸钾作催化剂的两种合成方法。

1. 方法一:乙酸钾催化

【反应式】

$$C_6H_5CHO + (CH_3CO)_2O \xrightarrow{CH_3COOK} C_6H_5CH{=}CHCOOH + CH_3COOH$$

【主要试剂】

苯甲醛(新蒸馏过)2.5 mL(25 mmol),乙酸酐 3.8 mL(39 mmol),碳酸钠,无水乙酸钾,浓盐酸。

【实验步骤】

在 100 mL 圆底烧瓶中,加入 1.50 g 无水乙酸钾、3.8 mL 乙酸酐、2.5 mL 苯甲醛和磁子,装上回流冷凝管,加热回流 1.5～2 h。

回流完毕后,趁热将反应液倒入圆底烧瓶中,并以少量热水冲洗反应瓶 3～4 次,以使反应液全部转移到烧瓶中。然后慢慢加入适量的固体碳酸钠(约 3～4 g),使溶液呈碱性,进行水蒸气蒸馏,直至馏出液无油珠后即可停止。

在上述圆底烧瓶中,加入少量活性炭,装上回流冷凝管,加热回流 5～10 min,趁热过滤;将滤液转移到锥形瓶中,冷却到室温,在搅拌下往滤液中慢慢滴加浓盐酸至溶液呈酸性。用冰水冷却,待结晶全部析出后,过滤,收集结晶,并以少量冷水洗涤结晶,干燥,称量。产量约 2.0 g。

粗品可在热水或在 70%乙醇中进行重结晶,mp 131.5~132 ℃。

【注意事项】

无水乙酸钾需新鲜熔焙。方法是将含水的乙酸钾放入蒸发皿中加热,盐首先在自己的结晶水中熔化,水分蒸发后又结成固体,再猛烈加热使其熔融,不断搅拌,趁热倒在金属板上,冷却后研碎,放入保干器中待用。

【思考题】

在制备中,回流完毕后,加入固体碳酸钠,使溶液呈碱性。此时溶液中有几种化合物,各以什么形式存在?写出它们的分子式。

2. 方法二:碳酸钾催化

【主要试剂】

苯甲醛(新蒸馏过)2.5 mL(25 mmol),乙酸酐 7.0 mL(73 mmol),无水碳酸钾,氢氧化钠水溶液,盐酸。

【实验步骤】

在 100 mL 圆底烧瓶中,加入 2.5 mL 新蒸馏过的苯甲醛、7.0 mL 乙酸酐和 3.50 g 无水碳酸钾。加热回流 45 min。由于逸出二氧化碳,最初有泡沫出现。

冷却反应混合物,加入 20 mL 水,浸泡几分钟。用玻璃棒轻轻压碎瓶中的固体,并用水蒸气蒸馏,从混合物中蒸除未反应的苯甲醛(可能有些焦油状聚合物)。再将烧瓶冷却,加入 20 mL 10%氢氧化钠水溶液,使所有的肉桂酸形成钠盐而溶解。加 45 mL 水,将混合物加热,活性炭脱色,趁热过滤,将滤液冷至室温以下。配制 10 mL 浓盐酸和 10 mL 水的混合液,在搅拌下,将此混合液加到肉桂酸盐溶液中至溶液呈酸性。用冷水冷却,待结晶完全,过滤,干燥并称量。粗品可用热水重结晶。

实验 33 呋喃丙烯酸(2-furan acrylic acid)

【反应式】

$$\text{(furan-2-yl)CHO} \xrightarrow[CH_3CO_2K]{(CH_3CO)_2O} \text{(furan-2-yl)}CH{=}CHCO_2H$$

【主要试剂】

呋喃甲醛 1.75 g(18.3 mmol),乙酸酐 2.8 mL,无水乙酸钾 1.90 g。

【实验步骤】

在装有回流冷凝管的 25 mL 三口瓶中,加入 1.75 g 新蒸馏过的呋喃甲醛、2.8 mL 乙酸酐。在油浴上加热至沸,不断振摇下分批加入 1.90 g 无水乙酸钾,回流 2~3 h。稍冷，倾至盛有 20 mL 冷水的烧杯中，搅拌，即有结晶析出。

加热使其溶解，加入 0.5 g 活性炭，煮沸 10 min，趁热过滤。滤液充分冷却后有大量结晶析出，减压过滤，用少量冷水洗涤晶体，干燥，得浅黄色针状结晶 1.5～1.7 g。mp 138～139 ℃。

产品经热水重结晶后，可得无色针状结晶，mp 141 ℃。

【注意事项】

(1) 无水乙酸钾的制备见实验 32 中方法一的"注意事项"。

(2) 呋喃丙烯酸也可用呋喃甲醛与丙二酸在吡啶存在下进行反应制备。可参考文献[1]。

【参考文献】

[1] Rajagopalan S, Raman P V A. *Org Syn*, 1945, 25: 51.

[2] Johnson J R. *Org Synth*, Coll, 1955, 3: 425～427.

实验 34 香豆素-3-羧酸(coumarim-3-carboxylic acid)

香豆素是顺式邻羟基肉桂酸(香豆酸)的内酯。香豆素及其衍生物广泛地存在于自然界，是一些植物精油的成分。许多香豆素衍生物都具有药理作用，是中草药的有效成分之一；一些香豆素的衍生物也是日用化学工业中的重要香料，作为增香剂，也常用于一些橡胶制品和塑料制品中。

利用 Perkin 反应可一步合成香豆素。

CHO OH + $(CH_3CO)_2O$ $\xrightarrow[\triangle]{\text{乙酸钠}}$ 5 4 6 3 7 O 2 O 8 1

但 Perkin 反应存在着反应时间长、反应温度高、产率有时不好等缺点。本实验采用改进的方法进行合成，用水杨醛和丙二酸酯在有机碱的催化作用下，可在较低的温度下合成香豆素衍生物。这种用有机碱作催化剂来促进羟醛缩合反应的方法叫做 Knoevenagel 反应。

经 Knoevenagel 反应得到的中间体，未经析离便进一步脱醇内酯化，生成香豆素-3-甲酸乙酯。析离后不需要提纯，加碱水解，不但酯基，而且内酯也被水解；然后酸化，再次关环内酯化即生成香豆素-3-羧酸。

实验中，除加有机碱六氢吡啶外，还需加少量的冰醋酸。反应很可能是水杨醛先与六氢吡啶在酸催化下形成亚氨基化合物，然后亚胺再与丙二酸酯的负碳离子发生加成反应。

【反应式】

CHO, OH + OC_2H_5, OC_2H_5 $\xrightarrow{\text{六氢吡啶}}$ $CO_2C_2H_5$ $\xrightarrow{NaOH}$ CO_2Na, COONa, ONa $\xrightarrow{HCl}$ CO_2H

【主要试剂】

水杨醛 4.2 mL(14 mmol),丙二酸二乙酯 6.8 mL(45 mmol),无水乙醇,六氢吡啶,冰醋酸,95%乙醇,氢氧化钠,浓盐酸,无水氯化钙。

【实验步骤】

(1) 制备香豆素-3-甲酸乙酯:在干燥的 50 mL 圆底烧瓶中,加入 4.2 mL 水杨醛、6.8 mL 丙二酸二乙酯、25 mL 无水乙醇、0.5 mL 六氢吡啶和 1～2 滴冰醋酸,装上回流冷凝管,冷凝管上口接一氯化钙干燥管。将混合液加热回流 2 h 后转移到锥形瓶中,加入 35 mL 水,在冰浴中冷却,待结晶析出后过滤,每次用 3～5 mL 冰冷的 50%乙醇洗两次,压紧抽干,得粗品,干燥,约 7.00 g。粗品可用 25%乙醇重结晶,熔点 93 ℃。

(2) 制备香豆素-3-羧酸:在 100 mL 圆底烧瓶中,加入 4.00 g 香豆素-3-甲酸乙酯、3.00 g 氢氧化钠、20 mL 乙醇和 10 mL 水,装上回流冷凝管,加热回流。待酯和氢氧化钠全部溶解后,再继续回流 15 min。在 250 mL 烧杯中,加入 10 mL 浓盐酸和 50 mL 水,搅拌下将上述反应液趁热倒入稀盐酸中,立即有大量白色结晶析出,冰浴冷却后过滤,并用少量冰水洗两次,压紧抽干,干燥,约 3.00 g,粗品 mp 188 ℃。可用水进行重结晶。

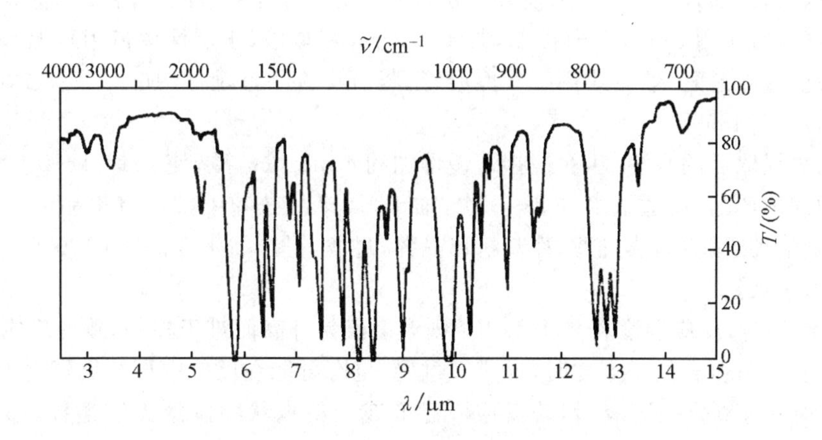

图 5.7 香豆素-3-甲酸乙酯的红外光谱

实验35 呋喃甲酸和呋喃甲醇
(furancarboxylic acid and 2-furancarbinol)

Cannizzaro反应是指不含α-活泼氢的醛,在强碱存在下,进行自身的氧化还原反应,一分子醛被氧化成酸,另一分子醛被还原为醇。芳香醛是发生Cannizzaro反应最常见的类型,甲醛以及α,α,α-三取代的乙醛也发生此类反应。此外,芳香醛和甲醛之间也发生所谓的交叉的Cannizzaro反应,在这种反应中常常是甲醛被氧化成甲酸,而芳香醛则被还原成醇。呋喃甲酸和呋喃甲醇就是通过呋喃甲醛在浓NaOH作用下制得的。

【反应式】

2 (呋喃)CHO $\xrightarrow{OH^-}$ (呋喃)CH_2OH + (呋喃)COO^-

(呋喃)COO^- $\xrightarrow{H^+}$ (呋喃)COOH

【主要试剂】

呋喃甲醛(新蒸的)4.80 g(50 mmol),氢氧化钠2.00 g。

【实验步骤】

在100 mL的锥形瓶中,放置4.80 g新蒸过的呋喃甲醛,浸于冰水浴中冷却。取2.00 g氢氧化钠溶于4.0 mL水中,在冰水浴中冷却,搅拌下慢慢将氢氧化钠溶液滴加到呋喃甲醛中,滴加过程须保持该反应液的温度在8~12 ℃之间。加完后再搅拌0.5 h,得一黄色浆状物。加入4.5 mL水搅拌使沉淀恰好溶解,得一暗红色溶液。将该溶液倒入分液漏斗中,每次用5 mL乙醚提取,共4次,合并提取液(水层保留待用),无水碳酸钾干燥。水浴上蒸除乙醚,然后改用空气冷凝管,蒸出呋喃甲醇,收集169~172 ℃馏分。产量约1.9 g,n_D^{25} 1.4868。

用乙醚提取后的水溶液,在搅拌下慢慢加约4 mL浓盐酸,使pH=1~2。冷却,过滤所生成的固体产品,用适量水洗2~3次,抽干,得产品呋喃甲酸。将粗品溶于适量热水中,加适量活性炭脱色,热过滤,冷却析出晶体,过滤,得产品1.3 g,mp 130 ℃。

【注意事项】

(1) 滴加时,反应温度若高于12 ℃,则温度极易升高而难于控制,致使反应物变成深红色,影响产率;但若低于8 ℃时,反应又过慢,也有可能在反应中积存氢氧化钠。

(2) 滴完氢氧化钠溶液后,若反应液已变成一粘稠状物以致无法搅拌,即可继续往下做。

(3) 得到的黄色浆状物加水不宜过多,否则会损失一部分产品。

(4) 酸要加够,保证pH为1~2,使呋喃甲酸游离出来。这是影响呋喃甲酸收率的关键。

(5) 重结晶呋喃甲酸粗品时,不要长时间加热,否则部分呋喃甲酸会被破坏,出现焦油状物。

(6) 表 5.3 为呋喃甲酸在不同温度水中的溶解度数据。

表 5.3 呋喃甲酸在水中的溶解度

t/℃	0	5	15	100
s/[g·(100 mL)$^{-1}$]	2.7	3.6	3.8	25.0

【思考题】

(1) 写出苯甲醛、甲醛在浓氢氧化钠溶液中的反应方程式,列出所有产物。

(2) 在所给实验条件下,丙醛与氢氧化钠溶液如何进行反应?三甲基乙醛与氢氧化钠溶液如何进行反应?

(3) 怎样利用 Cannizzaro 反应,将呋喃甲醛全部转化成呋喃甲醇?

实验 36 二苯基羟乙酸(benzilic acid)

【反应式】

$$C_6H_5-\overset{O}{\overset{\|}{C}}-\overset{O}{\overset{\|}{C}}-C_6H_5 \xrightarrow{KOH} (C_6H_5)_2\underset{OH}{\underset{|}{C}}-COOK \xrightarrow{H^+} (C_6H_5)_2\underset{OH}{\underset{|}{C}}-COOH$$

【主要试剂】

二苯乙二酮(2.00 g,90 mmol),氢氧化钾,95%乙醇,浓盐酸。

【实验步骤】

在 50 mL 锥形瓶中,溶解 5 g 氢氧化钾于 5 mL 水中,然后加入 5 mL 95%乙醇。混合均匀后,将 2.00 g 二苯乙二酮加入其中并振荡。溶液呈深紫色,待固体全部溶解,安装回流冷凝管,水浴上煮沸 15 min。加热过程即有固体析出。冷却,冰水中放置 1 h 后,抽气过滤,用少量无水乙醇洗涤固体,得白色二苯基羟乙酸钾盐。

将上述酸的钾盐溶于 60 mL 水中,若有不溶物,过滤除去。然后,将 3 mL 浓盐酸与 20 mL 水配成的盐酸溶液加于其中,即有白色结晶析出。经放置冷却后,抽气过滤,结晶用冷水洗几次。干燥后产品约 1.80 g,mp 147~149 ℃。

【注意事项】

重排反应亦可用 5 g 氧氧化钠进行。操作与氢氧化钾相同,只是回流加热和冷却后不出现钠盐结晶。可将反应物倾于 100 mL 水中,过滤除去不溶物后,用浓盐酸酸化至刚果红试纸变蓝,即有产品析出。以下操作与用氢氧化钾相同。

实验37 Z,E-α-苯基肉桂酸的合成与分离
(synthesis and separation of Z- and E-phenylcinnamic acid)

【反应式】

$$C_6H_5CH_2CO_2H + (CH_3CO)_2O \rightleftharpoons C_6H_5CH_2CO_2COCH_3 \overset{Et_3N}{\rightleftharpoons} C_6H_5\bar{C}HCO_2COCH_3$$

$$\overset{C_6H_5CHO}{\rightleftharpoons} (Z)\text{-}{}^-O_2C(C_6H_5)C{=}CH(C_6H_5) + (E)\text{-}{}^-O_2C(C_6H_5)C{=}CH(C_6H_5) \xrightarrow{H^+} (Z)\text{-}HO_2C(C_6H_5)C{=}CH(C_6H_5) + (E)\text{-}HO_2C(C_6H_5)C{=}CH(C_6H_5)$$

【主要试剂】

苯乙酸 2.50 g(18.4 mmol),苯甲醛 3.0 mL(29.6 mmol),三乙胺 2.0 mL(14.4 mmol),乙酸酐 2.0 mL(21.2 mmol)。

【实验步骤】

在 100 mL 的圆底烧瓶中加入 2.50 g 苯乙酸、3.0 mL 苯甲醛、2.0 mL 三乙胺和 2.0 mL 乙酸酐,加热回流 30 min。冷至室温,搅拌下,从冷凝管顶端缓缓加入 4.0 mL 浓盐酸,反应混合物凝成固体。加入 30 mL 乙醚,水浴加热使固体完全溶解,然后转移至分液漏斗中,分出水相;有机相用 30 mL 水分两次洗涤,再用 30 mL 5%的氢氧化钠溶液分两次萃取。

在合并的萃取液中加入乙酸,边加边充分搅拌至 pH≈6,大约需 2.5~3.0 mL 乙酸,得白色沉淀,过滤(滤液保留),干燥,测熔点。粗产品约 3.00~4.00 g。

用乙醇-石油醚混合溶剂重结晶,用少量无水乙醇溶解粗产品,逐滴加入石油醚至出现混浊,加热又变清,自然冷却,得白色针状结晶。产品为 E-α-苯基肉桂酸,约 2.00~3.00 g,mp 171~172 ℃。

在分离出 E-α-苯基肉桂酸的滤液中滴加浓盐酸至 pH 为 1~2,出现混浊,放置半小时以上,析出结晶,过滤,干燥,粗品约 0.50 g。用 95%乙醇-水混合溶剂重结晶,得白色针状晶体。产品为 Z-α-苯基肉桂酸,约 0.20 g,mp 137~138 ℃。

分别计算 E,Z-型两种异构体的相对量(%),测定产品的 IR、^{1}H NMR、UV,并与已知光谱数据(见下表)对照。

	E-α-苯基肉桂酸	Z-α-苯基肉桂酸
IR(KBr)$\tilde{\nu}$/cm^{-1}	3300~2500(OH);1679(CO), 1620,1599,1494,1447	3300~2500(OH);1694(CO), 1622,1575,1494,1445
^{1}H NMR($CDCl_3$)δ	7.02~7.42(m,10H), 7.94(s,1H),8.75(s,1H)	7.08~7.96(m,12H)

【注意事项】

(1) 所用仪器均需干燥,苯甲醛、三乙胺、醋酸酐均需重新蒸馏。

(2) 用氢氧化钠溶液萃取时,因温度低时易析出固体,可用圆底烧瓶装成回流装置,在温水浴中充分振荡。

(3) *E*-型产品重结晶也可用乙醚-石油醚、乙醇-水等混合溶剂。但前者因乙醚挥发性大,不易热过滤,后者又不能给出好的晶形,所以效果均不佳。

(4) *Z*-型产品也可用乙醚-石油醚重结晶,但效果不佳,还可用95%乙醇重结晶。

【思考题】

(1) 在三乙胺和醋酸酐存在下,苯乙酸与苯甲醛回流反应结束后,α-苯基肉桂酸部分作为中性混合酸酐存在,但加过量盐酸即可分解。试解释混合酸酐形成的机理。

(2) 为什么 *E*-α-苯基肉桂酸为主要产物,而 *Z*-型产品很少?试用立体化学加以解释。

(3) *Z*-型产品中很易混有 *E*-型产品,用重结晶也很难除去。采用什么分离措施,可增加 *Z*-型产品的纯度?

【参考文献】

Fieser L F, Williamson K L. *Organic Experiments*. 3rd ed. D C Heath and Company,1975:276.

实验38 氢化肉桂酸(hydrocinnamic acid)

通过把过渡金属钯、铂、钌、铑、镍等制成不同形式的催化剂进行催化氢化,是一个广泛采用且较容易进行的方法。催化剂的活性与金属种类以及催化剂的制备方法有关,一般,催化活性按 Pt>Pd>Ru=Rh>Ni 的次序。氢化速率随着双键上取代基的数目、取代基的体积大小以及取代基电子效应的不同而不同。一般地说,双键上取代基数目越多,体积越大,双键对催化剂吸附作用越低,速率也愈慢。当双键上有吸电子基团时会使催化氢化的活性降低。此外,催化氢化时使用的溶剂,反应时的温度、压力等等也都会对氢化速率有影响。由于催化氢化为三相反应——气相(氢气)、固相(催化剂)、液相(如溶解于乙醇中的肉桂酸),故反应时分子相互间接触碰撞的机会相对较少,所以搅拌或振荡的速率会对氢化反应的速率有显著的影响。

在实验室中经常使用 Raney 镍作为催化剂,它是价格便宜、制备方法简单,同时活性也较理想的催化剂。另外,实验室中还经常使用钯炭催化剂,其性能比 Raney Ni 要好,并且可以重复使用多次。尽管钯比镍要贵重得多,但失去活性的钯炭催化剂经过回收处理后还可以再使用,且损失较小。

1. Raney Ni 催化剂的制备

【反应式】

$$NiAl_2 + 6\,NaOH \longrightarrow Ni + 2\,Na_3AlO_3 + 3\,H_2$$

【主要试剂】

镍铝合金,氢氧化钠,95%乙醇,蒸馏水。

【实验步骤】

在500 mL烧杯中,放置4 g镍铝合金(含镍40%～50%)、50 mL蒸馏水,分批加入7 g固体氢氧化钠且不时搅拌,控制碱加入速率以泡沫不溢出为宜。反应剧烈放热,并有大量氢气逸出。加完氢氧化钠后,再在室温下搅拌10 min,然后在70 ℃水浴中保温0.5 h,倾去上层清液,以倾泻法用蒸馏水洗至近中性,再用95%的乙醇洗涤3次,最后用10 mL左右的乙醇覆盖备用。使用时倾出乙醇,再取其固体催化剂的2/3量加入氢化反应瓶中,剩下的再以乙醇覆盖备用。

催化剂活性实验 用镍勺取少许固体催化剂于滤纸上,待乙醇挥发后,催化剂能起火自燃即可用于肉桂酸的氢化反应,否则需重新制备催化剂。这里需要指出的是,催化剂在滤纸上能起火自燃是必不可少的条件,但起火自燃并不能说明制备的催化剂就一定活性很好。催化剂活性的好坏只能通过自燃的快慢以及自燃的程度经验地作出判断,而最主要的是要通过在氢化反应中吸氢的速率来判断。

2. 肉桂酸的催化氢化

【反应式】

$$C_6H_5CH{=}CHCOOH + H_2 \xrightarrow[\text{Ni}]{\text{常温常压}} C_6H_5CH_2CH_2COOH$$

【主要试剂】

肉桂酸3.00 g(20 mmol),Raney Ni,95%乙醇。

【常压氢化仪器】

由氢化反应瓶、贮气瓶、平衡瓶及磁搅拌器(或振荡器)组成常压氢化装置。三通活塞(1)接氢气贮存系统,三通活塞(2)接真空系统。见图5.8。

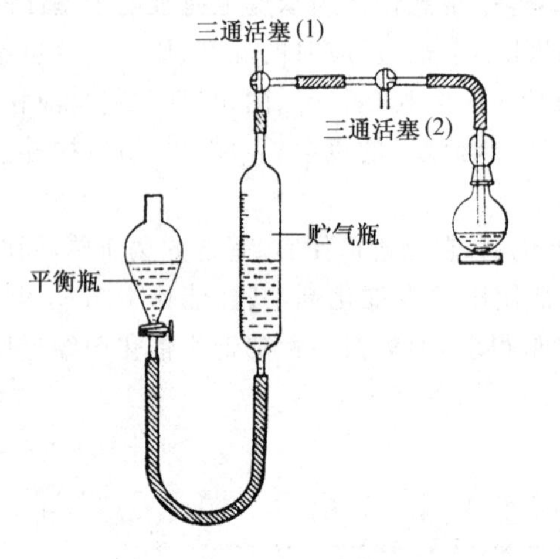

图5.8 常压催化氢化装置图

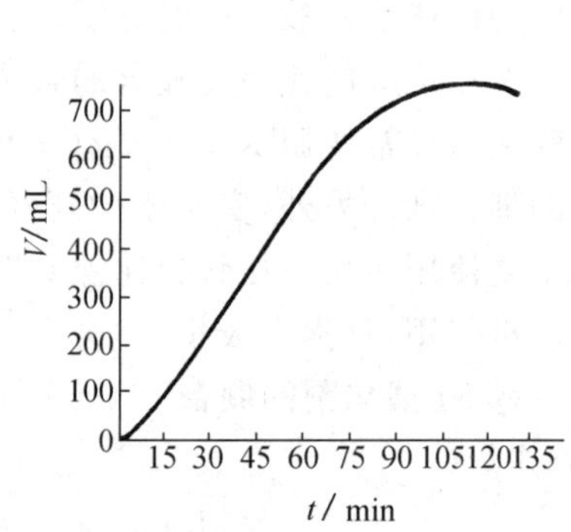

图5.9 吸氢体积-时间曲线

氢化记录格式见表 5.4,示意图见图 5.9。

表 5.4 氢化记录

时间 t	时间间隔 Δt/min	量瓶刻度/mL	间隔吸氢量/mL	总吸氢量/mL
10:00	0	30	0	0
10:10	10	70	40	40
10:20	10	120	50	90
⋮	⋮	⋮	⋮	⋮

【实验步骤】

用 100 mL 圆底烧瓶为氢化反应瓶。在氢化瓶中加入 3.00 g 肉桂酸和 45 mL 95% 乙醇,摇动使固体溶解(必要时可在水浴上温热),然后加入 1.5 g 镍催化剂(所制备的催化剂的 2/3 量),用少量乙醇洗涤氢化瓶壁上的催化剂,放在电磁搅拌器上,塞紧插有导气管的磨口塞与氢化系统相连,检查整个系统是否漏气。

检查系统是否漏气:将整个氢化系统与带有压力计的水泵相连,开启水泵,当抽到一定的压力后,关闭水泵,切断与氢化系统的连接,观察压力计的读数是否发生变化。若系统漏气,应逐次检查玻璃活塞、磨口塞是否塞紧以及橡皮管连接处是否紧密等。

氢化开始前,打开贮气瓶的活塞(1),把盛有去离子水的平衡瓶的位置提高,使贮气瓶内充满水,赶尽贮气瓶内的空气。关闭贮气瓶的活塞(1),打开与水泵相连的活塞(2),开启水泵,排除整个氢化系统内的空气,抽到一定压力后关闭活塞(2),打开与氢气袋相连的活塞(1)进行充氢。如此抽真空、充氢,重复 2~3 次,即可排除整个系统中的空气。最后再对贮气瓶内充氢。方法是,关闭与水泵相连的活塞,打开与氢气袋相连的活塞(1),使氢气与贮气瓶连通,同时把平衡瓶位置降低,使氢气顺利地充入贮气瓶中。待氢气充到适当体积后,关闭活塞(1),充氢即告结束。

取下平衡瓶,使其水平面与贮气瓶的水平面高度持平,记下贮气瓶内氢气的体积。开动电磁搅拌,进行氢化反应,并记下氢化开始的时间。每隔一段时间后,将平衡瓶水平面与贮气瓶水平面置于同一水平线上,记录贮气瓶内氢气的体积变化,按实验记录格式计算吸氢量。当吸氢的体积没有明显的变化后,氢化反应即可停止。整个氢化反应时间约 0.5~1 h。

氢化反应结束后,关闭贮气瓶的活塞(1),打开与水泵相连的活塞,放掉系统内的残余氢气。取下氢化瓶,用铺有两层滤纸的布氏漏斗进行抽气过滤,并用少量乙醇洗催化剂一次。注意,不要将催化剂抽干,以防催化剂抽干后自燃着火。若不慎把催化剂抽得较干,引起着火时,应赶紧取下漏斗用水冲灭。

将滤液放在 100 mL 的圆底烧瓶内,在热水浴上进行蒸馏,要尽量把乙醇蒸净,否则产品不易结晶。趁热将产品倒在已称量的培养皿内,冷却后即得到略带绿色或白色的氢化肉桂酸的结晶,干燥后称量,mp 47～48 ℃。

如需进一步提纯,可用减压蒸馏的方法,收集 145～147 ℃/2.40 kPa(18 mmHg)或 194～197 ℃/10.00 kPa(75 mmHg)的馏分。

按投入的肉桂酸的量计算理论吸氢量,并与实际吸氢量进行比较。理论吸氢量可按气态方程计算:

$$pV=nRT,\quad V=nRT/p=n\times 0.082\times(273+t)\times 1000$$

这里需要指出的是,新制备的 Raney Ni 催化剂是多孔、表面积很大的蜂窝状细小固体。在氢化过程中,催化剂的表面一般也吸附较多的氢,故新制备的催化剂第一次使用时,实际吸氢量略大于理论吸氢量,这是正常的现象。

【注意事项】

(1) 如果用电磁搅拌器,氢化反应瓶就要用圆底烧瓶。

(2) 与催化剂相接触的器具(如制备催化剂的容器、氢化瓶等),必须在使用前洗涤干净,然后用蒸馏水冲洗,这是保证反应顺利进行的先决条件。

(3) 整个氢化系统安装要紧密,不漏气,否则测量实际吸氢量就失去了意义。

(4) 所用的氢气袋由氢气钢瓶进行充氢。使用前应了解氢气袋所承受的最大压力和钢瓶的使用方法。实验过程中注意安全,氢气易燃、易爆,须严格按操作规程进行,并注意室内通风,熄灭一切火源。

(5) 氢化前注意排除氢化系统内的空气,氢化过程中严禁空气进入氢化系统内。

(6) 反应时,平衡瓶的水平面应高出贮气瓶的水平面,以增大反应体系的压力(略高出为宜),防止氢气漏掉。

(7) 用过的催化剂一律回收,千万不可随意乱丢或倒入酸缸,以免引起催化剂自燃着火,造成事故。

【思考题】

(1) 为什么在氢化过程中,搅拌或振荡的速率对氢化的速率有显著的影响?

(2) 计算氢化 3 g 肉桂酸所需要的氢气体积(t 为室温)并以此监测氢化反应的进程。

(3) 为什么在每次计量贮气瓶内氢气的体积时,都要使贮气瓶与平衡瓶水面相平?

(4) 为什么在氢化反应时,平衡瓶最好放在高位?如果在氢化反应时,平衡瓶位置过低,对反应有什么影响?

实验 39　扁桃酸(mandelic acid)

扁桃酸(苦杏仁酸)可作为治疗尿路感染的消炎药物以及某些有机合成的中间体,同时也是用于测定某些金属的试剂。它含有一个手性碳原子 $C_6H_5C^*H(OH)COOH$,用化学方法合成得到的是 *dl* 体,用旋光的碱可析解为具有旋光的组分。

合成方法主要有:(i) α,α-二氯苯乙酮($C_6H_5COCHCl_2$)的碱性水解;(ii) 扁桃腈

[C_6H_5—CH(OH)CN]的水解。这两种方法合成路线长、操作不便且不安全。

本实验采用PT催化反应，一步即可得到产物，显示了PT催化的优点。

【反应式】

$$C_6H_5CHO + CHCl_3 \xrightarrow[\text{TEBA}]{\text{NaOH}} \xrightarrow{H^+} C_6H_5CH(OH)COOH$$

反应机理 一般认为∶CCl_2对苯甲醛先羰基加成，再经过重排及水解：

$$C_6H_5\text{-}CHO \xrightarrow{:CCl_2} C_6H_5-\overset{H}{C}(O)(Cl)(Cl) \xrightarrow{\text{重排}} C_6H_5\underset{Cl}{CH}COCl \xrightarrow{OH^-} \xrightarrow{H^+} C_6H_5\underset{OH}{CH}COOH$$

水相 $R_4N^+Cl^- + NaOH \rightleftharpoons R_4N^+OH^- + NaCl$

有机相

$R_4N^+OH^- + CHCl_3$

$R_4N^+Cl^- + :CCl_2 \rightleftharpoons R_4N^+Cl_3C^- + H_2O$

$\downarrow C_6H_5CHO$

$C_6H_5-\overset{H}{C}(O)(Cl)(Cl)$

【主要试剂】

苯甲醛2.10 g(20 mmol)，氯仿3.2 mL(40 mmol)，氢氧化钠3.8 g，TEBA 0.2 g(1 mmol)，乙醚，硫酸，甲苯，无水硫酸钠。

【实验步骤】

在装有温度计和回流冷凝管及滴液漏斗的50 mL三口瓶中，加入2.10 g苯甲醛、0.2 g TEBA和3.2 mL氯仿，在搅拌下慢慢加热反应液。当温度达56 ℃以后，开始慢慢滴加由3.8 g氢氧化钠溶于3.8 mL水而形成的溶液，滴加过程中需维持温度在60～65 ℃或稍高，但不得超过70 ℃，滴加约需1 h。滴加完毕，在搅拌下继续反应1 h，反应温度控制在65～70 ℃之间。此时可取反应液用试纸测其pH，当反应液pH近中性时方可停止反应。否则，要继续延长反应时间至反应液pH为中性。

将反应液用40 mL水稀释，每次用10 mL乙醚提取两次，合并醚层，待回收，以除去反应液中未反应完的氯仿。水相用50%硫酸酸化至pH约为2～3后，每次用10 mL乙醚提取2～3次，合并提取液并用无水硫酸钠干燥，蒸出乙醚，并在减压下尽可能抽净乙醚(产物在乙醚中溶解度大)，得粗产品约2.3 g，产率76%。

以1.0 g产物用1.5 mL甲苯的比例进行重结晶。产品为白色结晶，mp 118～119 ℃。

5.7.2 羧酸酯

实验40 乙酸异戊酯(isoamyl acetate)

【反应式】

$$(CH_3)_2CHCH_2CH_2OH + CH_3COOH \xrightarrow{H^+} CH_3COOCH_2CH_2CH(CH_3)_2 + H_2O$$

【主要试剂】

异戊醇 4.85 g(6 mL,55 mmol),冰醋酸 4 mL(70 mmol),磷酸 1.0 mL,环己烷 25 mL,碳酸氢钠水溶液,无水硫酸镁,饱和食盐水溶液。

【实验步骤】

在100 mL的圆底烧瓶中,加入4.85 g异戊醇、4 mL冰醋酸、1.0 mL磷酸、25 mL环己烷,装上分水器,分水器上口接一回流冷凝管。开动电磁搅拌,加热使反应液温和回流。由于环己烷和反应中生成的水形成二元最低恒沸物,因此,反应时生成的水不断地被环己烷从反应混合液中带出来,经冷凝后聚积在分水器的下层。当不再有水生成时可停止回流,共分出约1.0~1.5 mL水(大约需1~1.5 h)。

把反应液倒入分液漏斗中,用25 mL水洗一次,再用5%碳酸氢钠水溶液洗至中性,最后用5 mL饱和食盐水洗一次,用无水硫酸镁干燥。将干燥后的含有粗酯的环己烷溶液进行蒸馏,先收集环己烷,再收集138~142 ℃的馏分,产量约4.00~5.00 g。

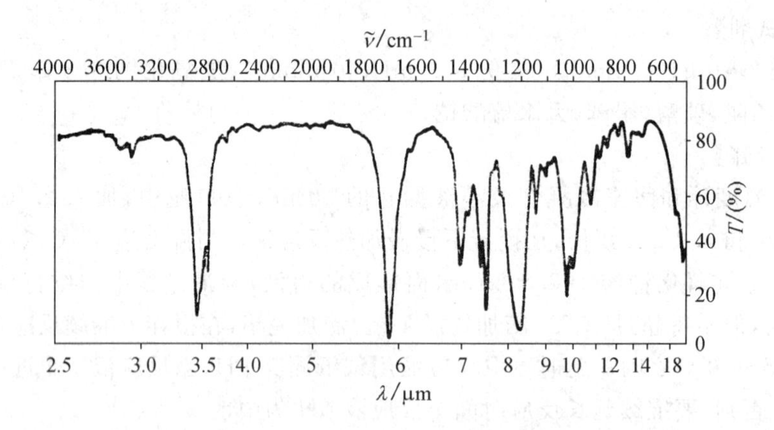

图5.10 乙酸异戊酯的红外光谱

实验 41 对硝基苯甲酸乙酯(ethyl *p*-nitrobenzoate)

【反应式】

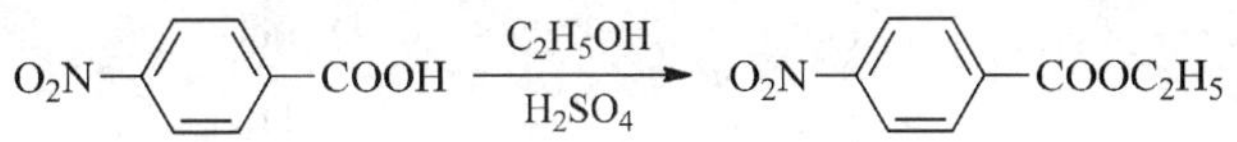

$$O_2N-C_6H_4-COOH \xrightarrow[H_2SO_4]{C_2H_5OH} O_2N-C_6H_4-COOC_2H_5$$

【主要试剂】

对硝基苯甲酸 3.40 g(20 mmol),无水乙醇,浓硫酸,10%氢氧化钠,乙醇。

【实验步骤】

在 100 mL 圆底烧瓶中加入 3.40 g 对硝基苯甲酸和 30 mL 无水乙醇,在冷却及摇动下慢慢加入 5 mL 浓硫酸,加入几粒沸石,装上回流冷凝管,加热回流约 1 h,直到固体全部溶解为止。冷却后倒入盛有 50 mL 10%氢氧化钠溶液和 50 g 冰的烧杯中,待结晶析出完全,过滤,用少量冷水洗涤固体 1~2 次,干燥后称量。粗品可用乙醇-水重结晶,mp 56 ℃。

实验 42 对氨基苯甲酸乙酯(苯佐卡因)(ethyl *p*-aminobenzoate)

最早局部麻醉药物是从古柯植物中提取出来的古柯生物碱,具有毒性大,易上瘾,水溶液不稳定,易水解失效等缺点;而且从古柯植物中提取制备成本高,因此人们一直在努力寻找代用品。根据古柯碱的结构和药理,人们合成了数以万计的有效代用品,对氨基苯甲酸乙酯(苯佐卡因,benzocaine)以及普鲁卡因只是其中的两种:

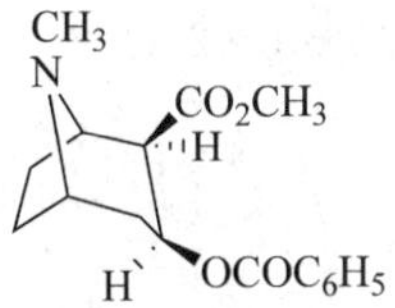

CH_3, N, CO_2CH_3, H, H, $OCOC_6H_5$

古柯碱

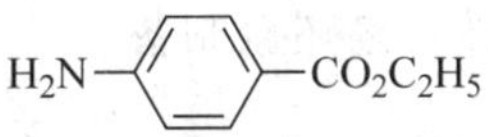

$H_2N-C_6H_4-CO_2C_2H_5$

苯佐卡因

$H_2N-C_6H_4-CO_2CH_2CH_2N(C_2H_5)_2$

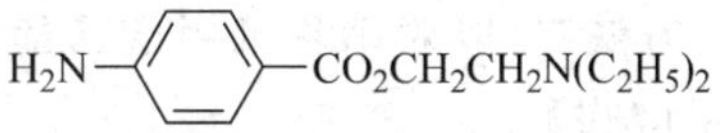

普鲁卡因

通过对众多的具有麻醉作用的合成化合物的生理实验,证实其结构一般是分子的一端含有必不可少的苯甲酰基,分子的另一端是二级或三级胺,中间插入不同数目的烷氧(氮、硫等)基。可用下式表示:

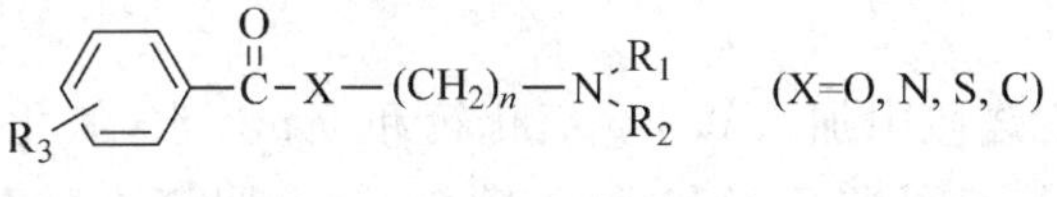

$$R_3-C_6H_4-\overset{O}{\overset{\|}{C}}-X-(CH_2)_n-N\begin{matrix}R_1\\R_2\end{matrix} \quad (X=O, N, S, C)$$

苯佐卡因在工业上一般是由甲苯硝化得对硝基甲苯,然后氧化得对硝基苯甲酸,再与乙醇酯化得到对硝基苯甲酸乙酯,最后再将硝基还原成氨基而得到对氨基苯甲酸乙酯,即苯佐卡因。

普鲁卡因和苯佐卡因的合成可采用下述路线:

$$\text{p-}O_2N\text{-}C_6H_4\text{-}COOH \xrightarrow[H_2SO_4]{C_2H_5OH} \text{p-}O_2N\text{-}C_6H_4\text{-}COOC_2H_5 \xrightarrow{HOCH_2CH_2N(C_2H_5)_2} \text{p-}O_2N\text{-}C_6H_4\text{-}COOCH_2CH_2N(C_2H_5)_2$$

$\text{p-}O_2N\text{-}C_6H_4\text{-}COOC_2H_5 \xrightarrow{[H]}$ 苯佐卡因

$\text{p-}O_2N\text{-}C_6H_4\text{-}COOCH_2CH_2N(C_2H_5)_2 \xrightarrow{[H]}$ 普鲁卡因

1. 方法一:以对氨基苯甲酸与乙醇酯化制备

【反应式】

$$H_2N\text{-}C_6H_4\text{-}COOH + C_2H_5OH \xrightarrow{H^+} H_2N\text{-}C_6H_4\text{-}COOC_2H_5 + H_2O$$

【主要试剂】

对氨基苯甲酸 2.70 g,无水乙醇 10 mL,10%碳酸钠水溶液,浓硫酸。

【实验步骤】

在一个 100 mL 圆底烧瓶中,加入 2.70 g 对氨基苯甲酸、10 mL 无水乙醇、1 mL 浓硫酸,装上回流冷凝管,在水浴上加热回流 2 h。冷却反应混合物,用 10%的碳酸钠水溶液中和反应液。然后每次用 15 mL 的乙醚提取水层 3 次。合并醚的提取液,用无水硫酸钠干燥。在热水浴上蒸出乙醚,剩余白色固体为粗品。

用乙醇-水混合溶剂将粗品重结晶,干燥,称量,计算产率。纯品 mp 92 ℃。

2. 方法二:以对硝基苯甲酸乙酯为原料,经还原制备

【反应式】

$$O_2N\text{-}C_6H_4\text{-}COOC_2H_5 \xrightarrow[\text{Zn粉}]{C_2H_5OH} H_2N\text{-}C_6H_4\text{-}COOC_2H_5$$

【主要试剂】

锌粉 10 g(150 mmol),对硝基苯甲酸乙酯 1.0 g(5.1 mmol),结晶氯化钙,95%乙醇,乙醚,食盐,石油醚,无水硫酸镁。

【实验步骤】

在 100 mL 的圆底烧瓶中加入 0.4 g 氯化钙和 5 mL 水,氯化钙溶解后加入 22 mL 95%乙醇、1.0 g 对硝基苯甲酸乙酯和 10 g 锌粉,装上回流冷凝管。搅拌下,加热回流 2 h,冷却到室温,滤出未反应的锌粉。蒸出乙醇,水相再用 20 mL 乙醚分两次提取,合并有机相,用无水硫酸镁干燥。蒸出乙醚,直到残留液的体积为 5~6 mL 时即停止蒸馏。把残留液倒入盛有 8 mL 石油醚的锥形瓶中结晶,过滤,干燥后称量。粗品可用乙醚-石油醚重结晶,mp 90 ℃。

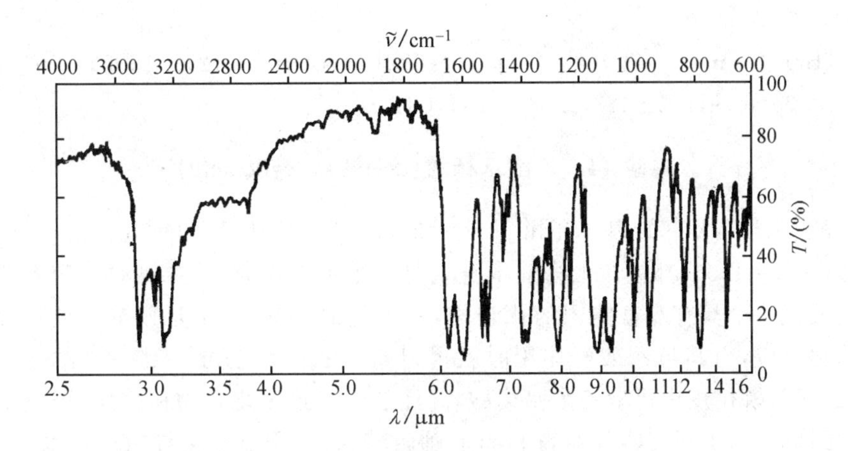

图 5.11 对氨基苯甲酸乙酯的红外光谱

【注意事项】

(1) 重结晶也可用 95%乙醇,不过会影响一些产率。

(2) 反应时如果不能回流,可适当加热使其回流。

【参考文献】

Miller J A,Neuzil E F. *Modern Experimental Organic Chemistry*. D C Heath and Company,1981: 431;中文译本:董庭威,等译. 现代有机化学实验. 上海: 上海翻译出版公司,1987: 325.

实验 43 苯甲酸(邻乙酰基)苯酚酯(*o*-acetylphenyl benzoate)

【反应式】

(OH, $COCH_3$ 取代苯) + (COCl 取代苯) $\xrightarrow{\text{吡啶}}$ ($OCOC_6H_5$, $COCH_3$ 取代苯)

【主要试剂】

邻羟基苯乙酮 1.40 g(10.3 mmol),苯甲酰氯 1.40 g(10.7 mmol),无水吡啶 1.5 mL。

【实验步骤】

在 25 mL 的圆底烧瓶中加入 1.40 g 邻羟基苯乙酮和 1.5 mL 吡啶。在搅拌下滴加 1.40 g 的苯甲酰氯,约 10 min 加完。将反应体系升温至 50 ℃,并保持此温度继续搅拌 20 min。把反应物倒入 10 g 冰和 20 mL HCl(1 mol · L^{-1})的混合物中,搅拌,直至析出固体。将粗产品过滤。

用 15 mL 甲酸和 3 mL 水的混合溶剂重结晶,得无色针状晶体 1.40 g。产率 60%,

mp 85～86 ℃。

IR(KBr):$\tilde{\nu}$/cm^{-1}＝1740(酯,C＝O),1682(酮,C＝O),1272,1205,708;^{1}H NMR:δ＝7.0～8.25(m,9H,Ar-H),2.54(s,3H,CH_3)。

实验44　乙酰水杨酸(acetyl salicylic acid)

水杨酸,化学名称邻羟基苯甲酸,pK_a＝2.98,其酸性比苯甲酸(pK_a＝4.21)和对羟基苯甲酸(pK_a＝4.56)都强。水杨酸本身就是一个可以止痛、治疗风湿病和关节炎的药物。水杨酸是一个具有双官能团的化合物,一个是酚羟基,一个是羧基。羟基和羧基都可发生酯化反应,当其与乙酸酐作用时就可以得到乙酰水杨酸,即阿司匹林。在18世纪,人们已能从柳树皮中提取乙酰水杨酸,并注意到了这个化合物在镇痛、退热和抗风湿等方面的药效。由于阿司匹林对胃和肠道刺激较大,使用过量会导致内出血,因此近些年已有许多代替它的新药。水杨酸如与过量的甲醇反应,就可生成水杨酸的甲酯,它是第一个作为冬青树的香味成分被发现的,通常称之为冬青油。

由于水杨酸本身具有两个不相同的官能团,反应中可形成少量的高分子聚合物,造成产物的不纯。为了除去这部分杂质,可使乙酰水杨酸变成钠盐,利用高聚物不溶于水的特点将它们分开,达到分离的目的。至于反应进行得完全与否,则可以通过三氯化铁进行检测:由于酚羟基可与三氯化铁水溶液反应形成深紫色的溶液,所以未反应的水杨酸与稀的三氯化铁溶液反应呈正结果;而纯净的阿司匹林不会产生紫色。

【反应式】

$$o\text{-}HOC_6H_4COOH + (CH_3CO)_2O \longrightarrow o\text{-}CH_3COOC_6H_4COOH + CH_3COOH$$

【主要试剂】

水杨酸2.00 g(15 mmol),乙酸酐5 mL(50 mmol),饱和碳酸氢钠,1%三氯化铁,磷酸,浓盐酸。

【实验步骤】

取2.00 g水杨酸放入125 mL锥形瓶中,加入5 mL乙酸酐,随后用滴管加入5～7滴磷酸,摇动锥形瓶使水杨酸全部溶解后,在水浴上加热5～10 min(浴温约80～90 ℃);冷却至室温,即有乙酰水杨酸结晶析出。如无结晶析出,可用玻璃棒摩擦锥形瓶壁促使其结晶,或放入冰水中冷却使结晶产生。结晶析出后再加50 mL水,继续在冰水中冷却,直至结晶全部析出为止。减压过滤,用少量水洗涤,继续减压将溶剂尽量抽干。然后把结晶放在表面皿上,在空气中放置干燥,称量,并计算产率。

将粗品放入150 mL烧杯中,边搅拌边加入12～15 mL饱和碳酸氢钠溶液,加完后继续搅拌几分钟,直至无二氧化碳气泡产生为止。用布氏漏斗过滤,并用5～10 mL水冲洗漏斗，将滤液合并，倾入预先盛有 3～5 mL 浓盐酸和 10 mL 水的烧杯中，搅拌均匀，即有乙酰水杨酸沉淀析出。在冰浴中冷却，使结晶析出完全后，减压过滤，结晶用玻璃铲或干净玻璃塞压紧，尽量抽去滤液，再用冷水洗涤 2～3 次，抽去水分，将结晶移至表面皿上干燥，测定熔点并计算产率。乙酰水杨酸熔点 135～136 ℃。为了检验产品纯度，可取少量结晶加入 1%三氯化铁溶液中，观察有无颜色反应。

可用无水乙醇-水体系进行重结晶：将粗品溶于 8 mL 无水乙醇中，倒入温热的 60 mL 水中，混匀，在冰浴中冷却，析晶。

【思考题】

(1) 在进行水杨酸的乙酰化反应时，加入磷酸的目的是什么？

(2) 反应中产生的副产物是什么？如何将产品与副产物分开？

(3) 如果一瓶阿司匹林变质，你能否通过闻味来鉴别？

实验 45 乙酰乙酸乙酯(ethyl acetoacetate)

含有 α-活泼氢的酯在碱性催化剂存在下，能与另一分子的酯发生 Claisen 酯缩合反应，生成 β-羰基酸酯。乙酰乙酸乙酯就是通过乙酸乙酯的酯缩合反应来制备的。乙酰乙酸乙酯的合成经过如下一系列平衡反应：

$$CH_3COOC_2H_5 + {}^{-}OC_2H_5 \rightleftharpoons {}^{-}CH_2CO_2C_2H_5 + C_2H_5OH$$

$$CH_3COOC_2H_5 + {}^{-}CH_2CO_2C_2H_5 \rightleftharpoons CH_3COCH_2CO_2C_2H_5 + {}^{-}OC_2H_5$$

生成的乙酰乙酸乙酯分子中的亚甲基上的氢非常活泼，能与醇钠作用生成稳定的钠化合物，所以反应向生成乙酰乙酸乙酯钠化合物的方向进行：

$$CH_3COCH_2CO_2C_2H_5 + NaOC_2H_5 \rightleftharpoons Na^+[CH_3COCHCO_2C_2H_5]^- + C_2H_5OH$$

乙酰乙酸乙酯的钠化合物与醋酸作用即生成乙酰乙酸乙酯：

$$Na^+[CH_3COCHCO_2C_2H_5]^- + CH_3COOH \longrightarrow CH_3COCH_2CO_2C_2H_5 + CH_3COONa$$

乙酰乙酸乙酯是酮式和烯醇式的平衡混合物，在室温时含有 92.5%的酮式及 7.5%的烯醇式：

$$CH_3COCH_2COOC_2H_5 \rightleftharpoons CH_3C(OH){=}CHCOOC_2H_5$$

酮式 92.5 % 烯醇式 7.5 %

bp 41 ℃(<2 mmHg) bp 33 ℃(2 mmHg)

【反应式】

$$CH_3COOC_2H_5 \xrightarrow{C_2H_5ONa} [CH_3COCHCOOC_2H_5]^- Na^+ \xrightarrow{H^+} CH_3COCH_2COOC_2H_5$$

【主要试剂】

乙酸乙酯 7.0 mL,金属钠 0.65 g(27 mmol),甲苯 10 mL,醋酸,饱和食盐水。

【实验步骤】

在干燥的 100 mL 圆底烧瓶中,加入 10 mL 甲苯和 0.65 g 金属钠,装上回流冷凝管,在冷凝管的上口装一个氯化钙干燥管。加热回流至钠熔融,待回流停止后,拆去冷凝管,用橡皮塞塞紧圆底烧瓶,按住塞子,用力振荡,制成钠粉(颗粒要尽可能小,否则要重新熔融后再重复上述操作)。放置,待钠粉沉于底部后,将甲苯倾倒至甲苯的回收瓶中(回收瓶应保持干燥,以免有残余钠与水反应引起着火)。迅速加入 7.0 mL 乙酸乙酯,并重新装上冷凝管(上口加干燥管),此时即有反应发生,并有氢气泡逸出;如不反应或反应很慢时,可用热水浴加热,保持沸腾状态,直至所有金属钠作用完为止。在反应过程中要不断搅拌或振荡反应瓶。此时生成的乙酰乙酸乙酯的钠盐为橘红色的透明溶液(有时析出黄白色沉淀)。

将反应物冷却,搅拌下小心加入约 4 mL 50%的醋酸(由 2 mL 冰醋酸和 2 mL 水混合而成),直至呈微酸性(用 pH 试纸检验,pH=6)。为了减少乙酰乙酸乙酯在水中的溶解度,要避免加入过量的醋酸。

将反应液移入分液漏斗中,加入等体积的经过过滤的饱和氯化钠溶液,用力振荡,经放置后乙酰乙酸乙酯全部析出。分层后,用无水硫酸钠干燥。然后将其滤入蒸馏瓶,并以少量的乙酸乙酯洗涤干燥剂。在沸水浴上进行蒸馏,收集未反应的乙酸乙酯。

将剩余液进行减压蒸馏,蒸馏时加热须缓慢,待低沸点的液体全部蒸出后,再升高温度收集乙酰乙酸乙酯,约 1.5~2.0 g。

表 5.5 乙酰乙酸乙酯沸点与压力关系表

p/mmHg	760	80	60	40	30	20	18	15	12
bp / ℃	180	100	97	92	88	82	78	73	71

【注意事项】

(1) 金属钠遇水即爆炸燃烧,故使用时应严格防止与水接触,在称量或切碎过程中动作应迅速,以免空气中水汽侵蚀或被氧化。

(2) 一定要等到所有的金属钠都反应完毕后再加入 50%的醋酸溶液,不然醋酸和水与金属钠作用将发生燃烧。

(3) 用醋酸中和时,开始有固体析出,继续加酸并不断振荡,固体物逐渐消失,最后得到澄清的液体。如仍有少量固体未溶解时，可加少许水使之溶解，但应避免加入过量的醋酸，否则会增加乙酰乙酸乙酯在水中的溶解度而降低产量。

(4) 简单蒸馏或在较高温度下(真空度较差)蒸馏，都会有部分的乙酰乙酸乙酯分解。

【思考题】

(1) 本实验所用的缩合剂是什么？它与反应物的摩尔比如何？应以哪种原料为基础计算产率？

(2) 本实验中加入50%的醋酸和饱和氯化钠溶液的目的何在？

(3) 什么叫互变异构现象？如何用实验证明乙酰乙酸乙酯是两种互变异构体的平衡混合物？

实验46　苯腙基乙酰乙酸乙酯(ethyl phenylhydrazoneacetoacetate)

【反应式】

PhN_2^+ + CH_3COCH_2COOEt ⇌ $CH_3COC(=NNHPh)COOEt$ + H^+

【主要试剂】

苯胺1.86 g(20.0 mmol)，亚硝酸钠1.40 g(20.3 mmol)，浓盐酸6.7 mL，乙酸钠9.10 g(111 mmol)，乙酰乙酸乙酯2.60 g(20.0 mmol)，乙醇。

【实验步骤】

将1.86 g苯胺溶在6.7 mL浓盐酸及21.0 mL水混合后的稀盐酸中，于0 ℃充分搅拌下，滴加亚硝酸钠溶液(1.40 g溶在6.0 mL水中)。在500 mL的烧杯中将乙酸钠溶液(9.10 g溶在16.0 mL水中)与乙酰乙酸乙酯溶液(2.60 g及62.0 mL乙醇)混合，使得部分乙酸钠析出。于10 ℃，将上述重氮盐溶液滴入该悬浮液中。滴加完后，黄色的腙开始结晶析出，加几滴水以使结晶完全。

于室温放置20 h，过滤收集固体，用1∶1的乙醇-水洗涤，真空干燥(P_2O_5)，得到黄色的粉末。产品约4.20 g，产率89%，mp 68～70 ℃。TLC检测为纯净化合物。

IR(KBr)：$\tilde{\nu}/cm^{-1}$ = 1710(C=O)；^1H NMR($CDCl_3$)：δ=14.7，13.7 [s(br)，1H，NH，OH]，7.45～7.05(m，5H，Ar-H)，4.30(q，J = 7 Hz；2H，OCH_2)，2.53(s，3H，CH_3)，2.42(s，3H，CH_3)，1.35(t，J =7 Hz；3H，CH_3)。

【注意事项】

(1) 苯胺bp 76～78 ℃/2.00 kPa(15 mmHg)，乙酰乙酸乙酯75～76 ℃/2.00 kPa(15 mmHg)，使用前二者都应重新蒸馏。

(2) 制备重氮盐溶液时，温度不能高于5 ℃，否则重氮盐易分解，且增加副产物。

(3) 重氮盐溶液易被氧化或分解，不能放置过久，应立即使用。

实验47 4-庚酮二酸二乙酯(diethyl 4-ketopimelate)

【反应式】

$$\text{(呋喃-2-基)CH=CHCO}_2\text{H} \xrightarrow{10\%\ \text{HCl-C}_2\text{H}_5\text{OH}} \text{O=C(CH}_2\text{CH}_2\text{CO}_2\text{C}_2\text{H}_5)_2$$

【主要试剂】

呋喃丙烯酸5.00 g(36.0 mmol),10% 氯化氢-乙醇溶液16.0 mL。

【实验步骤】

在50 mL的圆底烧瓶中,加入5.00 g呋喃丙烯酸、16.0 mL 10% 氯化氢-乙醇溶液,加热,微微回流5 h。蒸出乙醇,减压抽尽残余的氯化氢。然后减压蒸馏产品,收集180~190 ℃/3.47 kPa(26 mmHg)馏分,得无色液体,约7.00~7.50 g,产率85%~90%,n_D^{25} 1.4383。

IR(液膜):$\tilde{\nu}/cm^{-1}$ = 2960,1730,1185,1100;^1H NMR:δ = 3.98~4.25(q,4H,OCH_2CH_3),2.51~2.7(m,8H,CH_2),1.15~1.33(t,6H,OCH_2CH_3)。

【注意事项】

氯化氢-乙醇溶液含约10%的氯化氢和97%的乙醇溶液(等体积的无水乙醇和95%的乙醇配制而成),用于呋喃环系的水解。实验表明,乙醇中含3%的水,产物收率最高。

【参考文献】

Singleton F G. U S Patent 2,436,532;CA,1948,42:5048.

实验48 4-(1,2-亚乙二氧基)环己酮-2-羧酸乙酯 (2-ethoxycarbonyl-4,4-ethylenedioxy cyclohexanone)

【反应式】

$$\text{(1,3-二氧戊环-2,2-二基)(CH}_2\text{CH}_2\text{CO}_2\text{C}_2\text{H}_5)_2 \xrightarrow{\text{C}_2\text{H}_5\text{ONa}} \text{4,4-亚乙二氧基环己酮-2-CO}_2\text{C}_2\text{H}_5$$

【主要试剂】

4-(1,2-亚乙二氧基)庚二酸二乙酯4.10 g(14.9 mmol),金属钠0.40 g(17.4 mmol),无水乙醇10 mL,无水乙醚20 mL。

【实验步骤】

在25 mL的圆底烧瓶中,加入10 mL无水乙醇和0.40 g金属钠,装上回流冷凝管。当金属钠全部溶解后,改为蒸馏装置,回收大部分乙醇,再减压蒸除残余乙醇。然后迅速加入4.10 g的4-(1,2-亚乙二氧基)庚二酸二乙酯和20 mL无水乙醚配成的溶液,剧烈振荡后，用电磁搅拌搅至磁子不能转动为止。在暗处放置 48 h。混合物冷至 0 ℃，加入 10 mL 甲苯，用 1 mL 冰醋酸和 1 mL 水的混合溶液酸化。迅速分出水相。有机相用 10%的碳酸氢钠溶液充分洗涤，用无水硫酸钠干燥。蒸除溶剂，用油泵减压蒸馏。收集 114～116 ℃/66.7 Pa(0.5 mmHg)馏分，得无色透明液体，约 1.80 g，产率 52.6%，n_D^{25} 1.4846。

IR(液膜)：$\tilde{\nu}/cm^{-1}$ = 2950，2850，1735，1655，1620，1360，1285，1235，1190，1050；^1H NMR：δ=4.06～4.24(q，2H，OCH_2CH_3)，4.0[s，4H，$(CH_2O)_2C$]，2.29～2.49(m，4H，CH_2)，1.82～2.06(m，3H，CH_2COCH)，1.20～1.34(t，3H，OCH_2CH_3)。

【参考文献】

Gardner D, et al. *J Am Chem Soc*，1956，78：3425～3427.

实验 49 乙酸苯酚酯(phenyl acetate)

【反应式】

$$C_6H_5\text{-}OH + (CH_3CO)_2O \xrightarrow[0\ ℃]{NaOH} C_6H_5\text{-}OCOCH_3$$

【主要试剂】

苯酚 2.35 g(25.0 mmol)，氢氧化钠 1.50 g(37.5 mmol)，醋酸酐 3.5 g(34.3 mmol)。

【实验步骤】

在 100 mL 的锥形瓶中，加入 1.50 g 氢氧化钠，加 2.5 mL 水配成溶液。然后加入 2.35 g 苯酚至上述溶液中，搅拌使其溶解。再加入 13 g 碎冰，于搅拌下分 3 次将 3.5 g 醋酸酐加入其中，随即有油状物悬浮于溶液中。将此乳浊液转移至分液漏斗中，以 20 mL 二氯甲烷分两次提取，合并提取液。以 10 mL 3% 氢氧化钠溶液分两次洗涤，再用10 mL 水洗涤两次，无水硫酸钠干燥。蒸除二氯甲烷，再蒸馏乙酸苯酚酯，收集 195～196 ℃馏分，约 2.5～3.0 g，产率 73%～88%。

IR(液膜)：$\tilde{\nu}/cm^{-1}$ = 1768，1600，1495，1385，1200。

5.7.3 酰氯及亚磺酰氯

实验 50 邻氯苯甲酰氯(*o*-chlorobenzoyl chloride)

【反应式】

$$o\text{-}ClC_6H_4COOH + SOCl_2 \xrightarrow{DMF} o\text{-}ClC_6H_4COCl + SO_2 + HCl$$

【主要试剂】

邻氯苯甲酸 3.90 g(25.0 mmol),氯化亚砜 4.50 g(38.0 mmol),二甲基甲酰胺(DMF)。

【实验步骤】

在 50 mL 的圆底烧瓶中,加入 3.90 g 邻氯苯甲酸、4.50 g 氯化亚砜和 1 滴 DMF,搅拌下回流,直到二氧化硫和氯化氢气基本消失为止,一般需 2 h。蒸出过量的氯化亚砜,再蒸馏剩余混合物,收集 100～102 ℃/1.60 kPa(12 mmHg),得到无色液体。产品约 3.90 g,产率 89%。

IR(液膜):$\tilde{\nu}/cm^{-1}$=1780,1740(CO);^1H NMR(CCl_4):δ=8.00,7.42(d,Ar-H)。

【注意事项】

(1) 氯化亚砜和邻氯苯甲酰氯均对皮肤和粘膜具有刺激性,注意在实验中勿溅到皮肤上。

(2) 氯化亚砜易吸水分解成二氧化硫和氯化氢,使用后应立即将瓶塞塞好。

(3) 实验中产生二氧化硫和氯化氢等刺激性气体,需安装酸气吸收装置。

实验 51 对甲苯亚磺酰氯(*p*-toluenesulfinyl chloride)

【反应式】

$$H_3C-C_6H_4-SO_2H + SOCl_2 \longrightarrow H_3C-C_6H_4-SOCl + SO_2 + HCl$$

【主要试剂】

p-甲苯亚磺酸 2.35 g(15.1 mmol),氯化亚砜 2.07 g(1.25 mL,17.4 mmol)。

【实验步骤】

搅拌下,将 2.35 g *p*-甲苯亚磺酸分几次加入到 2.07 g 的氯化亚砜在 10 mL 无水乙醚的溶液中。仔细观察加料过程,以产生气体的速率不能太快为标准来调节加料的速率,并且控制这一过程大约 1 h,使反应液温度不超过 30 ℃。

加料完毕,室温下搅拌 2 h,蒸除溶剂,真空减压下蒸除过量的氯化亚砜。在残留物中加入 10 mL 石油醚(30～60 ℃),继续蒸除溶剂,得到的粗产品一般不用纯化,可直接用于后续反应。产量 2.25 g,产率 86%。

【注意事项】

见实验 50 注意事项(1)～(3)。

5.7.4 酰胺及磺酰胺

实验 52 ε-己内酰胺(ε-caprolactam)

【反应式】

$\xrightarrow{H_2SO_4}$ $\xrightarrow{-H_2O}$ $\xrightarrow{重排}$ $\xrightarrow[H_2O]{-H^+}$ $\longrightarrow$

【主要试剂】

环己酮肟 2.00 g(17.7 mmol),85% 硫酸,20% 氨水。

【实验步骤】

在 50 mL 的三口瓶中放置 2.00 g 环己酮肟,加入 3.0 mL 85%硫酸,搅拌使反应物混合均匀。慢慢加热,当反应液中有气泡产生时(约 120 ℃),立即将反应瓶从加热器中移开放置,此时发生强烈的放热反应,温度很快自行上升(可达 190 ℃),反应在几秒内即可完成。

在上述三口瓶上装上滴液漏斗和温度计,在冰盐浴中冷却。当温度冷至 0 ℃时,慢慢滴加 20% 氨水,同时充分搅拌和冷却,控制温度在 10 ℃以下,直至溶液呈弱碱性(pH≈8)。用布氏漏斗滤去硫酸铵晶体,并用二氯甲烷洗涤晶体上吸附的产品。滤液倒入分液漏斗中,分出有机相,水相用 15 mL 二氯甲烷分 3 次提取。合并有机相,用水洗一次。如二氯甲烷提取液颜色发黑,可用活性炭脱色。用无水硫酸钠干燥,在水浴中蒸出二氯甲烷并在减压下抽净。残液倒入小锥形瓶中加入 2 mL 石油醚,于冰水浴中冷却结晶,过滤、干燥。产品重约 1.00 g,产率约 52%,mp 69~70 ℃。己内酰胺易吸潮,应贮于密闭容器中。

产品也可用油泵减压蒸馏提纯,收集 127~133 ℃/0.93 kPa(7 mmHg),137~140 ℃/1.60 kPa(12 mmHg),140~144 ℃/1.87 kPa(14 mmHg)的馏分,馏出物在接收瓶中固化为白色结晶。

【注意事项】

(1) 85% 硫酸是由 5 倍体积的浓硫酸和 1 倍体积的水混合而成。

(2) 环己酮肟的 Beckmann 重排反应一步应选用较大的容器,以利于该反应散热。

实验 53 聚己内酰胺(polycaprolactam)

本实验聚合产物聚己内酰胺,工业产品称尼龙-6(nylon-6)。

【反应式】

$$\text{(ε-己内酰胺环: C(=O)-NH)} \xrightarrow{H_2O} H_3N^+\!\!-\!\!(CH_2)_5CO_2^- \xrightarrow[250℃]{\triangle} \!\!-\!\![NH(CH_2)_5CO]_n\!\!-\!\! + nH_2O$$

【主要试剂】

ε-己内酰胺 1.00 g。

【实验步骤】

方法一　在一封管中加入 ε-己内酰胺 1.00 g，滴入 0.01 g 水，用纯氮置换管中的空气后，封闭管口，加上保护套后放入聚合炉中；于 250 ℃加热 5 h，取出封管，自行冷却，管内熔融物即凝为固体。打开封管，取出聚合物。

方法二　取 1.00 g ε-己内酰胺、0.03 g ε-氨基己酸，混合均匀后，加入反应管中进行聚合。管内通氮气保护，管外用邻苯二甲酸二辛酯加热至 250 ℃，反应需 2 h。趁聚合物还未固化时，迅速用玻璃棒蘸一点熔融物拉丝；当形成纤维时再在室温下进行二次拉伸，观察现象并记录。

实验54　乙酰苯胺(acetanilide)

苯胺很容易进行酰基化反应，即氨基中的氢原子被酰基取代，常用的酰基化试剂有冰醋酸、乙酸酐、乙酰氯等。但当用冰醋酸酰化时，反应速率较慢；而用冰醋酸和乙酸酐的混合物时，反应要快得多。除乙酰苯胺本身有很重要的用途以外，胺的乙酰化反应在有机合成中也是非常重要的。它常用来保护芳香环上的氨基，使其不被反应试剂所破坏。例如苯胺在与具有氧化性的硝酸、氯气等反应时，通常都需要把氨基乙酰化保护起来，以防其被氧化。氨基经乙酰化保护之后，尽管其定位效应不改变，但对芳环的活化能力降低了，因而使反应由多元取代变为有用的一元取代；同时也由于乙酰氨基的空间效应，往往使乙酰氨基对位的反应活性较邻位高，生成选择性的对位取代产物。

在乙酰化反应中，用游离胺与纯乙酸酐进行乙酰化反应时，常常伴有二乙酰化物的生成。有人在做苯胺的乙酰化反应时产量超过理论量，有可能就是因为生成较多的二乙酰苯胺的缘故。不过在我们给定的实验条件下，可减少这种副反应的发生。

【反应式】

$$C_6H_5NH_2 \xrightarrow{HCl} C_6H_5\overset{+}{N}H_3Cl^- \xrightarrow[CH_3COONa]{(CH_3CO)_2O} C_6H_5NHCOCH_3 + 2CH_3CO_2H + NaCl$$

【主要试剂】

苯胺 2.00 g(22 mmol)，浓盐酸，乙酸酐 2.4 mL(26 mmol)，醋酸钠 3.20 g(38 mmol)。

【实验步骤】

在 100 mL 烧杯中，先加入 36 mL 水、1.8 mL 浓盐酸，然后在搅拌下加入 2.00 g 苯胺，再加入少量活性炭，把溶液煮沸 5 min 左右；停止加热，趁热滤去活性炭及其他不溶性的杂质。把滤液转移到烧杯中，加入 2.4 mL 乙酸酐，并立刻加入 10 mL 预热到 50 ℃的、溶有 3.20 g 醋酸钠的水溶液；充分搅拌后，在冰浴中冷却，使其析出结晶。减压过滤，结晶用少量冷水洗涤，压紧，抽干。产品经干燥后称量，约 2 g，mp 113～114 ℃。乙酰苯胺可用水作溶剂进行重结晶。

【注意事项】

加入活性炭的量是以苯胺颜色的深浅而定的，一般加入半勺到一勺或不用脱色。

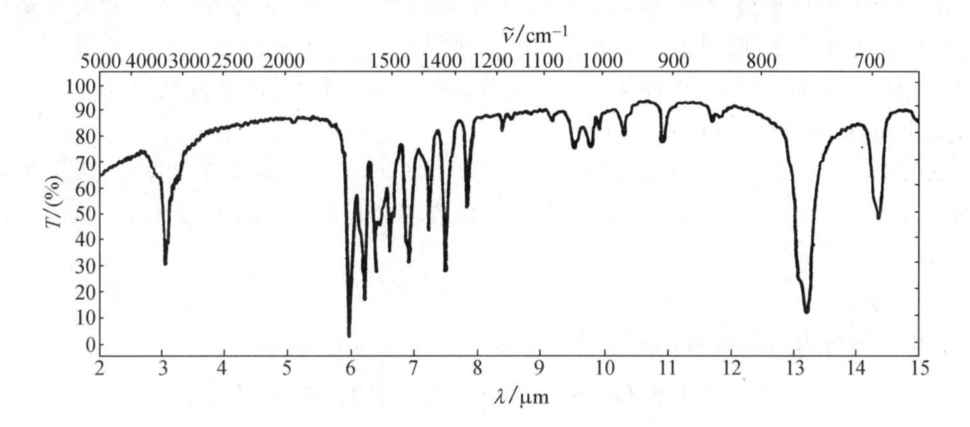

图 5.12 乙酰苯胺的红外光谱

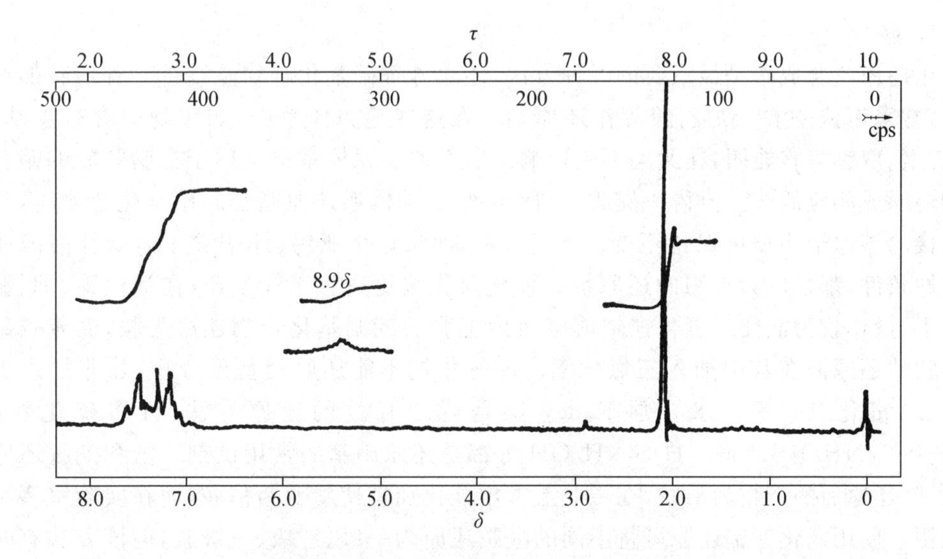

图 5.13 乙酰苯胺的核磁共振谱

实验55　对甲基-*N*-乙酰苯胺(*N*-acetyl-*p*-toluidine)

【反应式】

$$H_3C-C_6H_4-NH_2 + (CH_3CO)_2O \longrightarrow H_3C-C_6H_4-NHCOCH_3$$

【主要试剂】

对甲苯胺2.00 g(18.6 mmol),乙酸酐2.4 mL。

【实验步骤】

在25 mL的圆底烧瓶中,加入2.00 g对甲苯胺和2.4 mL乙酸酐,装上回流冷凝管,反应立即发生并放热,使固体完全溶解。可加热回流10 min,趁热将反应混合物倒入50 mL的冷水中,边加边搅动,立即析出浅黄色固体。过滤,用少量冷水洗涤结晶3次,得粗品约2.60 g,产率93%,mp 147～149 ℃。

IR(KBr):$\tilde{\nu}/cm^{-1}$=3300(NH),1665(CO),1610,1555,1515,1325,825;^1H NMR ($CDCl_3$/DMSO):δ=9.3[s(br),1H,NH],7.44,7.02(d,J=8.5 Hz;2H,Ar-H),2.27,2.10(s,3H,CH_3)。

【注意事项】

所用乙酸酐为新蒸馏的,bp 37～39 ℃/2.00 kPa(15 mmHg)。

5.8　硝基化合物、胺、酚、醌及其衍生物(实验56～69)

1. 胺

用还原法合成胺是最重要的一种方法,还原芳香硝基化合物是制备芳香伯胺的经典方法,常采用铁-盐酸、铁-乙酸等作还原剂。在这些还原体系中,如底物中含有羰基、氰基、卤素、双键等官能团,在此均不受影响。以上的还原体系也常用于把脂肪族的硝基化合物还原成相应的胺。值得一提的是,使用铁-乙酸体系还原脂肪族硝基化合物时,与氮相连接的碳原子构型可保持不变。此外,锡-盐酸、氯化亚锡、锌-盐酸、锌-碱性溶液或锌在中性条件,都是较为常用的还原剂。催化氢化法更适宜工业生产,在活性镍、钯、铂等催化下,操作较为简便。氢化锂铝能有效地把脂肪族硝基化合物还原为胺,而芳香硝基化合物的还原需在其中加入三氯化铝。硼氢化钠不能还原硝基化合物,除非加入少量钯[1]、二氯化钴[2]等。水合肼-Raney镍是行之有效的还原方法,许多硫化物,如$Na_2S_2O_4$、$(NH_4)_2S$、Na_2S、H_2S-NH_4OH等都是还原硝基的常用试剂。腈和酰胺还原方法中,腈还原后的产物为伯胺,在工业上常用催化加氢使腈变为伯胺,而在实验室多用氢化锂铝。使用氢化锂铝还原可将不同的酰胺还原为一级、二级、三级胺,但该方法有时可能会伴随碳氮键断裂的副反应。

胺也可以通过酰胺的水解来制备。N-取代的酰胺在酸性条件或在碱性条件下水解制备胺时，要考虑到产物对酸、碱是否敏感。例如：N-叔丁基取代的酰胺的水解，若在酸性条件下，主要产物是异丁烯；但改用碱水解，则能顺利得到胺。

2. 重氮化反应

芳香一级胺和亚硝酸，或亚硝酸盐和过量的酸，在低温下反应生成重氮盐，这一反应在有机合成上是应用较为广泛的一类重要反应。重氮基可被多种基团，如卤素、氰基、羟基等取代，这一类取代反应被称为 Sandmeyer 反应。重氮盐的正离子作为亲电试剂可与酚、三级芳胺等活泼的芳香化合物进行芳环上的亲电取代反应而生成偶氮化合物，这一类反应被称为偶联反应。以上两类反应无论在工业生产上还是在实验室中都占有极其重要的地位。在重氮化反应中，由于亚硝酸不稳定，故通常使用亚硝酸钠与盐酸（或硫酸）作用产生新生态亚硝酸。

亚硝酸钠在酸的作用下成为亚硝酸。亚硝酸是一个弱酸，在溶液中具有下列平衡：

$$2HONO \rightleftharpoons N_2O_3 + H_2O$$

$$HONO + H^+ \rightleftharpoons H_2\overset{+}{O}NO$$

$$H_2\overset{+}{O}NO \rightleftharpoons {}^+NO + H_2O$$

进行重氮化反应时，如用盐酸，则溶液中还有氯离子：

$$H_2\overset{+}{O}NO + Cl^- \rightleftharpoons ClNO + H_2O$$

这里，N_2O_3、^+NO、H_2O^+NO、ClNO 均是重氮化试剂，重氮化反应过程如下：

$$C_6H_5NH_2 \xrightarrow{\overset{+}{N}O} C_6H_5\overset{+}{N}H_2{-}N{=}O \underset{H^+}{\overset{-H^+}{\rightleftharpoons}} C_6H_5NH{-}N{=}O \underset{-H^+}{\overset{H^+}{\rightleftharpoons}} C_6H_5NH{-}N{=}\overset{+}{O}H \overset{-H^+}{\rightleftharpoons} C_6H_5N{=}N{-}OH \overset{H^+}{\rightleftharpoons} C_6H_5N{=}N{-}\overset{+}{O}H_2 \rightleftharpoons C_6H_5\overset{+}{N}{\equiv}N + H_2O$$

一般情况下，1 mol 的胺重氮化时，理论上需要 1 mol 亚硝酸钠和 2 mol 酸，其中 1 mol 酸用于产生亚硝酸，另 1 mol 酸与胺成盐。但实际上酸的用量要比理论计算的量多得多，这主要是由于重氮化的副反应，即重氮盐与反应体系中的伯胺生成重氮氨基苯化合物，这一副反应易在弱酸性介质中进行：

$$[C_6H_5N_2]^+X^- + C_6H_5NH_2 \longrightarrow C_6H_5NH{-}N{=}N{-}C_6H_5 + HX$$

$$\xrightarrow[40℃]{C_6H_5\overset{+}{N}H_3Cl^-} C_6H_5{-}N{=}N{-}C_6H_4{-}NH_2\ (p)$$

重氮化反应中酸的用量往往比理论量多 0.5～1 mol，目的是为了维持溶液的一定酸度，因为重氮盐在强酸性介质中较稳定，同时又可防止重氮盐和未反应的胺进行偶联。而邻氨基苯甲(或磺)酸的重氮盐是一个例外，它不需用过量的酸，这是由于重氮化生成的内盐比较稳定。

$$o\text{-}HOOC\text{-}C_6H_4\text{-}NH_2 + NaNO_2 + HCl \xrightarrow{0℃} o\text{-}^{-}OOC\text{-}C_6H_4\text{-}\overset{+}{N}{\equiv}N + NaCl + 2H_2O$$

当1 mol芳香氨基磺酸重氮化时，也是由于分子中内盐存在，只需要1 mol的无机酸。

$$H_3N^+C_6H_4SO_3^- + NaNO_2 + HX \longrightarrow N_2^+C_6H_4SO_3^- + NaX + 2H_2O$$

重氮化合物溶液均不得长期存放，更不能在阳光下放置。反应需在低温下强烈搅拌，并避免局部过热。重氮化合物易分解，利用这一性质，可将重氮基脱氮，再被置换成羟基、氯、溴、碘、氰基等。

在盐酸中，重氮基被氯置换，但产率不高，使用氯化亚铜为催化剂时可提高产率。通常用10%的氯化亚铜盐酸溶液[此时组成为$H_3(CuCl_4)$的可溶性酸]，1 mol胺用4～6 mol盐酸、0.20～0.33 mol甚至1 mol的氯化亚铜，当芳香胺上有取代基时，如硝基和邻、对位卤素都能提高反应速率和产率；当邻、对位上有甲基和甲氧基时，则会降低反应速率和产率。

重氮盐的用途很广，用适当的试剂处理，重氮基可以被—H、—OH、—F、—Cl、—Br、—CN、$—NO_2$、—SH等基团取代，制备相应的芳香族化合物(实验63)；另外，和三级芳胺或酚发生偶联反应，生成偶氮染料，即具有$C_6H_5—N═N—C_6H_5$结构的有色偶氮化合物(实验64～65)。

使用溴化亚铜和氰化亚铜作催化剂，可以制备芳香族溴化物和芳香腈。但制备芳香腈时，反应需在中性条件下进行，以免氢氰酸逸出。

3. 偶联反应

重氮盐可与芳香伯、仲、叔胺，酚，含有活泼亚甲基的酮烯醇化合物发生偶联反应。

$$C_6H_5\overset{+}{N}_2X^- + HC_6H_4Y \longrightarrow C_6H_5N{=}NC_6H_4Y + HX$$

$$(Y{=}NH_2, NHC_6H_5, NHR, NR_2, OH)$$

$$C_6H_5\overset{+}{N}_2X^- + CH_3COCH_2CO_2C_2H_5 \longrightarrow CH_3COCH(N{=}NC_6H_5)CO_2C_2H_5$$

偶联反应一般在弱酸性或弱碱性介质中进行。溶液的pH对偶联反应的速率影响很大。重氮盐和酚的偶联反应在中性或弱碱性中(pH 5.0～9.0)进行，而与芳香胺的偶联反应宜在中性或弱酸性中(pH 3.5～7.0)进行。偶联反应通常也在较低的温度下进行。当芳香胺与酚的对位无取代基时，偶联即在对位上发生；如对位已有取代基，则偶联发生在氨基或酚羟基的邻位。偶联反应与重氮化反应是在同一装置中进行的，搅拌速率比重氮化更要激烈，反应温度随反应物偶联的难易及重氮化合物的稳定程度而有所不同(0～40 ℃或更高)。酚及酮烯醇化合物通常用其钠盐在碳酸钠或醋酸钠溶液中反应，为此，应先将其溶于计算量的氢氧化钠中，再加入过量的醋酸钠或碳酸钠溶液。溶于水或稀酸的胺即在这溶液中偶联；不溶于稀酸的胺，可先溶于有机溶剂，再配成悬浮液进行偶联。

4. 酚和醌

酚羟基与苯环的共轭作用使羟基邻、对位的电子云密度增大，致使邻、对位亲核能力增强，易在芳环上发生亲电取代反应。酚在酸性条件下或非极性溶剂(CS_2，CCl_4)中发生氯化与溴化，一般得到一卤化物；而在中性和碱性溶液中卤化，则得到2，4，6位均被取代的三卤苯酚。这是因为酚具有酸性，在酸中以苯酚形式存在，而在碱性中以酚盐负离子形式存在，酚盐负离子使邻、对位电子云密度升高，更易进行亲电取代反应。例如鉴别酚的特征反应，用苯酚与溴水反应生成邻、对位全被取代的三溴苯酚，但反应还会继续进行，生成无色的溴代环己二烯酮沉淀，将此化合物用亚硫酸氢钠溶液洗涤后，还原为三溴苯酚。

OH Br₂ → O⁻ Br Br Br → Br₂ → O Br Br Br Br → NaHSO₃ → OH Br Br Br

2, 4, 4, 6-四溴-2, 5-环己二烯酮　　2, 4, 6-三溴酚

醌一般由氧化法制备，邻苯醌、对苯醌可由相应的邻、对位苯二酚，苯二胺或氨基苯酚氧化制备。萘醌的制备方法与苯醌相似，可以通过氧化萘二酚、萘二胺、氨基萘酚来制备。例如实验67，在酸性条件下用 Fe^{3+} 氧化氨基萘酚，生成1，2-萘醌。

NH_2 OH $\xrightarrow[HCl]{FeCl_3/H_2O}$ O O

实验69中，萘醌可与甲醇反应生成甲氧基萘醌，第一步生成甲氧基氢醌。由于甲氧基给电子作用，容易给出电子，氢醌更容易被氧化，进而生成稳定性强的甲氧基对萘醌。

【参考文献】

[1] Neilson, et al. *J Chem Soc*, 1962, 371.
[2] Satoh T, Suzuki S. *Tetrahedron Letter*, 1969, 4555.

5.8.1 硝基化合物

硝化反应是芳香族化合物重要而典型的亲电取代反应之一。反应中硝基取代芳环上的氢原子而得到芳香硝基化合物。

实验56 邻、对位硝基苯酚(*o*-nitrophenol and *p*-nitrophenol)

苯酚在较低温度下硝化，可得到邻位和对位硝基苯酚。由于邻硝基苯酚可形成分子内的氢键，分子间不缔合，并且也不与水缔合，因而沸点较对位的要低，不溶于水，可以随水蒸气蒸出，与对位异构体分离。

【反应式】

$$2\,C_6H_5OH + 2\,HNO_3 \longrightarrow p\text{-}O_2NC_6H_4OH + o\text{-}O_2NC_6H_4OH + 2\,H_2O$$

【主要试剂】

硝酸钠7.7 g(90 mmol)，苯酚4.7 g(50 mmol)，浓硫酸7 mL(113 mmol)。

【实验步骤】

在100 mL的圆底烧瓶中，加入20 mL水，再慢慢加入7 mL浓硫酸($d=1.84$)及7.7 g硝酸钠。将烧瓶置于冰水浴中冷却。在小烧杯中称取4.7 g苯酚，再加入1.4 mL水，温热搅拌至溶，冷却后倒入滴液漏斗中。在搅拌下自滴液漏斗往烧瓶中逐滴加入苯酚水溶液，保持反应温度在15～20 ℃之间。滴加完毕，搅拌半小时以使反应完全。此时得到黑色焦油状物，用冰水冷却，使油状物成固体，小心倾去酸液，油状物用水以倾泻法洗涤数次，尽量洗去剩余的酸液。将油状物用水蒸气蒸馏至冷凝管无黄色油状物滴出为止，蒸出液冷凝后为黄色固体状的邻硝基苯酚。过滤，干燥，称量。用乙醇-水混合溶剂重结晶，得黄色针状晶体，产量1.30～1.50 g，产率19%～22%，mp 45 ℃。

于水蒸气蒸馏后的残液中加入水至总体积为50 mL，再加3.3 mL浓盐酸和适量活性炭，加热煮沸10 min，趁热过滤。滤液再用活性炭脱色一次。将滤液冷却，使对硝基苯酚粗品立即析出。抽滤收集，产量约1.70～2.00 g。用2%稀盐酸重结晶，产量1.10～1.30 g，mp 114 ℃。

【注意事项】

若有酸存在，水蒸气蒸馏时会使苯酚进一步氧化，此操作前应尽量将酸洗去。

【思考题】

(1) 本实验中有哪些副反应？如何减少这些副反应的发生？

(2) 试比较苯、苯酚、硝基苯进行硝化的难易程度。

(3) 在进行邻硝基苯酚重结晶时，如果加入乙醇温热后出现油状物，如何使它消失？在滴加水时，也常出现油状物，如何避免？

实验 57　4-甲基-2-硝基-N-乙酰苯胺(N-acetyl-2-nitro-p-toluidine)

【反应式】

$$H_3C-C_6H_4-NHCOCH_3 \xrightarrow{HNO_3} H_3C-C_6H_3(NO_2)-NHCOCH_3$$

【主要试剂】

对甲基-N-乙酰苯胺 2.27 g(15.2 mmol),12.7 mol·L^{-1}硝酸 9.0 mL(115 mmol)。

【实验步骤】

在 20 ℃及充分搅拌下,将 2.27 g 对甲基-N-乙酰苯胺分数次加入到 9.0 mL 12.7 mol·L^{-1}的硝酸中,大约需 5 min 加完(必要时可用冰浴冷却)。再在 10～15 ℃继续搅拌 20 min。将橙色的反应混合物倒入 60 mL 的冰水中,生成黄色沉淀,搅拌 5 min,用玻璃砂芯漏斗过滤,产品用冰水洗至中性。

粗产品用乙醇重结晶,真空干燥,得到柠檬黄色针状结晶,产量约 2.1 g,产率 72%,mp 91～92 ℃。

IR(KBr):$\tilde{\nu}/cm^{-1}$ = 3380/3360(NH),1720(CO),1520,1345(NO_2);^1H NMR($CDCl_3$):δ= 10.2 [s(br),1H,NH],8.57(d,J =8.5Hz;1H,6-H),7.93(m,1H,3-H),7.40(d,J =8.5 Hz;1H,5-H),2.34(s,3H,4-CH_3),2.26(s,3H,$COCH_3$)。

5.8.2　胺

还原反应是有机化学中最重要的一类反应,常用的方法是金属与供质子剂(如酸、醇、碱等)还原、催化氢化、金属氢化物还原等。

金属与供质子剂的还原使用得最早,应用范围最广。凡是在电动势系列中处于氢以上的金属,如锂、钠、钾、镁、锌、锡、铁等,都可以用做还原剂与供质子剂酸、醇、水、氨等在一定条件下进行还原反应。

金属与供质子剂的还原作用,曾被认为是通过“新生态”氢或原子氢进行,现在则被认为是通过“内部电解还原”进行的。反应过程是一个电子从金属表面转移到有机分子中去,使有机分子形成“负离子自由基”,这时如与较强的供质子剂相遇即可取得质子,成为自由基。自由基再从金属表面取得一个电子形成负离子,再从供质子剂取得质子完成还原反应,通过硝基化合物的还原即可得到胺类化合物。

实验 58　对甲苯胺(p-toluidine)

根据对芳香族硝基化合物的电子顺磁共振谱的研究,芳香族硝基化合物还原可能遵循以下反应途径:

$$C_6H_5-\overset{+}{N}(=O)-O^- \xrightarrow[H^+]{\text{金属 (e)}} C_6H_5-N=O \xrightarrow[H^+]{\text{金属 (e)}} C_6H_5NHOH \xrightarrow[H^+]{\text{金属 (e)}} C_6H_5NH_2$$

反应中间产物在一定条件下(如 Zn 在中性或碱性介质中)发生反应,可将芳香硝基化合物还原为偶氮化合物及其他。例如:

$$C_6H_5-NH-OH + C_6H_5-N=O \xrightarrow{OH^-} C_6H_5-N(OH)-N(OH)-C_6H_5 \xrightarrow{-H_2O} C_6H_5-N=\overset{+}{N}(O^-)-C_6H_5$$

氧化偶氮苯

$$C_6H_5-NH-OH + C_6H_5-N=O \xrightarrow{OH^-} C_6H_5-N(OH)-NH-C_6H_5 \xrightarrow{-H_2O} C_6H_5-N=N-C_6H_5$$

偶氮苯

【反应式】

$$H_3C-C_6H_4-NO_2 \xrightarrow{Fe,\ H^+} H_3C-C_6H_4-NH_2$$

【主要试剂】

对硝基甲苯 2.25 g(16.4 mmol),还原铁粉 3.50 g(63 mmol),氯化铵 0.45 g。

【实验步骤】

在 50 mL 的圆底烧瓶中,加入 3.50 g 还原铁粉、0.45 g 氯化铵及 10 mL 水,安装回流冷凝管,温和加热 15 min。稍冷,加入 2.25 g 对硝基甲苯,在搅拌下加热回流 1 h。反应结束,冷至室温,用 5%的碳酸氢钠溶液中和。搅拌下将适量甲苯加入反应混合物内,过滤,除去铁粉残渣;用少量甲苯洗涤残渣,倒入分液漏斗中,分出甲苯层;水相用甲苯提取 3 次;合并甲苯的提取液,再用 5%的盐酸对上述甲苯的提取液提取 3 次;合并盐酸提取液,搅拌下往盐酸溶液中加入 20%的氢氧化钠溶液,析出粗产品,过滤,再用少量甲苯提取水相;合并甲苯提取液与粗产品,蒸馏除去甲苯,减压蒸馏收集产品(bp 198~201 ℃)。产量约 1.2 g,mp 44~45 ℃。

【注意事项】

(1) 加碳酸氢钠时要控制 pH 在 7~8 之间,避免因碱性过强产生胶状氢氧化铁而影响分离。

(2) 铁残渣为活性铁泥,内含二价铁 44.7%(以 FeO 计算),呈黑色颗粒状,在空气中会剧烈发热,故应及时倒入盛水的废物缸中。

(3) 对甲苯胺的提纯除用蒸馏法外,还可用乙醇-水混合溶剂进行重结晶。

实验 59 偶氮苯的光异构化(photoisomerization of azobenzene)

偶氮苯常见的形式是反式异构体,反式偶氮苯用紫外光(365 nm)照射时,可有 90% 以上的反式偶氮苯转化为热力学上不稳定的顺式偶氮苯。反式偶氮苯用日光照射,则可获得稍高于 50% 的顺式偶氮苯。

$$C_6H_5-N=N-C_6H_5 \text{ (trans)} \underset{}{\overset{h\nu}{\rightleftharpoons}} C_6H_5-N=N-C_6H_5 \text{ (cis)}$$

本实验进行偶氮苯的光异构化反应,然后利用薄层层析进行顺反异构体的分离鉴定。

【主要试剂】

偶氮苯 0.10 g(0.55 mmol),甲苯,环己烷-甲苯(3∶1),硅胶板。

【实验步骤】

取 0.10 g 自制的偶氮苯放入一试管中,加入 5 mL 甲苯使之溶解,然后分成两份:其中一个试管放在日光下照射 1 h 或在 365 nm 的紫外灯下照射 30 min,进行光异构化反应;另一试管用黑纸包好,避免光线照射。

取一块 10 cm×4 cm 的硅胶 G 板(使用前必须已在 110 ℃活化 0.5 h),在离板一端 1 cm 处点两个样点,一个是光照过的偶氮苯,另一个是未经光照的偶氮苯,两样点的间距 1 cm。样点干燥后,将其放在盛有 5 mL 3∶1 的环己烷-甲苯的 150 mL 的棕色广口瓶(或用黑胶布包裹)中展开;20 min 后取出,立即记下展开剂前沿的位置。晾干后观察,经光照过的偶氮苯有两个黄色斑点,判断哪个斑点是顺式,哪个斑点是反式,并测定其 R_f。

实验 60 2-硝基对甲苯胺(2-nitro-*p*-toluidine)

【反应式】

$$4\text{-}H_3C\text{-}2\text{-}NO_2\text{-}C_6H_3\text{-}NHCOCH_3 \xrightarrow{KOH} 4\text{-}H_3C\text{-}2\text{-}NO_2\text{-}C_6H_3\text{-}NH_2$$

【主要试剂】

4-甲基-2-硝基-*N*-乙酰苯胺 2.10 g(10.8 mmol),氢氧化钾 1.44 g(25.5 mmol)。

【实验步骤】

在反应瓶中加入 1.44 g 氢氧化钾、2.0 mL 水和 13 mL 乙醇,再将 2.10 g 4-甲基-2-硝基-*N*-乙酰苯胺分数次加入,得红色的反应液,将其加热回流 1 h。

移去热浴,滴加 15 mL 水,即有暗红色的针状物结晶析出。将反应混合物在冰浴中进一步冷却,过滤固体。固体用 5 mL 乙醇-水(1∶1)洗涤两次,干燥。产量约 1.5 g,产率 92%,mp 112~113 ℃。用乙醇重结晶后,mp 114~115 ℃。

IR(KBr):$\tilde{\nu}$/cm^{-1} = 3340/3275(NH_2),1645,1605,1520/1245(NO_2);^{1}H NMR ($CDCl_3$):δ = 7.85(d,J =1.5 Hz;1H,3-H),7.15(dd,J_1=8.5 Hz,J_2=1.5 Hz,1H,5-H),6.70(d,J = 8.5 Hz,1H,4-H),6.1[s(br),2H,NH_2],2.22(s,3H,CH_3)。

【参考文献】

Gattermann L. *Ber Dtsch Chem Ges*,1885,18:1482.

实验61 α-苯乙胺(α-phenyl ethylamine)

利用Leukart反应,用苯乙酮和甲酸铵即可制得α-苯乙胺。

【反应式】

$$C_6H_5COCH_3 + HCOONH_4 \longrightarrow C_6H_5CH(NH_2)CH_3 + H_2O + CO_2\uparrow + NH_3\uparrow$$

【主要试剂】

甲酸铵10.0 g(160 mmol),苯乙酮6.00 g(50 mmol),甲苯,氢氧化钠。

【实验步骤】

在50 mL克氏蒸馏瓶中,加入10.0 g甲酸铵、6.00 g苯乙酮,温度计插入瓶底,侧管连接冷凝管。加热至150~155 ℃,混合物溶解分为两层并逐渐变均匀。沸腾下有水、苯乙酮馏出,同时不断产生泡沫并放出NH_3(g)和CO_2(g)。反应3 h后,温度可达185~190 ℃,保持温度在184~186 ℃下反应2 h。冷却后,倒入50 mL分液漏斗中,用10 mL水洗涤反应物,以除去甲酸铵和甲酰胺。分出油相,水相每次用5 mL的甲苯提取两次;合并有机相,加入10 mL浓盐酸,在蒸馏瓶中蒸出甲苯,然后再缓缓沸腾40~50 min,使*N*-甲酰-α-苯乙胺进行水解。将水解后的酸性水溶液移至水蒸气蒸馏装置中,加入氢氧化钠溶液(5 g氢氧化钠溶解于10 mL水中)进行水蒸气蒸馏。收集馏出物至弱碱性为止。将馏出物每次用5 mL甲苯提取4次,合并提取液,用氢氧化钠充分干燥。蒸出甲苯,收集180~190 ℃的馏分,并将其中184~186 ℃的馏分单独收集以备拆分用。产品呈无色透明油状液体,约3.0~3.5 g。产物为一对旋光异构体,实验62即对这对旋光异构体进行拆分。

【思考题】

合成α-苯乙胺的反应称Leukart反应,试写出此反应机理。

实验62 (±)-α-苯乙胺的拆分(resolution of racemic α-phenylethylamine)

实验61合成的产物为一对外消旋体,故没有旋光活性。若要把外消旋的一对对映体分开,可以用拆分的方法。一般是利用形成非对映体的方法进行拆分。如果外消旋混合物内含有一个易于反应的所谓拆分基团,如羧基、氨基等,就可以使它与一个纯的旋光性化合物(称为拆分剂)发生反应,从而生成两种非对映体。利用非对映体的物理性质不同,可用结晶方法将它们分离,精制,然后再去掉拆分剂,得到纯的旋光异构体。常用的拆分剂有酒石酸、樟脑磺酸、马钱子碱、奎宁等。

此外,有机体的酶对它的底物具有非常严格的空间专一的反应性能,可用生化的方法把一对对映体分开;还可用具有光活性的吸附剂,用柱层析的方法,把一对光活异构体拆开。

【反应式】

$$(+)\text{-}C_6H_5-\underset{CH_3}{\overset{H}{C}}-NH_2 + (-)\text{-}C_6H_5-\underset{CH_3}{\overset{H}{C}}-NH_2$$

(对映体的外消旋混合物)

$$\xrightarrow{(+)\text{-}HO_2C-\underset{OH}{\overset{H}{C}}-\underset{OH}{\overset{H}{C}}-CO_2H}$$

$$\left[(+)\text{-}C_6H_5-\underset{CH_3}{\overset{H}{C}}-\overset{+}{N}H_3\ (+)^{-}O_2C-\underset{OH}{\overset{H}{C}}-\underset{OH}{\overset{H}{C}}-CO_2H\right] + \left[(-)\text{-}C_6H_5-\underset{CH_3}{\overset{H}{C}}-\overset{+}{N}H_3\ (+)^{-}O_2C-\underset{OH}{\overset{H}{C}}-\underset{OH}{\overset{H}{C}}-CO_2H\right]$$

非对映体

通过甲醇分步结晶分离

$$\left[(+)\text{-}C_6H_5-\underset{CH_3}{\overset{H}{C}}-\overset{+}{N}H_3\ (+)^{-}O_2C-\underset{OH}{\overset{H}{C}}-\underset{OH}{\overset{H}{C}}-CO_2H\right] \quad \left[(-)\text{-}C_6H_5-\underset{CH_3}{\overset{H}{C}}-\overset{+}{N}H_3\ (+)^{-}O_2C-\underset{OH}{\overset{H}{C}}-\underset{OH}{\overset{H}{C}}-CO_2H\right]$$

1. NaOH
2. 乙醚萃取
3. 蒸馏

$$(+)\text{-}C_6H_5-\underset{CH_3}{\overset{H}{C}}-NH_2 \quad (-)\text{-}C_6H_5-\underset{CH_3}{\overset{H}{C}}-NH_2$$

【主要试剂】

(±)-α-苯乙胺 12.50 g(103 mmol), D-(+)-酒石酸 15.60 g(104 mmol), 乙醚,丙酮,甲醇,氢氧化钠。

【实验步骤】

(1) (S)-(−)-α-苯乙胺

在 500 mL 锥形瓶中放入 15.60 g(+)-酒石酸和 210 mL 甲醇,加热至沸,搅拌下慢慢加入 12.50 g 合成的(±)-α-苯乙胺(可事先测定其旋光度),注意加入时起泡沫,不要加得太快。将溶液在室温下慢慢冷却,静置 24 h 后,析出白色棱形结晶(假如析出的是针形结晶,要重新加热溶解,重新冷却至棱形结晶析出才行)。过滤结晶(母液待用),并用少量冷甲醇洗涤,干燥,约 8.50~9.50 g,将其溶解于 4 倍量的水中,加入 7.5 mL 4 mol·L^{-1} 氢氧化钠溶液,每次用 20 mL 乙醚提取 4 次。合并乙醚提取液,用无水硫酸镁干燥。蒸出乙醚,减压下蒸馏(S)-(−)-α-苯乙胺,bp 84~85 ℃/3.47 kPa(26 mmHg),产量约 2.00~3.00 g,$[\alpha]_D^{25}=-39.5°$。

(2) (R)-(+)-α-苯乙胺

浓缩上述结晶母液，残渣用 80 mL 水和 12.5 mL 50％氢氧化钠溶液溶解，用乙醚提取 3～4 次，每次用 25 mL。合并提取液，用无水硫酸镁干燥，蒸出乙醚。减压下蒸出(R)-(+)-α-苯乙胺粗品。将蒸出的粗胺液在约 45 mL 乙醇中加热沸腾，向此热溶液中加入含有浓硫酸的乙醇溶液约 90 mL(约加入硫酸 1.60 g)，待析出白色片状(R)-(+)-α-苯乙胺的硫酸盐，过滤结晶。浓缩母液，得第二批结晶，共约 14.00 g。再将所得结晶溶于 25 mL 热水中，沸腾后加入适量丙酮至混浊，冷却后得白色针状结晶。再用 20 mL 水、3 mL 50％氢氧化钠水溶液溶解，用 20 mL 乙醚提取 3 次，无水硫酸镁干燥。蒸出乙醚，减压下 72～74 ℃/2.26 kPa(17 mmHg)蒸出无色透明油状物，为(R)-(+)-α-苯乙胺，约 2.80 g，$[\alpha]_D^{25}=+39.5°$。

【思考题】

你认为拆分实验中关键的步骤是什么？如何控制反应条件，才能分离好旋光异构体？

实验 63 对氯甲苯(*p*-chlorotoluene)

在氯化亚铜存在下，芳香重氮盐的重氮基可以被氯原子取代生成芳香族氯化物，此反应称为 Sandmeyer 反应。其反应机理可表示为

$$C_6H_5\overset{+}{N}_2 + CuCl \longrightarrow C_6H_5\overset{+}{N}\equiv N\cdots CuCl \xrightarrow{Cl^-} C_6H_5\cdot + CuCl_2 + N_2$$

$$C_6H_5\cdot + CuCl_2 \longrightarrow C_6H_5Cl + CuCl$$

重氮化试剂是亚硝酸钠和酸，最常用的酸是盐酸和硫酸。重氮盐通常的制备方法是把芳胺溶于 1∶1 的盐酸水溶液中，制成盐酸盐的水溶液，然后冷却到 0～5 ℃，并在此温度下滴加等摩尔(或稍过量)的亚硝酸钠水溶液进行反应，即得到重氮盐的水溶液。由于重氮化反应是放热的，而且大多数重氮盐极不稳定，室温即会分解，所以必须严格控制反应温度。重氮盐溶液不宜长期保存，最好立即使用，通常其不需分离，可直接用于下一步合成。

该反应的关键在于相应的重氮盐与氯化亚铜能否形成良好的复合物。在实验中，重氮盐与氯化亚铜以等摩尔混合。由于氯化亚铜在空气中易被氧化，故氯化亚铜以新鲜制备为宜。在操作上是将冷的重氮盐溶液慢慢倒入较低温度的氯化亚铜溶液中。

【反应式】

$$H_3C-C_6H_4-NH_2 \xrightarrow{HNO_2} \xrightarrow{CuCl} H_3C-C_6H_4-Cl$$

$$2\,CuSO_4 + 2\,NaCl + NaHSO_3 + 2\,NaOH \longrightarrow 2\,CuCl\downarrow + 2\,Na_2SO_4 + NaHSO_4 + H_2O$$

【主要试剂】

对甲苯胺 2.10 g(19.6 mmol)，亚硝酸钠 1.50 g(21.7 mmol)，$CuSO_4 \cdot 5H_2O$ 6.00 g(24.0 mmol)。

【实验步骤】

在小烧杯中加入 6.0 mL 浓盐酸、6.0 mL 水和 2.10 g 对甲苯胺，加热使其溶解。稍冷，置于冰盐浴中不断搅拌，使其成糊状，控制温度在 5 ℃以下。在搅拌下，逐滴加入亚硝酸钠溶液(1.50 g 亚硝酸钠溶在 4.0 mL 水中)，此时应严格控制滴加速率，使温度始终保持在 5 ℃以下，必要时可在反应液中加入一小块冰，防止温度上升。当大部分亚硝酸钠溶液加入后，取一两滴反应液在淀粉-碘化钾试纸上检验。若立即出现深蓝色，则表明亚硝酸钠已过量，可停止滴加，继续搅拌，使反应完全。将其置于冰浴中备用。

在 100 mL 的圆底烧瓶中加入 6.00 g $CuSO_4 \cdot 5H_2O$、1.80 g NaCl 及 20.0 mL 水，加热使固体溶解；在搅拌下趁热(60～70 ℃)加入 1.40 g 亚硫酸氢钠和 0.90 g 氢氧化钠溶在 10.0 mL 水的溶液，反应液由原来的蓝绿色变为浅绿色或无色，并析出白色粉状固体。将其置于冰浴中冷却，用倾泻法尽量倾去上层溶液，再用水洗涤固体两次，得到白色粉末状氯化亚铜。再加入 10.0 mL 浓盐酸，使白色沉淀完全溶解，塞紧瓶塞，置于冰浴中备用。

将以上已制好的对甲苯胺重氮盐溶液慢慢倒入冷的氯化亚铜盐酸溶液中，边加边摇动烧瓶直至析出重氮盐-氯化亚铜橙红色的复合物。加完后，在室温放置半小时，然后在水浴上加热到 50～60 ℃以分解复合物，直至不再有氮气逸出为止。用 15 mL 石油醚分 3 次提取；合并提取液，并依次用 5%的氢氧化钠溶液洗一次、水洗一次、浓硫酸洗两次；再依次用水、5%的碳酸氢钠溶液、水(每次分别用 2.0 mL)洗涤，直至溶液呈中性。石油醚溶液经无水氯化钙干燥后，蒸除石油醚，收集 158～162 ℃的馏分，产量约 1.50 g，产率 60%。

【注意事项】

(1) 氯化亚铜在空气中遇热或见光易被氧化，重氮盐久置易分解。为此，二者制备应尽可能地在较短的时间内完成，然后再立即混合。

(2) 反应温度如超过 5 ℃，则重氮盐会分解而使产率降低。

(3) 过量的亚硝酸也会促使重氮盐的分解，且易氧化氯化亚铜，所以加入适量的亚硝酸溶液后，要用淀粉-碘化钾试纸检验反应终点；也可以用等量的 1%淀粉溶液和 1%碘化钾溶液混合配制的溶液检验。过量的亚硝酸可加入少量的尿素使其分解：

$$NH_2CONH_2 + HONO \longrightarrow CO_2 + N_2 + H_2O$$

(4)由于生成重氮盐的后期反应较慢，建议先进行重氮盐的制备，后制氯化亚铜较为适宜。氯化亚铜与重氮盐的摩尔比是1∶1。

(5) 氯化亚铜在60～70 ℃下生成的颗粒较粗，易于洗涤。

(6) 亚硫酸氢钠纯度很重要，最好在90%以上；否则，还原反应不完全，会造成由于碱性偏高而生成部分氢氧化铜，使沉淀呈土黄色。此时可根据具体情况，补加亚硫酸氢钠的用量或适当减少氢氧化钠用量。在实验中若发现氯化亚铜中含有少量黄色沉淀时，应立即加几滴浓盐酸，稍加振荡即可除去。

(7) 分解复合物时如温度过高，会发生副反应，而生成部分焦油状物质。在水浴加热时，因有氮气逸出，应不断搅拌，以防止反应液外溢。

【思考题】

(1) 为什么重氮化反应必须在低温下进行？温度过高或酸度不够会出现什么问题？

(2) 制备邻氯甲苯和对氯甲苯可否通过甲苯直接氯化？

【参考文献】

Rondestvedt C S Jr. *Org React*, 1976, 24: 225.

实验64　甲基红(methyl red)

【反应式】

COOH, NH_2 $\xrightarrow{HCl}$ COOH, $NH_2\cdot HCl$ $\xrightarrow{NaNO_2}$ COO^-, $\overset{+}{N}\equiv N$

$\xrightarrow[\text{乙醇}]{C_6H_5\text{-}N(CH_3)_2}$ COO^-, H, N−N=, $=\overset{+}{N}(CH_3)_2$ $\underset{pH\ 4.4}{\overset{pH\ 6.2}{\rightleftharpoons}}$ COOH, N=N, $N(CH_3)_2$

红　　　　黄

【主要试剂】

邻氨基苯甲酸3.00 g(22 mmol)，盐酸(1∶1)，亚硝酸钠0.70 g(10 mmol)，*N*,*N*-二甲苯胺1.2 mL(10 mmol)，95%乙醇，甲苯，甲醇。

【实验步骤】

在100 mL烧杯中，加入3.00 g邻氨基苯甲酸和12 mL 1∶1的盐酸，加热使其溶解，放置冷却，待结晶析出后，减压过滤。将结晶压干，置于表面皿上晾干，得邻氨基苯甲酸盐酸盐3.00 g。取1.7 g邻氨基苯甲酸盐酸盐，放入100 mL锥形瓶中，加入30 mL水使其溶解；将溶液在冰浴中冷却到5～10 ℃，然后倒入5 mL溶有0.70 g亚硝酸钠的水溶液中，振荡，即制得重氮盐溶液。放在冰浴中备用。

在另一锥形瓶中，加入1.2 mL *N*,*N*-二甲苯胺、12 mL乙醇，摇匀后倾入上述制备的重氮盐溶液中。用塞子塞紧瓶口,用力振荡片刻,放置后即有甲基红析出,过滤结晶,用少量甲醇洗一次,干燥,称量,约 3.20 g。

按每克甲基红用 15～20 mL 甲苯的比例,将粗品用甲苯重结晶。要在热水浴中使溶液慢慢冷却,得到紫黑色粒状结晶。滤出结晶,用少量甲苯洗一次,干燥,称量,约 1.50 g,mp 181～182 ℃。

甲基红是一种酸碱指示剂,变色范围为 pH 4.4～6.2,颜色由红变黄。在一试管中用水溶解少量甲基红,先后滴加稀盐酸和稀氢氧化钠溶液,观察溶液颜色的变化。

【注意事项】

(1) 若邻氨基苯甲酸溶液有颜色,可用活性炭脱色。

(2) 甲基红结晶析出完全,速率较慢,须放置 2 h 以上,最好过夜。甲基红沉淀极难过滤,如果沉淀凝成大块时,可用水浴加热,令其溶解,缓缓冷却,放置 2～3 h。为了得到大颗粒结晶,需在热水浴中令其慢慢冷却析晶。

【思考题】

(1) 什么是偶联反应?结合本实验讨论偶联反应的条件。

(2) 试解释甲基红在酸碱介质中的变色原因,并用反应方程式表示。

实验 65 偶氮化合物(azocompounds)

【反应式】

$$HOOC-C_6H_4-NH_2 \xrightarrow{HCl} HOOC-C_6H_4-NH_2\cdot HCl \xrightarrow[HCl]{NaNO_2} HOOC-C_6H_4-\overset{+}{N}\equiv N$$

$$HOOC-C_6H_4-\overset{+}{N}\equiv N \xrightarrow{C_6H_5OH} HOOC-C_6H_4-N{=}N-C_6H_4-OH$$

$$HOOC-C_6H_4-\overset{+}{N}\equiv N \xrightarrow{C_6H_5N(CH_3)_2} HOOC-C_6H_4-N{=}N-C_6H_4-N(CH_3)_2$$

【主要试剂】

对氨基苯甲酸 1.50 g(11.0 mmol),亚硝酸钠 0.70 g(10.0 mmol),1∶1 盐酸 6.0 mL,苯胺、苯酚、β-萘酚、*N*,*N*-二甲苯胺、*N*-甲苯胺(均用乙醇配成溶液)。

【实验步骤】

在 50 mL 的烧杯中,放入 1.50 g 对氨基苯甲酸、6.0 mL 的 1∶1 盐酸,搅拌下,使其溶解,冷却,析出白色针状盐酸盐。用 30.0 mL 水使其溶解,将烧杯放入冰水浴中,冷却至 5 ℃以下,加入溶解于 5.0 mL 水中的 0.70 g 亚硝酸钠。摇振后,反应为橙红色胶体透明的重氮盐溶液,将其置于冰水浴中备用。

取试管几支,分别取 1 mL 上述制备好的重氮盐溶液,依次滴加溶解于乙醇中的苯胺、苯酚、*N*,*N* 二甲苯胺、*N*-甲苯胺、β-萘酚等,边滴加边摇振,至各个试管出现不同颜色的沉淀,记录每一反应后的颜色。

【思考题】

实验中重氮盐溶液与苯胺、苯酚、*N*,*N*-二甲苯胺生成的偶氮化合物所要求的条件有何区别?

5.8.3 酚

认识一个有机反应由原料变为产物的过程中所生成的中间体很重要,只有这样才能更好地了解和利用各种有机反应。以带电中间体正碳离子、负碳离子为例,它们很活泼,制备分离时需要在绝对无水,甚至无氧的条件下进行。

苯炔作为中间体是 20 世纪 50 年代开始发现的,其高度活性源于六元芳环中引入一个叁键,从而产生很大张力,苯炔可以看做环己双烯炔。

自由基产生于共价键的均裂,可用以下方法得到:(i)热解:反应温度高于 500 ℃,许多有机反应都按自由基历程进行;(ii)光解:用紫外线(波长 $\lambda=300$ nm,能量相当于 397.1 kJ)可使大多数键断裂;(iii)氧化-还原反应(化学能):可形成自由基;(iv)机械能使键断裂:例如超声波、高速搅拌等。实验 66 介绍苯炔及其自由基中间体。

实验 66 从苯炔制备 α-萘酚(preparation of naphthol from benzyne)

苯炔(benzyne)或叫去氢苯,是在 1953 年作为芳烃卤化物的亲核取代反应中间体时被发现的。合成苯炔的方法很多,但最经济、最简便的方法是在非质子的溶剂中,用邻氨基苯甲酸与亚硝酸酯制成重氮盐,然后使重氮盐分解制成苯炔。

苯炔非常活泼,至今不能把它作为游离体分离出来,甚至在它生成后,如果没有其他化合物与之反应,苯炔自身即可聚合成二聚体二联苯。本实验是通过生成的苯炔立即与呋喃反应,经 1,4-二氢-1,4-桥氧萘制备 α-萘酚的。

【反应式】

NH_2 CO_2H $\xrightarrow{C_5H_{11}ONO}$ $[\ \overset{+}{N}{\equiv}N\ \ CO_2^-\ ]$ $\xrightarrow[-CO_2]{-N_2}$ (苯炔) $\xrightarrow{\text{呋喃 (O)}}$ (1,4-二氢-1,4-桥氧萘, O) $\xrightarrow{H^+}$ (α-萘酚, OH)

1. 1,4-二氢-1,4-桥氧萘的制备

【主要试剂】

邻氨基苯甲酸 2.75 g(20 mmol),亚硝酸异戊酯,呋喃,乙二醇二甲醚,石油醚(30～60 ℃),氢氧化钠,硫酸镁。

【实验步骤】

在 100 mL 圆底烧瓶中，加入 10 mL 呋喃和乙二醇二甲醚，放入沸石，安装回流冷凝管。取两支 25 mm × 100 mm 的试管，分别放入 10 mL 溶有 4 mL 亚硝酸异戊酯的乙二醇二甲醚和 10 mL 溶有 2.75 g 邻氨基苯甲酸的乙二醇二甲醚溶液。在水浴上将呋喃溶液加热回流，每隔 3～4 min，用移液管分别加入上述两种溶液各 1 mL，之后继续回流 5 min。回流完毕将溶液冷却。

量取 25 mL 溶有 0.50 g 氢氧化钠的水溶液，加到已经冷却过的混合液中，混匀后移入到分液漏斗中，用 25 mL 石油醚进行萃取，弃去水相，并用 15 mL 水分数次洗涤石油醚溶液，用硫酸镁进行干燥。必要时可加入活性炭脱色，过滤。滤液在水浴上浓缩至 10 mL，此时如有油状物析出，可将其倒入一干净的试管中，原烧瓶用 1～2 mL 石油醚冲洗倒入上述试管中，冷却，并用玻璃棒摩擦管壁，促其桥氧化合物结晶。收集产品，用 5 mL 石油醚重结晶，称量，测熔点并计算此 1,4-二氢-1,4-桥氧萘的产率。进一步纯化，可将产品在 100 ℃减压升华后，再进行重结晶。

2. α-萘酚的制备

【主要试剂】

1,4-二氢-1,4-桥氧萘 0.50 g(3.5 mmol)，石油醚(60～90 ℃)，乙醇，浓盐酸，硫酸钠，乙醚。

【实验步骤】

称取 0.50 g 1,4-二氢-1,4-桥氧萘和 10 mL 乙醇放入 25 mm × 100 mm 的试管中，然后加入 5 mL 浓盐酸，搅拌均匀后放置 10 min，将其转移到分液漏斗中。原试管分别用 20 mL 乙醚和 15 mL 水洗涤，充分振荡，分出乙醚层，乙醚层用 5 mL 水分数次洗涤，用硫酸钠进行干燥。滤出干燥剂，滤液转移到 50 mL 锥形瓶中，在水浴上蒸除溶剂，残余物中加入 15 mL 石油醚溶解产品并使其冷却。重结晶后结晶呈微粉红色，在室温干燥，称量，测定熔点并计算产率。

【思考题】

(1) 在没有亲核试剂或者是双烯存在下，苯炔将形成双聚体和三聚体，试写出这两种化合物的结构式并命名。

(2) 用 1,4-二氢-1,4-桥氧萘和 2,3-二甲基丁二烯反应时，在酸或氧化剂存在下，可形成 2,3-二甲基蒽，试写出它们的反应式及反应机理。

(3) 写出下列包括苯炔中间体在内的反应方程式：

a. 邻溴苯甲醚 $\xrightarrow[NH_3(液)]{KNH_2}$ 间甲氧基苯胺

b. 邻氟溴苯 + Mg + 蒽 ⟶ 三蝶烯 (triptycene)

(4)根据1,4-二氢-1,4-桥氧萘转变成α-萘酚时形成中间体的形式,写出其反应机理。指出此反应是吸热还是放热反应,并加以解释。

5.8.4 醌

实验67 1,2-萘醌(1,2-naphthoquinone)

【反应式】

$^{+}NH_3\ Cl^-$ OH $\xrightarrow{Fe^{3+}}$ O O

【主要试剂】

1-氨基-2-萘酚盐酸盐4.00 g(20.5 mmol),$FeCl_3 \cdot 6H_2O$ 13.50 g(49.9 mmol)。

【实验步骤】

加热下,将13.50 g $FeCl_3 \cdot 6H_2O$ 溶解于5.0 mL浓盐酸与15.0 mL水的混合溶液中,冷至室温。将4.00 g 1-氨基-2-萘酚的盐酸盐溶解在150 mL水与0.5 mL浓盐酸混合液中。必要时可温热至35 ℃,分几次加入到上述的三氯化铁溶液中,立即生成橘红色沉淀。在冰浴中冷却后过滤,并洗去游离酸,真空干燥。产量约2.40 g,产率75%,mp 135~138 ℃。可在甲醇中重结晶。

IR(KBr):$\tilde{\nu}/cm^{-1}$=3050,1700,1660(C=O)。

【参考文献】

Anlehnung,In Fieser L F. *Org Synth*,Coll Ⅱ:430.

实验68 4-吗啉基-1,2-萘醌(4-morpholino-1,2-naphthoquinone)

【反应式】

O O + H N O $\xrightarrow{O_2}$ O N O O

【主要试剂】

1,2-萘醌1.58 g(10.0 mmol),吗啉5.0 mL。

【实验步骤】

将1.58 g 1,2-萘醌溶解于80 mL异丙醇中,经几次抽真空,充氧。氧气可通过一个气流计计量。将5.0 mL吗啉加入上述溶液中,室温下搅拌1 h。当220 mL氧气通过反应液时，可得到红色针状产品。过滤收集产品，用少量冷的异丙醇洗涤，真空干燥。产量约 2.20 g，产率 40%，mp 190～194 ℃。

可用正丁醇重结晶，得红色针状晶体，mp 194～196 ℃。

IR(KBr)：$\tilde{\nu}/cm^{-1}$=1690(CO)；^1H NMR($CDCl_3$)：δ=8.1～7.9(m,1H,8-H)，7.9～7.3(m,3H,5-H,6-H,7-H)，5.95(s,1H,3-H)，3.93，3.37(t,J =5 Hz；4H,CH_2)。

【参考文献】

Brackman W, Havinga E. *Recl Trav Chim*, Pays Bas, 1995, 74:937.

实验 69　2-甲氧基-1,4-萘醌(2-methoxy-1,4-naphthoquinone)

【反应式】

HCl, CH_3OH　OCH$_3$

【主要试剂】

4-吗啉基-1,2-萘醌 1.80 g(7.4 mmol)。

【实验步骤】

将 1.80 g 的 4-吗啉基-1,2-萘醌溶解于 150 mL 甲醇和 7.5 mL 浓盐酸中，回流 10 min，溶液颜色由红变为黄色。蒸除溶剂至剩余液约 90 mL，再将该溶液用冰浴冷却产生沉淀。过滤，用冷甲醇洗涤，将滤液浓缩至原体积的 1/4，可得到第二批产品。经真空干燥，得到略呈绿黄色的针状晶体，产量约 1.26 g，产率 90%，mp 180～181 ℃。

IR(KBr)：$\tilde{\nu}/cm^{-1}$ = 3050，2850，1610(CO)；^1H NMR($CDCl_3$)：δ = 8.2～7.2(m,2H,4-H/8-H)，7.6～7.2(m,2H,5-H/6-H)，6.13(s,1H,3-H)，3.85(s,3H,OCH_3)。

【参考文献】

Tsizin Y S, Rubtsov M V. *Zh Org*, *Khim*, 1968, 4:2220; CA, 1969, 70:77641n.

5.9　杂环化合物
(实验 70～77)

杂环化合物在自然界的分布十分广泛，是有机化合物中数目最庞大的一类，在有机化学各研究领域中，杂环化合物均具有相当的重要性。由于它们具有多种多样的生物活性，几乎所有药物分子，无论是天然的还是合成的，一般都含有一个或一个以上的杂环。杂环化合物的研究是有机合成中重要的一部分。

和碳环一样，最稳定和最常见的是五元、六元杂环，环中可含一个杂原子或多个多种杂原子。许多具有生物活性的杂环化合物在生物的生长、发育、新陈代谢过程以及遗传过程中都起着关键的作用。

实验70采用Knorr反应,用α-氨基酮与含活泼亚甲基的羰基化合物缩合成吡咯杂环。实验75～76采用Hantzsch反应,两分子β-酮酸酯与一分子醛和一分子氨缩合,先得到二氢吡啶环,再经氧化脱氢。

实验73提供了一个较方便的噁唑环的合成方法,噁唑分子中虽含有两个电负性很强的杂原子,但仍是稳定的芳香化合物,对于一般氧化剂和还原剂都是稳定的。与一般芳香化合物的区别是噁唑环的共振杂化体中离子共振结构占有相当量,因而使反应活性增加,可发生亲电、亲核反应。噁唑分子中有一个三级氮原子显弱碱性。

$$\text{oxazole (:N:, :O:)} \longleftrightarrow \text{oxazole } (N^-, O^+)$$

一般噁唑合成方法是采用带有杂原子的1,4-二羰基化合物,在硫酸作用下成环。如2,5-二苯基噁唑的制备:

$$C_6H_5CONHCH_2COC_6H_5 \xrightarrow[\triangle]{H_2SO_4} \text{2,5-}(C_6H_5)_2\text{-oxazole}$$

在合成杂环的方法中,常使用亲核及亲电取代、羟醛缩合、酯缩合、1,3-偶极环加成反应以及Diels-Alder反应等。这些反应均是形成环体的重要反应,其中羰基和酯基双官能团缩合的环化反应,更是通常使用的基本方法。

5.9.1 五元杂环

实验70 2,4-二甲基-3,5-二乙氧羰基吡咯

[3,5-bis(ethoxycarbonyl)-2,4-dimethylpyrrole]

【反应式】

$$H_3C\text{-}CO\text{-}C(CO_2Et)\text{=N-NH-Ph} \xrightarrow[\text{Zn, HOAc}]{CH_3COCH_2CO_2Et} \text{pyrrole: 2-}EtO_2C\text{, 3-}CH_3\text{, 4-}CO_2Et\text{, 5-}CH_3\text{, N-H}$$

【主要试剂】

苯腙基乙酰乙酸乙酯2.88 g(12.3 mmol),乙酰乙酸乙酯1.6 mL(1.65 g,12.7 mmol),锌粉3.25 g(50 mmol)。

【实验步骤】

将1.65 g乙酰乙酸乙酯与5.0 mL冰乙酸混合,再将0.75 g锌粉加入其中,温热至

80 ℃。在搅拌下滴加 2.88 g 苯腙基乙酰乙酸乙酯与 3.8 mL 冰乙酸形成的溶液，反应放热。约 10 min 内，将其余 2.50 g 锌粉分数次加入。升温至 90 ℃，反应物在该温度下搅拌 1 h，再于 100 ℃搅拌 0.5 h。

将反应物冷却，加入 13 mL 水，过滤。加入甲醇把固体研磨几次，浓缩甲醇溶液。残留物用乙醇-水(3：2)重结晶，得到无色针状物。真空干燥(P_2O_5)，产量 1.9 g，产率 65%，mp 134～135 ℃。

IR(KBr)：$\tilde{\nu}/cm^{-1}$ = 3260(NH)，1690，1670(CO)；^1H NMR：δ = 10.0[s(br)，1H，NH]，4.33，4.28(q，J = 7 Hz，2H，OCH_2)，2.53，2.50(s，3H，CH_3)，1.35(t，J = 7 Hz；6H，CH_3)。

【参考文献】

Treibs A，Schmidt R. *Chem Ber*，1957，90：79.

实验 71 2，4-二甲基-5-乙氧羰基吡咯-3-甲酸
(5-ethoxycarbonyl-2，4-dimethylpyrrole-3-carboxylic acid)

【反应式】

$$\text{2,4-二甲基-3,5-二乙氧羰基吡咯 (H}_3\text{C, CO}_2\text{Et, EtO}_2\text{C, CH}_3\text{, NH)} \xrightarrow{H_2SO_4} \text{(H}_3\text{C, CO}_2\text{H, EtO}_2\text{C, CH}_3\text{, NH)}$$

【主要试剂】

2，4-二甲基-3，5-二乙氧羰基吡咯 3.60 g(15.0 mmol)。

【实验步骤】

将 3.60 g 2，4-二甲基-3，5-二乙氧羰基吡咯研细，在搅拌下分多次加入到 11.3 mL 的浓硫酸中，升温至 40 ℃，并在该温度下继续搅拌 20 min。把反应液冷却，小心倒入 75 g 的冰中，过滤。固体用冰水洗涤至中性。粗产品悬浮于 38 mL 水中，搅拌下加入 5.6 mol·L^{-1}的氢氧化钠溶液直到混合物变为碱性，使大部分固体溶解。

混合物搅拌 30 min，过滤。滤液用 1 mol·L^{-1}硫酸酸化，以使产物沉淀。过滤收集固体，并用冰水洗数次。所得粗品用乙醇重结晶，真空干燥，得无色针状晶体。产量约 2.40 g，产率 82%，mp 273～274 ℃(分解)。

IR(KBr)：$\tilde{\nu}/cm^{-1}$ = 3300(NH)，3200 ～ 2400(br，OH)，1670(CO)；^1H NMR (CF_3COOH)：δ = 10.25，10.0[s(br)，NH，OH]，4.50(q，J = 7 Hz，2H，OCH_2)，2.67，2.63(s，3H，CH_3)，1.50(t，J = 7 Hz；3H，CH_3)。

实验72 2,4-二甲基-5-乙氧羰基吡咯
(5-ethoxycarbonyl-2,4-dimethylpyrrole)

【反应式】

$$\text{2,4-二甲基-5-乙氧羰基吡咯-3-甲酸} \xrightarrow{\triangle,\ -CO_2} \text{2,4-二甲基-5-乙氧羰基吡咯}$$

【主要试剂】

2,4-二甲基-5-乙氧羰基吡咯-3-甲酸 2.11 g(10.0 mmol)。

【实验步骤】

将2.11 g 2,4-二甲基-5-乙氧羰基吡咯-3-甲酸加入圆底烧瓶中,在沙浴上加热。约至270 ℃,CO_2 开始逸出,脱羧产物在瓶壁上形成液滴。于280 ℃保温约10 min。冷却,瓶壁上的小液滴变成无色针状结晶。把反应瓶内的组分溶在二氯甲烷中,用硅胶进行柱色谱分离,洗脱液为二氯甲烷,浓缩后得到无色针状结晶。产量约1.00 g,产率60%,mp 127~128 ℃。

IR(KBr):$\tilde{\nu}/cm^{-1}$=3300(NH),1660(CO);^1H NMR($CDCl_3$):δ=10.5[s(br),1H,NH],5.70(d,J=3 Hz;1H,3-H),4.33(q,J=7 Hz;2H,OCH_2),2.33,2.25(s,3H,CH_3),1.35(t,J=7 Hz;3H,CH_3)。

【注意事项】

(1) 把反应瓶加热到约250 ℃时再加入吡咯酸。

(2) 产品可用乙醇重结晶,但并不能使熔点提高。

【参考文献】

Fischer H, Walach B. *Ber Dtsch Chem Ges*, 1925, 58: 2818.

实验73 2,4,5-三苯基噁唑(2,4,5-triphenyloxazole)

【反应式】

$$\text{苯甲酸安息香酯} + HCONH_2 \xrightarrow[2.\ H_2O]{1.\ H_2SO_4} [\cdots] \xrightarrow{-HCO_2H} \text{2,4,5-三苯基噁唑}$$

【主要试剂】

苯甲酸安息香酯2.00 g(6.3 mmol),甲酰胺10.0 mL,浓硫酸。

【实验步骤】

在50 mL的三口瓶中加入2.00 g苯甲酸安息香酯、10.0 mL新蒸过的甲酰胺,电磁

搅拌下加入 0.5 mL 浓硫酸。加热,控制反应温度在 100～110 ℃,搅拌 2 h,然后升温至 130～140 ℃,反应 1 h。冷却后,加入 30 mL 水,有大量白色固体生成。加入 30 mL 甲苯,使固体溶解。分出水相,有机相用水及饱和碳酸钠溶液洗至中性。用无水硫酸钠干燥,蒸除甲苯,得一黄色固体。用 95%的乙醇重结晶,得白色针状晶体,产量约 1.53 g,产率 85.7%,mp 116～117 ℃。

^{1}H NMR($CDCl_3$):δ= 7.25～8.25(m,15H,Ar-H)。

【参考文献】

Singh B, Ullman E F. *J Am Chem Soc*, 1967, 89: 6911.

实验 74 5,5-二苯基乙内酰脲 (5,5-diphenylhydantoin)

5,5-二苯基乙内酰脲的钠盐(Dilantin)是抗痉挛药物,通过静脉注射可控制严重的癫痫病患者的病情。采用碱性条件下,二苯乙二酮与尿素缩合并通过以下重排得到二苯基乙内酰脲:

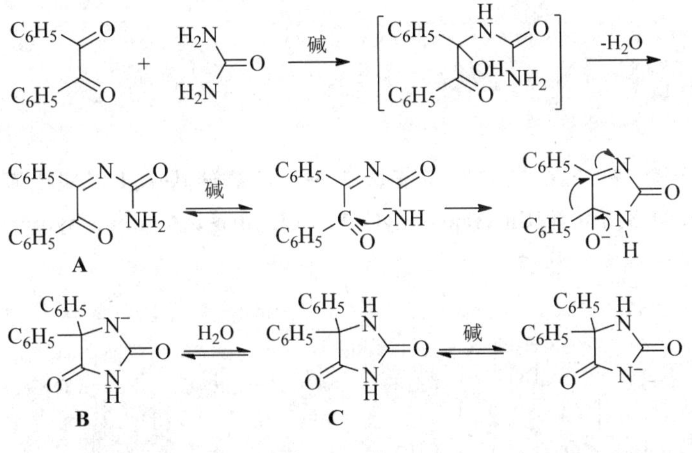

第一步碱夺取尿素酰胺氮上的质子,对二苯乙二酮一个羰基发生加成,质子转移失水生成 **A**。第二步过程类似于第一步,只是对羰基加成后,该羰基碳原子上所连的苯基转移至另一个碳原子上,形成化合物 **B**,质子化后得到 **C**。可见,反应开始的亲核试剂是尿素而不是氢氧化物,重排反应通过分子内缩合形成杂环。

【反应式】

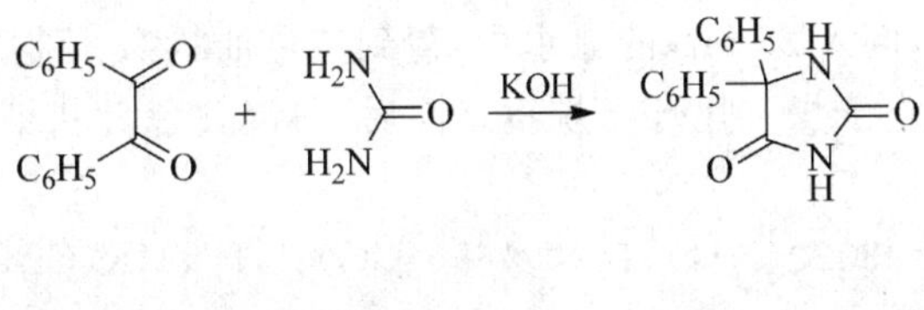

【主要试剂】

二苯乙二酮 1.00 g(4.8 mmol)，尿素 0.58 g(9.7 mmol)。

【实验步骤】

在 50 mL 的圆底烧瓶中加入 1.00 g 二苯乙二酮、0.58 g 尿素，再加入 10.0 mL 95% 的乙醇及氢氧化钾溶液(1.70 g 氢氧化钾溶在 2.0 mL 水中)。装上回流冷凝管，在电磁搅拌下，水浴上加热回流 2～2.5 h，反应过程中有少许不溶物产生。把反应液冷却，过滤，除去不溶物。进一步在冰水浴中冷却滤液，并用 6 mol·L^{-1} 硫酸慢慢地酸化，使溶液的 pH ≈ 3，此时有白色固体产生。

过滤固体，并用水洗涤固体(水洗要充分，最好把固体取出后，放在烧杯内洗，否则含有大量无机盐)，抽干，即得粗品。

粗品可用 95% 的乙醇重结晶。产量约 0.85 g，产率 70%，mp 286～295 ℃。

IR(KBr)：$\tilde{\nu}/cm^{-1}$ = 3207，1773，1720，1402，1016，788，747，698，656；^1H NMR (CD_3COCD_3)：δ=7.38(Ar-H)，8.15(NH)。

【参考文献】

[1] Pankaskie M C，Small L. *J Chem Ed*，1986，63：650.

[2] Hayward R C. *J Chem Ed*，1983，60：512.

5.9.2 六元杂环

实验 75 2,6-二甲基-4-苄基-3,5-二乙氧羰基-1,4-二氢吡啶

[4-benzyl-3,5-bis(ethoxycarbonyl)-1,4-dihydro-2,6-dimethylpyridine]

【反应式】

EtO_2C, H_3C, O + CH_2Ph CHO + NH_3 + CO_2Et, O, CH_3 ⟶ H CH_2Ph, EtO_2C, CO_2Et, H_3C, N H, CH_3

【主要试剂】

乙酰乙酸乙酯 2.21 g(17.0 mmol)，苯乙醛 1.01 g(8.40 mmol)，浓氨水 1.0 mL。

【实验步骤】

2.21 g 乙酰乙酸乙酯、1.01 g 苯乙醛、1.0 mL 浓氨水及 2.0 mL 乙醇一起加热回流 2 h。反应物冷至室温，倒入 25 mL 的冰水中，得到黄色油状物。油状物约在 1 h 固化，过滤，收集固体，水洗，真空干燥。用环己烷重结晶后，得淡黄色针状结晶。产量约 2.05 g，产率 71%，mp 115～116 ℃。

IR(KBr)：$\tilde{\nu}/cm^{-1}$ =3320(NH)，1690，1650(CO)；^1H NMR($CDCl_3$)：δ=7.02(s，5H，

Ar-H),6.15[s(br),1H,NH],4.18(t,J =5 Hz;1H,allyl-H),3.95(q,J =7 Hz;4H,OCH_2),2.48(d,J =5 Hz;2H,benzyl-CH_2),2.13(s,6H,CH_3),1.17(t,J =7 Hz;6H,CH_3)。

【注意事项】

(1)使用前乙酰乙酸乙酯需蒸馏,bp 75~76 ℃/2.40 kPa(18 mmHg);苯乙醛也需纯化。

(2) 本合成如用苯甲醛,反应更易进行。

【参考文献】

Loev B,Snader K M. *J Org Chem*,1965,30:1914.

实验 76 2,6-二甲基-3,5-二乙氧羰基吡啶

[3,5-bis(ethoxycarbonyl)-2,6-dimethylpyridine]

【反应式】

$$\text{2,6-dimethyl-4-benzyl-3,5-bis(}CO_2Et\text{)-1,4-dihydropyridine} \xrightarrow{HOAc,\ NaNO_2} \text{2,6-dimethyl-3,5-bis(}CO_2Et\text{)pyridine} + PhCHO + PhCH_2OH + PhCH_2OAc$$

【主要试剂】

2,6-二甲基-4-苄基-3,5-二乙氧羰基-1,4-二氢吡啶 2.50 g(7.3 mmol),亚硝酸钠 2.50 g(36.2 mmol)。

【实验步骤】

在通风橱里,向反应瓶中加入 2.50 g 2,6-二甲基-4-苄基-3,5-二乙氧羰基-1,4-二氢吡啶及 2.5 mL 冰醋酸。在充分搅拌下,分次加入 2.50 g 亚硝酸钠,保持温度在 50 ℃以下。在室温下继续搅拌约 0.5 h,直至不再有一氧化氮逸出为止。

把反应液倒入 100 mL 的冰水中,每次用 25 mL 乙醚提取 3 次。合并提取液,用 50 mL 2 mol·L^{-1}盐酸提取两次,分出水相,用碳酸氢钠中和,产物沉淀析出。过滤收集固体,干燥,得粗品。粗品用环己烷重结晶,得到淡黄色小针状结晶。产量约 1.75 g,产率 95%,mp 69~71 ℃。

IR(KBr):$\tilde{\nu}/cm^{-1}$=1720(CO),1590(Ar);^1H NMR($CDCl_3$):δ=8.65(s,1H,4-H),4.38(q,J =7 Hz;4H,OCH_2),2.82(s,6H,CH_3),1.40(t,J =7 Hz;6H,CH_3)。

【参考文献】

Loev B,Snader K M. *J Org Chem*,1965,30:1914.

实验 77 巴比吐酸(barbituric acid)

巴比吐酸及其衍生物是一类广泛应用于镇静-催眠的药物,是由 Adolph von Baeyer

在1864年首先用丙二酸与尿素合成的。利用丙二酸二乙酯或取代丙二酸酯与尿素或硫脲反应，可生成一系列巴比吐酸类的嘧啶衍生物。

【反应式】

$$H_2C(COOC_2H_5)_2 + (H_2N)_2C{=}O \xrightarrow{C_2H_5ONa} \text{(barbituric acid: 2,4,6-pyrimidinetrione, O, NH, O, N–H, O)} + 2\,C_2H_5OH$$

$$\text{(2,4,6-pyrimidinetrione: O, NH, O, N–H, O)} \rightleftharpoons \text{(2,4,6-trihydroxypyrimidine: OH, N, HO, N, OH)}$$

【主要试剂】

丙二酸二乙酯3.20 g(20 mmol)，金属钠0.50 g(22 mmol)，尿素1.20 g(20 mmol，干燥过)，绝对无水乙醇，浓盐酸。

【实验步骤】

在100 mL干燥的圆底烧瓶中，加入10 mL绝对无水乙醇，装好冷凝管。从冷凝管上口分数次加入0.50 g切成小块的金属钠，待其全部溶解后，再加入3.20 g丙二酸二乙酯，搅拌均匀。然后慢慢加入1.20 g干燥过的尿素和6 mL绝对无水乙醇所配成的溶液，在冷凝管上端装一氯化钙干燥管，搅拌下回流2 h。

反应物冷却后为一粘稠的白色半固体物。向其中加入15 mL热水，再用盐酸酸化($pH \approx 3$)，得一澄清溶液，过滤除去少量杂质。滤液用冰水冷却使其结晶，过滤，用少量冰水洗涤数次，得白色棱柱状结晶。干燥后测定熔点为244～245 ℃，产量约1～1.5 g。

【注意事项】

(1) 所用仪器及药品均应保证无水。

(2) 由于钠可与醇顺利地反应，故金属钠无须切得太小，以免暴露太多的表面，在空气中会迅速吸水转化为氢氧化钠而皂化丙二酸二乙酯。

(3) 若丙二酸二乙酯的质量不够好，可进行一次减压蒸馏，收集82～84 ℃/1.07 kPa(8 mmHg)或90～91 ℃/2.00 kPa(15 mmHg)之馏分。

5.10　金属有机化合物
(实验78～80)

金属镁、锂、铝可与碳形成M—C键(M为金属)，过渡金属也能与碳结合生成过渡金属有机化合物。可以说，周期表中所有的金属元素都可以和碳结合，形成金属化合物，这些化合物具有许多特殊性能。由于金属有机化合物在有机合成中的应用，使许多经典合成方法得以改变。

实验 78 正丁基锂(*n*-butyllithium)

【反应式】

$$n\text{-}C_4H_9Br + 2\,Li \longrightarrow n\text{-}C_4H_9Li + LiBr$$

【主要试剂】

溴代正丁烷 17.20 g(0.723 mol),锂丝 2.14 g(0.308 mol),无水乙醚,氯苄,酚酞。

【实验步骤】

在 250 mL 三口瓶上,配好电动搅拌器、低温温度计和进气管以及接有氯化钙干燥管的恒压滴液漏斗,全部仪器均于烘箱中干燥后趁热装配。向瓶中加入 50 mL 无水乙醚,将不含氧的干燥氮气导入反应瓶。取 2.14 g 锂丝,用无水乙醚漂洗后直接投入处于氮气流保护下的反应瓶中。开动搅拌,从漏斗中加入约 17.20 g 溴代正丁烷与 50 mL 无水乙醚的溶液。用大约－30～－40 ℃的干冰-丙酮浴,将反应混合物冷到－10 ℃(溶液略显混浊。当反应开始时,锂丝上出现闪亮的斑点)。在此温度下,于 30 min 内将溴代正丁烷溶液加完。将反应物温热到 0～10 ℃后,继续搅拌 1～2 h。用倾泻法将产品通过一根装有玻璃纤维的细管,滤入有刻度的 250 mL 滴液漏斗中(此漏斗预先以氮气流冲洗),所得滤液即为正丁基锂的乙醚溶液。双滴定法的分析结果表明,过滤前的收率为 90%。

双滴定法的程序如下:

$$n\text{-}C_4H_9Li + (n\text{-}C_4H_9OLi + Li_2O + LiOH) \xrightarrow{H_2O} n\text{-}C_4H_{10} + LiOH + (n\text{-}C_4H_9OH + LiOH)$$

$$LiOH \xrightarrow{\text{标准酸}} Li^+ + H_2O$$

$$[\,n\text{-}C_4H_9Li + (n\text{-}C_4H_9OLi + Li_2O + LiOH)] \xrightarrow{C_6H_5CH_2Cl} \xrightarrow{H_2O}$$

$$[C_6H_5CH_2CH_2C_6H_5 + n\text{-}C_8H_{18} + n\text{-}C_4H_9CH_2C_6H_5] + (n\text{-}C_4H_9OH + LiOH) + LiCl$$

$$LiOH \xrightarrow{\text{标准酸}} Li^+ + H_2O$$

(1)用移液管量取 5～10 mL 待测溶液,注入盛有 10 mL 蒸馏水的锥形瓶内,以酚酞作指示剂,用标准酸滴定到等当点。所得结果相当于溶液中的总碱量。

(2) 同样吸取 5～10 mL 待测溶液,加入盛有 10 mL 氯苄醚溶液(其中含 1 mL 氯苄)的锥形瓶中。当滴入正丁基锂的醚溶液时,立即出现黄色(如果正丁基锂的浓度足够高,在黄色消失的同时便出现氯化锂的白色沉淀)。醚溶液可因反应而发热,甚至乙醚沸腾,但不应冷却。加完待测溶液后,放置 1 min 进行水解,并以酚酞作指示剂,在剧烈的振荡下,用标准酸滴至等当点。

将第一次所得结果与第二次相减,便可计算出正丁基锂醚溶液的浓度。

【注意事项】

(1) 氮气以焦性没食子酸的碱溶液脱氧,用4A型分子筛(在使用前,应于450～550 ℃活化15 min)干燥。氮气的流量开始时稍大一些,以置换瓶内的空气,此后应调得小而均匀。过多的氮气会导致溶剂乙醚的大量损失。

(2) 将无水乙醚与钠丝一同加热回流,直到加入二苯酮后,能产生持久的蓝色。然后在氮气保护下蒸入干燥的接收器中。也可用氢化锂铝代替金属钠。

将乙醚中的水分除尽后,过量的金属钠将二苯酮还原成深蓝色的四苯基频哪醇钠 $[(C_6H_5)_2CONa]_2$,二芳基酮在乙醚、苯或液氨中均能与碱金属发生此类反应。频哪醇钠在溶液中分解成游离基 $(C_6H_5)_2C—C^- Na^+$(蓝色)。

(3) 产品过滤后,在10 ℃保存16 h,总含量相当于收率83.7%,在10 ℃下保存4天后总含量相当于82.5%。

(4) 在本制备中,由于不可避免地接触痕量的氧和水汽,在获得产品的同时还生成少许副产物:n-C_4H_9OLi,Li_2O 以及 LiOH,因此简单的酸滴定法必将使测得的含量偏高,故而用双滴定法加以校正。

(5) 本滴定法适用于大多数 R—Li,但不能用于 CH_3Li、Ar—Li 和 $C_6H_5C \equiv CLi$,这可能是由于后几种锂化物的活性较小。

(6) 将分析纯氯苄以 P_2O_5 干燥后,再减压蒸馏。

(7) 在乙醚中,氯苄容易与正丁基锂发生偶联反应,在很多其他溶剂中,偶联不易进行。倘使所制得的烷基锂是石油醚溶液,分析时就应该使用大量的乙醚,以利于偶联。

(8) 此时溶液具有两相。而在滴定时,水相颜色的消褪比醚层为早,因此必须激烈振摇,以防滴过。

【参考文献】

韩广甸,范如霖,李述文.有机制备化学手册.下卷.北京:化学工业出版社,1981:171～173.

实验79 二茂铁(ferrocene)

二茂铁是亚铁与环戊二烯的络合物,化学性质稳定,具有比较典型的芳香性质,能进行一系列的取代反应,如磺化、烷基化、酰基化等。但一般条件下不能硝化,因为硝酸能将二茂铁氧化为三价铁的盐。二茂铁及其衍生物可用做紫外吸收剂、火箭燃料的添加剂。

【反应式】

$$2\,FeCl_3 + Fe \longrightarrow 3\,FeCl_2$$

$$FeCl_2 + 2\,C_5H_6 + 2\,(C_2H_5)_2NH \longrightarrow Fe(C_5H_5)_2 + 2\,(C_2H_5)_2NH \cdot HCl$$

【主要试剂】

环戊二烯 14 mL(0.17 mol),二乙胺 33 mL(0.33 mol),无水三氯化铁 9.03 g(0.33 mol),还原铁粉,四氢呋喃。

【实验步骤】

在 100 mL 的三口瓶上安装好回流冷凝管、电动搅拌器、温度计及氮气进气导管。先加入 40 mL 处理过的四氢呋喃,并通入氮气,开动搅拌。分批加入 9.03 g 无水三氯化铁(此时反应温度升高),可观察到反应液渐渐地变为棕色。加完后,可一次加入 1.57 g 还原铁粉,水浴加热回流。反应自始至终需在氮气保护下进行,大约回流 4~5 h,可得到一个带有灰色沉淀物的棕色液体,这时反应即可结束。将上述回流装置改成减压蒸馏装置,水泵减压蒸去四氢呋喃(可稍用水浴加热),直到蒸不出为止。反应瓶内的剩余物呈枣红色粉末状,即为二氯化铁。

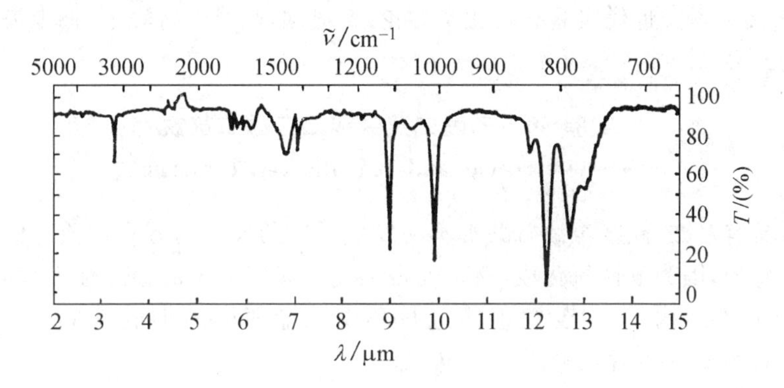

图 5.14 二茂铁的红外光谱

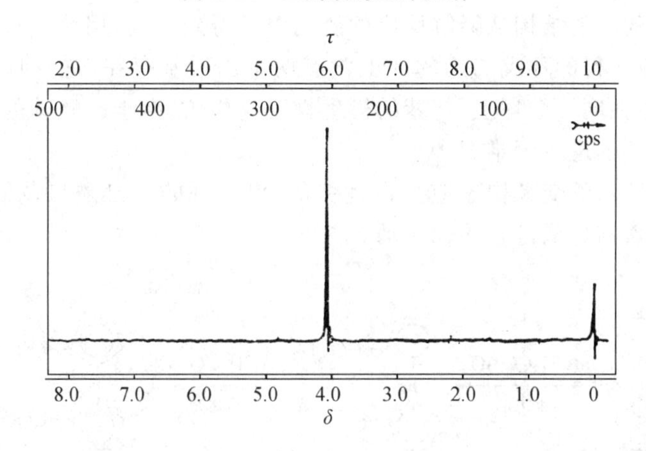

图 5.15 二茂铁的核磁共振谱

反应瓶用自来水冷却后,再改成回流装置,并继续通入氮气,用滴液漏斗逐渐地加入事先混合好的 33 mL 二乙胺和 14 mL 环戊二烯的混合液。由于反应放热,所以必须用水控制反应温度约在 20 ℃。搅拌 6～8 h。停止反应后,首先蒸走二乙胺,固体物从三口瓶内移入锥形瓶,用 30～60 ℃的石油醚加热回流提取产物。滤渣反复提取 3～4 次,将所有的石油醚提取液合并,浓缩至蒸不出石油醚为止。余下液体放入冰箱内,可结晶,析出二茂铁粗品,用适量的环己烷或乙醇重结晶,用活性炭脱色至产品呈橘黄色针状结晶为止。mp 173～174 ℃。

【注意事项】

(1) 二乙胺需用 KOH 干燥后再重新蒸馏。

(2) 环戊二烯为无色液体,能溶于醚、醇、苯、四氢呋喃和其他有机溶剂。如常温下保存,会渐渐变成二聚物而变黄,使用前要蒸馏并收集 39～43 ℃馏分。

【参考文献】

罗析茨 R M,等. 近代实验有机化学导论. 曹显国,胡昌奇,译. 上海:上海科学技术出版社,1981:245.

实验 80 乙酰二茂铁和二乙酰二茂铁
(acetylferrocene and 1,1′-diacetylferrocene)

二茂铁具有对酸、碱甚至浓硫酸都不易发生反应的典型的芳香性质。但对具有氧化性的酸是敏感的,因为亚铁氧化成高铁,使得二茂金属正离子的稳定性大大降低了(铁不再具有氪的电子结构)。二茂铁不能进行环戊二烯那样的加成反应,而是容易进行 Friedel-Crafts 酰化等芳香亲电取代反应。

酰化时由于催化剂和酰化条件的不同,可以获得乙酰二茂铁或 1,1′-二乙酰二茂铁为主要产物。双取代物的结构从降解反应的研究中已得到证实,用反应将分子中的铁从有机部分移去,反应所得的环戊二烯的环上没有两个乙酰基存在,这就肯定了这样一个估计:两个酰基并不在同一个环上,与苯的衍生物反应相仿,由于乙酰基的钝化作用使得第二个亲电基团对环的进攻困难了。

虽然结构式所示的交叉构象应是占优势的,但发现的二乙酰二茂铁只有一种,说明环戊二烯能够绕着与金属键合的轴转动。

【反应式】

$$\text{Fe}(C_5H_5)_2 \xrightarrow[\text{催化剂}]{(CH_3CO)_2O} \text{Fe}(C_5H_5)(C_5H_4COCH_3) \xrightarrow[\text{催化剂}]{(CH_3CO)_2O} \text{Fe}(C_5H_4COCH_3)_2$$

【主要试剂】

二茂铁 1.06 g(5.4 mmol),醋酐 10.0 mL,85% H_3PO_4 2.00 mL,$NaHCO_3$。

【实验步骤】

50 mL 锥形瓶内加入 1.06 g 二茂铁和 10.0 mL 醋酐，搅拌下滴加 2.00 mL 85%磷酸。锥形瓶装上氯化钙干燥管，在热水浴上温热 15～20 min。将反应混合物倾入 20 g 的碎冰中(粘附在瓶底的油状物可弃去)。

当冰融化后加固体碳酸氢钠中和，一面旋动，一面分量、分次加入碳酸氢钠，直至不再有二氧化碳气泡产生，约需 20～25 g 碳酸氢钠。开始的 20 g 可在泡沫不溢出的情况下尽量加得快些，其余的就应加得慢些以防止过分碱化，继续加入直至不再有气泡发生。抽滤，收集析出的橙棕色固体，水洗至洗液呈浅橙色，产物干燥。

“干柱”层析法精制

将上述所得棕色固体物溶于 5 mL 左右的丙酮中，将此溶液倒到 2 g 氧化铝上，搅拌所得的浆状物，通风去除溶剂，经干燥后，呈松散的颗粒状。

将吸着反应混合物的氧化铝放在柱的顶部，轻轻敲打以使之铺平整。再在样品层上铺一层 6 mm 厚的新鲜氧化铝。

用二氯甲烷作为溶剂进行展开。各个组分的特征颜色为：二茂铁(黄色)，乙酰二茂铁(橙红色)，二乙酰二茂铁(棕褐色)。

用刮刀将柱上的各个产物层带刮下分别进行精制。每一层带的氧化铝用乙醚萃取 3 次，每次 20～30 mL。每次萃取后将上层液倾至大小适宜的烧瓶内。待最后一次萃取后，将合并的萃取液蒸去溶剂即得固体产物。计算分离得到的乙酰二茂铁的产率并测定熔点，产率约为 30%。

【注意事项】

中和时用 pH 试纸测定当然更好。但如果反应混合物色泽很深，用 pH 试纸就有困难，这时可以加碳酸氢钠至气泡消失作为中和完成的判断标准。

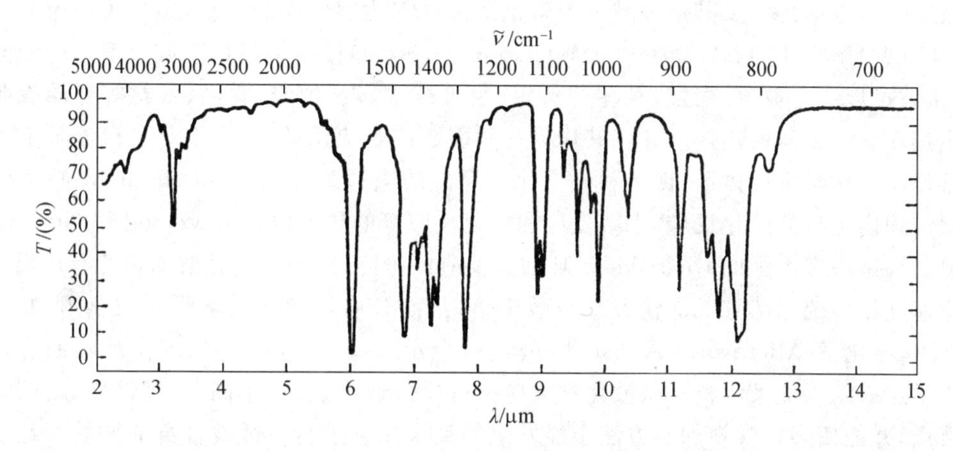

图 5.16 乙酰二茂铁的红外光谱

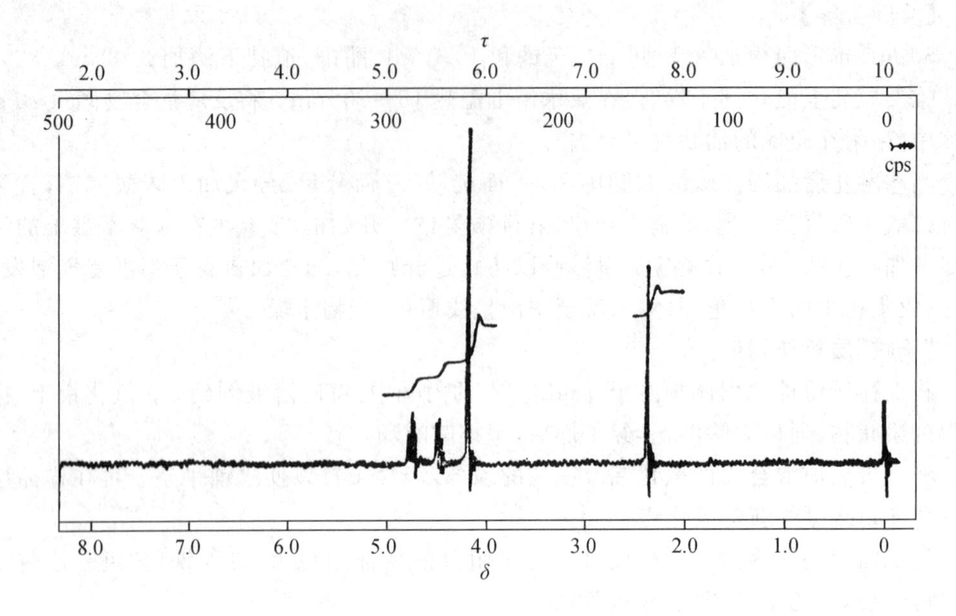

图 5.17　乙酰二茂铁的核磁共振谱

5.11　微波辅助有机反应化学（实验81～83）

微波是频率约为0.3～300 GHz(波长100 cm～1 mm)范围内的电磁波,处在电磁波谱中的红外谱线和无线电波之间。波长在1～25 cm之间的微波被专用于雷达发射,其余波段用于电信传输及其他领域。为防止微波对雷达通信等的干扰,国际无线电公约规定2450 MHz(波长12.2 cm)、900MHz(波长33.3 cm)作为加热用微波频率。一般条件下,微波可以穿透玻璃、陶瓷、某些塑料等,也可被水、炭、橡胶、食品、木材等介质吸收而产生热。发现微波的热效应并将其作为一种能源广泛应用始于1945年。微波辐射可以直接作用于化学反应体系,促进和改变化学反应的进行。1986年,Richard N. Gedye等对微波炉内进行的酯化反应、水解反应和氧化反应等的研究以及Raymond J. Giguere等对蒽与马来酸二甲酯的Diels-Alder环加成反应的研究,发现利用微波加热使有机反应的反应速度较传统加热方式加快数倍至数千倍,从而开启了微波化学研究的热潮,并形成了MAOS化学(Microwave Assisted Organic Synthesis Chemistry),即微波辅助有机反应化学这一新兴交叉学科。微波化学反应具有反应速度快、产率高、选择性好、副产物少等特点,并能使某些常规加热方法不能发生的反应顺利进行。微波自身的能量不足以打开化学键而直接诱导反应发生,其促进化学反应发生的机理目前尚无定论,一般认为其促进作用源于微波的"非常规热效应"和"非热效应"。

传统加热方式是由热源通过传导、对流、辐射将热量供给反应体系，期间的热损失不可避免；微波加热是通过极化机制和电子、离子传导机制进行，是一种直接作用于分子的体内加热。极性分子通常更易吸收微波辐射，因而非极性溶剂体系中的极性反应物所处的实际温度高于反应体系的表观温度，这是某些常规加热方法下不能发生的反应可在微波辐射时顺利进行的可能原因之一。此外，很多研究者认为，微波场会影响分子运动的取向，增大分子间的有效碰撞概率，并通过改变分子排列的焓效应、熵效应进而改变活化能，或诱导分子转动进入亚稳态，这些改变均可能使反应更易于进行。

微波辅助进行的有机反应一般分为微波液相合成和微波干法反应，后者是将反应底物负载在某种多孔载体上通过微波辐射进行反应，反应结束后以溶剂萃取出来进行后续处理。微波反应通常是在经过改造的家用微波炉中进行，一般是在微波炉的顶端或侧面开孔以安装冷却、加料、搅拌装置，并在打孔处连接金属管保护以防微波泄漏。此类微波反应系统便宜易得，已可以进行很多有机反应，但其缺点是微波辐射功率单一、反应温度不易控制。目前已有商品化的实验室专用微波反应器，其微波功率连续可调，可以调控反应体系温度，使微波反应更为安全简便，但价格昂贵不易普及。

【参考文献】

[1] Kapper C O, Stadler A. 微波在有机和医药化学中的应用. 麻远，等译. 北京：化学工业出版社，2007.

[2] 金钦汉，等编. 微波化学. 北京：科学出版社，1999.

[3] 赵忠奎，张淑芬. 高效反应技术与绿色化学. 北京：中国石化出版社，2012.

实验 81 微波促进的二苯乙二酮与酮的醇醛缩合反应
(microwave-assisted aldol condensation of benzyl with ketones)

【反应式】

二苯乙二酮 + $RH_2C-CO-CH_3$ $\xrightarrow[\text{MWI}]{\text{KOH/EtOH}}$ 4-羟基-3,4-二苯基-2-R-环戊-2-烯酮　R=H, Ph

【主要试剂】

二苯乙二酮(0.10 g，0.48 mmol)，丙酮，苯乙酮，氢氧化钾乙醇溶液。

【实验步骤】

在试管中加入二苯乙二酮(0.10 g，0.48 mmol)、酮(1.0 mmol)、氢氧化钾乙醇溶液(0.3 mL，5%)，混匀，置于水浴中。将试管连同水浴一并放入微波炉中，启动微波辐射(丙酮，辐射 2 min；苯乙酮，辐射 8 min)。过滤反应液，用水洗涤所得固体，产率 90%(丙酮)、87%(苯乙酮)。

【参考文献】

Marjani K, et al. *Chin Chem Lett*, 2009, 20:401～403.

实验82 微波促进的2,4,5-三苯基咪唑的合成

(synthesis of 2,4,5-triarylimidazoles under microwave irradiation)

【反应式】

二苯乙二酮 + PhCHO + NH_4OAc $\xrightarrow{MWI}$ 2,4,5-三苯基咪唑

【主要试剂】

二苯乙二酮(1.0 mmol),苯甲醛(1.0 mmol),乙酸铵(3.0 mmol)。

【实验步骤】

在圆底烧瓶中加入二苯乙二酮(1.0 mmol)、苯甲醛(1.0 mmol)、乙酸铵(3.0 mmol),混匀,置于微波反应器中,启动微波辐射5 min。过滤反应液,所得粗品用95%乙醇重结晶,产率93%,mp 276～277 ℃。

【参考文献】

Zhou J F, et al. *Chin Chem Lett*, 2009, 20:1198～1200.

实验83 SMUI(微波辐射+超声)促进的Knoevenagel-Doebner反应

(combined microwave and ultrasound accelerated Knoevenagel-Doebner reaction)

【反应式】

PhCHO + $CH_2(COOH)_2$ $\xrightarrow[K_2CO_3/H_2O]{piperidine}$ PhCH=CHCOOH

【主要试剂】

苯甲醛(1.06 g,10 mmol),丙二酸(1.25 g,12 mmol),哌啶(0.34 g,4.0 mmol),K_2CO_3(0.70 g,5.0 mmol)。

【实验步骤】

在25 mL三口瓶中加入苯甲醛(10 mmol)、丙二酸(1.25 g,12 mmol)、哌啶(0.34 g,4.0 mmol)、K_2CO_3(0.70 g,5.0 mmol)、10 mL水,混合均匀,放入SMUI反应器中,启动辐射,反应65 s,加入10 mL 1.5 mol·L^{-1} HCl猝灭反应。减压过滤反应液,收集固体,

乙醇-水中重结晶，得肉桂酸白色晶体，mp 135～136 ℃。

附：不同方法的反应对比

	反应方法	反应时间	产率
1	传统加热回流反应	7 h	80%
2	微波辐射(200 W)	30 min	83%
3	超声(50 W)＋ 回流	2.5 h	79%
4	SMUI* (MW 200 W ＋ US 50 W)	65 s	87%

* SMUI：微波辐射＋超声。

【参考文献】

[1] Yanqing Peng, Gonghua Song. *Green Chemistry*, 2003, 5: 704～706.
[2] Yanqing Peng, Gonghua Song. *Green Chemistry*, 2001, 3: 302～304.

5.12 不对称合成
(实验 84～ 86)

不对称合成(asymmetric synthesis)，也称手性合成、立体选择性合成、对映选择性合成，是研究向反应物引入一个或多个具手性元素的化学反应的有机合成分支。J. D. Morrison、H. S. Mosher 在 *Asymmetric Organic Reactions* 一书中给出的定义为：一个不对称合成是这样的一个反应，在其中反应物分子整体中的一个对称的结构单位被一个试剂转化成一个不对称的单位，而产生不等量的立体异构体产物。这里强调了不对称合成的反应过程具有不对称性的特征。

碳的不对称化学是不对称合成中最具有典型意义、也是有机化学家研究最多的领域。通常在官能团(如羰基、烯胺、烯醇、亚胺、烯烃等)位点上的三面体碳转化为四面体碳时会产生不对称性，如不对称催化氢化、不对称醛醇反应、烯烃的不对称双羟基化反应、不对称环氧化反应等等。

自然界中的许多物质都是手性的：构成生命体系的生物大分子、生物体中催化反应的酶以及细胞受体表面都是手性的，外消旋药物的两个对映体在生物体内可能以不同途径被吸收、活化或降解，往往具有不同的活性，某些药物的一个对映体具有良好的药理活性，其另一对映体则无活性甚至具有毒性。因而手性合成在天然产物的合成、药物合成中具有最多的应用。

不对称合成一般是通过在手性化合物的手性基团的影响下，在底物中形成新的手性单元。按照手性基团的影响方式和合成方法的发展，可分为底物控制法、辅基控制法、试剂控制法和催化剂控制法。

不对称合成中生成的两个立体异构体如互为对映体，则以“对映体过量百分率”

(percent enantiomeric excess)表征不对称合成的效率：

$$\text{对映体过量百分率}(\%e.e.)=\frac{[R]-[S]}{[R]+[S]}\times 100\%=\%R-\%S$$

对映体过量的测定方法，以 HPLC、GC 使用手性吸附柱进行分析的方法应用最为广泛也最为可靠，其他方法包括 NMR 法、毛细管电泳法等，而旋光法因需要纯对映体的旋光数据、影响测量的因素众多且易引起显著误差的局限，现已很少使用。

【参考文献】

[1] 林国强，陈耀全，陈新滋，李月明. 手性合成——不对称反应及其应用. 北京：科学出版社，1999.

[2] 叶秀林. 立体化学. 北京：北京大学出版社，1999.

实验 84　(+)-(*S*)-3-羟基丁酸乙酯
[(+)-*S*-ethyl-3-hydroxybutate]

【反应式】

$CH_3COCH_2COOC_2H_5$ —(发面用）酵母→ (*S*)-$CH_3CH(OH)CH_2COOC_2H_5$

【主要试剂】

蔗糖 63.0 g，乙酰乙酸乙酯 5.00 g(38 mmol)，硅藻土，发面酵母。

【实验步骤】

在一个 500 mL 的三口瓶上安装一个计泡器、温度计和机械搅拌器，向烧瓶中加入 25 g 发面用的酵母和温热到 30 ℃的 38.0 g 蔗糖(未经精制的砂糖)溶在 200 mL 新鲜自来水的溶液，将此混合物在 25～30 ℃慢慢搅拌。1 h 后，把 2.50 g 乙酰乙酸乙酯(蒸馏，bp 74 ℃/1.87 kPa，n_D^{20} 1.4194)加到强烈搅拌的悬浮液(每秒放出 2 个气泡)中，剧烈振荡，在室温下慢慢地搅拌 1 天以后，把 25.0 g 新的蔗糖溶在 125 mL 自来水中的溶液温热到 40 ℃，加到三口瓶中。放置 1 h(每秒放出 2 个气泡)，加入 2.50 g 乙酰乙酸乙酯，再在室温慢慢搅拌 2 天。

向反应混合物中加入 10 g 硅藻土，用玻璃砂芯漏斗(G4，12 cm)过滤，水层用氯化钠饱和，用乙醚提取 3 次，每次 50 mL。如出现乳浊液，可加少量甲醇。分出有机层，用无水硫酸镁干燥。在 40 ℃减压蒸馏后，用 20 cm 长的 Vigreux 柱减压蒸馏残余物，得无色液体，约 3.00 g，产率 60%。bp 73～74 ℃/1.87 kPa，$[\alpha]_D^{20}=+38.6°$(c=1，氯仿)，n_D^{20} 1.4182。

IR(液膜)：$\tilde{\nu}$/ cm^{-1} = 3450(OH)，2985(CH)，1730(C=O)，1180(C—O)；^{1}H NMR ($CDCl_3$)：δ = 4.22(q，J = 6.5 Hz；1H，CH—O)，4.16(q，J = 7 Hz；2H，CH_2—O)，3.83 (s，1H，OH)，2.46(d，J = 6.5 Hz；2H，CH_2)，1.28(t，J = 7 Hz；3H，CH_3)，1.24(d，J = 6.5 Hz；3H，CH_3)。

【注意事项】

(1) 使用发面酵母使羰基被还原,生成光学活性的醇,这里只得到一种对映异构体。还原反应并不是完全对映选择性的:(*S*)-对映体 95%,(*R*)-对映体 5%,其原因是乙酰乙酸乙酯并不是天然的底物。

(2) (*S*)-对映体的纯化:把产物(混合物)用 3,5-二硝基苯甲酸酯进行结晶即可。

实验 85 脯氨酸催化的不对称羟醛缩合反应

(asymmetric aldol condensation catalyzed by L-proline)

具有 α-氢的醛或酮在酸碱的催化下,缩合形成 β-羟基醛或 β-羟基酮的反应称为羟醛缩合反应,是一类非常重要的碳碳键形成反应,反应过程中会新生成一个或者两个手性中心。不对称羟醛缩合反应方法学有很多,其中 List 等有机化学家研究的有机小分子催化的不对称羟醛缩合反应是条件温和的方法学。天然氨基酸类化合物是常用的催化剂,其中脯氨酸应用最广泛。DMSO 中脯氨酸催化的不对称羟醛缩合反应是 List 发现的经典的有机小分子不对称催化反应,采用 DMSO 这种非质子偶极溶剂能够有效地促进反应的进行。反应以中等产率 68%得到产物,*e. e.* 值为 76%。

脯氨酸催化的羟醛缩合反应的可能机理:

HN H HO O OH N H HO O $-H_2O$ N^+ H ^-O O N H HO O RCHO

R OH O HN H HO O R OH OH N^+ H H ^-O O $+H_2O$ R OH N^+ H ^-O O R O H N H O H O

1. 方法一[1]

【反应式】

O + H O NO_2 CO_2H N H 30 mol % DMSO O OH NO_2

68 % (76 % *e.e.*)

【主要试剂】

脯氨酸,对硝基苯甲醛,丙酮,DMSO,乙酸乙酯,无水硫酸钠。

【实验步骤】

将0.17 g(1.5 mmol)脯氨酸加入到30 mL DMSO/丙酮(4∶1,V/V)中,搅拌15 min。将0.75 g(5.0 mmol)对硝基苯甲醛加入上述溶液中,室温搅拌至反应完全(TLC监测,2～4 h)。在冰水浴冷却下加入20 mL饱和氯化铵溶液猝灭反应,水相用40 mL乙酸乙酯分两次萃取。合并有机相,饱和食盐水洗涤,有机相用无水硫酸钠干燥。过滤,旋转蒸发浓缩,残余物以硅胶柱层析分离,得(4R)-羟基-4-(4′-硝基苯基)-2-丁酮(白色或淡棕色针状晶体)。

2. 方法二[2]

【反应式】

L-proline(10 mol %)
acetone(4 eq.)
PEG, rt. 30 min

94 % (67 % *e.e.*)

【主要试剂】

脯氨酸,对硝基苯甲醛,丙酮,PEG-400,无水乙醚,无水硫酸钠。

【实验步骤】

在反应瓶中加入0.05 g(0.4 mmol)脯氨酸、10 mL PEG-400、1.20 g(20 mmol)丙酮,搅拌5 min,加入0.75 g(5.0 mmol)对硝基苯甲醛,氮气保护下反应(30 min ～ 2 h)。反应液中加入25 mL无水乙醚,搅拌5 min,分出乙醚相,再用30 mL乙醚提取两次,合并有机相。饱和食盐水洗涤,无水硫酸钠干燥,旋干有机相,残余物经硅胶柱层析分离,得(4R)-羟基-4-(4′-硝基苯基)-2-丁酮(白色或淡棕色针状晶体)。$[\alpha]_D^{25} = + 44.3°$(c 1.0,$CHCl_3$)。*e.e.* 67%(HPLC,chiralcel OB-H column,isopropyl alcohol / hexane 15∶85)。

^1H NMR(300 MHz,$CDCl_3$):δ=8.20(d,J =7.0 Hz,2H,Ar-H),7.52(d,J =7.0 Hz,2H,Ar-H),5.30～5.20(m,1H,CHOH),3.56(br s,1H,OH),2.85～2.80(m,2H,CH_2CO),2.21(s,3H,$COCH_3$)。

【参考文献】

[1] Benjamin List, Richard A Lerner, Carlos F Barbas III. *J Am Chem Soc*, 2000, 122: 2395～2396.

[2] Chandrasekhar S, et al. *Tetrahedron*, 2006, 62: 338～345.

实验86　手性酮催化的非官能化烯烃的不对称环氧化

(asymmetric epoxidation for trans-olefins mediated by a chiral ketone)

可以由Oxone(一种过氧硫酸氢钾制剂的商品名,组成为$2KHSO_5 \cdot KHSO_4 \cdot$

K_2SO_4)和酮原位产生的二氧杂环丙烷(dioxirane)是一种很好的氧化剂,它能快速地实现反应并且后处理简单。Shi 报道了基于利用从 D-果糖得到的酮进行二氧杂环丙烷参与的不对称环氧化反应,对于反式烯烃和三取代烯烃一般能得到高对映选择性。[1~2]

研究表明,手性酮参与的烯烃的不对称环氧化与 pH 关系密切。在低 pH 时,得到的对映选择性较低;在高 pH,由手性酮参与的环氧化反应压倒了外消旋环氧化,导致高对映选择性。

【反应式】

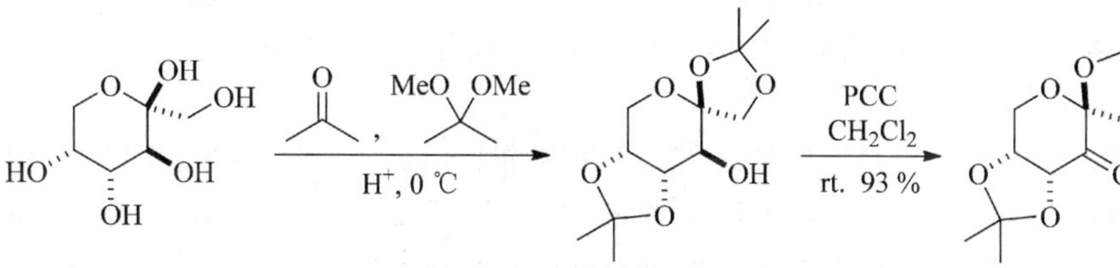

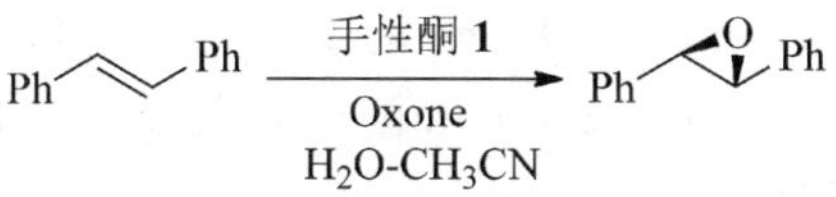

PCC, CH_2Cl_2, rt. 93 %; H$^+$, 0 ℃; 1

手性酮 1; Oxone; H_2O-CH_3CN

【主要试剂】

D-果糖,2,2-二甲氧基丙烷,Oxone,反-1,2-二苯乙烯,高氯酸,Na_2(EDTA),饱和食盐水,浓氨水,3A 分子筛,吡啶,三氧化铬,四丁基铵硫酸氢盐,碳酸氢钠,硅胶,三乙胺,氯仿,丙酮,石油醚,二氯甲烷,乙醚,乙腈,$Na_2B_4O_7 \cdot 10H_2O$。

【实验步骤】

(1) 氯铬酸吡啶盐 PCC

搅拌下,在 3.7 mL(22 mmol)6 mol·L^{-1}盐酸中迅速加入 2.0 g(20 mmol)三氧化铬,5 min 后,将均相溶液冷至 0 ℃,10 min 内小心地加入 1.58 g(20 mmol)吡啶,重新冷却至 0 ℃,生成黄橙色固体,用耐酸玻璃砂芯漏斗过滤。产物在真空下干燥 1 h,得到 3.6 g(84%),保存在保干器中备用。

(2) 手性酮 **1**

在 1.23 g(6.83 mmol)D-果糖、0.5 mL(4 mmol)2,2-二甲氧基丙烷、25 mL 丙酮的悬浮液中,冰水浴冷却下,加入 0.3 mL 高氯酸,0 ℃下搅拌 3 h,加入浓氨水调 pH 至 7~8,搅拌 5 min,减压蒸除溶剂,残余物以石油醚-二氯甲烷(4∶1,V/V)重结晶得到针状晶体醇 0.93 g,mp 117~118.5 ℃,$[\alpha]_D^{25}=-144.2°$(c 1.0,$CHCl_3$)。

上述醇 1.04 g(4 mmol)溶于 20 mL 二氯甲烷,加入 4.4 g 粉末状 3A 分子筛(180~200 ℃下真空活化),15 min 左右分次加入 2.33 g(10.8 mmol)PCC,搅拌反应 3 h,过滤,乙醚洗涤,浓缩滤液,经硅胶短柱层析纯化(石油醚-乙醚 1∶1,V/V),得到白色固体 0.96 g,经石油醚-二氯甲烷重结晶,得白色晶体,mp 101.5~103 ℃,$[\alpha]_D^{25}=-125.4°$(c 1.0,$CHCl_3$)。

(3)手性酮催化的不对称环氧化反应[3]

方法一 10 mL Na_2(EDTA)(1×10^{-4} mol·L^{-1})及催化量的四丁基铵硫酸氢盐于0 ℃(冰水浴)和剧烈搅拌下加入到反-1,2-二苯乙烯(0.18 g,1.0 mmol)在15 mL乙腈的溶液中。将3.07 g(5.0 mmol)的Oxone及1.30 g(15.5 mmol)的碳酸氢钠混合并磨成粉状,加入少量此混合物使反应液pH > 7,5 min后,将0.77 g(3.0 mmol)的手性酮**1**在1 h左右分次加入反应液中,同时将剩余的Oxone与碳酸氢钠的混合物分次加入。手性酮加毕,反应液于0 ℃搅拌1 h,用30 mL水稀释,石油醚萃取(4 × 40 mL),合并萃取液,饱和食盐水洗涤,无水硫酸钠干燥,过滤,浓缩,硅胶闪柱纯化(硅胶用1%三乙胺石油醚溶液缓冲处理,石油醚-乙醚1∶0~50∶1 *V/V* 洗脱),得(*R*,*R*)-反-1,2-二苯乙烯氧化物0.15 g,95% *e.e.* 。

方法二 100 mL三口瓶中加入10 mL缓冲液[0.05 mol·L^{-1} $Na_2B_4O_7 \cdot 10H_2O$溶于Na_2(EDTA)(4×10^{-4} mol·L^{-1})溶液中]、15 mL乙腈、反式二苯乙烯0.18 g(1.0 mmol)、四丁基硫酸氢铵0.015 g(0.04 mmol)、手性酮**1** 0.077 g(0.30 mmol)。混合液以冰水浴冷却,将0.85 g(1.4 mmol)Oxone溶于6.5 mL Na_2(EDTA)(4×10^{-4} mol·L^{-1})的溶液及碳酸钾溶液(0.8 g,5.8 mmol溶于6.5 mL)分别、同时于90 min左右均匀滴加入反应液中(此操作条件下pH≈10.5),加毕,加入30 mL水,石油醚萃取(3 × 30 mL),饱和食盐水洗涤,无水硫酸钠干燥,过滤,浓缩,硅胶闪柱纯化(硅胶用1%三乙胺石油醚溶液缓冲处理,石油醚-乙醚1∶0~50∶1 *V/V* 洗脱),得(*R*,*R*)-反-1,2-二苯乙烯氧化物0.15 g,97% *e.e.* 。

(*R*,*R*)-反-1,2-二苯乙烯氧化物[4]:白色结晶,mp 68~69 ℃,$[\alpha]_D^{25}$ = + 361°(c 2.05,苯)。

【思考题】

(1) 为得到高 *e.e.* 值的环氧化物,操作中需要注意哪些问题?

(2) 环氧化产物在用硅胶柱纯化时,为何先用1%三乙胺石油醚溶液处理?

(3) 为什么反应中催化剂的用量比一般催化反应用量要大得多?

【参考文献】

[1]Tu Y, Wang Z-X, Shi Y. *J Am Chem Soc*, 1996, 118: 9806.

[2]Tu Y, Wang Z-X, Shi Y. *J Org Chem*, 1998, 63: 8475.

[3]Zhi-Xian Wang, Yong Tu, Michael Frohn, Jian-Rong Zhang, and Yian Shi. *J Am Chem Soc*, 1997, 119: 11224~11235.

[4]Chang H-T, Sharpless K B. *J Org Chem*, 1996, 61: 6456~6457.

5.12 天然产物的提取及制备
(实验87~96)

天然产物是研究动植物及微生物代谢产物化学成分的学科,研究范围甚至包括人与动物体内许多内源性成分。天然产物化学在研究天然产物的分子结构和人工合成过程中发现和发展了许多新的化学反应、新的方法、新的化学试剂，是有机化学重要的组成部分。

相当多的天然产物具有各种各样的生理活性，人类用于治疗疾病的药物很多都来源于天然产物。天然产物中的活性物质结构新颖，疗效显著，副作用小，是新药设计的结构模型，如抗癌药物紫杉醇、喜树碱，抗疟药物青蒿素、奎宁类生物碱，止痛药吗啡类生物碱，治疗高血压药物利血平，保肝药物水飞蓟素等等。

天然产物的研究包括天然产物的提取分离、结构鉴定、全合成以及活性和构效关系研究等方面。生物体中很多具有活性作用的是其中的微量成分，随着分离分析技术的发展，现在已经能够有效地分离得到包括水溶性微量成分在内的各种微量活性成分，而各种结构研究方法的发展和完善，也使得微量物质的结构鉴定成为现实。天然产物中的巨型分子沙海葵毒素，相对分子质量高达 2678.6，通过波谱分析结合化学方法，也已在较短时间内完成了结构鉴定和全合成。天然产物的研究不仅与人们的日常生活相关，其大量的研究成果也广泛地应用于农业和工业生产，如除虫菊酯类农药在农业中的应用、昆虫保幼激素在养蚕业中的应用等等。

从茶叶中提取咖啡因，由麻黄草中分离提取麻黄素等实验均为天然产物的提取和分离的实例。褪黑激素、托品酮等的合成是很有特色的天然产物合成的实例。

实验 87 从茶叶中提取咖啡因(extraction of caffeine from tea)

咖啡因是属于杂环化合物嘌呤的衍生物，其化学名称为 1,3,7-三甲基-2,6-二氧嘌呤，结构式如下：

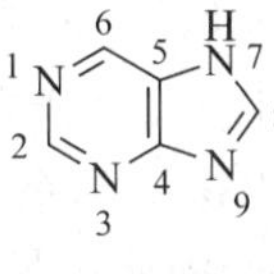

嘌呤 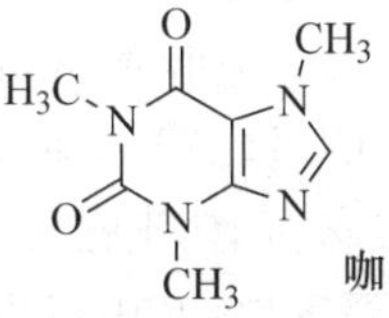　　咖啡因

它在茶叶中约占 1%～5%，茶叶中还含有丹宁酸(鞣酸)、色素、纤维素、蛋白质等。咖啡因易溶于氯仿、水、乙醇等，丹宁酸易溶于水和乙醇。含有结晶水的咖啡因为无色针状结晶，在 100 ℃时失去结晶水并开始升华，在 178 ℃时升华很快，无水咖啡因的熔点为 234.5 ℃。咖啡因具有刺激心脏、兴奋大脑神经和利尿作用，因此可以用做中枢神经兴奋剂。

【主要试剂】

茶叶 8.0 g，95%乙醇，生石灰。

【实验步骤】

取 8.0 g 茶叶放入索氏提取器的纸筒中，在纸筒中加入 30 mL 乙醇，在圆底烧瓶中加入50 mL 乙醇，水浴加热，回流提取，直到提取液颜色较浅时为止，约用 2.5 h，待冷凝液刚刚虹吸下去时停止加热。然后把提取液转移到 100 mL 蒸馏瓶中，进行蒸馏，待蒸出 60～70 mL 乙醇时(瓶内剩余约 5 mL)，停止蒸馏，把残余液趁热倒入盛有 3～4 g 生石灰的蒸发皿中(可用少量蒸出的乙醇洗蒸馏瓶,洗涤液一并倒入蒸发皿中)。

搅拌成糊状,然后放在蒸气浴上蒸干成粉状(不断搅拌,压碎块状物,注意防止着火!)。擦去蒸发皿前沿上的粉末(以防止升华时污染产品),蒸发皿上盖一张刺有许多小孔的滤纸(孔刺向上),再在滤纸上罩一玻璃漏斗,加热升华,控制温度在220 ℃左右。如果温度太高,会使产物冒烟炭化。当滤纸上出现白色针状结晶时,小心取出滤纸,将附在上面的咖啡因刮下。如果残渣仍为绿色可再次升华,直到变为棕色为止。合并几次升华的咖啡因,测其熔点(因熔点较高,可做成其衍生物检验)。

【注意事项】

(1) 回流提取时,应控制好加热的速率。

(2) 升华操作在此实验中为最关键的一步,注意控制温度:温度高,产物炭化;温度低,产品又不能升华。

(3) 升华用的蒸发皿容积不要太大。

【思考题】

在实验中用到生石灰,起什么作用?

实验88 从麻黄草中提取麻黄碱

(extraction of ephedrine from ephedra equisetina)

麻黄为麻黄科植物麻黄草(*Ephedrasinica stapf*)或木贼麻黄(山麻黄)(*Ephedraequi setina Bunge*)的干燥草质茎,是一种常用中草药,苦涩,具有发汗解表、止咳平喘、消水肿的能力。同时也是提取麻黄生物碱的主要原料。中药麻黄约含有1%~2%的生物碱,其中主要是D-(−)-麻黄碱(占全碱重的80%左右)和L-(+)-假麻黄碱。它们都具有相同的分子式 $C_{10}H_{15}NO$,而天然产物中L-(+)-假麻黄碱却含量很少。L-(+)-麻黄碱和D-(−)-假麻黄碱则是人工合成的产物。麻黄主要产于我国山西、河南、河北、内蒙古、甘肃及新疆等地,其中以山西大同出产的质量最好。

天然产物中提取出来的麻黄碱是其四种异构体中的两个:

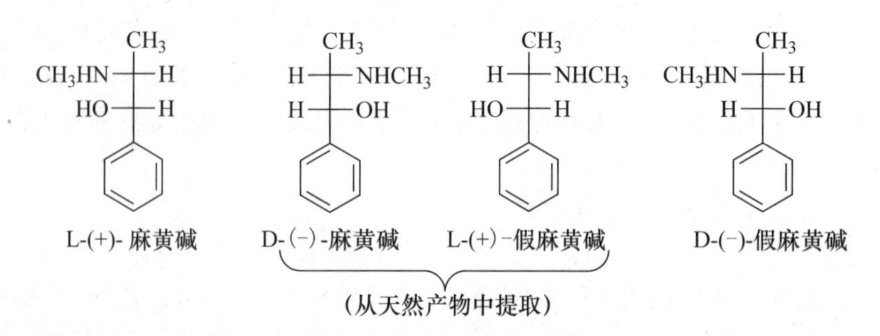

一般情况下,是把提取得到的D-(−)-麻黄碱做成盐保存。D-(−)-麻黄碱性味微苦,是中草药麻黄的有效成分。其盐酸盐为斜方针状结晶,mp 216~220 ℃。在水中的比

旋光度$[\alpha]_D^{25} = -33°$。

【主要试剂】

麻黄草 25.0 g,0.1%盐酸,乙醚,粒状氢氧化钠,丙酮或氯仿,氯化氢的无水乙醚饱和溶液,生石灰。

【实验步骤】

(1) 溶剂提取法

在 500 mL 的烧杯中加入麻黄草 25.0 g,然后用 200 mL 0.1%～0.5%稀盐酸溶液浸泡一昼夜以上。刚浸泡的麻黄草溶液 pH=1,浸泡一昼夜以上为 pH 4～5,溶液呈橘黄色。滤去麻黄草及其残渣,并收集浸取液。浸取液用碳酸钠调节溶液酸度至 pH 5.5～6。再把浸取液减压浓缩至原体积的 1/3 左右。浓缩液用碳酸钠中和至 pH 10,这时浓缩液有浅橘黄色絮状沉淀析出,过滤,澄清的浸取液用氯化钠进行饱和。用 40 mL 乙醚分 3 次提取用氯化钠饱和过的浸取液,合并乙醚提取液。乙醚提取液为无色透明液体,其 pH 8～9。最后用粒状氢氧化钠干燥。滤去干燥剂,在常压下蒸去乙醚,残余物为橘红色油状物。在残余物中加入 2～5 mL 饱和的氯化氢无水乙醇溶液,即有大量斜方针状结晶析出。待结晶完全析出后,过滤,用 10 mL 氯仿或丙酮分 3 次进行洗涤,以除去混杂在产品中的 L-(+)-假麻黄碱。产品进行干燥,挑选其斜方针状结晶,测其熔点(mp 218～221 ℃)。然后把干燥好的产品放于真空保干器内保存,产品可用无水乙醇重结晶。

(2) 水蒸气蒸馏法

将 25.0 g 麻黄草用 200 mL 0.1%的稀盐酸溶液浸泡一昼夜以上,然后滤去麻黄草及残渣,得到浸泡过的浸取液。将浸取液浓缩至一定体积后,加入石灰使呈碱性,再用食盐饱和后进行水蒸气蒸馏,收集蒸出液。在蒸出液中加入草酸使呈酸性,D-(−)-麻黄碱草酸盐即沉淀析出。过滤收集沉淀,母液待处理。将沉淀放入小烧杯中,加入饱和的氯化钙水溶液进行复分解反应,D-(−)-麻黄碱草酸盐就变成 D-(−)-麻黄碱盐酸盐而溶解。滤去析出的草酸钙沉淀。然后把滤液浓缩到一定体积后,加入活性炭进行脱色,煮 10 min 左右,趁热滤去活性炭。将滤液进行冷却,D-(−)-麻黄碱盐酸盐结晶即行析出。将过滤 D-(−)-麻黄碱草酸盐沉淀后的草酸母液,按类似的方法处理就可以得到 L-(+)-假麻黄碱的盐酸盐结晶。

实验 89 黄酮(flavone)

【反应式】

OH $\xrightarrow{H_2SO_4}$ 1 O 2 3 O

【主要试剂】

1-苯基-3-(2-羟基苯基)-1,3-丙二酮 0.50 g(2.1 mmol),浓硫酸。

【实验步骤】

在 10 mL 的圆底烧瓶中加 3.0 mL 冰乙酸、0.50 g 1-苯基-3-(2-羟基苯基)-1,3-丙二酮,再滴加 3 滴浓硫酸,加热回流 1 h,反应物由黄色渐渐褪色变为米色。让反应物自然冷却至室温,将其倒入 15 g 冰中,放置 30 min。过滤,用 30 mL 水洗涤固体至不再显酸性。用丙酮重结晶,得到白色长针状晶体,约 0.25 g,产率 55%,mp 96~97 ℃。

IR(KBr):$\tilde{\nu}/cm^{-1}$ = 1650(C=O),1605,1380。

实验 90 黄烷酮(flavanone)

【反应式】

OH O ⇌ 1 O 2 3 4 O 5 6 7 8 1' 2' 3' 4' 5' 6'

【主要试剂】

2-羟基查尔酮 1.00 g(4.5 mmol),醋酸钠 1.50 g(20 mmol),乙醇。

【实验步骤】

在 50 mL 圆底烧瓶中加入 1.00 g 2-羟基查尔酮及 1.50 g 醋酸钠,再加入 20 mL 乙醇和 20 mL 水,加热回流 3.5 h。冷却,在烧瓶底部即析出黄色固体(主要是查尔酮),在此黄色固体上部有白色絮状固体。将白色絮状物分离出,减压过滤,以石油醚(30~60 ℃)重结晶,即获得少量黄烷酮的针状结晶,约 0.10 g,产率 10%,mp 76~77 ℃。

可将产物溶于乙酸乙酯中作 TLC 检测,与已知物对照。

IR(KBr):$\tilde{\nu}/cm^{-1}$=1690,1610,1468,1310,765;^{1}H NMR($CDCl_3$):δ=7~8(m,9H,Ar-H),5.45(q,1H,2-H),3.01(m,2H,3-H)。

【注意事项】

2-羟基查尔酮与黄烷酮为互变异构体。在酸或碱的催化作用下,它们可以互变异构。本实验采用醋酸钠作催化剂,制备少量的黄烷酮。

实验 91 托品酮及卓可卡因(tropinone and tropacocaine)

托品酮 **2**(又称颠茄酮、莨菪酮)是从茄科植物颠茄(*Atropa belladonna* L.)等分离得到的生物碱,是托烷类生物碱重要的母体化合物。托烷类生物碱多具有明显的生物活性和重要的药用价值,其化学合成因而备受重视。托品酮的合成是有机合成史上的重要事件。1902 年，德国化学家 Willstatter 从环庚酮出发，经卤化、氨解、甲基化、消除等十几步反应成功合成了托品酮[1]。1917 年，英国著名有机化学家 R. Robinson(1947 年诺贝尔化学奖获得者)从生源学说出发，模拟自然界植物体合成莨菪碱的过程，以丁二醛、甲胺、丙酮二羧酸为原料，经曼尼希反应，巧妙地一步缩合成环。反应在缓冲水溶液中进行，采用的反应温度及溶液 pH 均接近天然条件，经改进后总收率达 90%，这一反应被命名为 Robinson 托品酮合成法(又称 Robinson-Schopf 反应)[2,3]。R. Robinson 的托品酮合成是天然产物生源合成迄今最著名和最为成功的实例。有机化学家在近年来也陆续发展了一些其他合成托品酮的方法[4,5]，但总体上仍以 Robinson 托品酮合成法为佳。1997 年 John M. McGill 等报道了对 Robinson 托品酮合成方法的改进，使用 2,5-二甲氧基四氢呋喃水解原位生成丁二醛，在缓冲体系中控制进行反应，使得反应的稳定性大为改善，更适于托品酮的规模性合成制备[6]。

HOOC COOH HO COOH —fuming H_2SO_4→ HOOC COOH O
1 Acetonedicarboxylic acid

MeO OMe —HCl⇌ [O H H O] —HOOC COOH O / $MeNH_2$→ H_3C-N … O **2 Tropinone**

$NaBH_4$

3 Pseudotropine + **3′ Tropine** —C_6H_5COCl / NEt_3→ **4 Tropacocaine** + **4′**

本实验基于上述工作，参考相关文献，由柠檬酸制备 1,3-丙酮二羧酸 **1**，继而按照 John M. McGill 等的改进方法合成托品酮 **2**，经硼氢化钠还原得到托品醇(假托品 **3** 和托品 **3′**的混合物，羟基分别为 β 和 α 构型)，再与苯甲酰氯进行酯化反应制得卓柯卡因 **4** (tropacocaine，3β-benzoyloxytropane)。卓柯卡因是从爪哇产的古柯叶中分离得到的托烷类生物碱[7]。

【主要试剂】

柠檬酸，20%发烟硫酸，2,5-二甲氧基四氢呋喃，33%甲胺水溶液(或甲胺盐酸盐)，$NaBH_4$，苯甲酰氯，三乙胺，乙酸乙酯，无水乙醇，甲苯，二氯甲烷，石油醚，碱性 Al_2O_3，无水乙酸钠，氢氧化钠，盐酸，硅胶 H，无水硫酸钠，无水硫酸镁。

【实验步骤】

(1) 1,3-丙酮二羧酸的制备[8]

在400 mL烧杯中加入45 mL 20%发烟硫酸,用冰盐浴充分冷却至−5 ℃以下,搅拌下缓慢加入21.0 g(109 mmol)研碎的柠檬酸。缓慢升温使反应混合物升温到30 ℃左右,并保持到不再有泡沫发生为止。冰盐浴冷至0 ℃以下,将72 g碎冰分成小部分加入到混合物中。加冰完毕后重新冷却至0 ℃,用玻璃砂芯漏斗迅速抽滤,经乙酸乙酯充分洗涤、抽干后得到白色疏松固体。

(2) 托品酮的制备[6]

在4.86 g(36.8 mmol)2,5-二甲氧基四氢呋喃的20 mL水溶液中加入0.6 mL浓盐酸,于70～75 ℃加热30 min,所得溶液冷至室温备用。

在100 mL三口瓶中加入11.7 g乙酸钠、30 mL去离子水、3.75 g 33%甲胺水溶液,5.70 g(39 mmol)丙酮二羧酸,冰水浴冷至10 ℃,调节pH至5.1,慢慢滴加前述备用的丁二醛溶液。撤去冰水浴,约10 min升温到40 ℃并恒温反应1 h。冷却至20 ℃,加入6 mol·L^{-1} NaOH使溶液pH约为10,加入9.2 g NaCl。CH_2Cl_2萃取反应液,合并有机相,无水硫酸钠干燥,旋蒸除去溶剂。

残余物以碱性氧化铝柱层析纯化,石油醚∶乙酸乙酯梯度洗脱。薄板检测收集洗脱液,旋蒸除去溶剂,冷冻得近白色或淡黄色托品酮结晶。

^{1}H NMR($CDCl_3$):δ=3.43～3.47(m,2H),2.66(m,2H),2.50(s,3H),2.05～2.29(m,4H),1.62(m,2H);^{13}C NMR($CDCl_3$):δ=209.67,60.67,47.50,38.27,27.67。

(3) 托品醇的制备

将托品酮2.4 g(17 mmol)溶于25 mL乙醇中,搅拌下加入1.9 g $NaBH_4$,室温或40～60 ℃下反应至还原完全。加入适量水,旋蒸除去乙醇。用CH_2Cl_2萃取水相,无水Na_2SO_4干燥萃取液,旋蒸除去溶剂。残余物以碱性氧化铝柱层析纯化,乙酸乙酯洗脱,薄板检测收集洗脱液,旋干后冷冻得近白色或微黄色托品醇(两种异构体的混合物)晶体。

(4) 卓柯卡因的制备

将1.06 g(7.5 mmol)托品醇溶于20 mL甲苯,再加入1.03 g三乙胺、1.14 g苯甲酰氯,搅拌下回流。薄板监测至反应完全。冰水浴冷却,搅拌下慢慢滴加6 mol·L^{-1} NaOH溶液至体系呈弱碱性。分出有机相,水相用乙酸乙酯萃取。合并有机相,无水硫酸镁干燥。减压旋蒸除去有机溶剂,残余物以硅胶柱层析纯化,洗脱剂石油醚∶乙酸乙酯∶三乙胺=10∶10∶1。薄板检测,减压旋蒸除去溶剂,冷冻后得到近白色至淡黄色卓柯卡因结晶,熔点52 ℃。

^{1}H NMR($CDCl_3$):δ=7.93(m,2H),7.30～7.52(m,3H),5.17(m,1H),3.18(br s,2H),2.28(s,3H),1.6～2.1(m,8H)。[9]

【注意事项】

(1) 1,3-丙酮二羧酸制备中释放大量一氧化碳,反应必须在通风橱中进行。

(2) 1,3-丙酮二羧酸在室温下很容易分解,应密封低温保存。

(3) 托品酮、托品醇在空气中室温下均易变质,宜密封低温保存。

(4) 托品酮合成反应中 pH 的精密控制十分重要,反应最好用 pH 计监控,精密 pH 试纸稍差。

【分析讨论】

(1) 托品酮及托品醇中的杂质对后续反应的影响:合成得到的粗品颜色较深,薄板检测仅含少量其他杂质。柱层析纯化对产率影响较为明显,但学生实验结果表明柱层析纯化是必要的:(i)层析纯化所得产物经冷冻后均可结晶,未经层析纯化则否;(ii)直接用未经层析纯化产物进行后续反应,产物不易纯化且收率明显降低。

(2) 柱层析纯化条件的选择:托品酮、托品醇分子中存在氨基,不适合进行硅胶柱层析分离纯化,以碱性氧化铝柱层析可以得到较好结果,托品醇洗脱过程较长,但增大洗脱剂极性会明显影响纯度。同样由于氨基的影响,硅胶柱层析纯化卓柯卡因时洗脱剂中需加入适量三乙胺。

(3) 托品醇、伪托品醇的分离:二者采用柱层析分离较为困难,继续反应生成苯甲酸酯后较易分离。作为中间产物,本实验可以只纯化得到二者的混合物。

【思考题】

(1) 查阅文献了解托品酮合成进展,并与本实验建议的合成方法进行比较。

(2) 比较柠檬酸脱水生成乌头酸与本实验中由柠檬酸生成 1,3-丙酮二羧酸两个反应的差异。

(3) 查阅有关托品酮还原反应的文献,分析以不同比例选择性生成 α、β 型产物的原因。

(4) 写出 Robinson-Schopf 环合反应的机理。

(5) 本实验制备 1,3-丙酮二羧酸使用了 20%发烟硫酸,如使用 50%发烟硫酸是否可行?请查阅有关数据进行分析。

【参考文献】

[1] Willstatter R. *Justus Liebigs Annalen der Chemie*, 1903, 326: 23~42.

[2] Robinson R. *J Chem Soc*, 1917, 762~768.

[3] Schopf C. *Angew Chem*, 1937, 50: 779~790.

[4] Koichi Mikami, Hirofumi Ohmura. *Chem Commun*, 2002, 22: 2626~2627.

[5] Nicolaou K C, Montagnon T, Baran P S, et al. *J Am Chem Soc*, 2002, 124: 2245~2258.

[6] Burks J E, Espinosa L, LaBell E S, et al. *Org Process Res Dev*, 1997, 1: 198~210.

[7] *The Merck Index*. 13th ed. 2001: 1740.
[8] Adams R, Gilman H. *Organic Syntheses*, Coll Ⅰ:10; 1925, 5: 5.
[9] Maksay G, Nemes P, Bro T. *J Med Chem*, 2004, 47: 6384～6391.

实验92 褪黑激素(melatonin)

褪黑激素(*N*-乙酰-5-甲氧基色胺,melatonin)是一种神经系统激素,它具有广泛的生理活性。最早由耶鲁大学的学者Aaron Lerner等人在1958年从松果腺中分离得到,因而又称松果腺素。研究资料表明,褪黑激素参与对动物换毛、生殖及其他生物节律和免疫活动的调节,具有镇静、镇痛的作用,在医药、化妆品工业、畜牧业及野生动物养殖业等方面具有商业应用前景。

褪黑激素的合成引起了很多有机合成化学家的兴趣,发展了多条合成路线。早期的合成方法是从3,5-二取代的吲哚出发进行的结构修饰,之后出现的一些以简单的取代苯化合物出发的合成,才是真正意义上的全合成。其中,Franco等人的路线最为引人入胜。Franco等利用Japp-Klingemann反应和Fischer吲哚合成反应巧妙地设计了一条从简单易得的廉价原料制备褪黑激素的路线。这条合成路线以邻苯二甲酰亚胺钾、1,3-二溴丙烷、对甲氧基苯胺为主要原料,经5步反应合成了褪黑激素,每步产率都较高,且纯化方法多为重结晶,适于工业生产,是褪黑激素合成研究中的重要发现:以邻苯二甲酰亚胺钾与1,3-二溴丙烷反应得到*N*-(3-溴丙基)-邻苯二甲酰亚胺,在碱存在下与乙酰乙酸乙酯反应得到2-乙酰基-5-邻苯二甲酰亚氨基戊酸乙酯,与对甲氧基苯胺重氮盐偶联后环化,得到2-羧乙基-3-(2-邻苯二甲酰亚氨基)-5-甲氧基吲哚,再经氢氧化钠皂化水解、脱羧后,得到5-甲氧基色胺,经乙酰化后得到褪黑激素。

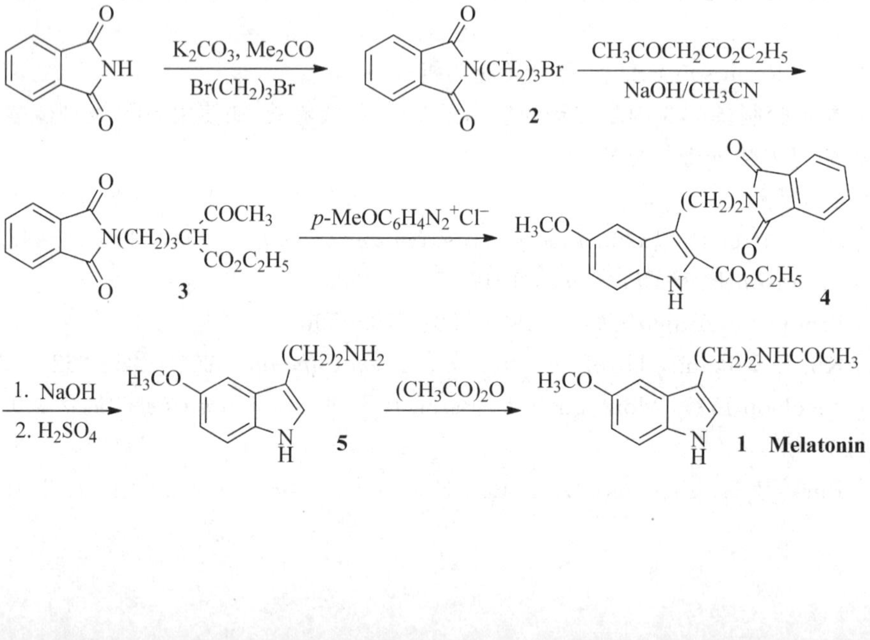

【主要试剂】

邻苯二甲酰亚胺，1，3-二溴丙烷，乙酰乙酸乙酯，无水乙酸钠，4-甲氧基苯胺，20% HCl-EtOH 溶液，氢氧化钠，氢氧化钾，无水乙醇，丙酮，无水乙醚，二氯甲烷，甲醇，无水硫酸钠，无水氯化钙，浓盐酸，硫酸，亚硝酸钠。

【实验步骤】

(1) *N*-(3-溴丙基)-邻苯二甲酰亚胺(**2**)

将 4.4 g(30 mmol)邻苯二甲酰亚胺、6.7 g(33 mmol)1，3-二溴丙烷以及 12.4 g(90 mmol)碳酸钾加入 100 mL 圆底烧瓶中，加入 30 mL 丙酮，搅拌回流 2 h，TLC 检测原料基本转化完全。产物经硅胶短柱层析，洗脱液经旋蒸除去溶剂，得白色固体。抽滤，固体重结晶或柱层析纯化，得白色晶体，产率 70%～80%。mp 72～75 ℃(EtOH)。

^{1}H NMR($CDCl_3$)：δ＝7.80～7.90(m，2H)，7.75(m，2H)，3.85(t，2H)，3.45(t，2H)，2.30(m，2H)。

(2) 2-乙酰基-5-邻苯二甲酰亚氨基戊酸乙酯(**3**)

100 mL 圆底烧瓶中加入 2.68 g(10 mmol) *N*-(3-溴丙基)-邻苯二甲酰亚胺，3.90 g (30 mmol)乙酰乙酸乙酯，0.60 g(15 mmol) NaOH，0.35 g(2.3 mmol) NaI，25 mL CH_3CN，搅拌回流，TLC 监测至反应完全(约反应 1 h)。产物经硅胶柱层析分离，得到白色固体，产率约 70%。mp 56～58 ℃。

IR：$\tilde{\nu}/cm^{-1}$＝1739，1713，1401，1244，1192，1145，1043，725；^{1}H NMR($CDCl_3$)：δ＝7.75(m，4H)，4.15(q，2H)，3.7(t，2H)，3.5(t，1H)，2.25(s，3H)，1.5～2.0(m，4H)，1.25(t，3H)。

(3) 2-羧乙基-3-(2-邻苯二甲酰亚氨基乙基)-5-甲氧基吲哚(**4**)

对甲氧基苯胺重氮盐 在锥形瓶中加入 1.31 g(10.6 mmol)对甲氧基苯胺、6.1 mL H_2O、4.1 mL 浓盐酸，加热溶解成均相后用冰盐浴冷却，保持温度低于－3 ℃，搅拌下滴加 2 mL 含 0.80 g(12 mmol) $NaNO_2$ 的水溶液。室温放置 30 min，得到棕红色重氮盐溶液。

Japp-Klingemann 反应 在圆底烧瓶中加入 3.1 g(9.8 mmol)2-乙酰基-5-邻苯二甲酰亚氨基戊酸乙酯、3.9 g(48 mmol)NaOAc、35 mL EtOH，加热溶解后在搅拌下于冰浴中冷却。搅拌中滴加上述棕红色重氮盐溶液，冰浴下搅拌 1 h。室温下继续搅拌 3 h。将反应液倒入 100 mL 水中，用 150 mL CH_2Cl_2 萃取 3 次，合并有机相，水洗两次，无水硫酸钠干燥，旋蒸除去 CH_2Cl_2，得棕色粘稠状液体。

Fischer 吲哚合成 向所得液体中加入 5 mL 无水乙醇，混匀，搅拌下缓慢滴加 10 mL 20% HCl-EtOH 溶液，滴加完成后，回流反应 2 h。冰水浴冷却，过滤析出的固体，分别用甲醇、水、甲醇洗涤固体，得到约 3 g 浅褐色粉末状固体，无需进一步纯化，可直接用于下步反应。

IR：$\tilde{\nu}/cm^{-1}$＝3324，1772，1719，1683，1393，1261，1219，1017，716；^{1}H NMR(DMSO ＋$CDCl_3$)：δ＝11.3(br s，1H)，7.8(m，4H)，7.3(d，1H)，7.0(s，1H)，6.8(d，1H)，4.3

(q,2H),3.9(t,2H),3.8(s,3H),3.7(t,2H),1.4(t,3H)。

(4) 5-甲氧基色胺(**5**)

在圆底烧瓶中加入2.95 g(7.5 mmol)化合物**4**,加入14 mL 12% NaOH溶液,加热回流2 h,得黄色澄清溶液。稍冷后搅拌下慢慢加入38 mL 20%硫酸,回流5 h,冰浴冷却,过滤,滤液用二氯甲烷萃取除去可溶性杂质。水溶液以冰浴冷却,搅拌下慢慢滴加30% NaOH至pH=9～10,二氯甲烷萃取,有机相水洗后用无水硫酸钠干燥,旋蒸除去二氯甲烷,得黄色固体,产率60%～70%。mp 116～119 ℃。

IR: $\tilde{\nu}/cm^{-1}$=3349,3197,1662,1499,1215,1110,1024,808,776;^1H NMR($CDCl_3$): δ=9.2(br s,1H),7.25(m,1H),7.0(m,2H),6.8(m,1H),3.8(s,3H),2.8～3.1(m,4H),2.5(br s,2H)。

(5) 褪黑激素 Melatonin(**1**)

5-甲氧基色胺0.90 g(4.7 mmol)溶于10 mL二氯甲烷,滴加2.1 mL(15 mmol) Et_3N及1.0 mL(10 mmol)乙酸酐,室温搅拌。TLC监测至反应完全。加入10 mL水,分液,水相用二氯甲烷萃取两次,合并有机相,水洗,无水硫酸钠干燥,旋蒸除去溶剂,DCM∶MeOH=20∶1柱层析,得褪黑激素黄色固体,产率80%。mp 116～117 ℃。

IR: $\tilde{\nu}/cm^{-1}$=3304,1629,1586,1555,1489,1212,1176,1041;^1H NMR($CDCl_3$): δ=8.1(br s,1H),7.3(d,1H),7.05(br s,2H),6.9(d,1H),5.6(br s,1H),3.9(s,3H),3.6(m,2H),2.95(t,2H),1.95(s,3H)。

【讨论分析】

(1) *N*-(3-溴丙基)邻苯二甲酰亚胺的合成

最初依据的文献为采用邻苯二甲酰亚胺钾与大大过量的1,3-二溴丙烷反应,存在的问题,一是多出一步邻苯二甲酰亚胺钾的制备(由邻苯二甲酰亚胺与氢氧化钾在无水乙醇中反应);二是反应时间较长;三是会生成二取代产物,同时1,3-二溴丙烷用量很大(价格较高,而回收之后的试剂学生往往不愿意使用)。因此几点原因,更倾向于探索以邻苯二甲酰亚胺在碳酸钾存在下与1,3-二溴丙烷反应的方法,主要探讨了反应溶剂(丙酮、DMF等)、反应温度及1,3-二溴丙烷当量对反应时间及产率的影响,目前较为理想的反应条件如实验步骤中所示。

(2) 2-乙酰基-5-邻苯二甲酰亚氨基戊酸乙酯的合成

文献方法最初为以乙醇钠为碱在无水乙醇中反应,其问题一是时间较长(4 h左右);二是需要使用金属钠,反应中会有氧代产物等等。经过探索碱(碳酸钾、碳酸钠、叔丁醇钾、氢氧化钠、氢氧化钾、氢氧化锂等)、溶剂(丙酮、甲醇、乙醇、二氧六环、四氢呋喃、乙腈、DMF、甲苯等)、温度(60～100 ℃)等不同组合,以及碱、乙酰乙酸乙酯当量对反应时间、产率、副反应控制、产物纯化过程的影响,目前较为理想的条件为氢氧化钠-乙腈体系。

(3) 2-羧乙基-3-(2-邻苯二甲酰亚氨基乙基)-5-甲氧基吲哚的合成

利用Japp-Klingemann反应和Fischer吲哚合成法联用构建褪黑激素的吲哚环是本

实验所选的合成路线的精华所在，反应条件非常成熟，基本可以得到较好的实验结果，而产品可直接用于后面的水解脱羧，不需要进行特别的纯化。文献中一般使用 10% HCl-乙醇溶液进行关环反应，本实验中采用的 20% HCl-乙醇溶液具有更好的效果。

【参考文献】

[1] (a) Aaron B Lerner, James D Case, Yoshiyata Takahashi, et al. *J Am Chem Soc*, 1958, 80: 2587; (b) Aaron B Lerner, James D Case, Richard V Heinzelman. *J Am Chem Soc*, 1959, 81: 6084～6085.

[2] Michael E Flaugh, Thomas A Crowell, James A Clemens, et al. *J Med Chem*, 1979, 22: 63～69.

[3] Szmuszkovicz J, Anthony W, Heinzelman R. *J Org Chem*, 1960, 25: 857～859.

[4] Franco F, et al. *Eur Pat Appl*, EP 330625, 1989.

[5] Prabhakar C, Vasanth K N, Ravikanth R M, et al. *Org Process Res Dev*, 1999, 3: 155～160.

[6] 王家旺，张慧. 精细化工，1999，2：16.

实验 93 色胺酮(tryptanthrin)

色胺酮天然存在于马蓝[*Strobilanthes cusia* (*Nees*) *Kuntze*]、蓼蓝(*Polygonum tinctorium Ait.*)、菘蓝(根入药称板蓝根)(*Isatis indigotica Fortune*)等产蓝植物中[1~2]，从微生物中也可获得。色胺酮具有良好的抗癌、抗菌(细菌和真菌)、抗炎及抗疟疾等多种生物活性[1~3]。吲哚醌和靛红酸酐进行反应是合成色胺酮及其衍生物的基本方法，反应条件温和、产率高。吲哚醌与邻氨基苯甲酸、邻氨基苯甲酸甲酯、邻硝基苯甲酰氯等进行反应也可合成色胺酮类化合物。以吲哚酮作起始原料的合成路线较为繁琐，但原料易得、产率较高。

吲哚醌的主要合成方法如下图所示，均以苯胺为起始原料。其中苯胺与水合三氯乙

$ClCOOC(CH_3)_3$

$Cl_3CCHO \cdot H_2O$ / NH_2OH

H_2SO_4

CH_3SCH_2COOEt

Et_3N

1. $CHCl_3$, NCS
2. MgO, $BF_3 \cdot Et_2O$

醛及羟胺在盐酸水溶液中反应生成肟，然后在浓硫酸作用下经 Beckmann 重排得到吲哚醌的合成路线，试剂易得、方法易行。

见于报道的靛红酸酐的合成方法很多，有长篇专论对此进行总结。其中部分合成方法，如，邻氨基苯甲酸与氯甲酸乙酯反应后在乙酰氯存在下的关环反应、邻氨基苯甲酸甲酯和光气的反应、邻苯二甲酸酐和叠氮酸或三甲基硅烷叠氮的反应，均可以良好甚至以定量的收率制备靛红酸酐，但其试剂毒性、危险性大。用 NaOCl 或 $Pb(OAc)_4$ 氧化邻苯二甲酰亚胺或氨基甲酰基苯甲酸，也可得到靛红酸酐。其中 NaOCl 氧化邻苯二甲酰亚胺的方法源于一篇专利文献，试剂价廉易得，反应快捷，产率高，但其缺点是方法重现性不好，需要操作者在实验中反复摸索，寻找最佳条件。

$CONH_2$ CO_2H $Pb(OAc)_4$ CH_3COCl $NHCO_2Et$ CO_2H $ClCO_2Et$ NH_2 CO_2H

NH_2 CO_2CH_3 $COCl_2$ H N O O O HN_3 O C O C O Me_3SiN_3 CON_3 CO_2SiMe_3

O C NR C O NaOCl NaOH H_2O $SiMe_3$ N O O O NCO CO_2SiMe_3

综合文献方法，如下合成路线较适于本科生实验教学：

O NH O NaOCl NaOH O O N H O

NH_2 $Cl_3CCHO \cdot H_2O$ O N H N OH H_2SO_4 O O N H

O O N H + O O N H O Et_3N toluene O N N O

【主要试剂】

苯胺,水合三氯乙醛,盐酸羟胺,邻苯二甲酰亚胺,无水乙醇,三乙胺,甲苯,二氯甲烷,石油醚,次氯酸钠溶液,碳酸氢钠,氢氧化钠,浓硫酸,盐酸,硅胶 H,无水硫酸钠,无水硫酸镁。

【实验步骤】

(1) 异亚硝基乙酰苯胺

在 100 mL 圆底烧瓶中加入 1.80 g(10.9 mmol)水合三氯乙醛及 24 mL 水,再依次加入 26 g 无水硫酸钠[注意事项(1)]、苯胺盐酸水溶液[0.93 g(10 mmol)苯胺(注意事项(2))、6 mL 水和 1.02 g(10.4 mmol)浓盐酸]、10 mL(2.2 g ,32 mmol)盐酸羟胺水溶液。安装冷凝管,加热至沸腾后,剧烈回流 1~2 min[注意事项(3)],有白色晶体析出。静置冷至室温,用冰水浴冷却,抽滤,用冷水洗涤晶体,自然干燥。得白色片状晶体 1.3~1.5 g,产率 80%~90%。mp 175 ℃。

(2) 吲哚醌

在装有冷凝管和温度计的 50 mL 三口瓶中,将 12 g 浓硫酸在搅拌下加热至 50 ℃。缓慢加入 1.5 g 异亚硝基乙酰替苯胺(9.1 mmol)[注意事项(4)],控制加入的速度使温度保持在 60~70 ℃,反应体系温度不可高于 70 ℃[注意事项(5)]。加完后将溶液加热至 80 ℃,保持 10 min 使反应完成。停止加热,反应液冷却至室温后倒入约 10~12 倍体积的碎冰中,中间搅拌数次,有橙色固体析出。碎冰融化后抽滤,用冷水洗去硫酸,自然干燥。得橙色块状固体 0.9 ~1.0 g,产率 70%~78%。mp 197~200 ℃。

(3) 靛红酸酐

在装有温度计的 100 mL 三口瓶内加入 2.18 g(14.8 mmol)邻苯二甲酰亚胺和 18 mL 溶有 0.60 g NaOH 的水溶液。调整反应液温度为 20 ℃并维持 2~3 min 后,一次性加入 15 mL 9%有效氯的次氯酸钠溶液。当溶液颜色由无色澄清或白色混浊开始变黄时(温度大约在 30~35 ℃)加入 3~4 mL 稀释 3 倍的盐酸猝灭反应,再滴加盐酸至 pH≈7,出现黄白色沉淀。抽滤,沉淀用冷水洗涤,自然干燥。得白色或象牙色块状固体。mp 237~240 ℃(分解)。

用无水乙醇重结晶[注意事项(6)],得白色颗粒状晶体。

(4) 色胺酮

在装有冷凝管的 100 mL 三口瓶中加入 0.15 g(1.0 mmol)吲哚醌、0.25 g(1.5 mmol)靛红酸酐、0.5 g(5.0 mmol)三乙胺和 10 mL 甲苯,加热回流。TLC 监测反应至反应完全。约需回流 2 h。

反应液冷却后,用 10 mL 10%硫酸洗涤,水相用 10 mL 甲苯分两次萃取,合并萃取液,用 5 mL 5%碳酸氢钠洗涤,5 mL 水洗。无水硫酸钠干燥,旋蒸除去溶剂,得到黄色固体。

粗品经硅胶柱层析纯化(洗脱剂为二氯甲烷),得到色胺酮黄色针晶。mp 267~268

℃；EI-MS：m/z＝248[M]$^+$（基峰），220，192，164，144，124，117，102，90，76，63。

【注意事项】

（1）加入硫酸钠的作用尚不清楚，文献中提到如用氯化钠饱和溶液，则得不到产品，因此硫酸钠可能不仅仅起到盐析的作用[6]。

（2）如纯度不佳，需重蒸，否则产率会有降低。

（3）回流时间延长会生成少量有色杂质。

（4）应充分干燥，否则严重影响反应进行。

（5）温度低于45～50℃时反应不能引发，而温度高于75～80℃时则反应过于剧烈，发生炭化。

（6）纯化：靛红酸酐与热水及醇均可反应，开环形成邻氨基苯甲酸或其酯，纯化时加热溶解宜快速完成。

【分析讨论】

本实验中所采用的靛红酸酐的合成方法，影响反应的因素较多，主要包括反应时间、温度、加料方式及pH控制。

开始实验阶段，基本上该步反应产率都很低，几乎没有学生能够很快成功完成该反应。但该反应的另一个适合学生实验训练的优点是反应时间比较短，投料可以比较小，因此可以在一次实验中进行多次的尝试，逐渐积累经验和感觉，在经过一到两天的实验，几乎所有的学生都可以成功完成该步反应，得到理想或较为理想的实验结果。

目前积累的关于影响实验的一些因素总结包括：邻苯二甲酰亚胺和NaOH的水溶液反应时间，过短或过长均使反应进行得不完全甚或得不到产物；反应温度须控制在20℃（起始温度）～30℃，最高可能到40℃（反应有放热现象，但随反应体系体积及环境温度的变化，须采取或保温或加热或适当冷却的不同策略）；加酸酸化使产品析出的时间掌握或早或晚，都会使产率降低（酸化过程有明显的热效应，以在水冷或冰水冷却下进行为佳，并以先快速酸化至有固体析出再精细控制酸化至pH＝6～7，或以精密pH试纸控制酸化至pH＝6.9）；次氯酸钠中有效氯的含量需要保证（不应使用已开封陈放的试剂，使用过程中也要采取措施防止有效氯的含量降低。加入方式以分批加入较好）。

【参考文献】

[1] 王翠玲，刘建利，沈小莉. 化学通报，2007，2：89.

[2] Sharma V M, et al. *Bioorg Med Chem Lett*, 2002, 12: 2303～2307.

[3] 张士英，卢冠忠. 中国现代应用药学杂志，2007，24：6.

[4] Coppola G M. *Synthesis*, 1980, 7: 505.

[5] Hill D R, Shire W A. CA, 1968, 68: 2904a.

[6] Adams R, Gilman H. *Organic Syntheses*, Coll Ⅰ: 327; 1925, 5: 71.

实验 94 联苯双酯(biphenyl dimethyldicarboxylate)

五味子(*Fructus schizandrae*)为木兰科五味子属多年生缠绕性藤本植物,因其果实有甘、酸、辛、苦、咸 5 种滋味而得名,为具有多种药理活性的传统中药。20 世纪 70 年代以来,中国医学科学院药物研究所先后从五味子分离得到几十种联苯环辛烯类木脂素成分,并对其药理作用进行了大量研究。联苯双酯(biphenyl dimethyldicarboxylate,I,简称 DDB),是合成五味子丙素(schizandrin C)的中间体,为我国首创的具有新型结构的高效、低毒的抗肝炎新药。

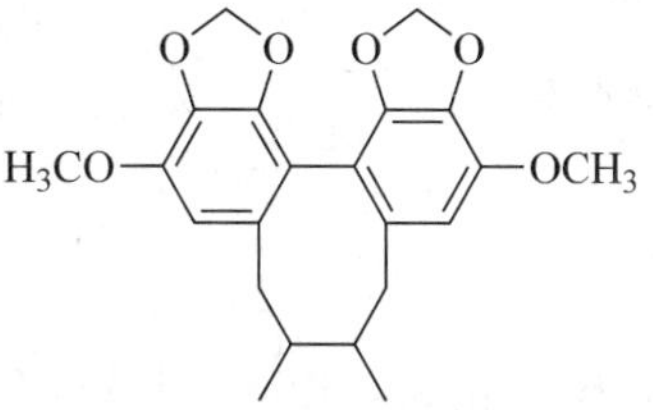

schizandrin C

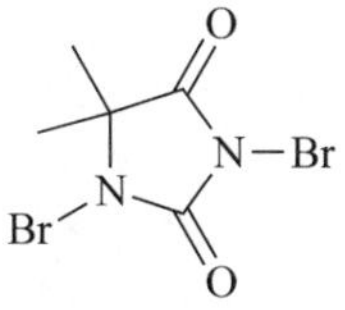

DBDMH

二溴海因
(1,3-二溴-5,5-二甲基海因, DBDMH)
为一种新型消毒剂,廉价易得,近年被用做溴化反应的试剂,减少污染。

经过改进的工业化生产合成路线如下:

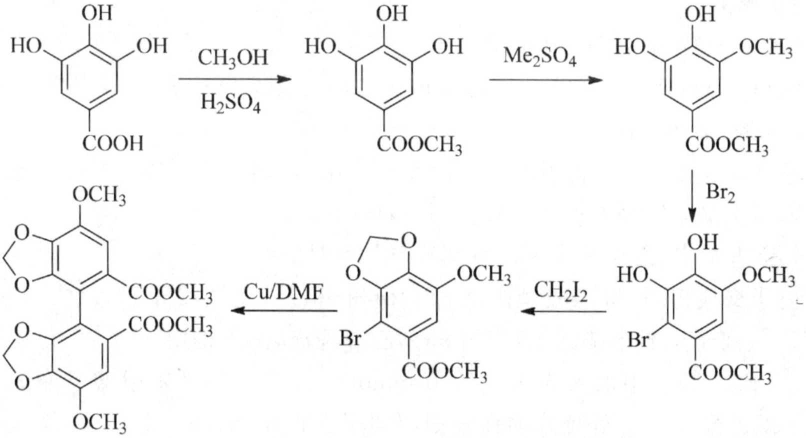

CH_3OH / H_2SO_4 → Me_2SO_4 → Br_2 → CH_2I_2 → Cu/DMF

该合成路线均采用经典方法进行,没食子酸在酸催化下与甲醇进行酯化反应,没食子酸甲酯与硫酸二甲酯进行单甲醚化反应,再与溴素进行溴化反应,以二碘甲烷进行邻二酚羟基的环化反应,最后经乌尔曼反应偶联得到联苯双酯。其中使用到的硫酸二甲酯为剧毒化合物,而溴素具强腐蚀性,均不适合教学实验。可以分别用碳酸二甲酯、二溴海因(DBDMH)进行甲醚化和溴化,但碳酸二甲酯甲醚化的选择性不佳,需增加邻二酚羟基保护和脱保护的步骤。合成路线如下:

【主要试剂】

没食子酸，原甲酸乙酯，碳酸二甲酯，二碘甲烷，四丁基溴化铵，DBDMH，DMF，铜粉，浓硫酸，盐酸，甲醇，乙醚，二氯甲烷，甲苯，石油醚，乙酸乙酯，硅胶，碳酸钾，强酸性苯乙烯系阳离子交换树脂。

【实验步骤】

(1) 3,4,5-三羟基苯甲酸甲酯(**3**)

在100 mL三口瓶中，3.30 g(19.4 mmol)没食子酸**2**溶于20 mL甲醇。搅拌下加入1.0 mL浓硫酸，加热回流。TLC监测反应进行至基本完全，约需2.5 h。向反应体系中加入20 mL水，减压蒸馏除去甲醇。溶液冷至室温，析出白色固体。粗品用水重结晶，得到白色粉末状结晶，产率约80%。mp 201～203 ℃。

(2) 3-羟基-4,5-(乙氧基次甲二氧基)苯甲酸甲酯(**4**)

活化离子交换树脂：将强酸型阳离子交换树脂置于滴液漏斗中，以去离子水、2 mol·L^{-1} HCl、去离子水顺序洗涤，最后用95%乙醇洗涤，阴干备用。

在100 mL三口瓶中加入0.92 g(5.0 mmol)3,4,5-三羟基苯甲酸甲酯**3**、2.22 g(15 mmol)原甲酸乙酯、0.3 g处理好的强酸型阳离子交换树脂、50 mL甲苯，搭装分水装置。加热，控制反应液温度在90～100 ℃左右。TLC监测反应进行至基本完全。滤除离子交换树脂，减压蒸馏除去甲苯及原甲酸乙酯。冷却后得黄色固体。硅胶闪柱层析，得到白色粉末状固体，mp 93～95 ℃。

^{1}H NMR($CDCl_3$)：δ=7.39(d,1H)，7.19(d,1H)，6.96(s,1H)，5.56(br s,1H)，3.88(s,3H)，3.75(q,2H,J=7.1 Hz)，1.28(t,3H,J=7.1 Hz)。

(3) 3-甲氧基-4,5-(乙氧基次甲二氧基)苯甲酸甲酯(**5**)

100 mL三口瓶中加入2.40 g(10 mmol)**4**、1.61 g(5 mmol)Bu_4NBr、16.5 g(183 mmol)碳酸二甲酯、0.67 g(5 mmol)K_2CO_3、20 mL DMF。加热剧烈回流2 h。冷至室温

后加入 20 mL 去离子水，用 30 mL 乙醚分 3 次萃取。合并有机相，水洗除去 DMF。无水硫酸钠干燥，旋蒸除去乙醚，得到黄色油状液体。

(4) 3,4-二羟基-5-甲氧基苯甲酸甲酯(**6**)

向上述黄色液体中加入 20 mL 甲醇溶解，搅拌下滴加 2 mol·L^{-1} HCl，保持体系为强酸性，室温反应。TLC 监测至反应基本完全。减压蒸馏除去甲醇，水层用乙醚萃取，乙醚层经水洗、无水硫酸镁干燥，旋蒸除去乙醚。混合物用乙醚溶解，硅胶柱层析纯化得白色结晶，mp 115～119 ℃。

IR(ATR)：$\tilde{\nu}/cm^{-1}$ = 3382，1708，1593，1506，1436，1243，1161，1058，1000，964，726；^1H NMR($CDCl_3$)：δ=7.34(d,1H)，7.21(d,1H)，5.86(s,1H)，5.49(s,1H)，3.92(s,3H)，3.88(s,3H)。

(5) 2-溴-3,4-二羟基-5-甲氧基苯甲酸甲酯(**7**)

在 50 mL 三口瓶中加入 1.5 g(7.5 mmol)化合物 **6**，溶于 30 mL CH_2Cl_2 中。室温、搅拌下，分次加入 1.10 g(3.85 mmol)DBDMH，每次少量，待溶液褪色至浅红色到无色时再继续加入 DBDMH。TLC 监测至反应基本完全。反应结束后减压滤除 DBDMH 产生的副产物。用 10% 亚硫酸氢钠溶液洗涤 2～3 次，再用水洗涤 3 次，有机相用无水硫酸镁干燥。旋蒸除去 CH_2Cl_2，得到黄色固体。依据产物纯度决定是否柱层析纯化。mp 140～142 ℃。

IR(ATR)：$\tilde{\nu}/cm^{-1}$ = 3461，3341，1717，1601，1429，1292，1210，1101，1018，923，776；^1H NMR($CDCl_3$)：δ=7.32(s,1H)，6.04(s,1H)，5.48(s,1H)，3.93(s,3H)，3.89(s,3H)。

(6) 2-溴-3,4-次甲二氧基-5-甲氧基苯甲酸甲酯(**8**)

1.40 g(5.0 mmol)化合物 **7**、1.45 g(25 mmol)KF、2.0 g(7.5 mmol)CH_2I_2、40 mL DMF 于 110 ℃加热反应，TLC 监测至反应完全。加入 30 mL 水，乙醚萃取，萃取液以水反复洗涤、饱和食盐水洗涤，有机相经无水硫酸镁干燥后旋蒸浓缩，残余物经硅胶柱层析纯化，得白色结晶，mp 101～102 ℃。

IR(ATR)：$\tilde{\nu}/cm^{-1}$ = 1724，1433，1324，1248，1175，1107，1041，935；^1H NMR($CDCl_3$)：δ=7.24(s,1H)，6.12(s,2H)，3.92(s,3H)，3.91(s,3H)。

(7) α-DDB 的合成

在圆底烧瓶中加入 1.5 g(5.2 mmol)化合物 **8**、1.0 g(16 mmol)活化铜粉、干燥 DMF 10 mL，剧烈回流 2 h。降温至 100 ℃左右，将反应液倒入碎冰中，二氯甲烷萃取，萃取液合并，水洗、分出有机相，无水硫酸镁干燥，旋蒸除去溶剂，固体粗品经重结晶或柱层析纯化，得淡黄色结晶，mp 145～147 ℃。

IR：$\tilde{\nu}/cm^{-1}$=1719，1633，1430，1320，1194，1173，1100，1040；^1H NMR($CDCl_3$)：δ=7.38(s,2H)，5.99(s,4H)，3.96(s,6H)，3.67(s,6H)。

【参考文献】

[1] 余凌虹，刘耕陶. 化学进展，2009，21(1)：66～76.

[2] 谢晶曦，周瑾，张纯贞，杨建华. 药学学报，1982，17 (1)：23～27.

[3] Ashraful Alam， Yutaka Takaguchi， Hideyuki Ito， Sadao Tsuboi. *Tetrahedron*，2005，61：1909.

[4] 刘耕陶. 药学学报，1983，18(9)：714～720.

[5] Junbiao Chang，et al. *Helvetica Chimica Acta*，2003，86：2239～2245.

[6] Wen-Chung Shieh，et al. *J Org Chem*，2002，67：2188～2191.

[7] Ouk S，et al. *Applied Catalysis A：General*，2003，241：227～233.

[8] Ouk S，et al. *Tetrahedron Letters*，2002，43：2661～2663.

[9] Dodo K，et al. *Bioorg Med Chem*，2008，16：7975～7982.

[10] 李若琦，等. 贵州化工，2002，27(1)：12～13.

[11] 高国锐，管细霞，邹新琢. 有机化学，2007，27(1)：109～111.

实验95 黄皮酰胺(clausenamide)

黄皮[*Clausena lansium* (*Lour.*)*Skeels*]为芸香科黄皮属热带亚热带常绿果树，民间用黄皮叶煮水洗浴治疗疥癞、消风肿等，后发现其水浸膏对急性黄疸型病毒性肝炎有一定疗效。黄皮酰胺是自水浸膏中分离得到的吡咯烷酮类化合物，分子中含有4个不对称碳原子，现已完成其16个光学活性异构体的合成和拆分。其中(－)-黄皮酰胺[3*S*、4*R*、5*R*、7*S*构型，(－)-Clau]具有显著的保肝、促智、抗神经细胞凋亡等作用，呈现较好的抗AD作用，获得国内外专利，成为具有我国自主知识产权的一类新手性化合物。(＋)-黄皮酰胺作用不明显且毒性较强。W. Hartwig首先报道了黄皮酰胺的合成，中国医学科学院药物研究所在研究其生源关系的基础上设计了仿生路线的合成方法：苯甲醛和氯乙

PhCHO + $ClCH_2CO_2CH_3$ $\xrightarrow{NaOCH_3/CH_3OH}$ 1

$\xrightarrow{PhCH(OH)CH_2NHCH_3}$ 2 [$CON(CH_3)CH_2CH(OH)Ph$]

$\xrightarrow{KMnO_4}$ 3 [$CON(CH_3)CH_2COPh$] $\xrightarrow{LiOH}$ 4a + 4b

4b $\xrightarrow{NaBH_4}$ 5

酸甲酯经 Darzens 反应得到β-苯基缩水甘油酸甲酯 **1**,**1** 与 β-甲氨基-α-苯基乙醇在无水甲醇中以甲醇钠为催化剂进行酯胺交换得酰胺醇 **2**,**2** 在惰性溶剂中以高锰酸钾、五水硫酸铜氧化得酰胺酮 **3**,采用氢氧化锂的水溶液与酰胺酮 **3** 的 THF-Et_2O 溶液进行双相环合反应(其中顺反异构体的比例约为 1∶1),再经硼氢化钠还原得到黄皮酰胺 **5**,所得产物为消旋体。

【主要试剂】

苯甲醛,氯乙酸甲酯,金属钠,氧化苯乙烯,甲胺醇溶液,高锰酸钾,$CuSO_4 \cdot 5H_2O$,$LiOH \cdot H_2O$,硼氢化钠,冰醋酸,硅胶,硅藻土,无水甲醇,乙酸乙酯,石油醚,乙醚,二氯甲烷。

【实验步骤】

(1) β-苯基缩水甘油酸甲酯(**1**)

在 50 mL 圆底烧瓶中加入 12 mL 绝对无水甲醇,加入 0.50 g(22 mmol)新切的 Na,待 Na 溶解完成后,用冰盐浴将反应体系温度降至 −10 ℃,剧烈搅拌下,慢慢滴加 1.55 mL(15 mmol)新蒸苯甲醛与 2.40 g(22 mmol)氯乙酸甲酯的混合物,20 min 滴加完毕。滴加完毕后,于 −5 ℃搅拌 2 h,慢慢升至室温,继续反应 3 h。将反应液快速倒入混有 0.3 mL 冰醋酸的 12 mL 碎冰中,搅拌混合均匀。取 60 mL 乙酸乙酯分 4 次萃取产品,用 10 mL 饱和 $NaHCO_3$ 洗去过量醋酸,再用 20 mL 饱和 NaCl 溶液分两次洗涤萃取液。无水 Na_2SO_4 干燥,旋蒸除去乙酸乙酯。残余物经硅胶柱层析纯化得无色粘稠液体(经冷冻后可固化)1.5 g。

^1H NMR(300 MHz,$CDCl_3$):δ=7.27～7.40(m,5H,Ar-H),4.10(d,J=2.0 Hz,1H),3.83(s,3H),3.52(d,J=2.0 Hz,1H)。

(2) β-甲氨基-α-苯基乙醇

将 4.40 g(36.7 mmol)氧化苯乙烯加到 25 mL 冷至 3 ℃的 30%甲胺醇溶液中,冰箱冷藏室中放置 5 天,旋蒸至干,加入 5 mL 乙醚,冰盐浴中冷冻,析出白色针状晶体,乙醚-石油醚(1∶1)中重结晶,mp 74～75 ℃。

^1H NMR(300 MHz,$CDCl_3$):δ=7.25～7.38(m,5H,Ar-H),4.80(m,1H),2.72～2.77(m,2H),2.49(s,3H,NCH_3)。

(3) *N*-甲基-*N*-[(β-羟基-β-苯基)-乙基]-α,β-环氧-β-苯基丙酰胺(**2**)

5 mL 甲醇中,加入 0.08 g(3.5 mmol)新切金属钠,钠溶解后加入 2.08 g(13.8 mmol)β-甲氨基-α-苯基乙醇,搅拌溶解。冰盐浴冷却至 −10 ℃,滴加 2.11 g(11.9 mmol)β-苯基缩水甘油酸甲酯(5 mL 甲醇稀释),混合均匀,放入−20 ℃冰箱中冷冻一天。析出白色固体,减压过滤,用 20 mL 冷无水甲醇和 5 mL 冷无水乙醚洗涤,得到白色粉末状固体 2.0 g。

^1H NMR(300 MHz,$CDCl_3$):δ=7.06～7.50(m,10H,Ar-H),4.78～5.14(m,1H),3.94～4.14(m,1H),3.38～3.86(m,4H),2.96,3.06(2s,NCH_3)。

(4) *N*-甲基-*N*-苯甲酰甲基-α,β-环氧-β-苯基丙酰胺(**3**)

1.49 g(5.0 mmol)化合物 **2** 溶于 60 mL 二氯甲烷中，加入 4.76 g 高锰酸钾和 2.50 g $CuSO_4 \cdot 5H_2O$ 混合研磨的细粉，室温搅拌，TLC 监测至反应完全。加入活性炭搅拌，使用硅藻土助滤剂进行抽滤，滤渣用二氯甲烷充分洗涤，合并滤液和洗涤液，旋蒸除去 CH_2Cl_2 得到淡黄色粘稠油状液体 1.29 g，放置后固化(经四氢呋喃-环己烷重结晶后可得白色针状晶体，mp 77～78 ℃)，可直接用于下步环化反应。

(5) 3-羟基-4-苯基-5-苯甲酰基-*N*-甲基-γ-内酰胺(**4**)

1.29 g(4.4 mmol)化合物 **3** 溶解于 4 mL 四氢呋喃，加入 60 mL 乙醚，冷却至 −5 ℃，搅拌下加入 0.20 g $LiOH \cdot H_2O$ 的 25 mL 水溶液，逐渐升温至 8～10 ℃继续反应。约反应 2.5 h，生成大量白色固体，过滤，水相用 100 mL CH_2Cl_2 分两次萃取，合并有机相和萃取液，饱和食盐水洗涤，无水 Na_2SO_4 干燥，旋蒸除去溶剂，得到白色固体。合并白色固体共 1.02 g，为 **4a** 和 **4b** 的混合物。经硅胶柱层析，可分别得到 **4a** 和 **4b** 的纯品及部分混合物。化合物 **4b** mp 208～209 ℃。

^1H NMR($CDCl_3$)：$\delta = 6.86 \sim 7.58$(m,10H,Ar-H),5.40(d,$J=9$ Hz,1H,C_5-H),4.86(d,$J=9$ Hz,1H,C_3-H),3.82(t,$J=9$ Hz,1H,C_4-H),2.86(s,3H,N-CH_3),2.42(br,s,1H,OH)。

(6) 3-羟基-4-苯基-5-α-羟苄基-*N*-甲基-γ-内酰胺(黄皮酰胺 **5**)

0.13 g(0.44 mmol)顺式产物 **4b** 溶于 4 mL 甲醇中，室温搅拌下加入 $NaBH_4$ 0.04 g (1.1 mmol)。搅拌 1 h 后 TLC 检测确定无原料点存在，加入 3 mL 水及 4 mol·L^{-1} HCl 溶液 0.5 mL，搅拌使硼氢化钠分解。加入 1 mol·L^{-1} NaOH 溶液调节 pH ≈ 7。冷却过滤，得到白色固体。甲醇重结晶得白色针状晶体，mp 239～240 ℃。

^1H NMR(DMSO-d_6)：$\delta=6.94 \sim 7.30$(m,8H,Ar-H),6.52～6.76(m,2H,Ar-H),5.38(br,s,1H,OH),4.66(d,$J=2$ Hz,1H,C_7-H),4.26,4.35(2d,$J=2.3$,8.2 Hz,1H,C_5-H),3.90(d,$J=10.8$ Hz,1H,C_3-H),3.46,3.58(2d,$J=8.2$,10.8 Hz,1H,C_4-H),3.02(s,3H,N-CH_3)。

【参考文献】

[1] 饶尔昌，程家宠，等. 药学学报，1994，29(7)：502～505.

[2] Guo Bin Huang, et al. *Chinese Chemical Letters*, 1999, 10: 441～442.

[3] Toshiya Takahashi, et al. *Chem Pharm Bull*, 1995, 43(10): 1821～1823.

[4] Hartwig W, Born L. *J Org Chem*, 1986, 52: 4352.

[5] Li Hong Wang, Liang Huang. *Chinese Chemical Letters*, 2006, 17: 457～460.

[6] Yoshio Ban, Takeshi Oishi. *Phamaceutical Society of Japan*, 1958, 6: 574～576.

[7] 林汉森，卢丽霞. 化学试剂，2003，25(6)：376.

[8] 薛薇，张威，陈乃宏. 中国新药杂志，2008，17(4)：268～271.

实验 96 丁苯酞(*n*-butylphthalide)

正丁基苯酞(*n*-butylphthalide,NBP),化学名为 3-丁基-1(3H)-异苯并呋喃酮,为人工合成的芹菜甲素消旋体,目前用于治疗缺血性脑卒中,疗效显著,毒副作用小,是我国拥有自主知识产权的化学药物,商品名为恩必普。芹菜甲素是芹菜籽挥发油的主要成分,常温下为淡黄色或无色的粘稠油状液体,有芹菜香气。研究表明,芹菜甲素具有抗惊厥、抗癫痫、降低血粘度提高血流量、促进微血管生成和解除微血管痉挛等多种生物活性。以芹菜甲素、芹菜乙素、藁本内酯为代表的天然 3-烃基苯酞类化合物普遍存在于伞形科和菊科植物中,多具有一定的生物活性,是当归、川芎等传统中药的活性成分。该类天然产物中,芹菜甲素结构稳定,而其他天然苯酞类化合物的化学稳定性较差,容易发生氧化、重排、水解和多聚反应。

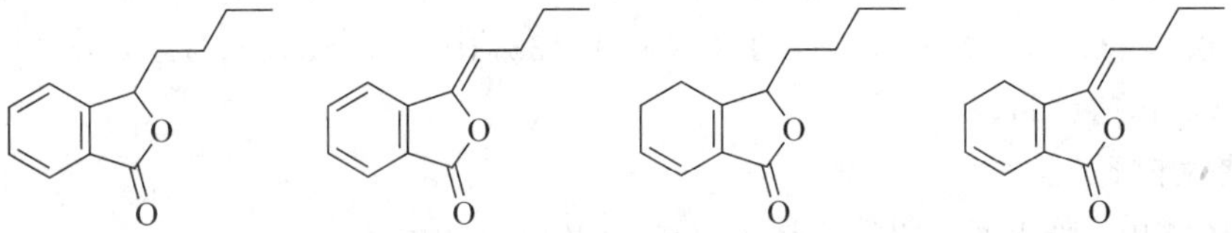

芹菜甲素　3-丁烯基苯酞　芹菜乙素　藁本内酯

丁苯酞的几种合成方法如下图所示,本实验采用了条件较易实现的格氏反应法合成:邻羧基苯甲醛与正丁基格氏试剂反应,酸性条件下关环制得消旋丁苯酞。

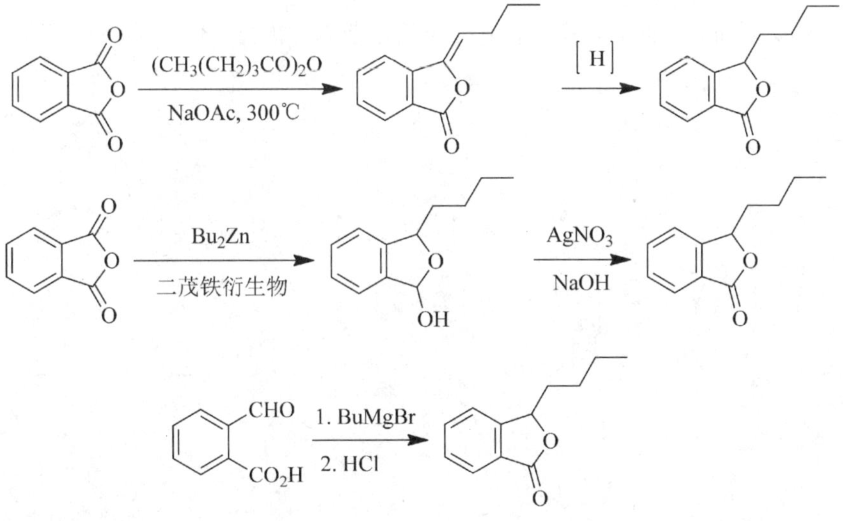

$(CH_3(CH_2)_3CO)_2O$, NaOAc, 300℃; [H]

Bu_2Zn, 二茂铁衍生物; $AgNO_3$, NaOH

CHO, CO_2H; 1. BuMgBr, 2. HCl

【主要试剂】

邻羧基苯甲醛,正溴丁烷,镁屑,盐酸,氯化铵,四氢呋喃,乙醚,无水硫酸钠。

【实验步骤】

(1) 正丁基格氏试剂的制备

在 50 mL 三口烧瓶中,加入 0.53 g(22 mmol)镁屑。取 3.0 g(22 mmol)正溴丁烷溶于 15 mL 四氢呋喃。先滴入三分之一正溴丁烷的四氢呋喃溶液,待反应引发后,缓慢滴加剩余的正溴丁烷,20 min 滴完。继续反应 20 min,镁屑完全溶解。

(2) (±)-3-正丁基苯酞的制备

在室温下,向格氏试剂中缓慢滴入 1.5 g(10 mmol)邻羧基苯甲醛溶于 10 mL 四氢呋喃的溶液,15 min 滴完。室温下继续反应 3 h。将反应瓶置冰浴中冷却。完全冷却后,缓慢加入 10 mL 饱和氯化铵溶液猝灭反应,然后加入 3 mol·L^{-1} HCl 15 mL。在室温下继续反应 2 h。分液,用乙醚 50 mL 分 3 次萃取水相,合并有机相。无水硫酸钠干燥,旋蒸除去溶剂,得棕黄色液体,经硅胶柱层析纯化得 1.10 g 浅黄色粘稠液体。

^{1}H NMR: δ=7.30~7.92(m,4H),5.50(m,1H),2.06(m,1H),1.79(m,1H),1.42(m,4H),0.92(t,3H);MS: m/z=190(M^+),133,105,77,63,51;IR: $\tilde{\nu}/cm^{-1}$=1759,1615,1585,1467,1285,743。

【参考文献】

[1] 杨峻山,陈玉武. 药学通报,1984,19(11):30~31.
[2] Mo Junxiong. *Curr Org Chem*,2007,11:833~844.
[3] Kenso S. *Tetrahedron*: *Asymmetry*,1991,2(4):253~254.
[4] Canomie P,Piamondon J,Akssira M. *Tetrahedron*,1988,44:2903.
[5] 高奥,吕华冲,蔡金艳,等. 广东药学院学报,2013,29(3):250~252.
[6] 徐霞,刘蒲,许世华,等. 中国医药工业杂志,2002,33 (9):51~54.

附　　录

A. 有机化学实验规则

1. 实验前认真预习，了解实验目的、原理、合成路线及实验过程可能出现的问题、应该注意的安全事项，写出预习提纲并查阅有关化合物的物理化学性质。

2. 熟悉实验室水、电阀门和消防器材的位置、使用方法，掌握防火、防毒、防爆急救知识。

3. 实验中严格遵守操作规程，佩戴安全防护眼镜进行实验。认真观察实验现象，忠实记录。所用药品不得随意丢弃和散失。实验过程中始终保持实验台面、地面和公用实验台的整洁。遵从教师指导，遵守室内秩序，保持安静，实验进行中不得擅自离开实验室。

4. 使用易燃、易爆药品应远离火源，根据可能会发生的危险采取安全防护措施。实验室严禁吸烟或进食食品，一切药品均不得入口。实验结束，要仔细洗手。

5. 爱护仪器，节约药品，节约使用水、电。严防水银及毒物流失污染实验室，破损温度计及发生意外事故要及时报告，在教师指导下，采取应急措施，妥善处理。严禁把废酸、废碱和固体物倒入水槽。损坏仪器、设备应如实说明情况，按规定予以赔偿。

6. 实验结束，需将实验记录交教师审阅、签字。应实事求是地记录实验数据与结果，不得任意修改、伪造或抄袭他人实验结果。

7. 值日生负责清扫实验室，检查关闭水、电阀门，经检查合格，方可离开实验室。

B. 有机化学实验仪器及装置

B.1　有机制备仪器

编号	中/英文名称	规格型号	件数	应用范围
1	三口烧瓶 three neck flask	50 mL/19 × 14 × 2 100mL/19 × 14 × 2	1 1	用于反应，三口分别安装滴液漏斗、回流冷凝管及温度计等
2	圆底烧瓶/梨形瓶 round bottom boiling flask/ pear shaped flask	10 mL/14 25 mL/14 50 mL/14 100 mL/19	4 2 1 1	用于反应、回流加热及蒸馏

续表

编号	中/英文名称	规格型号	件数	应用范围
3	锥形瓶 Erlenmeyer flask	10 mL/14 25 mL/14 50 mL/19 100 mL/19	2 2 2 2	用于贮存液体、混合溶液及小量溶液的加热，不能用于减压蒸馏
4	直形冷凝管 west condenser	120 mm/14 × 2 300 mm/19 × 2	2 1	用于蒸馏和回流
5	空气冷凝管 air-cooled condenser	120 mm/14 × 2	1	用于高沸点（> 140 ℃）液体的蒸馏和回流
6	分馏柱 fractionating column	120 mm/14 × 2	1	用于分馏多组分混合物
7	蒸馏头 distillation head	14 × 3	2	与圆底烧瓶组装后用于蒸馏
8	克氏蒸馏头 Claisen head	14 × 4	1	用于减压蒸馏
9	真空接引管 vacuum adapter	14 × 2 19 × 2	1	用于简单蒸馏 与分配器组合用于减压蒸馏
10	燕尾管 swallowtail shaped vacuum adapter	14 × 3	1	用于减压蒸馏
11	U形干燥管 drying tube	14 × 1	1	内装干燥剂，用于无水反应装置
12	分水器 trap for water	14 × 2	1	用于共沸分水反应
13	直筒形分液漏斗 cylindrical separatory funnel	10 mL/14 × 2	1	用于溶液的萃取及分离，也可用于滴加液体
14	恒压滴液漏斗 pressure equalized addition funnel	10 mL/14 × 2	1	用于反应体系内有压力时，可使液体顺利滴加
15	梨形分液漏斗 pear shaped funnel	125 mL/14 150 mL/19	1 1	用于萃取和分液
16	大小口接头 reducing or enlarging adapter	19 × 14	2	
17	空心塞 stopper	14 19	2 2	
18	离心管 tube	5 mL/14	2	

续表

编号	中/英文名称	规格型号	件数	应用范围
19	具弯管塞 stopper with bent tube	14	1	
20	温度计套管 thermometer adapter	14	2	
21	吸滤漏斗 Hirsch funnel	14	1	
22	温度计 temperature gauge	100 ℃ 150 ℃	1 1	
23	量筒 graduated cylinder	10 mL 50 mL	1 1	量取液体，切勿用直接火加热
24	烧杯 beaker	100 mL 200 mL 400 mL	1 1 1	用于加热水溶液、浓缩水溶液及用于溶液混合和转移，不能用于盛放及加热有机溶剂
25	吸滤瓶 filter flack	100 mL 250 mL	1 1	用于减压过滤，不能用直接火加热
26	吸滤管 filter tube		1	
27	布氏漏斗 Büchner funnel	40 mm 60 mm	1 1	用于减压过滤
28	表面皿 watch glass		1	
29	培养皿 cultural dish		2	
30	载玻片 carrier glass pellet		12	
31	双顶丝 lamp holder		4	
32	铁圈 metal ring		2	
33	铝夹子 ordinary clamp		4	
34	橡皮管 rubber tube		2	

标准磨口仪器的口径大小通常以数字编号表示，常应用的有10、14、19、29、34、40、50等，这里的数字编号是指磨口最大端直径的毫米整数，下表列出磨口的编号与大端直径的对照：

编号	10	12	14	16	19	24	29	34	40
大端直径/mm	10.0	12.5	14.5	16.0	18.8	24.0	29.2	34.5	40.0

通常以整数表示磨口的系列编号，它与实际磨口锥体大端直径有差别。有时也用两个数字表示口径大小。例如，14/30 则表示此磨口最大处直径为 14 mm，磨口长度为 30 mm。相同编号的内外磨口可以紧密连接，口径不同时，可借助于不同编号的磨口接头或称大小口接头(B.2 仪器图 p，q)，使之连接起来。使用标准磨口玻璃仪器时，切记以下注意事项：

(1) 磨口处必须洁净。若粘有杂物，会使磨口对接不严密，导致漏气；若有硬质杂物，还会损坏磨口。

(2) 用后应拆卸洗净，否则放置后，内外磨口常会粘牢，难以拆开。

(3) 一般用途的磨口无需涂润滑剂，以免玷污反应物或产物。若反应中有碱性物质，则应涂润滑剂，以免内外磨口因碱腐蚀粘牢而无法拆开。

(4) 安装标准磨口玻璃仪器装置时，应注意安装整齐、稳妥，使磨口连接处不受歪斜的应力。特别是在加热时，仪器受热，应力更大，易使仪器破损。

B.2　有机化学实验仪器图示

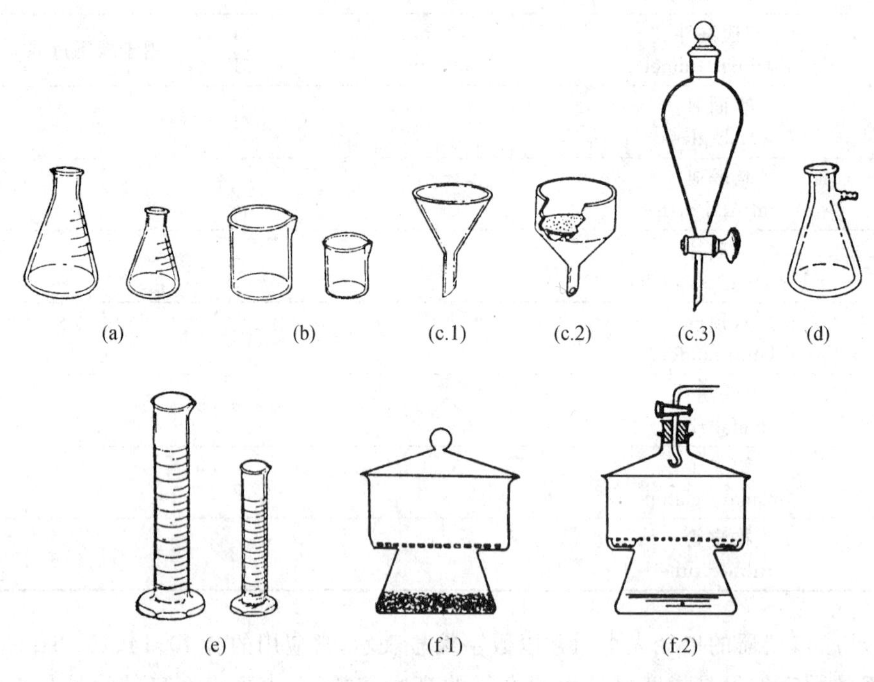

(a)锥形瓶　(b)烧杯　(c.1)玻璃漏斗　(c.2)布氏漏斗　(c.3)锥形分液漏斗
(d)吸滤瓶　(e)量筒　(f.1)保干器　(f.2)真空保干器

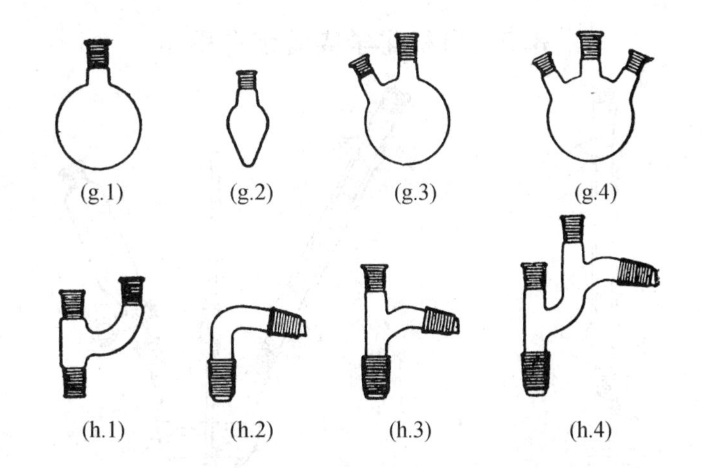

(g. 1)圆底烧瓶　(g. 2)梨形瓶　(g. 3)两口瓶　(g. 4)三口瓶　(h. 1)Y形管
(h. 2)弯头　(h. 3)蒸馏头　(h. 4)克氏蒸馏头

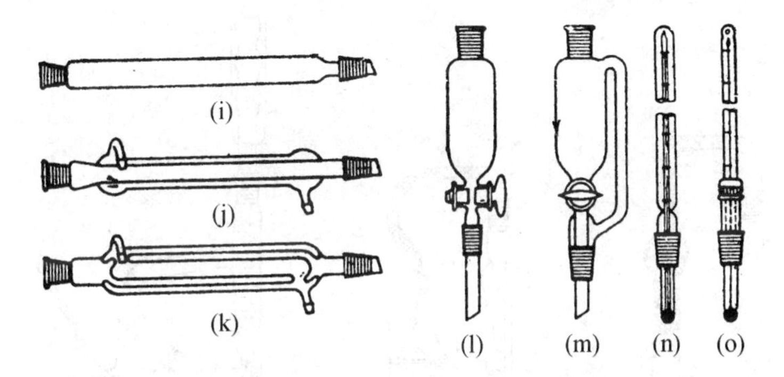

(i)空气冷凝管　(j)冷凝管　(k)夹套冷凝管　(l)分液漏斗　(m)恒压滴液漏斗　(n)温度计　(o)温度计

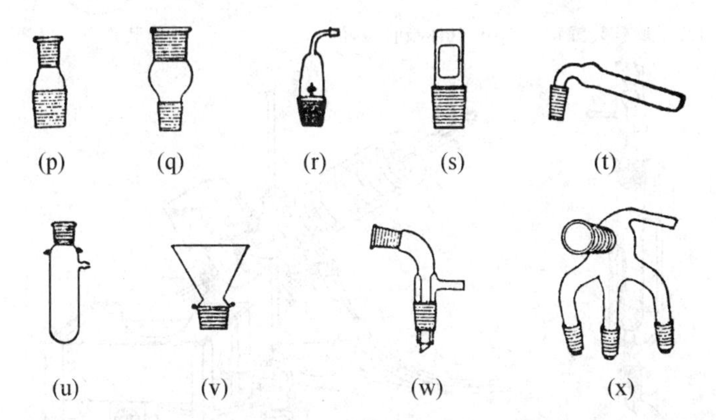

(p)大小口接头　(q)大小口接头　(r)通气管　(s)玻璃塞　(t)干燥管
(u)吸滤管　(v)吸滤漏斗　(w)支管接引管　(x)分配器

B. 3 有机化学实验装置图示

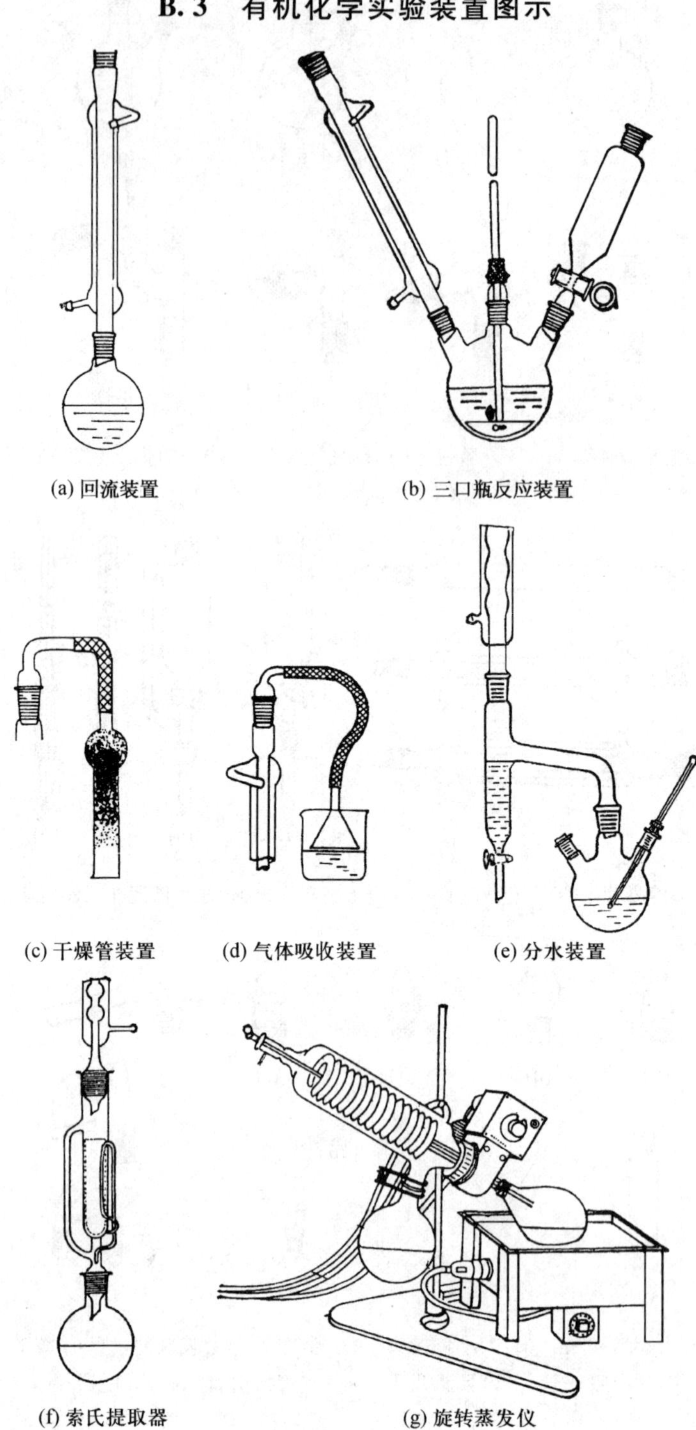

(a) 回流装置

(b) 三口瓶反应装置

(c) 干燥管装置

(d) 气体吸收装置

(e) 分水装置

(f) 索氏提取器

(g) 旋转蒸发仪

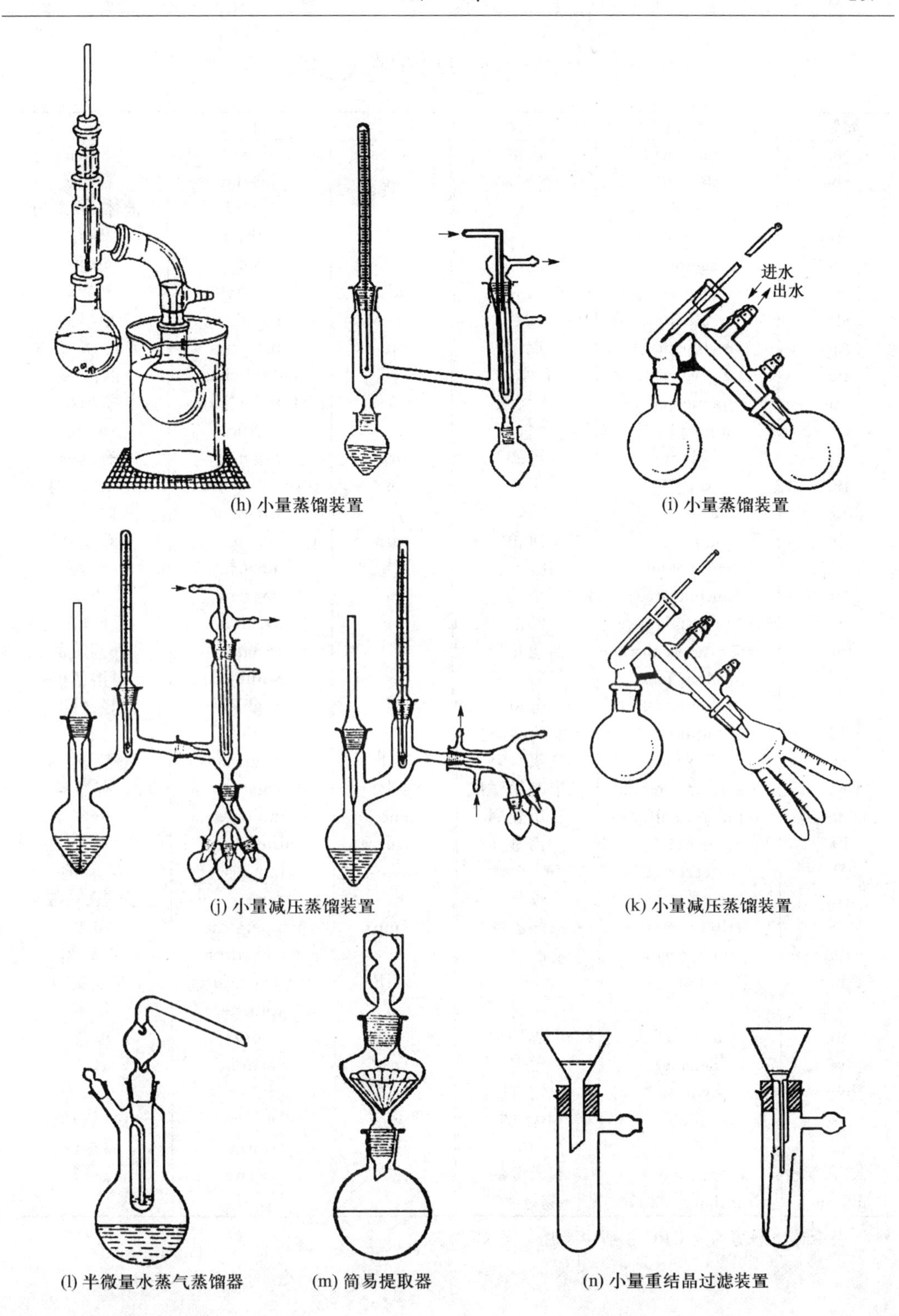

(h) 小量蒸馏装置

(i) 小量蒸馏装置

(j) 小量减压蒸馏装置

(k) 小量减压蒸馏装置

(l) 半微量水蒸气蒸馏器

(m) 简易提取器

(n) 小量重结晶过滤装置

C. 化学中常见的英文缩写

缩写[a]	英文	中文	缩写[a]	英文	中文
aa	acetic acid	乙酸	infus	infusible	不熔的
abs	absolute	绝对的	lig	ligroin	石油英
ac	acid	酸	liq	liquid	液体,液态的
Ac	acetyl	乙酰基	m	melting	熔化
ace	acetone	丙酮	*m*-	meta	间(位)
al	alcohol	醇(乙醇)	Me	methyl	甲基
alk	alkali	碱	met	metallic	金属的
Am	amyl(pentyl)	戊基	min	mineral	矿石,无机的
anh	anhydrous	无水的	*n*-	normal chain	正、直链
aqu	aqueous	水溶液	*n*	refractive index	折射率
atm	atmosphere	大气压	*o*-	ortho	邻(位)
b	boiling	沸腾	org	organic	有机的
Bu	butyl	丁基	os	organic solvents	有机溶剂
bz	benzene	苯	*p*-	para	对(位)
chl	chloroform	氯仿	peth	petroleum ether	石油醚
comp	compound	化合物	Ph	phenyl	苯基
con	concentrated	浓的	pr	propyl	丙基
cr	crystals	结晶	py	pyridine	吡啶
ctc	carbon tetrachloride	四氯化碳	rac	racemic	外消旋的
cy	cyclohexane	环己烷	s	soluble	可溶解的
d	decomposes	分解	sl	slightly	轻微的
dil	diluted	稀释,稀的	so	solid	固体
diox	dioxane	二氧六环	sol	solution	溶液,溶解
DMF	dimethyl formamide	二甲基甲酰胺	solv	solvent	溶剂,有溶解力的
DMSO	dimethyl sulfone	二甲亚砜	sub	sublimes	升华
Et	ethyl	乙基	sulf	sulfuric acid	硫酸
eth	ether	醚,乙醚	sym	symmetrical	对称的
exp	explodes	爆炸	*t*-	tertiary	第三的,叔
et. ac	ethyl acetate	乙酸乙酯	temp	temperature	温度
flu	fluorescent	荧光的	tet	tetrahedron	四面体
h	hot	热	THF	tetrahydrofuran	四氢呋喃
h	hour	小时	to	toluene	甲苯
hp	heptane	庚烷	v	very	非常
hx	hexane	己烷	vac	vacuum	真空
hyd	hydrate	水合的	w	water	水
i	insoluble	不溶的	wh	white	白(色)的
i-	iso	异	wr	warm	温热的
in	inactive	不活泼的	xyl	xylene	二甲苯
inflam	inflammable	易燃的			

[a] 表中英文缩写均为 CRC 手册中常用的英文缩写。

D. 常用酸、碱溶液的相对密度及质量分数

D.1 盐　酸

$w(HCl)$ (%)	相对密度 d_4^{20}	$m(HCl)$ g/100 mL 溶液	$w(HCl)$ (%)	相对密度 d_4^{20}	$m(HCl)$ g/100 mL 溶液
1	1.0032	1.003	22	1.1083	24.38
2	1.0082	2.006	24	1.1187	26.85
4	1.0181	4.007	26	1.1290	29.35
6	1.0279	6.167	28	1.1392	31.90
8	1.0376	8.301	30	1.1492	34.48
10	1.0474	10.47	32	1.1593	37.10
12	1.0574	12.69	34	1.1691	39.75
14	1.0675	14.95	36	1.1789	42.44
16	1.0766	17.24	38	1.1885	45.16
18	1.0878	19.58	40	1.1980	47.92
20	1.0980	21.96			

D.2 硫　酸

$w(H_2SO_4)$ (%)	相对密度 d_4^{20}	$m(H_2SO_4)$ g/100 mL 溶液	$w(H_2SO_4)$ (%)	相对密度 d_4^{20}	$m(H_2SO_4)$ g/100 mL 溶液
1	1.0051	1.005	65	1.5533	101.0
2	1.0118	2.024	70	1.6105	112.7
3	1.0184	3.056	75	1.6692	125.2
4	1.0250	4.100	80	1.7272	138.2
5	1.0317	5.169	85	1.7786	151.2
10	1.0661	10.66	90	1.8144	163.3
15	1.1020	16.53	91	1.8195	165.6
20	1.1397	22.78	92	1.8240	167.8
25	1.1783	29.46	93	1.8279	170.2
30	1.2185	36.56	94	1.8312	172.1
35	1.2599	44.10	95	1.8337	174.2
40	1.3028	52.11	96	1.8355	176.2
45	1.3476	60.64	97	1.8364	178.1
50	1.3951	69.76	98	1.8361	179.9
55	1.4453	79.49	99	1.8342	181.6
60	1.4983	89.90	100	1.8305	183.1

D.3 醋 酸

$w(CH_3CO_2H)$ (%)	相对密度 d_4^{20}	$m(CH_3CO_2H)$ g/100 mL 溶液	$w(CH_3CO_2H)$ (%)	相对密度 d_4^{20}	$m(CH_3CO_2H)$ g/100 mL 溶液
1	0.9996	0.9996	65	1.0666	69.33
2	1.0012	2.002	70	1.0685	74.80
3	1.0025	3.008	75	1.0696	80.22
4	1.0040	4.016	80	1.0700	85.60
5	1.0055	5.028	85	1.0689	90.86
10	1.0125	10.13	90	1.0661	95.95
15	1.0195	15.29	91	1.0652	96.93
20	1.0263	20.53	92	1.0643	97.92
25	1.0326	25.82	93	1.0632	98.88
30	1.0384	31.15	94	1.0619	99.82
35	1.0438	36.53	95	1.0605	100.7
40	1.0488	41.95	96	1.0588	101.6
45	1.0534	47.40	97	1.0570	102.5
50	1.0575	52.88	98	1.0549	103.4
55	1.0611	58.36	99	1.0524	104.2
60	1.0642	63.85	100	1.0498	105.0

D.4 氢氧化铵

$w(NH_3 \cdot H_2O)$ (%)	相对密度 d_4^{20}	$m(NH_3 \cdot H_2O)$ g/100 mL 溶液	$w(NH_3 \cdot H_2O)$ (%)	相对密度 d_4^{20}	$m(NH_3 \cdot H_2O)$ g/100 mL 溶液
1	0.9939	9.94	16	0.9362	149.8
2	0.9875	19.79	18	0.9295	167.3
4	0.9811	39.24	20	0.9229	184.6
6	0.9730	58.38	22	0.9164	201.6
8	0.9651	77.21	24	0.9101	218.4
10	0.9575	95.75	26	0.9040	235.0
12	0.9501	114.0	28	0.8980	251.4
14	0.9430	132.0	30	0.8920	267.6

D.5　氢氧化钠

$w(NaOH)$ (%)	相对密度 d_4^{20}	$m(NaOH)$ g/100 mL 溶液	$w(NaOH)$ (%)	相对密度 d_4^{20}	$m(NaOH)$ g/100 mL 溶液
1	1.0095	1.010	26	1.2848	33.40
2	1.0207	2.041	28	1.3064	36.58
4	1.0428	4.171	30	1.3279	39.84
6	1.0648	6.389	32	1.3490	43.17
8	1.0869	8.695	34	1.3696	46.57
10	1.1089	11.09	36	1.3900	50.04
12	1.1309	13.57	38	1.4101	53.58
14	1.1530	16.14	40	1.4300	57.20
16	1.1751	18.80	42	1.4494	60.87
18	1.1972	21.55	44	1.4685	64.61
20	1.2191	24.38	46	1.4873	68.42
22	1.2411	27.30	48	1.5065	72.31
24	1.2629	30.31	50	1.5253	76.27

D.6　碳酸钠

$w(Na_2CO_3)$ (%)	相对密度 d_4^{20}	$m(Na_2CO_3)$ g/100 mL 溶液	$w(Na_2CO_3)$ (%)	相对密度 d_4^{20}	$m(Na_2CO_3)$ g/100 mL 溶液
1	1.0086	1.009	12	1.1244	13.49
2	1.0190	2.038	14	1.1463	16.05
4	1.0398	4.159	16	1.1682	18.50
6	1.0606	6.364	18	1.1905	21.32
8	1.0816	8.653	20	1.2132	24.26
10	1.1029	11.03			

D.7　氢氧化钾

w(KOH)/(%)	相对密度 d_4^{20}	m(KOH)/g/100 mL 溶液	w(KOH)/(%)	相对密度 d_4^{20}	m(KOH)/g/100 mL 溶液
1	1.0083	1.008	28	1.2695	35.55
2	1.0175	2.035	30	1.2905	38.72
4	1.0359	4.144	32	1.3117	42.97
6	1.0544	6.326	34	1.3331	45.33
8	1.0730	8.584	36	1.3549	48.78
10	1.0918	10.92	38	1.3765	52.32
12	1.1108	13.33	40	1.3991	55.96
14	1.1299	15.82	42	1.4215	59.70
16	1.1493	19.70	44	1.4443	63.55
18	1.1688	21.01	46	1.4673	67.50
20	1.1884	23.77	48	1.4907	71.55
22	1.2083	20.58	50	1.5143	75.72
24	1.2285	29.48	52	1.5382	79.99
26	1.2498	32.47			

D.8　常用的酸和碱

溶　液	相对密度 d_4^{20}	w/(%)	c/(mol/L)	s/(g/100 mL)
浓盐酸	1.19	37	12.0	44.0
恒沸点盐酸(252 mL 浓盐酸＋200 mL 水)，bp 110 ℃	1.10	20.2	6.1	22.2
10%盐酸(100 mL 浓盐酸＋320 mL 水)	1.05	10	2.9	10.5
5%盐酸(50 mL 浓盐酸＋380.5 mL 水)	1.03	5	1.4	5.2
1 mol/L 盐酸(41.5 mL 浓盐酸稀释到 500 mL)	1.02	3.6	1	3.6
恒沸点氢溴酸(沸点 126 ℃)	1.49	47.5	8.8	70.7
恒沸点氢碘酸(沸点 127 ℃)	1.70	57	7.6	97
浓硫酸	1.84	96	18	177
10%硫酸(25 mL 浓硫酸＋398 mL 水)	1.07	10	1.1	10.7
0.5 mol/L 硫酸(13.9 mL 浓硫酸稀释到 500 mL)	1.03	4.7	0.5	4.9
浓硝酸	1.42	71	16	101
10%氢氧化钠	1.11	10	2.8	11.1
浓氨水	0.90	28.4	15	25.9

E. 其他数据表

E.1 常用希腊字母和读音

大写	小写	英语	大写	小写	英语
A	α	alpha	N	ν	nu
B	β	beta	Ξ	ξ	xi
Γ	γ	gamma	O	o	omicron
Δ	δ	delta	Π	π	pi
E	ε	epsilon	P	ρ	rho
Z	ζ	zeta	Σ	σ	sigma
H	η	eta	T	τ	tau
Θ	θ	theta	Υ	υ	upsilon
I	ι	iota	Φ	ϕ	phi
K	κ	kappa	X	χ	chi
Λ	λ	lambda	Ψ	ψ	psi
M	μ	mu	Ω	ω	omega

E.2 常用有机溶剂的沸点及相对密度

名称	bp/℃	d_4^{20}	名称	bp/℃	d_4^{20}
甲醇	64.9	0.7914	苯	80.1	0.8786
乙醇	78.5	0.7893	甲苯	110.6	0.8669
乙醚	34.5	0.7137	二甲苯(*o*-,*m*-,*p*-)	140.0	
丙酮	56.2	0.7899	氯仿	61.7	1.4832
乙酸	117.9	1.0492	四氯化碳	76.5	1.5940
乙酐	139.5	1.0820	二硫化碳	46.2	1.2632
乙酸乙酯	77.0	0.9003	正丁醇	117.2	0.8098
二氧六环	101.7	1.0337	硝基苯	210.8	1.2037

E.3 水蒸气压力表[a]

t/℃	p/mmHg	t/℃	p/mmHg	t/℃	p/mmHg	t/℃	p/mmHg
0	4.579	15	12.788	30	31.824	85	433.60
1	4.926	16	13.634	31	33.695	90	525.76
2	5.294	17	14.530	32	35.663	91	546.05
3	5.685	18	15.477	33	37.729	92	566.99
4	6.101	19	16.477	34	39.898	93	588.60
5	6.543	20	17.535	35	42.175	94	610.90
6	7.013	21	18.650	40	55.324	95	633.90
7	7.513	22	19.827	45	71.880	96	657.62
8	8.045	23	21.068	50	92.510	97	682.07
9	8.609	24	22.377	55	118.04	98	707.27
10	9.209	25	23.756	60	149.38	99	733.24
11	9.844	26	25.209	65	187.54	100	760.00
12	10.518	27	26.739	70	283.70		
13	11.231	28	28.349	75	289.10		
14	11.987	29	30.043	80	355.10		

[a] 表中数据温度范围 0～100 ℃，1 mmHg＝(1/760) atm＝133.322 Pa。

F. 常用溶剂和特殊试剂的纯化

市售试剂规格一般分为一级(GR)保证试剂、二级(AR)分析纯试剂、三级(CP)化学纯试剂、四级(LR)实验试剂。按照实验要求购买某一规格试剂与溶剂是化学工作者必须具备的基本知识。大多数有机试剂与溶剂性质不稳定，久贮易变色、变质，而化学试剂和溶剂的纯度直接关系到反应速率、反应产率及产物的纯度。为合成某一目标分子，选择什么规格的试剂以及为满足合成反应的特殊要求，对试剂与溶剂进行纯化处理，这些都是有机合成的基本知识与基本操作内容。以下将介绍一些常用试剂和某些溶剂在实验室条件下的纯化方法及相关性质。

1. 无水乙醇(absolute ethyl alcohol)

bp 78.5 ℃，n_D^{20} 1.3611，d_4^{20} 0.7893

市售的无水乙醇一般只能达到99.5%的纯度，而在许多反应中则需用纯度更高的乙醇，因此在工作中经常需自己制备绝对乙醇。通常工业用的95.5%的乙醇不能直接用蒸馏法制取无水乙醇,因 95.5%乙醇和 4.5%的水可形成恒沸点混合物。要把水除去,第一步是加入氧化钙(生石灰)煮沸回流,使乙醇中的水与生石灰作用生成氢氧化钙,然后再将无水乙醇蒸出。这样得到的无水乙醇,纯度最高约为 99.5%。如需纯度更高的无水乙醇,可用金属镁或金属钠进行处理。

(1) 用 95.5%的乙醇初步脱水制取 99.5%的无水乙醇

在 250 mL 的圆底烧瓶中,放入 45 g 生石灰、100 mL 95.5%乙醇,装上带有无水氯化钙干燥管的回流冷凝管,在水浴上回流 2～3 h,然后改装成蒸馏装置,进行蒸馏,收集产品 70～80 mL。

(2) 用 99.5%的乙醇制取绝对无水乙醇(99.99%)

方法一:用金属镁制取

反应按下式进行:

$$2\,C_2H_5OH + Mg \longrightarrow (C_2H_5O)_2Mg + H_2\uparrow$$

乙醇中的水,即与乙醇镁作用形成氧化镁和乙醇。

$$(C_2H_5O)_2Mg + H_2O \longrightarrow 2\,C_2H_5OH + MgO$$

【实验步骤】

在 250 mL 的圆底烧瓶中,放置 0.80 g 干燥纯净的镁条、7～8 mL 99.5%乙醇,装上回流冷凝管,并在冷凝管上端安装一支无水氯化钙干燥管(以上所用仪器都必须是干燥的),在沸水浴上或使用电热套温和加热达微沸。移去热源,立即加入几粒碘片(此时注意不要振荡),顷刻即在碘粒附近发生作用,最后可以达到相当剧烈的程度,有时作用太慢则需加热,如果在加碘之后,作用仍不开始,可再加入数粒碘(一般讲,乙醇与镁的作用是缓慢的,如所用乙醇含水量超过 0.5% 时,作用尤其困难)。待全部镁已经作用完毕后,加入 100 mL 99.5%乙醇和几粒沸石。回流 1 h,蒸馏,收集产品并保存于玻璃瓶中,用一橡皮塞塞住,这样制备的乙醇纯度超过 99.99%。

【注意事项】

(1) 由于无水乙醇具有很强的吸水性,在操作过程中必须防止一切水汽侵入仪器中,所用的仪器必须事先干燥。而在使用时操作也必须迅速,以免吸收空气中的水分。

(2) 在以上方法中,困难在于促使镁与乙醇开始作用的一步。如果所制的乙醇中含有少量甲醇对实验并无影响时,则开始所用的 7～8 mL 乙醇可以用甲醇代替,因为甲醇与镁的反应较易进行。

方法二:用金属钠制取

金属钠与金属镁的作用是相似的,当金属钠溶于乙醇时生成乙醇钠:

$$C_2H_5OH + Na \longrightarrow C_2H_5ONa + 1/2\,H_2\uparrow$$

由于以下反应趋向于右方，乙醇中大部分水分形成氢氧化钠：

$$C_2H_5ONa + H_2O \rightleftharpoons C_2H_5OH + NaOH$$

再通过蒸馏即可得到所需的无水乙醇。由于以上反应的可逆性，这样制备的乙醇还含有极少量的水，但已经符合一般的实验要求。

如果在加入金属钠后，再加入当量的某种高沸点有机酸的乙酯，常用的是邻苯二甲酸二乙酯或琥珀酸乙酯，由于以下反应，消除了上述的可逆反应，因而这样制备的乙醇可以达到极高的纯度。

$$o\text{-}C_6H_4(COOC_2H_5)_2 + 2\ NaOH \longrightarrow o\text{-}C_6H_4(COONa)_2 + 2\ C_2H_5OH$$

【实验步骤】

在 250 mL 的圆底烧瓶中，将 2.0 g 金属钠溶于 100 mL 纯度至少是 99%的乙醇中，加入几粒沸石，装一球形冷凝管，回流 30 min 后进行蒸馏。产品贮于玻璃瓶中，用一橡皮塞塞住。

2. 无水乙醚(absolute diethyl ether)

bp 34.51 ℃，n_D^{20} 1.3526，d_4^{20} 0.7138

市售的乙醚中常含有一定量的水、乙醇和少量其他杂质，如贮藏不当还容易产生少量的过氧化物。对于一些要求以无水乙醚作为介质的反应，实验室中常常需要把普通乙醚提纯为无水乙醚。

【实验步骤】

(1) 过氧化物的检验与除去：取 0.5 mL 乙醚，加入 0.5 mL 2%碘化钾溶液和几滴稀盐酸(2 mol/L)一起振荡，再加几滴淀粉溶液。若溶液显蓝色或紫色，即证明乙醚中有过氧化物存在。除去的方法是：在分液漏斗中加入普通乙醚和相当于乙醚体积 20%的新配制的硫酸亚铁溶液，剧烈振荡后分去水层，将乙醚按下述方法精制。

(2) 无水乙醚的制备：在 250 mL 圆底烧瓶中，放置 100 mL 除去过氧化物的普通乙醚和几粒沸石，装上冷凝管。冷凝管上端通过一带有侧槽的橡皮塞，插入盛有 10 mL 浓硫酸的滴液漏斗，通入冷凝水，将浓硫酸慢慢滴入乙醚中。由于脱水作用所产生的热，使乙醚自行沸腾，加完后振荡反应物。

待乙醚停止沸腾后，拆下冷凝管，改成蒸馏装置。在接收乙醚的接引管支管上连一氯化钙干燥管，并用橡皮管将乙醚蒸气引入水槽。向蒸馏瓶中加入沸石后，用水浴加热(禁止明火)蒸馏。蒸馏速率不宜太快，以免冷凝管不能冷凝全部的乙醚蒸气。当蒸馏速率显著下降时(收集到 70～80 mL 左右)，即可停止蒸馏。瓶内所剩残液，倒入指定的回收瓶中(切记，不能向残余液内加水)。

将蒸馏收集到的乙醚倒入干燥的锥形瓶中，加入少量钠丝或钠片，然后使用一个带有干燥管的软木塞塞住，放置 48 h，使乙醚中残余的少量水和乙醇转变成氢氧化钠和乙醇钠。如果在放置之后全部的金属钠已经作用完了,或钠的表面全部被氢氧化钠所覆盖,就需要再加入少量的钠丝或钠片。观察有无气泡发生,放置至无气泡产生为止,再倒入或滤入一干燥的玻璃瓶中,加入少许钠片,然后将其用一个有锡纸的软木塞塞住。除非在必要时,不要把无水乙醚由一个瓶移入另一瓶(由于乙醚的高度挥发,在蒸发时温度下降,于是空气中的水汽凝聚下来,而使乙醚受潮,这种现象在夏天潮湿的季节特别明显)。这样制备的乙醚符合一般要求。如果需要纯度更高的乙醚(用于敏感化合物),需在氮气保护下,将上述处理的乙醚再加入钠丝,回流,直至加入二苯酮,使溶液变深蓝色,经蒸馏使用。

【注意事项】

(1) 硫酸亚铁溶液的配制:在 110 mL 水中加入 6 mL 浓硫酸和 60 g 硫酸亚铁,溶解即可。硫酸亚铁溶液久置后容易氧化变质,需在使用前临时配制。

(2) 除去乙醚中的少量过氧化物:加入质量分数为 2% 的氯化亚锡溶液,回流半小时。

3. 丙酮(acetone)

bp 56.2 ℃,n_D^{20} 1.3588,d_4^{20} 0.7899

市售丙酮往往含有甲醇、乙醛、水等杂质,利用简单的蒸馏方法,不能把丙酮和这些杂质分离开。含有上述杂质的丙酮,不能作为某些反应(如 Grignard 反应)的合适原料,需经过处理后才能使用。

三种处理方法如下:

(1) 于 100 mL 丙酮中,加入 0.50 g 高锰酸钾进行回流。若高锰酸钾的紫色很快褪掉,需再加入少量高锰酸钾继续回流,直至紫色不再褪时,停止回流,将丙酮蒸出。于所蒸出的丙酮中加入无水碳酸钾进行干燥,1 h 后,将丙酮滤入蒸馏瓶中蒸馏,收集 55～56.5 ℃的蒸出液。

(2) 于 100 mL 丙酮中,加入 4 mL 10%的硝酸银溶液及 3.5 mL 0.1 mol/L 的氢氧化钠溶液,振荡 10 min;然后再向其中加入无水硫酸钙进行干燥,1 h 后蒸馏,收集 55～56.5 ℃的蒸出液。

(3) 于 100 mL 丙酮中,加入 3 mL 饱和的高锰酸钾溶液,放置 3～4 d 后(若颜色消褪,需要再加一些高锰酸钾溶液)蒸出丙酮;并于所蒸出的丙酮中放入无水硫酸钙进行干燥,1 h 后,将丙酮滤入蒸馏瓶中蒸馏,收集 55～56.5 ℃的蒸出液。

4. 无水甲醇(absolute methyl alcohol)

bp 64.96 ℃,n_D^{20} 1.3288,d_4^{20} 0.7914

市售的甲醇大多数是通过合成法制备的,一般纯度能达到 99.85%,其中可能含有极少量的杂质,如水和丙酮。由于甲醇和水不能形成恒沸点混合物,故无水甲醇可以通过高效精馏柱分馏得到纯品。甲醇有毒,处理时应避免吸入其蒸气。制无水甲醇也可使用以镁制无水乙醇的方法。

5. 正丁醇(n-butyl alcohol)

bp 117.7 ℃,n_D^{20} 1.3993, d_4^{20} 0.8098

用无水碳酸钾或无水硫酸钙进行干燥,过滤后,将滤液进行分馏,收集纯品。

6. 苯(benzene)

bp 80.1 ℃,n_D^{20} 1.5011,d_4^{20} 0.8787

普通苯可能含有少量噻吩。

(1) 噻吩的检验:取5滴苯于小试管中,加入5滴浓硫酸及1～2滴1% α,β-吲哚醌的浓硫酸溶液,振摇后呈墨绿色或蓝色,说明含有噻吩。

(2) 除去噻吩:可用相当于苯体积15%的浓硫酸洗涤数次,直至酸层呈无色或浅黄色;然后再分别用水、10%碳酸钠水溶液和水洗涤,用无水氯化钙干燥过夜,过滤后进行蒸馏,收集纯品。若要进一步除水,可在上述的苯中加入钠丝去水,再经蒸馏。

7. 甲苯(toluene)

bp 110.6 ℃,n_D^{20} 1.4961,d_4^{20} 0.8669

用无水氯化钙将甲苯进行干燥,过滤后加入少量金属钠片,再进行蒸馏,即得无水甲苯。普通甲苯中可能含有少量甲基噻吩。

除去甲基噻吩的方法 在1000 mL甲苯中加入100 mL浓硫酸,摇荡约30 min(温度不要超过30℃),除去酸层;然后再分别用水、10%碳酸钠水溶液和水洗涤,以无水氯化钙干燥过夜;过滤后进行蒸馏,收集纯品。

8. 氯仿(chloroform)

bp 61.7 ℃,n_D^{20} 1.4459,d_4^{20} 1.4832

普通用的氯仿含有1%乙醇(它是作为稳定剂加入的,以防止氯仿分解为有害的光气)。

除去乙醇的方法 用其体积一半的水洗涤氯仿5～6次,然后用无水氯化钙干燥24 h,进行蒸馏,收集的纯品要放置于暗处,以免受光分解而形成光气。

氯仿不能用金属钠干燥,否则会发生爆炸。

9. 乙酸乙酯(ethyl acetate)

bp 77.06 ℃,n_D^{20} 1.3723,d_4^{20} 0.9003

市售的乙酸乙酯中含有少量水、乙醇和醋酸,可用下列方法提纯:

(1) 用等体积的5%碳酸钠水溶液洗涤后,再用饱和氯化钙水溶液洗涤数次,以无水碳酸钾或无水硫酸镁进行干燥。过滤后蒸馏,即得纯品。

(2) 于100 mL乙酸乙酯中加入10 mL醋酸酐、1滴浓硫酸,加热回流4 h,除去乙醇和水等杂质,然后进行分馏。馏液用2～3 g无水碳酸钾振荡,干燥后再蒸馏,纯度可达99.7%。

10. 石油醚(petroleum)

石油醚为轻质石油产品,是低相对分子质量烃类(主要是戊烷和己烷)的混合物。其沸程为 30～150 ℃，收集的温度区间一般为 30 ℃左右，如有 30～60 ℃(d_4^{15} 0.59～0.62)，60～90 ℃(d_4^{15} 0.64～0.66)，90～120 ℃(d_4^{15} 0.67～0.72)，120～150 ℃(d_4^{15} 0.72～0.75)等沸程规格的石油醚。石油醚中含有少量不饱和烃，沸点与烷烃相近，不能用蒸馏法分离，必要时可用浓硫酸和高锰酸钾把它除去。通常将石油醚用其体积 1/10 的浓硫酸洗涤两三次，再用 10%的浓硫酸加入高锰酸钾配成的饱和溶液洗涤，直至水层中的紫色不再消失为止；然后再用水洗，经无水氯化钙干燥后蒸馏。如需要绝对干燥的石油醚，则需加入钠丝(见无水乙醚处理)。

使用石油醚作溶剂时，由于轻组分挥发快，溶解能力降低，通常在其中加入苯、氯仿、乙醚等以增加其溶解能力。

11. 吡啶(pyridine)

bp 115.2 ℃，n_D^{20} 1.5095，d_4^{20} 0.9819

用粒状氢氧化钠或氢氧化钾干燥过夜，然后进行蒸馏，即得无水吡啶。吡啶容易吸水，蒸馏时要注意防潮。

12. 四氢呋喃(tetrahydrofuran)

bp 67 ℃(64.5 ℃)，n_D^{20} 1.4050，d_4^{20} 0.8892

四氢呋喃是具有乙醚气味的无色透明液体。市售的四氢呋喃含有少量水和过氧化物(过氧化物的检验和除去方法同乙醚)。可将市售无水四氢呋喃用粒状氢氧化钾干燥，放置 1～2 d，若干燥剂变形，产生棕色糊状，说明含有较多水和过氧化物。经上述方法处理后，可用氢化锂铝($LiAlH_4$)在隔绝潮气下回流(通常 1000 mL 四氢呋喃约需 2～4 g 氢化锂铝)，以除去其中的水和过氧化物，直至在处理过的四氢呋喃中加入钠丝和二苯酮，出现深蓝色的化合物①，且加热回流蓝色不褪为止。然后在氮气保护下蒸馏，收集 66～67 ℃的馏分。蒸馏时不宜蒸干，防止残余过氧化物爆炸。

处理四氢呋喃时，应先用少量进行实验，以确定其中只有少量水和过氧化物。当作用不致过于猛烈时方可进行。如过氧化物很多，应另行处理。

精制后的四氢呋喃应在氮气中保存，如需久置，应加入 0.025%的抗氧剂 2,6-二叔丁基-4-甲基苯酚。

13. *N*,*N*-二甲基甲酰胺(*N*,*N*-dimethylformamide)

bp 153 ℃，n_D^{20} 1.4305，d_4^{20} 0.9487(0.944^{25})

市售三级纯以上 *N*,*N*-二甲基甲酰胺含量不低于 95%，主要杂质为胺、氨、甲醛和水。在简单蒸馏会有些分解，产生二甲胺和一氧化碳，若有酸、碱存在，分解加快。

纯化方法先用无水硫酸镁干燥 24 h，再加固体氢氧化钾振摇干燥，然后减压蒸馏，收集 76 ℃/4.79 kPa(36 mmHg)的馏分。如其中含水较多时，可加入 1/10 体积的苯，在常压蒸去苯、水、氨和胺，再进行减压蒸馏。若含水量较低时(低于 0.05%)，可用 4A 型分

①此化合物化学式为 $(C_6H_5)_2\dot{C}\text{-}O^-\text{-}Na^+$。

子筛干燥 12 h 以上，再蒸馏。

二甲基甲酰胺见光可慢慢分解为二甲胺和甲醛，故宜避光贮存。

14. 二甲亚砜(dimethyl sulfoxide,DMSO)

bp 189 ℃(mp 18.5 ℃)，n_D^{20} 1.4783，d_4^{20} 1.0954

二甲亚砜为无色、无味、微带苦味的吸湿性液体，是一种优异的非质子极性溶剂。常压下加热至沸腾可部分分解。市售试剂级二甲亚砜含水量约为 1%。纯化时，通常先减压蒸馏，然后用 4A 型分子筛干燥，或用氢化钙粉末(10 g/L)搅拌 48 h，再减压蒸馏，收集 64～65 ℃/533 Pa(4 mmHg)、71～72 ℃/2.80 kPa(21 mmHg)的馏分。蒸馏时，温度不宜高于 90 ℃，否则会发生歧化反应生成二甲砜和二甲硫醚。二甲亚砜与某些物质(如氢化钠、高碘酸或高氯酸镁等)混合时可发生爆炸，应注意安全。

15. 二硫化碳(carbon disulfide)

bp 46.35 ℃，n_D^{20} 1.6319，d_4^{20} 1.2632

二硫化碳是有毒的化合物(可使血液和神经组织中毒)，又具有高度的挥发性和易燃性，使用时必须注意，尽量避免接触其蒸气。普通二硫化碳中常含有硫化氢、硫磺和硫氧化碳等杂质，故其味很难闻，久置后颜色变黄。

一般有机合成实验中对二硫化碳要求不高，可在普通二硫化碳中加入少量研碎的无水氯化钙，干燥后滤去干燥剂，然后在水浴中蒸馏收集。

制备较纯的二硫化碳，则需将试剂的二硫化碳用 0.5%的高锰酸钾水溶液洗涤 3 次，除去硫化氢；用汞不断振荡除去硫，用 2.5%硫酸汞溶液洗涤，除去所有恶臭(剩余的硫化氢)，再经无水氯化钙干燥，蒸馏收集。纯化过程反应式如下：

$$3\,H_2S + 2\,KMnO_4 \longrightarrow 2\,MnO_2\downarrow + 3S\downarrow + 2\,H_2O + 2\,KOH$$

$$Hg + S \longrightarrow HgS\downarrow$$

$$HgSO_4 + H_2S \longrightarrow HgS\downarrow + H_2SO_4$$

16. 二氯甲烷(dichloromethane)

bp 39.7 ℃，n_D^{20} 1.4242，d_4^{20} 1.3266

二氯甲烷为无色挥发性液体，蒸气不燃烧，与空气混合也不发生爆炸，微溶于水，能与醇、醚混合。它可以代替醚作萃取溶剂用。

二氯甲烷纯化可用浓硫酸振荡数次，至酸层无色为止。水洗后，用 5%的碳酸钠洗涤，然后再用水洗。以无水氯化钙干燥，蒸馏，收集 39.5～41 ℃的馏分。二氯甲烷不能用金属钠干燥，因会发生爆炸。同时注意不要在空气中久置，以免氧化。应贮存于棕色瓶内。

17. 四氯化碳(tetrachloromethane)

bp 76.8 ℃，n_D^{20} 1.4601，d_4^{20} 1.5940

普通四氯化碳中含二硫化碳约 4%。

1 L 四氯化碳与由 60 g 氢氧化钾溶于 60 mL 水和 100 mL 乙醇配成的溶液一起在 50～60 ℃剧烈振荡半小时。用水洗后，减半量重复振荡一次。分出四氯化碳，先用水洗，再用少量浓硫酸洗至无色，然后再用水洗，用无水氯化钙干燥，蒸馏即得。

四氯化碳不能用金属钠干燥，否则会发生爆炸。

18. 1,2-二氯乙烷(1,2-dichloroethane)

bp 83.4 ℃，n_D^{20} 1.4448，d_4^{20} 1.2531

1,2-二氯乙烷是无色液体，有芳香气味，溶于 120 份水中，可与水形成共沸物(含水 18.5%，bp 72 ℃)，可与乙醇、乙醚和氯仿相混合。在重结晶和萃取时是很有用的溶剂。

可依次用浓硫酸、水、稀碱溶液和水洗涤，然后用无水氯化钙干燥，或加入五氧化二磷(20 g/L)，加热回流 2 h，简单蒸馏即可。

19. 二氧六环(dioxane)

bp 101.5 ℃(mp 12 ℃)，n_D^{20} 1.4224，d_4^{20} 1.0337

又称二噁烷、1,4-二氧六环。与水互溶，无色，易燃，能与水形成共沸物(含量为 81.6%，bp 87.8 ℃)。普通品中含有少量二乙醇缩醛与水。

可加入 10%的浓盐酸，回流 3 h，同时慢慢通入氮气，以除去生成的乙醛。冷却后，加入粒状氢氧化钾直至其不再溶解；分去水层，再用粒状氢氧化钾干燥 1 d；过滤，在其中加入金属钠回流数小时，蒸馏。

可加入钠丝保存。久贮的二氧六环中可能含有过氧化物，要注意除去，然后再处理。

20. 乙二醇二甲醚(二甲氧基乙烷，dimethoxyethane)

bp 85 ℃，n_D^{20} 1.3796，d_4^{20} 0.8691

俗称二甲基溶纤剂。无色液体，有乙醚气味，能溶于水和碳氢化合物，对某些不溶于水的有机化合物是很好的惰性溶剂，其化学性质稳定，溶于水、乙醇、乙醚和氯仿。

先用钠丝干燥，在氮气下加氢化锂铝蒸馏；或者先用无水氯化钙干燥数天，过滤，加金属钠蒸馏。

可加入氢化锂铝保存，用前再蒸馏。

21. 吗啉(morpholine)

bp 128.9 ℃，n_D^{20} 1.4540，d_4^{20} 1.007

市售吗啉与氢氧化钾(10 g/L)一起加热回流 3 h，在常压下，装一个 20 cm 的 Vigreaux 柱分馏。

吗啉和其他胺类相似，需加入粒状氢氧化钾贮存。

22. 乙腈(acetonitrile)

bp 81.6 ℃，n_D^{20} 1.3442，d_4^{20} 0.7857

乙腈是惰性溶剂，可用于反应及重结晶。乙腈与水、醇、醚可任意混溶，与水生成共沸物(含乙腈 84.2%，bp 76.7 ℃)。市售乙腈常含有水、不饱和腈、醛和胺等杂质，三级以上的乙腈含量应高于 95%。

可将试剂乙腈用无水碳酸钾干燥，过滤，再与五氧化二磷加热回流(20 g/L)，直至无色，用分馏柱分馏。乙腈可贮存于放有分子筛(0.2 nm)的棕色瓶中。乙腈有毒，常含有游离氢氰酸。

23. 碘甲烷(iodomethane)

bp 42.5 ℃，n_D^{20} 1.5380，d_4^{20} 2.279

无色液体，见光变褐色，游离出碘。

用硫代硫酸钠或亚硫酸钠的稀溶液反复洗至无色，然后用水洗，用无水氯化钙干燥，蒸馏。

碘甲烷应盛于棕色瓶中，避光保存。

24. 苯胺(aniline)

bp 184.1 ℃，n_D^{20} 1.5863，d_4^{20} 1.0217

在空气中或光照下苯胺颜色变深，应密封贮存于避光处。苯胺稍溶于水，能与乙醇、氯仿和大多数有机溶剂互溶。可与酸成盐，苯胺盐酸盐 mp 198 ℃。

市售苯胺经氢氧化钾(钠)干燥。

为除去含硫的杂质，可在少量氯化锌存在下，用氮气保护，水泵减压蒸馏，bp 77～78 ℃/2.00 kPa(15 mmHg)。

吸入苯胺蒸气或经皮肤吸收会引起中毒症状。

25. 苯甲醛(benzaldehyde)

bp 179.0 ℃，n_D^{20} 1.5463，d_4^{20} 1.0415

苯甲醛为带有苦杏仁味的无色液体，能与乙醇、乙醚、氯仿相混溶，微溶于水。由于在空气中易氧化成苯甲酸，使用前需经蒸馏，bp 64～65 ℃/1.60 kPa(12 mmHg)。

低毒，但对皮肤有刺激，触及皮肤可用水洗。

26. 冰醋酸(acetic acid，glacial acetic acid)

bp 117.9 ℃，mp 16～17 ℃，n_D^{20} 1.3716，d_4^{20} 1.0492

将市售乙酸在 4 ℃下慢慢结晶，并在冷却下迅速过滤，压干。少量的水可用五氧化二磷(10 g/L)回流干燥几小时除去。

冰醋酸对皮肤有腐蚀作用，接触到皮肤或溅到眼睛里时，要用大量水冲洗。

27. 醋酸酐(acetic anhydride)

bp 139.55 ℃，n_D^{20} 1.3904，d_4^{20} 1.0820

加入无水醋酸钠(20 g/L)回流并蒸馏，醋酸酐对皮肤有严重腐蚀作用，使用时需戴防护眼镜及手套。

28. 溴(bromine)

bp 58 ℃，mp 7.3 ℃，d_4^{20} 3.12

红棕色发烟液体，稍溶于水，溶于醇和醚。可用浓硫酸与溴一起振摇使其脱水干燥，再将酸分去。

溴对呼吸器官、皮肤、眼睛等均有强腐蚀性，操作时应注意防护。若接触到皮肤时，应迅速用大量水洗，用酒精洗，再依次用水、碳酸氢钠水溶液洗。

29. 水合肼(hydrazinehydrate)

水合肼是肼与一分子水的缔合物，在合成中常用85%浓度的肼的水溶液。

(1) 制备85%的水合肼：取100 g 40%～45%市售水合肼和200 g二甲苯的混合物，进行分馏，可在99 ℃时蒸出水-二甲苯共沸物，再在118～119 ℃蒸出85%的水合肼。

(2) 制备90%～95%的水合肼：取114 mL 40%～45%的水合肼和230 mL二甲苯，装高效分馏柱，油浴加热分馏；约带出85 mL水后，再进行蒸馏，收集113～125 ℃的馏分。肼浓度愈高，愈易爆炸。蒸馏时，不宜蒸得过干，应在防爆通风橱内进行。

将85%的水合肼和等量粒状氢氧化钠在油浴中加热至113 ℃，并在此温度下保温2 h，再逐渐升温至150 ℃，即可蒸出肼，浓度为95%左右。

肼严重腐蚀皮肤、眼、鼻喉，特别是粘膜。如不慎触及皮肤，可用稀醋酸洗涤，必要时服用葡萄糖以解除毒性。

30. 亚硫酰氯(thionylchloride)

bp 75.8 ℃，n_D^{20} 1.5170，d_4^{20} 1.656

亚硫酰氯又称氯化亚砜，为无色或微黄色液体，有刺激性，遇水强烈分解。工业品常含有氯化砜、一氯化硫、二氯化硫，一般经蒸馏纯化，但经常仍有黄色。需要更高纯度的试剂时，可用喹啉和亚麻油依次重蒸纯化，但处理手续麻烦，收率低，剩余残渣难以洗净。使用硫磺处理，操作较为方便，效果较好。搅拌下将硫磺(20 g/L)加入亚硫酰氯中，加热，回流4.5 h，用分馏柱分馏，得无色纯品。

本品对皮肤与眼睛有刺激性，操作中要小心。

G. 化学试剂的使用知识

G.1　化学试剂的存储、使用与废弃处理

各种化学试剂，均应按其自身特点分类放置存放。试剂存放应遵循的一般原则是：

1. 试剂瓶外应贴上清晰耐久的标签。

无论是购买的商品试剂或自行配、制的试剂；无论是准备临时使用或长期放置的试剂，清晰而耐久的标签都是必需的，没有或丢掉标签的化学试剂既无法使用也难以处理。自制试剂的标签应标明试剂名称、浓度、制备时间等项，并在标签纸外覆盖一层透明胶纸。试剂瓶换装新试剂时，应先将旧标签纸除去，而不是简单地将新标签纸贴在旧标签上，否则新标签一旦脱落，可能带来无法预料的麻烦和危险。

2. 试剂瓶一般应同时配有内塞和外盖，或配以磨口塞、橡皮塞、翻口塞，必要时用封口胶加封，以防止试剂挥发或空气、湿气进入试剂瓶。

3. 易产生有毒、腐蚀性、污染性及难闻气味蒸气的物质，如溴、浓硫酸、浓盐酸、氨水、

液体及部分固体胺类化合物、部分含硫有机物等，应置于具有效通风换气的试剂柜中，且此类中酸性、碱性化合物应分柜存放。

4. 易燃、易爆、有毒危险品的存储应按照其项下的使用规定严格执行。

5. 化学试剂，特别是有机试剂，大部分属于有一定毒性和污染性的物质。在教学和科研以及生产等各类相关工作中，化学试剂的使用应遵循减少用量、减少有毒物质使用、尽量回收使用以及对废弃试剂进行无害化处理等原则。

G.2　危险品使用注意事项

化学工作者每天都要接触各种化学药品，很多药品是剧毒、可燃和易爆炸的。我们必须正确使用和保管，严格遵守操作规程，避免事故发生。

根据常用的一些化学药品的危险性质，可以大略分为易燃、易爆和有毒三类。现分述如下：

(一)易燃化学药品

分类	举例
可燃气体	氨，乙胺，氯乙烷，乙烯，氢气，硫化氢，甲烷，氯甲烷，二氧化硫等
易燃液体	汽油，乙醚，乙醛，二硫化碳，石油醚，丙酮，苯，甲苯，二甲苯，苯胺，乙酸乙酯，甲醇，乙醇，氯甲醛等
易燃固体	红磷，三硫化二磷，萘，镁，铝粉等
自燃物质	黄磷等

实验室保存和使用易燃、有毒药品，应注意以下几点：

(1) 实验室内不要保存大量易燃溶剂，少量的也需密闭，切不可放在开口容器内，需放在阴凉背光和通风处并远离火源，不能接近电源及暖气等。腐蚀橡皮的药品不能用橡皮塞。

(2) 可燃性溶剂均不能用直接火加热，必须用水浴、油浴或可调节电压的加热包。蒸馏乙醚或二硫化碳时，要用预先加热的或通水蒸气加热的热水浴，并远离火源。

(3) 蒸馏、回流易燃液体时，防止暴沸及局部过热，瓶内液体应占瓶体积的1/2～2/3量。加热中途不得加入沸石或活性炭，以免暴沸冲出着火。

(4) 注意冷凝管水流是否流畅，干燥管是否阻塞不通，仪器连接处塞子是否紧密，以免蒸气逸出着火。

(5) 易燃蒸气大都比空气重(如乙醚较空气重2.6倍)，能在工作台面流动，故即使在较远处的火焰也可能使其着火。尤其处理较大量乙醚时，必须在没有火源且通风的实验室中进行。

(6) 金属钠、钾遇火易燃，故须保存在煤油或液体石蜡中，不能露置空气中。如遇着火，可用石棉布扑灭；不能用四氯化碳灭火器，因其与钠或钾易起爆炸反应。二氧化碳泡沫灭火器能加强钠或钾的火势，亦不能使用。

(7) 某些易燃物质，如黄磷在空气中能自燃，必须保存在盛水玻璃瓶中，再放在金属筒中，绝不能直接放在金属筒中，以免腐蚀。自水中取出后，立即使用，不得露置在空气中过久。用过后必须采取适当方法销毁残余部分，并仔细检查有无散失在桌面或地面上。

(二)易爆化学药品

当气体混合物发生反应时，其反应速率随成分而变，当反应速率达到一定程度时，会引起爆炸，如氢气与空气或氧气混合达一定比例，遇到火焰就会发生爆炸。乙炔与空气亦可生成爆炸混合物。汽油、二硫化碳、乙醚的蒸气与空气相混，亦可因小火花或电火花导致爆炸。

乙醚不但其蒸气能与空气或氧混合，形成爆炸混合物，同时由于光或氧的影响，乙醚可被氧化成过氧化物，其沸点较乙醚高。在蒸馏乙醚时，当浓度较高时，则发生爆炸，故使用时均需先检定其中是否已有过氧化物(检验与除去过氧化物方法见附录F“常用溶剂和特殊试剂的纯化”中无水乙醚部分)。此外，如二氧六环、四氢呋喃及某些不饱和碳氢化合物(如丁二烯)，亦可因产生过氧化物而引起爆炸。

某些以较高速率进行的放热反应，因生成大量气体也会引起爆炸并伴随着发生燃烧。一般来说，易爆物质的化学结构中，大多含有以下基团，例见下表：

易爆物中常见的基团	易爆物举例
—O—O—	臭氧，过氧化物
$—O—ClO_2$	氯酸盐，高氯酸盐
═N—Cl	氮的氯化物
—N═O	亚硝基化合物
—N≡N—	重氮及叠氮化合物
—ONC	雷酸盐
$—NO_2$	硝基化合物(三硝基甲苯，苦味酸盐)
—C≡C—	乙炔化合物(乙炔金属盐)

1. 能自行爆炸的化学药品

例如：高氯酸铵、硝酸铵、浓高氯酸、雷酸汞、三硝基甲苯等。

2. 能混合发生爆炸的化学药品

(1) 高氯酸＋酒精或其他有机物

(2) 高锰酸钾＋甘油或其他有机物

(3) 高锰酸钾＋硫酸或硫

(4) 硝酸＋镁或碘化氢

(5) 硝酸铵＋酯类或其他有机物

(6) 硝酸铵＋锌粉＋水滴

(7) 硝酸盐＋氯化亚锡

(8) 过氧化物＋铝＋水

(9) 硫＋氧化汞

(10) 金属钠或钾＋水

氧化物与有机物接触，极易引起爆炸。在使用浓硝酸、高氯酸、过氧化氢等时，应特别注意。使用可能发生爆炸的化学药品时，必须作好个人防护，戴面罩或防护眼镜，并在通风橱中进行操作。要设法减少药品用量或浓度，进行小量实验。平时危险药品要妥善保存，如苦味酸须保存在水中，某些过氧化物(如过氧化苯甲酰)必须加水保存。易爆炸残渣必须妥善处理，不得随意乱丢。

(三)有毒化学药品

日常我们所接触的化学药品中，少数是剧毒药品，使用时必须十分谨慎；很多药品经长期接触，或接触量过大，会产生急性或慢性中毒。但只要掌握使用毒品的规则和防范措施，即可避免或把中毒的机会减少到最低限度。以下对毒品进行分类介绍，以加强防护措施，避免药品对人体的伤害。

1. 有毒气体

如溴、氯、氟、氢氰酸、氟化氢、溴化氢、氯化氢、二氧化硫、硫化氢、光气、氨、一氧化碳等均为窒息性或具刺激性气体。在使用以上气体进行实验时，应在通风良好的通风橱中进行。反应中有气体发生时，应安装气体吸收装置(如反应产生的盐酸气、溴化氢等)。遇气体中毒时，应立即将中毒者移至空气流通处，静卧、保暖，施人工呼吸或给氧，及时请医生治疗。

2. 强酸和强碱

硝酸、硫酸、盐酸、氢氧化钠、氢氧化钾均刺激皮肤，有腐蚀作用，造成化学烧伤。吸入强酸烟雾，会刺激呼吸道。稀释硫酸时，应将硫酸慢慢倒入水中，并随同搅拌，不要在不耐热的厚玻璃器皿中进行。

贮存碱的瓶子不能用玻璃塞，以免碱腐蚀玻璃，使瓶塞打不开。取碱时必须戴防护眼镜及手套。配制碱液时，应在烧杯中进行，不能在小口瓶或量筒中进行，以防容器受热破裂造成事故。开启氨水瓶时，必须事先冷却，瓶口朝无人处，最好在通风橱内进行。

如遇皮肤或眼睛受伤，应迅速冲洗。如是被酸损伤，立即用3%碳酸氢钠溶液冲洗；

如是被碱损伤，立即用 1%～2%醋酸冲洗，眼睛则用饱和硼酸溶液冲洗。

3. 无机药品

（1）氰化物及氢氰酸

毒性极强，致毒作用极快，空气中氰化氢含量达 3/10000，即可在数分钟内致人死亡；内服极少量氰化物，亦可很快中毒死亡。取用时，须特别注意。氰化物必须密封保存，因其易发生以下变化：

空气中：$KCN + H_2O + CO_2 \longrightarrow KHCO_3 + HCN$ 或 $2\,KCN + H_2O + CO_2 \longrightarrow K_2CO_3 + 2\,HCN$

潮湿时：$KCN + H_2O \longrightarrow KOH + HCN$

遇酸：$KCN + HCl \longrightarrow KCl + HCN$

氰化物要有严格的领用保管制度，取用时必须戴厚口罩、防护眼镜及手套，手上有伤口时不得进行该项实验。使用过的仪器、桌面均应亲自收拾，用水冲净，手及脸亦应仔细洗净。

氰化物的销毁方法是使其与亚铁盐在碱性介质中作用生成亚铁氰酸盐。

$$2\,NaOH + FeSO_4 \longrightarrow Fe(OH)_2 + Na_2SO_4$$

$$Fe(OH)_2 + 6\,NaCN \longrightarrow 2\,NaOH + Na_4Fe(CN)_6$$

（2）汞

在室温下即能蒸发，毒性极强，能致急性中毒或慢性中毒。使用时须注意室内通风。提纯或处理时，必须在通风橱内进行。

若有汞洒落时，要用滴管收起，分散的小粒也要尽量汇拢收集，然后再用硫磺粉、锌粉或三氯化铁溶液消除。

（3）溴

溴液可致皮肤烧伤，蒸气刺激粘膜，甚至可使眼睛失明。使用时应在通风橱内进行。

当溴洒落时，要立即用沙掩埋。如皮肤烧伤，应立即用稀乙醇洗或多量甘油按摩，然后涂以硼酸凡士林软膏。

（4）黄磷

极毒，切不能用手直接取用，否则引起严重持久烫伤。

4. 有机药品

（1）有机溶剂

有机溶剂均为脂溶性液体，对皮肤粘膜有刺激作用。如苯，不但刺激皮肤，易引起顽固湿疹，对造血系统及中枢神经系统均有严重损害。甲醇对视神经特别有害。大多数有机溶剂蒸气易燃。在条件许可情况下，最好用毒性较低的石油醚、醚、丙酮、二甲苯代替二硫化碳、苯和卤代烷类。使用有机溶剂时应注意防火，保持室内空气流通，一般用苯提取，应在通风橱内进行。绝不能用有机溶剂洗手。

(2) 硫酸二甲酯

吸入及皮肤吸收均可中毒,且有潜伏期,中毒后呼吸道感到灼痛,滴在皮肤上能引起坏死、溃疡,恢复慢。

(3) 苯胺及苯胺衍生物

吸入或经皮肤吸收均可致中毒。慢性中毒引起贫血,影响持久。

(4) 芳香硝基化合物

化合物中硝基愈多毒性愈大;在硝基化合物中增加氯原子,亦将增加毒性。这类化合物的特点是能迅速被皮肤吸收,中毒后引起顽固性贫血及黄疸病,刺激皮肤引起湿疹。

(5) 苯酚

能够灼伤皮肤,引起坏死或皮炎,皮肤被沾染应立即用温水及稀酒精洗。

(6) 生物碱

大多数具有强烈毒性,皮肤亦可吸收,少量即可导致中毒,甚至死亡。

(7) 致癌物

很多的烷基化试剂,长期摄入体内有致癌作用,应予注意,其中包括硫酸二甲酯、对甲苯磺酸甲酯、*N*-甲基-*N*-亚硝脲素、亚硝基二甲胺、偶氮乙烷以及一些丙烯酯类等。一些芳香胺类,由于在肝脏中经代谢生成 *N*-羟基化合物而具有致癌作用,其中包括 2-乙酰氨基芴、4-乙酰氨基联苯、2-乙酰氨基苯酚、2-萘胺、4-二甲氨基偶氮苯等。部分稠环芳香烃化合物,如 3,4-苯并蒽、1,2,5,6-二苯并蒽和 9-及 10-甲基-1,2-苯并蒽等,都是致癌物,而 9,10-二甲基-1,2-苯并蒽则属于强致癌物。

(四)化学药品侵入人体及防护

1. 经由呼吸道吸入

有毒气体及有毒药品蒸气经呼吸道吸入人体,经血液循环而至全身,产生急性或慢性全身性中毒,所以实验必须在通风橱内进行,并经常注意室内空气流畅。

2. 经由消化道侵入

任何药品均不得用口尝味,不在实验室内进食,实验完毕必须洗手,不穿工作服到食堂、宿舍去。

3. 经由皮肤粘膜侵入

眼睛的角膜对化学药品非常敏感,药品对眼睛危害性很严重。进行实验时,必须戴防护眼镜。一般来说,药品不易透过完整的皮肤,但皮肤有伤口时是很容易侵入人体的。玷污了的手取食或抽烟,均能将其带入体内。化学药品,如浓酸、浓碱,对皮肤均能造成化学灼伤。某些脂溶性溶剂、氨基及硝基化合物,可引起顽固性湿疹。有的亦能经皮肤侵入体内,导致全身中毒或危害皮肤,引起过敏性皮炎。在实验操作时,注意勿使药品直接接触皮肤,必要时可戴手套。

参 考 书 目

[1] Tietze L F, Eicher T H. Reactions and Syntheses in the Organic Chemistry Laboratory. Translated from the German by Ringer D. University Science Books, Mill Valley, California, 1989.

[2] 王清廉,沈凤嘉,修订;兰州大学,复旦大学化学系有机教研室,编. 有机化学实验. 北京:高等教育出版社,1994.

[3] 王葆仁. 有机合成反应. 上、下册. 北京:科学出版社,1981～1985.

[4] 李述文,范如霖. 实用有机化学手册. 上海:上海科技出版社,1981.